国家出版基金项目
NATIONAL PUBLICATION FOUNDATION

"十三五"
国家重点出版物出版规划项目

空 间 科 学 与 技 术 研 究 丛 书

U0268517

电子器件和集成电路
单粒子效应

Single Event Effects of Electronic Devices and
Integrated Circuits

曹洲 安恒 高欣 编著

北京理工大学出版社
BEIJING INSTITUTE OF TECHNOLOGY PRESS

内 容 简 介

本书系统阐述了电子器件和集成电路空间单粒子效应的基本概念和原理,试验测试的基础理论与方法,单粒子效应对电子系统的影响及防护设计的基本方法,空间单粒子翻转率计算方法及不确定性分析等方面的内容。全书共分为7章,主要包括:诱发单粒子效应的空间辐射环境,介绍了能够诱发产生单粒子效应的几种空间辐射因素;辐射与半导体材料的相互作用,论述了重离子、质子及脉冲激光与半导体材料的相互作用过程;单粒子效应机理,主要对常见单粒子现象产生的基本过程和特征进行了分析说明;单粒子效应测试,详细介绍常见单粒子效应(SEU、SEL、SEB、SEGR、SET、SEFI)测试方法及辐射模拟源,包括有关试验及加固保障测试标准与方法;单粒子效应对器件及系统特性的影响,介绍了单粒子效应引起的系统故障及其模拟注入分析方法;单粒子效应减缓设计,介绍了常见单粒子效应(SEU、SEL、SEB、SET、SEFI)诱发系统故障的防护设计方法;单粒子翻转率计算,介绍了单粒子翻转率计算中涉及的环境因素、模型和方法及不确定度分析等。

本书适用于从事航天器电子系统设计、航天器电子元器件可靠性保证设计验证和集成电路抗辐射加固设计等方面的工程及科研技术人员阅读,也可作为高等院校飞行器设计、集成电路设计等相关专业的研究生、教师的教材和教学参考书。

图书在版编目(CIP)数据

电子器件和集成电路单粒子效应 / 曹洲,安恒,高

欣编著. -- 北京:北京理工大学出版社,2021.3

ISBN 978-7-5682-9656-4

Ⅰ. ①电… Ⅱ. ①曹… ②安… ③高… Ⅲ. ①电子器

件–单粒子态–研究②集成电路–单粒子态–研究 Ⅳ.

①TN②O571.24

中国版本图书馆 CIP 数据核字(2021)第 049828 号

出　　版 /	北京理工大学出版社有限责任公司	
社　　址 /	北京市海淀区中关村南大街 5 号	
邮　　编 /	100081	
电　　话 /	(010)68914775(总编室)	
	(010)82562903(教材售后服务热线)	
	(010)68944723(其他图书服务热线)	
网　　址 /	http://www.bitpress.com.cn	
经　　销 /	全国各地新华书店	
印　　刷 /	北京捷迅佳彩印刷有限公司	
开　　本 /	710 毫米×1000 毫米　1/16	
印　　张 /	29.75	责任编辑 / 陈莉华
字　　数 /	518 千字	文案编辑 / 陈莉华
版　　次 /	2021 年 3 月第 1 版　2021 年 3 月第 1 次印刷	责任校对 / 刘亚男
定　　价 /	138.00 元	责任印制 / 李志强

前 言

　　太空宇宙射线中高能重离子入射到航天器用集成电路的半导体材料中时，将会在半导体材料内产生局部密度极高的电子-空穴对，这种局部密度极高的电子-空穴对在半导体中被敏感 PN 结所收集后，会产生瞬态电流脉冲，这种过程会对半导体材料或集成电路造成电离损伤，形成通常所谓的单粒子效应。单粒子效应是由单个重离子或质子引起的局部瞬态电离现象而导致半导体器件或集成电路逻辑状态发生变化、寄生结构电路导通等现象。当单个高能重离子入射到器件表面时，沿入射离子径迹产生的高密度电子-空穴对被器件敏感结（PN 结）所收集，当电荷收集数量达到一定程度时，就会诱发半导体器件或集成电路发生电离瞬态现象和局部电离损伤。常见的这种瞬态和局部电离损伤有单粒子翻转（SEU）、单粒子锁定（SEL）及单粒子烧毁（SEB）和栅击穿（SEGR）等，这些现象通常称为单粒子效应。目前实验室和航天器空间飞行观测到的单粒子效应有多种形式，如逻辑器件、模/数转换器和存储器中的单粒子翻转（SEU）、CMOS 电路的单粒子锁定（SEL）、功率器件的单粒子烧毁和栅击穿（SEB 和 SEGR）等。一般来说，单粒子效应可以分为软错误和硬错误两大类。单粒子软错误定义为单个带电粒子诱发电路的逻辑状态发生变化，而器件在复位或重写后仍可恢复原来的逻辑状态，器件本身没有物理上的永久性损伤；单粒子硬错误指单个带电粒子在器件中的电离过程诱发器件产生物理上永久性损伤或破坏。如单粒子锁定（SEL）就是单个高能离子电离过程触发了 CMOS 电路中存在的寄生可控硅结构而使其导通后，电路中电流持续增加，形成大电流而烧毁器件。又如单粒子烧毁（SEB）是单个高能离子产生的电离过程触发了电路中寄生的双极性晶体管导通后，引起雪崩击穿过程而使电路失效。单粒子效应产生的电路逻辑状态变化或永久性损伤会使星载电子设备工作反常或失效，严重地威胁着卫星在轨的正常运转及寿命，据 NSAA 对欧美现有卫星在轨故障统计，有 33%的故障为空间辐射损伤引起，这其中就包括单粒子效应诱发的电子系统故障。有关资料表明，单粒子效应诱发的卫星故障是在轨卫星面临的一个十分严重的问题，如欧洲地球资源卫星 ERS–1 某一精密测距仪由于携带的 NEC 公司 64 K CMOS 静态存储器发生单粒子锁定后导致该设备失效，又如 TOPEX Poseidon 卫星上的雷达高度计中使用的电子器件发生单粒子锁定后，雷达高度计的电源功率以及处理单元的温度突然上升，遥测被关闭，使之断电后重新加电，仪器正常工作，但丢失了几天的高度测量数据。

星载电子设备及系统中采用了许多电子器件和集成电路，如体硅 CMOS 电路由于其功耗低等特点，广泛应用在星载电子设备中，但其固有的寄生 PNPN 结构导致了空间应用时的单粒子锁定现象。又如功率 MOSFET 器件应用在卫星电源系统上时，其内部寄生的双极性晶体管会被空间高能离子触发产生单粒子烧毁现象。随着卫星技术的发展，电子系统可靠性的要求不断提高，空间带电粒子（宇宙射线重离子、太阳射线重离子、高能质子）在星载电子设备中诱发的单粒子效应防护是卫星系统设计师必须解决的问题，因为这种现象一旦发生将引起电子设备系统故障或损坏整个设备系统，导致整个卫星系统不能正常工作或结束工作寿命。鉴于此，国内外许多研究机构和航天器研制单位在卫星系统设计中，针对空间飞行航天器用电子器件和集成电路的单粒子现象，开展了许多地面模拟试验研究工作和加固设计评估的试验验证工作；试验研究中除采用重粒子加速器外，还开发了其他方便的地面模拟试验手段来完成单粒子效应的加固设计评估，如脉冲激光单粒子效应试验设备等；另外，在模拟试验的基础上，也研究了针对单粒子效应的加固设计方法，并应用在航天器电子设备及系统的加固设计中。

三十多年来，从开始认识基本电路的空间单粒子翻转，到今天对新型电子器件和集成电路单粒子效应新现象的认识和理解，人们在单粒子效应这个领域进行了许多方面的研究工作，取得了很大成绩，为航天器工程设计做出了贡献，也逐渐形成了一门涉及多学科交叉的技术基础理论和学科。

1962 年，Wallmark 和 Marcs 假定了电子电路中存在单粒子翻转现象；1975 年，Binder 和 Smith 认为美国某一通信卫星上 JK 触发器的反常跳转是由于银河宇宙射线中的高能离子所诱发。1978 年，May 和 Woods 第一次在实验室观察到由 α 粒子所引起的动态随机存储器（DRAM）中的单粒子翻转现象，同年，Pickel 和 Blandford 观测到在轨卫星上电子器件中的单粒子翻转。从 20 世纪 80 年代开始，单粒子效应的研究成为空间辐射效应和卫星系统设计等多领域关注的焦点，研究十分活跃，取得了许多基础理论和工业设计方面的研究成果，时至今日，由于电子器件和集成电路技术的不断发展，研究工作仍方兴未艾。单粒子效应的研究主要包括空间高能带电粒子环境、效应基本机理特征和防护设计技术三个方面，三个方面的研究已取得了明显的应用成果。在环境方面，已基本搞清空间重离子成分、能量范围等；20 世纪 90 年代初，已着手研究动态的空间高能离子环境，即太阳耀斑暴发所带来的重离子环境变化及其影响特征。在效应特征研究方面，不但搞清了电子器件和集成电路中产生单粒子效应（SEE）的基本机理和物理过程，还开发出了计算 SEU 率的程序软件。也发现了许多新的单粒子效应现象，并对其进行了分类研究，如单粒子翻转中的多位翻转、单粒子锁定（SEL）、单粒子烧毁（SEB）、单粒子栅击穿（SEGR）、单粒子急返（SES）等。1979 年，Kolasinski 等第一次在试验中发现了由高能重离子诱发的 CMOS 电路之锁定现象；1983 年，Soliman 进一步开展了研究工作；1990 年，Jonston 用激光脉冲探索了 CMOS 器件的单粒子锁定现象。1986 年，Waskiewicz 领导的研究小组在实验室首次发现由铜源裂变碎片引起的功率 MOSFET 单粒子烧毁现象，此后国际上十分重视星用电子电路单粒子硬错误（SEL、SEB、SEGR 等）研究，20 世纪 90 年代，在轨卫星上也实时观测到了多次 CMOS 电路的单粒子锁定诱发的卫星设备故障和 MOSFET 器件的单粒子烧毁现象。如 1991 年，Goka 等人报道了在日本工程试验卫星上观察到了较为严重的单粒子锁定现象，中国"实践四号"科学试验卫星也观察到了单粒子锁定现象；1996 年，美国高级光电子试验卫星（APEX）上观测到了单粒子烧毁现象。20 世纪 90 年代末以来，针对单粒子硬错误的地面模拟试验研究和加固设计方法研究显得十分活跃。1999 年，美国宇航公司的 Koga 研究小组针对 DC/DC 变换器中采用的脉宽调制器（PWM）进行了单粒子烧毁的试验研究，发现脉宽调制器在重离子作用下存在单粒子烧毁（SEB）和单粒子功能中断（SEFI）两种硬错误现象，当器件发生单粒子硬错误后，器件失去调制控制信号，DC/DC 变换器失效。在加固技术研究方面，元器件级的加固技术有长足的进步，国外有些厂商已能提供具有单粒子锁定加固的专用器件；系统级上的加固技术研究也已开始起步。总之，在单粒子效应研究中，虽然针对单粒子翻转的基本理论和技术基础已趋成熟，但针对新器件单粒子效应的研究工作中仍面临着极大的挑战，这主要表现在以下几个方面。

　　第一，根据地面模拟试验结果，电子设备空间单粒子翻转率可以从工程上进行评估；但对空间发生单粒子硬错误概率大小的计算方法仍未见报道，单粒子硬错误模拟试验和评估方法也需进一步开展研究工作，而且当星用器件或部件变得越来越复杂、特征尺寸变得越来越小时，空间环境中的高能质子和重离子诱发的硬错误会越来越严重地威胁着元器件或部件，乃至整个电子设备的正常工作，甚至寿命；因而，单粒子效应新现象的研究仍有开拓性的工作可做。

第二，标准单粒子翻转（SEU）模型不能应用在单粒子硬错误发生概率的计算分析上，在不同试验结果之间进行比较分析时，会发现预示结果存在着较大差异。由此而带来一些挑战性的问题，首先，SEU 预估方法（如 CRÈME 程序、SPACE RADIATION 软件包等）仍需在理论分析和模拟试验的基础上进一步改进完善。这种预估方法应用在空间电子设备发生单粒子硬错误率的计算中时，需要比较完善的硬错误计算模型，这就要求在单粒子硬错误重离子模拟试验方面开展大量研究工作。

第三，单粒子效应地面模拟研究除了采用重离子环境模拟外，尚需开发其他模拟手段，如激光模拟单粒子锁定现象的试验研究等。另外，硬错误的测试方法也是很重要的一个环节，有些复杂的电子部件（如 DC/DC 变换器）或设备，其效应的测试与其工作状态密切相关，不同工作状态下，效应的测试方法不同；因而，全面表征硬错误效应特征的测试技术是急待解决的一个问题。举例来说，针对功率 MOSFET 单粒子烧毁的测试，有破坏性测试和非破坏性测试两种方式，破坏性测试将使被测器件损坏，获得空间烧毁概率计算用的烧毁截面曲线要损坏许多器件，这对工程设计而言是难以实现，且数据离散性大，所以必须开发非破坏性测试方法，这样针对一个器件或部件就可获得烧毁截面，以便预示空间发生烧毁概率的大小。

第四，单粒子效应模拟试验是进行其计算机仿真分析的基础，全面系统地理解星用电子电路的单粒子硬错误现象，才能很好地实现单粒子效应的计算机仿真，也为未来实现对付单粒子效应危害的专家系统打下基础。

空间辐射环境中带电粒子诱发单粒子效应的软错误通常会造成卫星各种电子系统发生逻辑错误或功能异常，而硬错误则直接导致卫星电子器件永久性损伤或破坏。因而集成电路和电子器件在用于卫星之前，为了得到其单粒子效应特性，必须结合预定轨道的辐射环境，对已采取的加固措施和方法进行验证；或是对卫星上出现的故障进行地面复现，都需要开展单粒子效应地面模拟试验。多年来，国内外针对卫星工程设计中采用的元器件、典型电子电路和计算机系统进行了许多单粒子效应模拟试验研究，形成了星用电子器件和集成电路（如 A/D 转换器、SRAM、CPU、功率 MOSFET 器件）单粒子效应的模拟试验方法和验证评估手段，为航天器电子元器件以及集成电路的单粒子效应加固设计评估提供了必要的技术保障。

本书系统深入地阐述了电子器件和集成电路空间单粒子效应的基本概念和原理，试验测试的基础理论和方法，单粒子效应对电子系统的影响及防护设计基本方法，空间单粒子翻转率计算及不确定性分析等方面的内容。全书共分为 7 章，主要内容包括：诱发单粒子效应的空间辐射环境；辐射与半导体材料的相互作用；单粒子效应机理；单粒子效应测试；单粒子效应对器件及系统特性的影响；单粒子效应减缓设计；单粒子翻转率计算。

本书的主要目的是希望读者在理解单粒子效应产生机理的基础上，明确单粒子效应测试试验的一般要求；通过单粒子效应对器件及系统特性的影响分析，掌握单粒子效应减缓设计方法；并在一定试验数据基础上，采用相关计算方法和软件包,能够对电子器件和集成电路空间单粒子效应发生频度进行计算分析。

本书适用于从事航天器电子系统设计、航天器电子元器件可靠性保证设计验证和集成电路抗辐射加固设计等方面的工程及科研技术人员阅读，也可作为高等院校飞行器设计、集成电路设计等相关专业的研究生、教师的教材和教学参考书。

由于编著者水平有限，加之内容涉及多个技术学科，书中错误和不足之处在所难免，欢迎广大读者批评指正！

在本书的编写过程中，兰州空间技术物理研究所的张晨光、庄建宏等提供了部分资料并参与了撰稿和图表的规范化工作，在此表示感谢！感谢北京中质联合卓越质量咨询中心的刘勇先生在本书形成过程中提供的支持与帮助！赵光平女士在本书的编写筹划和申请出版方面做了许多工作，在此表示衷心感谢！

值此书出版之际，特别要感谢抗辐射加固技术专业组多年来对编著者所从事研究工作的支持和指导，没有他们的帮助，本书的形成是无法实现的。

编著者

目　录

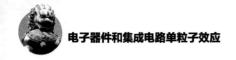

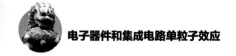

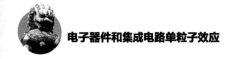

第 1 章

诱发单粒子效应的空间辐射环境

航天器电子系统和设备中采用的电子器件和集成电路在空间辐射环境中由于高能质子和重离子的作用而诱发单粒子效应。诱发电子器件和集成电路发生单粒子效应的空间辐射环境主要有两个来源，一个是地球磁场捕获的高能重离子和质子，另一个是来自宇宙空间的高能重离子和高能质子。地球磁场捕获的高能质子主要分布在近地空间范围内，甚至延伸到处于低高度的南大西洋异常区（300～1 200 km）。宇宙空间瞬时高能重离子的主要成分是银河宇宙射线重离子和太阳粒子事件（SEP）中的高能重离子，宇宙射线重离子的空间通量是随时间逐渐变化的，与太阳粒子事件中的高能重离子的变化相比较，其变化是比较缓慢的。宇宙射线重离子的元素成分几乎包含元素周期表中的所有元素。宇宙射线重离子的能量和成分分布与太阳活动的 11 年周期也密切相关，在接近太阳活动最小年时，宇宙射线重离子的能量和通量达到峰值。空间的瞬时高能质子主要来自太阳粒子事件，太阳粒子事件是指太阳在短时间内的能量粒子喷发，太阳粒子事件爆发的典型时间一般为几个小时或几天，事件发生的频率随着太阳活动周期的变化而变化，在太阳最小年期间，每年可能发生几次太阳粒子事件，而在太阳活动最大年时，每年可以发生上千次太阳粒子事件。太阳粒子事件中喷发出的高能质子和重离子对高轨道卫星和深空探测航天器会构成严重威胁，会诱发卫星电子设备中电子器件和集成电路发生单粒子软错误或硬错误，从而造成系统发生故障甚至失效或任务的失败。

| 1.1　银河宇宙射线 |

　　银河宇宙射线存在了 20 亿万年以上，其来源于太阳系以外，包含元素周期表中的所有元素。一般认为，在整个行星际空间，银河宇宙射线分布是各向均匀的，其全向分布特征为 1～10 个/（$cm^2 \cdot s$）。银河宇宙射线成分中 98% 是高能质子和重离子，电子和其他粒子只占 2%。银河宇宙射线重离子的能量在几十兆电子伏以上，最高达到 10^{15} MeV，银河宇宙射线在行星际空间的传播速度很高，例如，对碳离子和铁离子而言，其传播速度接近光速。在轨卫星测量表明，银河宇宙射线重离子在太阳系内其强度分布峰值处的能量约为 1 GeV。在占银河宇宙射线 98% 的高能质子和重离子中，其总数的 87% 为高能质子，12% 为 α 粒子，其余的 1% 为电荷数为 3～92 的重离子。图 1–1 给出了银河宇宙射线重离子相对丰度分布，从图中可以看出，He 离子、碳离子、氧离子和铁离子具有较高的相对丰度，原子序数（核电荷数）$Z>25$ 的元素的强度比 $Z \leqslant 25$ 的元素的强度要小几个数量级。银河宇宙射线重离子是诱发星载电子器件和集成电路发生单粒子效应的主要因素之一，特别是相对丰度较高的铁离子，其具有较强的穿透能力和高 LET（Linear Energy Transfer，线性能量传输）值，是在地面开展单粒子效应试验及加固性能评估中必须考虑的重要离子成分。根据银河宇宙射线重离子相对丰度分布的特点，在单粒子效应试验中一般根据加速器和模拟源特点，选取在穿透能力和 LET 值方面与银河宇宙射线重离子相当的加速器离子或模拟源粒子开展试验评价与研究工作。

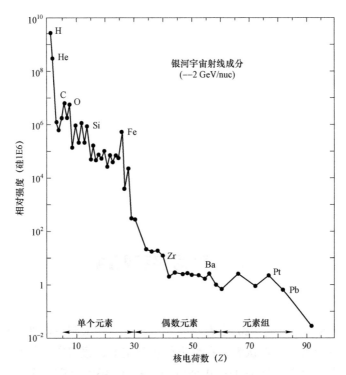

图 1-1　银河宇宙射线丰度分布

卫星测试数据表明，能量低于 1 GeV 的银河宇宙射线重离子其强度随能量的变化受太阳活动周期（平均周期为 11 年）的影响；也就是说，太阳活动对银河宇宙射线重离子的强度分布有一定的调制作用。当银河宇宙射线重离子进入太阳系后，受太阳风的作用，其强度有一定的衰变。银河宇宙射线重离子的这种衰变在太阳活动最小年时达到最大，而在太阳活动最大年时为最小。太阳活动周期对银河宇宙射线重离子的这种调制作用特性是航天器卫星电子设备单粒子效应试验评估和加固设计中必须考虑的变化的重要因素之一，尤其在火星探测和太阳系外探测航天器的电子系统及设备设计方面必须考虑这种动态的变化特性。在太阳和银河宇宙射线重离子成分中，存在一种反常重离子成分，主要包括氦粒子和重离子，其能量小于 50 MeV/nuc，这种反常重离子是一种单电荷的不同元素的带电粒子，而通常所说的太阳和银河宇宙射线重离子几乎是由全电离的不同元素带电离子（裸离子）组成。

就卫星工程设计而言，应用的银河宇宙射线重离子行星际空间分布标准模型是 Adams 在 1986 提出；该模型为针对近地空间环境内的描述性模型，其主要依据对银河宇宙射线重离子成分的大量测量、离子能量谱分布测量及太阳活动周期的变化情况等而建立，建模依据的数据大部分是基于航天器在轨实测数据，也有通过气球和地面观测获得的结果，时间跨度约为 30 年。Adams 模型已在 SPACE RADIATION 商业软件包和 CREEAM96 单粒子效应计算分析软件包中集成。图 1–2 分别给出了在太阳最小年和太阳最大年的条件下，CREEAM96 模型计算的银河宇宙射线重离子 LET 积分谱。从图中可以看出，在太阳最小年的情况下，同一 LET 值下的银河宇宙射线重离子通量比在太阳最大年的情况下高出近半个数量级。图 1–3 给出了在太阳最小年的条件下，采用 CREEAM96 模型计算的不同轨道高度处银河宇宙射线重离子 LET 积分谱。图 1–4 给出了在太阳最大年的条件下，考虑航天器结构对银河宇宙射线重离子屏蔽［2.54 mm（100 mil）厚的等效铝］作用下，采用 CREEAM96 模型计算的一定轨道高度处银河宇宙射线重离子 LET 谱，从图中可以看出，LET 值大于 75 MeV·cm²/mg 的银河宇宙射线重离子，平均每平方厘米上 3.3 万年遇见一次。图 1–5 给出了银河宇宙射线能量、原子序数及微分通量分布情况。

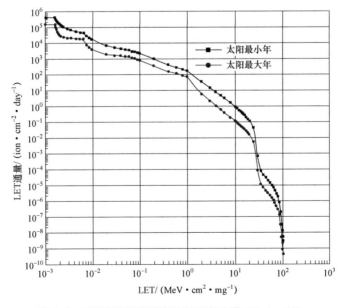

图 1–2　银河宇宙射线重离子 LET 积分谱（Z=1～92）

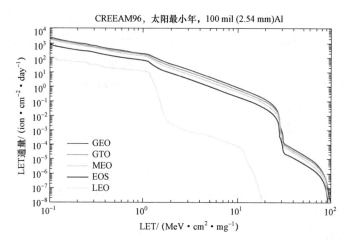

图 1-3　银河宇宙射线重离子 LET 积分谱（Z=1~92）

GEO—地球静止轨道；GTO—地球同步轨道；MEO—中地球轨道；

EOS—地球观测系统；LEO—低地球轨道

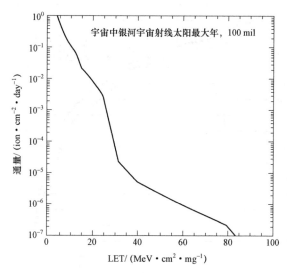

图 1-4　银河宇宙射线 LET 谱

（LET＞75 MeV·cm²/mg，平均 3.3 万年遇见一次）

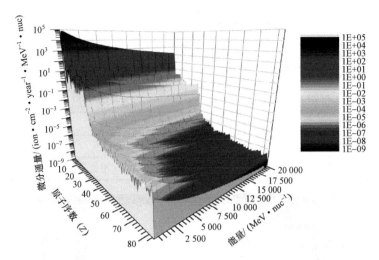

图 1–5　银河宇宙射线能量、原子序数及微分通量分布

在图 1–5 中，银河宇宙射线的离子通量率表示为离子种类及能量的变化曲线，该曲线是基于银河宇宙射线模型 ISO 标准 ISO15390，针对同步轨道在太阳最小年情况下计算得出。从图 1–5 中可以看出，较重的离子具有较高的能量（较低 LET 值），或者说较轻的离子能量较低（较高 LET 值）。而 LET 值大于等于 40 MeV·cm²/mg 的所有离子种类的积分通量为 1.4×10^{-3} ion/（cm²·year·sr）。

|1.2　太阳风和太阳活动周期|

太阳风是太阳外部日光层日冕喷射所形成的带电离子流，其扩展到几个太阳半径以外而进入行星际空间范围。太阳风的主要特征如表 1–1 所示。图 1–6 为在轨卫星拍摄的太阳日冕喷射时的状态图。探索者卫星的测量表明，太阳风可以延伸到距地球数百亿千米之外的宇宙空间。在太阳日冕连续喷射过程中，其发射出电子流、质子流、双电荷氦离子流以及少量的其他重离子流，这些粒子流统称为太阳风。Barth 1997 太阳风是一种电中性的等离子体流，其从太阳外部大气层向行星际空间传输时，传输速度在 300 km/s 到 900 km/s 之间，等离子体温度在 $10^4 \sim 10^6$ K 范围，密度在 $1 \sim 30$ particle/cm³ 范围，这些带电粒子的能量在 $0.5 \sim 2.0$ keV/nuc 范围内。图 1–7 为 SOHO 卫星在 1997 年 2 月 23 日至 3 月 7 日在轨实际测量的太阳风密度和速度变化情况。

表 1-1　太阳风的主要特征

起源	太阳日冕喷射的带电粒子流
组成部分	电子（100%），质子（95%），重离子（5%）
特性描述	一种磁化等离子体（电中性）
密度范围/（particle·cm^{-3}）	1～30
速度范围/（km·s^{-1}）	300～900
能量范围/（keV·nuc^{-1}）	0.5～2.0
延伸范围	地球外数百亿千米（探索 10 卫星测量）

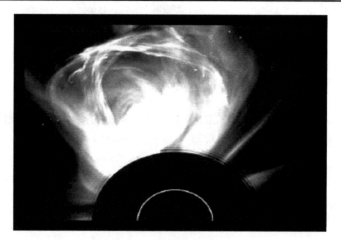

图 1-6　太阳日冕喷射

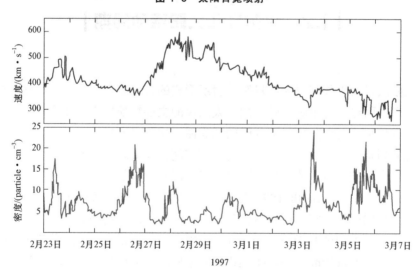

图 1-7　太阳风密度和速度的测试结果

近地空间带电粒子环境的变化主要受太阳活动的影响，太阳即是近地空间带电粒子的主要来源，也对其在近地空间的分布起调节作用，近地空间的高能质子和重离子主要来源于太阳周期性能量粒子的爆发。地球辐射带外部区域捕集的带电粒子主要来源之一就是太阳风。

由于银河宇宙射线重离子起源于太阳系以外，当它们在行星际空间传播时，要与太阳风进行"抗争"。结果是银河宇宙射线强度在太阳系行星际空间呈现出周期性分布，并与太阳活动程度相关。地球大气层的中子也是由于银河宇宙射线重离子与大气层氧原子及氮原子相互作用的核反应产物，所以说，大气层中子的分布特征也受太阳活动周期的影响。总之，地球辐射带中带电粒子的分布特征既受到太阳活动的长期变化，也受到太阳爆发等瞬态事件的影响。

在太阳活动程度的度量方面，一般采用太阳黑子数的多少和 F10.7 cm 射电强度来表征，但辐射事件与强度之间并没有直接的明确关系。图 1–8 为 1610—1998 年期间观测到的年平均太阳黑子数的统计分布图，图 1–9 为 1940—2005 年期间观测到的 F10.7 cm 射电强度统计分布图。现已知道，当太阳活动处于最大状态的后期阶段时，会较频繁地出现大型太阳粒子事件，这时候辐射带中捕集电子的强度会变得较高。而在太阳活动处于最小状态下时，低地球轨道的捕集质子强度达到最大，但准确的峰值分布与一定的位置有关。

在太阳最小年的情况下，银河宇宙射线强度也处于最大，但与太阳的极化状态有关，图 1–10 给出了约 50 年的太阳黑子活动情况，从图中可以看出太阳活动具有明显的周期性。

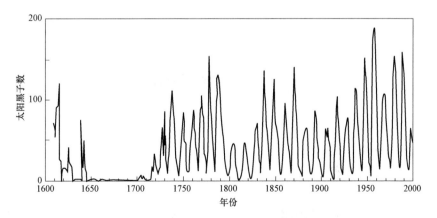

图 1–8　1610—1998 年期间观测到的年平均太阳黑子数

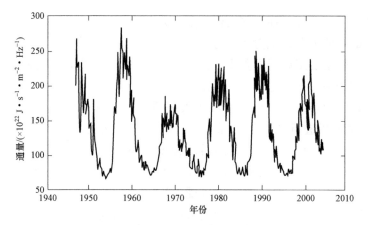

图 1-9 太阳 F10.7 cm 射电强度测量

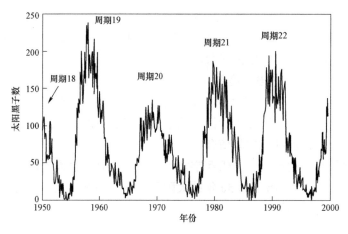

图 1-10 太阳活动黑子周期

|1.3 太阳粒子事件|

太阳粒子事件是太阳系发生的最大规模爆发事件，当太阳粒子事件出现时，太阳黑子附近变得异常明亮，如图 1-11 所示。有关研究表明，太阳粒子事件一般有两种主要的类型，一种类型的持续时间为几个小时，这种类型的太阳粒子事件中高能电子通量比较高；另一种类型的持续时间为几天，这种类型的太阳粒子事件发生时，测定的高能质子通量比较高。人们通过各种卫星携带的高能质子测量设备的测试和分析，建立了太阳粒子事件的高能质子模型，如美国喷气推进实验室（JPL）提出的 JPL–1991 太阳质子事件模型，该模型已被许多空间辐射环境计算软件所集成，如美国辐射协会提供的商业化软件 SPACE RADIATION 软件包中就集成了 JPL–1991 太阳质子事件模型。图 1–12 给出了利用相关软件计算的在同步轨道 15 年期间内，太阳粒子事件中的高能质子积分通量谱。从图中可以看出，不同置信度下给出的同一能量下的积分通量不同，随着质子能量的增高，这种差别越明显。从图中也可以明显看出，在置信度为 95% 情况下，能引起单粒子效应的质子能量大于 30 MeV 的积分通量为 $8.21×10^{10}$ proton/cm²。而在置信度为 90% 情况下，能引起单粒子效应的质子能量大于 30 MeV 的积分通量为 $5.01×10^{10}$ proton/cm²。

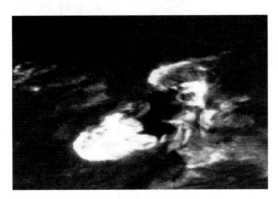

图 1–11　太阳黑子附近变得异常明亮

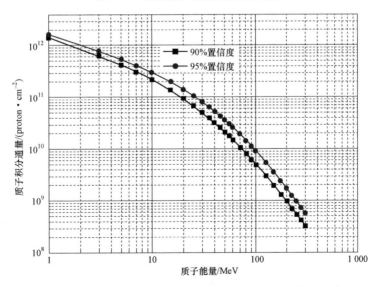

图 1–12　太阳粒子事件中的高能质子积分通量谱（同步轨道 15 年）

太阳粒子事件产生的高能重离子成分包括元素周期表中的所有元素，图 1–13 给出了在同步轨道 15 年期间内，太阳粒子事件中的高能重离子 LET 积分通量谱。计算中给出的是从氢到铀的所有成分的积分 LET 谱，计算的强度分布是在一个事件周期内的平均值，如最坏天平均值、最坏周平均值和峰值平均值。在 CREEAM96 和 SPACE RADIATION 计算软件中，依据的计算模型是 1989 年太阳粒子事件模型，应该注意的是，在 1989 年太阳粒子事件模型中没有给出高能重离子计算结果的不确定度系数。

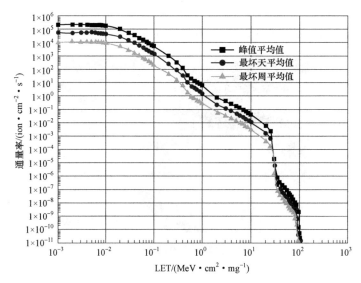

图 1–13　太阳粒子事件中的重离子积分通量谱（同步轨道 15 年寿命）

表 1–2 给出了从 1997 年到 2001 年期间发生的主要太阳粒子事件时高能质子的积分通量。从表中数据可以看出，太阳粒子事件发生时，能量大于 10.0 MeV 的质子积分通量在 $10^7 \sim 10^{10}$ proton/cm^2 范围内，而能量大于 100.0 MeV 的质子积分通量在 $10^4 \sim 10^8$ proton/cm^2 范围内，数据表明，太阳粒子事件时高能质子的能量及通量变化范围很大，这种变化特性对电子器件和集成电路单粒子效应的预示分析带来了一定程度的挑战。

表 1–2　太阳粒子事件中的高能质子积分通量　　　　proton/cm^2

事件	日期	Φ_1 ($E>10$ MeV)	Φ_2 ($E>60$ MeV)	Φ_3 ($E>100$ MeV)
1	1997.11.17	4.0×10^8	1.3×10^8	2.7×10^7
2	1998.05.04	1.5×10^9	3.5×10^8	4.9×10^6

事件	日期	Φ_1 ($E>10$ MeV)	Φ_2 ($E>60$ MeV)	Φ_3 ($E>100$ MeV)
3	1998.08.26	7.0×10^7	2.5×10^7	3.6×10^6
4	1998.11.14	1.3×10^8	3.2×10^7	1.9×10^7
5	2000.07.14	1.1×10^{10}	3.2×10^9	2.0×10^8
6	2000.11.09	9.1×10^9	2.7×10^9	1.7×10^8
7	2001.01.29	3.3×10^7	4.0×10^6	1.0×10^5
8	2001.03.29	4.3×10^7	5.0×10^6	6.0×10^4
9	2001.04.03	6.6×10^8	1.1×10^8	3.0×10^6
10	2001.04.11	2.6×10^8	3.5×10^7	9.0×10^5
11	2001.04.18	2.0×10^8	6.0×10^7	6.0×10^6
12	2001.08.16	2.9×10^8	9.8×10^7	9.0×10^6
13	2001.11.05	9.8×10^8	6.5×10^7	6.0×10^4

|1.4 辐射带高能质子|

宇宙空间的带电粒子由于地磁场作用而被俘获在地球周围形成辐射带，亦即范艾伦辐射带。辐射带从低地球轨道横跨到地球同步轨道，辐射带中主要捕集的带电粒子为能量达到几兆电子伏的电子和能量达到几百兆电子伏的高能质子。但只有高能质子可以在星载电子设备中的电子器件和集成电路中诱发产生单粒子效应。地球辐射带高能质子主要分布在内辐射带，现已知道，影响内辐射带高能质子分布的主要因素有三个：一是太阳活动周期，其对内辐射带高能质子分布影响较大；当在太阳活动最大年份时，在内辐射带和地球大气层的交接边缘处高能质子的强度降至最低；当在太阳活动最小年份时，在内辐射带和地球大气层的交接边缘处高能质子的强度升至最高。二是地磁暴和太阳质子事件，其主要影响处于内带外部边缘（2～3个地球半径）处的高能质子分布。三是地磁场，地磁场的逐渐变化（Secular Variation）也影响内辐射带中高能质子的分布。另外，由于地磁场轴线和地球自转轴没有重合，在南大西洋异常区内存在通量密度异常高的高能质子。

如上所述，决定地球辐射带分布特征的主要因素是地球磁场。在地球自然环境中，除了地球重力场以外，另一个被人们所明确认知的就是地球磁场。地球磁场可以粗略地采用一个倾斜（于地理北极夹角 11°）式双极性磁铁的磁场来描述，该双极磁铁的场强密度为 $M=8\times10^{25}$ Gs·cm³，Gs 为磁场强度单位，高斯。如果不考虑地磁倾角的影响，在地磁坐标系中，地球近空间某一点(r,θ,φ)处，由于地磁场强密度 M 而引起的地球磁场强度的表达式为：$B=-(M/r^3)[3\cos(\theta)+1]^{0.5}$，在高斯单位制中，$r$ 为地磁坐标中的半径，其单位为 cm，磁场强度 B 的单位为 Gs。如果采用上述的 M 数值，那么在地磁场两极磁帽近区的最大磁场强度约为-0.6 Gs，而在地球表面赤道近区的最小磁场强度约为-0.3 Gs。上述地球磁场强度表达式仅是针对中心对称式理想化双极磁结构而言，实际上，计算数据和实测数据存在较大偏差，该偏差甚至高达 25%以上。在多数应用情况下，都采用 IGRF 系列模型作为地磁场模型的官方标准。

在计算辐射带中高能质子入射到电子器件和集成电路中的累积通量时，采用 AP8 模型。该模型计算的不确定度系数为 2，该不确定度是对长期平均计算而言的，一般计算的平均时间要在半年（6 个月）以上。图 1-14 给出了采用 AP8 模型计算的质子积分通量谱。从图中可以看出，内辐射带中高能质子其能量处在几千电子伏到几百兆电子伏的范围内，强度分布从 1 proton/（cm²·s）到 1×10^5 proton/（cm²·s），通量峰值分布范围很宽，且随质子能量的变化而变化。在地球赤道平面处，能量大于 30 MeV 的高能质子仅延伸到 2.4 个地球半径处，从 30 MeV 到 400 MeV 的能量范围内，其通量值均很高。由于太阳活动的影响，卫星电子系统可能在某一天所接收到的高能质子入射通量比计算结果

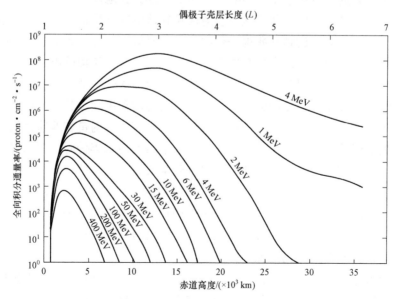

图 1-14 采用 AP8 模型计算的质子积分通量谱

高出 2～3 个数量级。图 1-15 给出了太阳同步轨道 3 年寿命卫星的质子积分通量分布，其中轨道高度为 980 km，轨道倾角为 90°。计算采用 SPACE RADIATION 软件包，计算的质子能量范围为 0.1～400 MeV。从计算结果中可以看出，卫星在该轨道运行 3 年，单位面积上可以接收到约 1.0×10^{15} 个质子（能量大于 0.1 MeV）的照射，如果考虑到 AP8 模型的不确定度，则单位面积上将有高于 2×10^{15} 个质子照射。

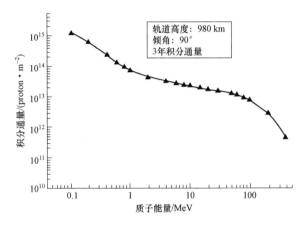

图 1-15　太阳同步轨道质子积分通量谱（980 km，90°）

1.5　南大西洋异常区高能质子

　　由于地磁场的异常分布，其中在辐射带内带的边缘存在带电粒子异常分布区——南大西洋异常区。在南大西洋异常区内，辐射带内带的边缘降低到较低的地球轨道范围内。南大西洋异常区在轨道高度低于 800 km、轨道倾角低于 40° 以下的区域内，图 1-16、图 1-17 分别给出了南大西洋异常区内 500 km 高度处能量高于 50.0 MeV 的高能质子通量分布轮廓图和 440 km 高度处能量大于 34.0 MeV 的高能质子通量分布轮廓图。

　　众所周知，地球磁场在不断地变化。由于地磁场的移动，南大西洋异常区位置也在慢慢移动。试验观察结果表明，异常区位置每年以 0.3° 的速度向西方向漂移。这样一来，在开展低地球轨道卫星电子设备和系统单粒子效应评估试验及加固设计验证时，必须在环境分析计算中考虑南大西洋异常区位置的变化。

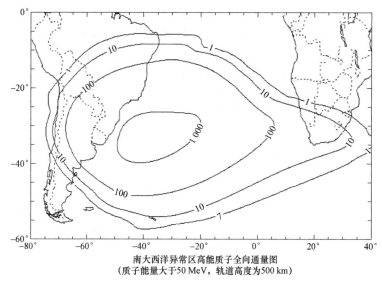

南大西洋异常区高能质子全向通量图
（质子能量大于50 MeV，轨道高度为500 km）

图 1-16 500 km 高度质子通量分布

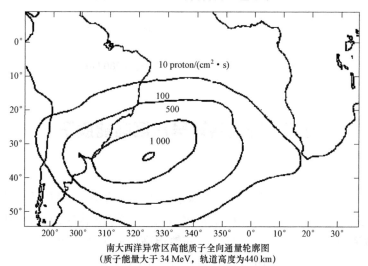

南大西洋异常区高能质子全向通量轮廓图
（质子能量大于34 MeV，轨道高度为440 km）

图 1-17 440 km 高度质子通量分布

┃参 考 文 献┃

[1] Allen J A. The Geomagnetically Trapped Corpuscular Radiation [J]. Journal of

Geophysical Research, 1959, 64(11): 1683–1689.

[2] Daly E J. The Radiation Belts[J]. Radiation Physics and Chemistry, 1994, 43(1): 1–18.

[3] Vette J I. The AE–8 Trapped Electron Model Environment[R]. NSSDC/DCA–R&S Report 91–24, NASA–GSFC (1991).

[4] Sawyer D M, Vette J I. AP8 Trapped Proton Environment for Solar Maximum and Solar Minimum[R]. NSSDC WDC–A–R&S 76–06, NASA–GSFC (1976).

[5] Watts J W, Parnell T A, Heckman H H. Approximate Angular Distribution and Spectra for Geomagnetically Trapped Protons in Low-Earth Orbit[C]. In High-Energy Radiation Background in Space, AIP Conference Proceedings 186, AIP, NewYork (1989).

[6] Kruglanski M and Lemaire J. Trapped Proton Anisotropy at Low Altitude[C]. Technical Note 6, ESA/ESTEC/WMA Contr. 10725, BIRA(1996).

[7] Lemaire J, Johnstone A D, Heynderickx D, et al. Trapped Radiation Environment Model Development (TREND–2)[R]. Final Report of ESA Contr. 9828, Aeronomica Acta 393–1995, ISSN 0065–3713 (1995).

[8] Feynman J, Spitale G, Wang J, et al. Interplanetary Proton Fluence Model: JPL 1991[J]. J. Geophys. Res. 1993, 98(A8): 13281–13294.

[9] Tranquille C, Daly E J. An Evaluation of Solar Proton Event Models for ESA Missions[J]. ESAJ,1992,163: 75–97.

[10] King J H. Solar Proton Fluences for 1977–1983 Space Missions[J]. J. Spacecraft & Rockets, 1974, 11(6): 401–408.

[11] Stassinopoulos E G, King J H. Empirical Solar Proton Model for Orbiting Spacecraft Applications[J]. IEEE Trans. on Aerosp. and Elect., 1973, 10(4): 442–450.

[12] Tylka A J, Adams J H, Boberg P R. CRÈME96: A Revision of the Cosmic Ray Effects on Micro–Electronics Code[J]. IEEE Trans. Nucl. Sci., 1997, 44(6): 2150–2160.

[13] Nymmik R A, Panasyuk M I, Pervaja T I, et al. A Model of Galactic Cosmic Ray Fluxes[J]. Nucl. Tracks & Radiat. Meas, 1992, 20(3): 427–429.

[14] Adams J H, Silberberg R, Tsao C H. Cosmic Ray Effects on Microelectronics [J]. IEEE Trans. Nucl. Sci., 1982, 29(6): 169–172.

[15] Daly E J. The Evaluation of Space Radiation Environments for ESA Projects [J]. ESA Journal,1988, 12: 229–247.

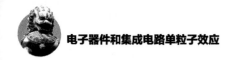
[16] Vampola A L. Effects of the March−June Magnetic Storm Period on Magnetospheric Electrons[C]. Solar−Terrestrial Predictions−IV, Proceedings of a Workshop at Ottawa, Canada, May 18−22, 1992, Ottawa, Canada, NOANSEL, Boulder, CO.

[17] Vette J I, Teague M J, Sawyer D M, et al. Modeling the Earth's Radiation Belts[C]. Solar−Terrestrial Prediction Proceedings, Boulder, NOAA (1979).

[18] Sawyer D M, Vette J I. AP−8 Trapped Proton Environment for Solar Maximum and Solar Minimum[R]. NSSDCNDC−A−R&S (1976).

[19] Adams J H. Cosmic Ray Effects on Microelectronics[R]. NRL Memorandum Report 5901, Naval Research Laboratory, Washington D.C. (1986).

[20] 曹洲，薛玉雄，把得东，等. 诱发单粒子效应的空间辐射环境[J]. 真空与低温，2013，19（2）：125−129.

第2章

辐射与半导体材料的相互作用

就半导体器件和集成电路而言，在空间辐射环境中的高能重离子作用下，其是否发生单粒子现象，除了器件本身的结构工艺特征和电学功能特性外，起主要作用的因素之一是带电粒子电离过程产生的电荷收集方式和特征。因此，在单粒子效应试验测试、器件或集成电路加固设计及加固性能验证评估中，为了更好地理解试验现象与测试数据，科学合理地进行分析计算，理解单粒子效应产生的基本物理过程是十分必要的。重离子、脉冲激光与半导体材料相互作用产生的电离径迹结构在理解与分析单粒子效应方面是十分重要的基本因素，重离子在半导体材料中产生的电子-空穴对径迹结构分布与离子在材料中的 LET 值、离子每核子能量等相关。从电离径迹的空间和时间特征方面来看，其分布半径在微米量级，局部电子–空穴对寿命一般为几皮秒。一定波长的脉冲激光在半导体材料中产生的电子–空穴对分布主要与激光束斑能量空间分布和其在半导体材料中的传播过程等有关。为了提高单粒子效应试验评估的准确性和科学性，需要从物理机理和过程等方面，理解脉冲激光与重离子诱发的，时间为皮秒量级、空间为微米量级上的电离径迹结构及电荷收集过程和机理。本章重点介绍有关高能重离子和质子及脉冲激光束在半导体硅材料中产生的电离径迹结构的基础理论及分析方法。

|2.1　辐射与半导体材料相互作用的基本过程|

从辐射与物质相互作用的一般情况来看，辐射粒子种类可以分为三类，第一类是光子，主要包括紫外线、X 射线、γ 射线及各种不同波长的激光等；第二类是带电粒子，主要包括电子、质子和重离子；第三类是中性粒子，如中子。从基本粒子组成来看，虽说有大量的、奇特的其他粒子存在，如正电子（positrons）、υ 介子（muons）及介子（mesons）等，但在电子器件和集成电路单粒子效应分析及电子系统与设备抗辐射防护设计中,主要考虑上述的重离子、质子及脉冲激光三种辐射粒子与航天器材料及电子器件的相互作用。

空间高能重离子和质子为什么会诱发单粒子效应而造成电子器件或集成电路产生状态变化或损坏呢？基本缘由之一是空间重离子和质子与半导体材料（如硅）相互作用而导致后续产生电离过程，电离过程主要包括电子-空穴对的产生及其漂移和扩散运动所产生的电流。

带电粒子与半导体材料相互作用的方式主要有库仑相互作用（卢瑟福散射）和核相互作用两种方式。在库仑相互作用过程中，带电粒子主要和靶原子电场相互作用导致靶原子电子的激发和电离，或转移足够的能量而引起靶材料晶格结构原子发生位移。例如，对电子而言，其引起原子发生位移所需的最小能量为 150 keV，但对质子而言，最小能量仅为 100 eV；在核相互作用中，入射的碰撞粒子与靶原子核相互作用，导致弹性与非弹性散射及嬗变，例如，靶原子核吸收一个质子后会发射出一个 α 粒子，这个过程被称为裂变。

在单粒子效应地面模拟试验中，有时也采用一定波长的脉冲激光在集成电路中诱发单粒子现象。从辐射传输角度来说，光子在真空中的传播速度约为每秒 30 万千米，其电荷数和静止质量均为零，其与半导体材料相互作用的主要过程包括光电效应现象、康普顿散射及产生电子-空穴对，这些相互作用过程均产生了自由电子。一般来说，在光电子发射过程中，光子会被外电子层（L 壳层）电子完全吸收，导致外电子层电子被发射；也可能发生这样一种现象，即光子的能量足够高时，以至于使靶原子内电子层（K 壳层）电子被发射，当 L 壳层电子降落填补了 K 壳层电子空位后，可能会发射 X 射线或从 L 壳层发射低能俄歇电子（与靶材料的原子序数有关）。其次是康普顿散射过程，当入射光子的能量远大于靶材料原子-电子间的束缚能时，入射光子不会被靶材料原子完全吸收，这时候光子的一部分能量用来散射原子的电子（被称为康普顿电子），而余下来的部分能量则为散射的低能光子。当光子能量大于或等于 1.02 MeV 时，将会产生电子对；这时候，光子能量将完全被高 Z 值材料所吸收，从而形成电子-正电子对。图 2-1 给出了三个相互作用过程与光子能量、材料 Z 值的相关性分布范围示意图。从图中可以看出，就硅材料而言，当光子能量小于 50 keV 时，此时以光电效应为主，而当光子能量大于 20 MeV 时，则开始产生电子-正电子对。

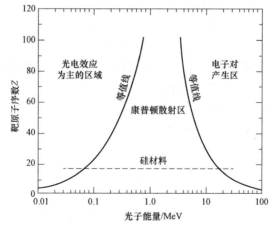

图 2-1 光子与材料相互作用示意图

（图中实线为等值线，虚线为光子与硅材料的相互作用）

2.1.1　重离子线性能量传输值 LET 和射程 R

高能重离子与半导体材料相互作用的一个可以量化的物理量为阻止本领，即在一定材料中，粒子穿越路径上单位距离的能量损失大小，而离子线性能量传输值 LET 大小为阻止本领与材料密度的比值。低能电子和质子在单位距离上沉积的能量决定了材料的电离程度，在主要引起电离过程的低能电子情况下（电子能量小于 10 keV），低能电子阻止本领或 LET 的数据可以在相关辐射物理教科书中查到。在电子器件和集成电路单粒子效应计算分析中，重离子和质子在半导体材料（硅）中的阻止本领一般采用 Bethe and Bloch 公式计算。带电粒子与半导体材料相互作用过程中，带电离子通过激发半导体材料原子电子并形成电离过程而损失动能。当带电离子在半导体材料中穿越时，在单位长度上离子的能量损失（Bethe and Bloch 公式）为：

$$-\frac{\mathrm{d}E}{\mathrm{d}x}=4\pi N_A r_e^2 m_e c^2 z^2 \frac{Z}{A}\frac{1}{\beta^2}\left[\ln\frac{2m_e c^2 \gamma^2 \beta^2}{I}-\beta^2-\frac{\delta}{2}\right] \quad （2.1\text{--}1）$$

式中，z 是入射离子电荷；Z 和 A 分别是吸收材料的原子序数和原子量；m_e 是电子质量；r_e 为电子半径；N_A 为阿伏伽德罗常数；β 为入射粒子速度和光速的比值；$\gamma=(1-\beta^2)^{1/2}$；I 为电离常数，$I=16Z^{0.9}$ eV（$Z>1$）；δ 是一常数。那么，离子线性能量传输值 LET 的计算表达式为：

$$\mathrm{LET}=-\frac{1}{\rho}\frac{\mathrm{d}E}{\mathrm{d}x}$$

从式（2.1-1）可以看出，一个带电粒子穿越半导体材料时，其线性能量传输值 LET 或能量损失率也可以近似表示为：

$$\mathrm{d}E/\mathrm{d}x=f(E)MZ^2/E$$

式中，x 为带电粒子穿越的距离，单位为每单位面积的质量，即千克/平方米；$f(E)$ 是随能量缓慢变化的函数；M 是带电粒子质量；Z 是带电粒子电荷数。

因此，在一定的能量下，入射粒子的电荷数和质量越大，其在半导体材料中单位长度上电离产生的电荷越多；对相对论带电粒子而言，上述方程中质量的影响几乎是不变的，此时，电离产生电荷的多少主要由带电粒子电荷数决定。由第 1 章讨论我们知道，银河宇宙射线重离子成分分布中，铁离子具有相对较高的分布丰度，而原子序数大于铁离子的重离子分布丰度很快降低。从这个方面看，铁离子是银河宇宙射线诱发单粒子效应的主要起因之一，对其在半导体硅材料中传输的基本特性的了解是十分必要的，如对铁离子而言，能量为每核子 1 GeV 时，其在半导体硅材料中每穿越 10 μm 就会产生约 0.14 pC 的电荷沉积（在硅材料中，22.5 MeV 的能量沉积可以产生 1 pC 的电荷）。

在带电离子与物质相互作用的理论与试验研究基础上，研究工作者开发出了方便易用的带电离子与物质相互作用的计算分析软件。20 世纪 80 年代，以美国科学家 James F. Ziegler 为首的科学家团队利用当时流行的 BASIC 语言，基于理论计算模型和相关试验数据，开发出了计算带电离子与物质相互作用的 TRIM（TRansport of Ions in Matter）计算软件包，利用 TRIM 软件包可以计算带电粒子在固体材料中的阻止本领（或者线性能量传输值 LET，单位为 MeV·cm²/mg）和射程等。随后，随着计算技术及理论的不断发展，已开发出了包括 TRIM 在内的多模块、多功能带电离子与物质相互作用计算分析软件包 SRIM2013（Stopping and Range of Ions in Matter）等，其计算分析能力有了进一步拓展和提高。

图 2–2 给出了利用 TRIM 软件包计算的电子、质子和不同电荷数的重离子在硅材料中的阻止本领（或者线性能量传输值 LET，单位为 MeV·cm²/mg）随入射离子的每核子能量的变化曲线。

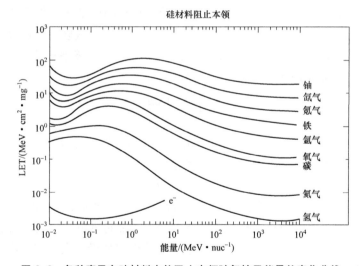

图 2–2　各种离子在硅材料中的阻止本领随每核子能量的变化曲线

描述高能粒子与半导体材料相互作用的另一个量化物理量为穿透深度或射程（与阻止本领密切相关），即对一定能量的离子，其在材料中能够穿越的最大距离。在单粒子效应地面模拟试验中，重离子在电子器件半导体材料中的射程是一个重要参数，如果选取的照射离子的射程比较短，就难以实现效应的真实模拟。另外，离子的穿透深度也用来评估一定屏蔽厚度下带电粒子的截止能量。图 2–3 给出了不同能量的电子和质子在铝材料中的穿越深度随能量的变化情况。从图中可以看出，1.0 MeV 的电子的穿越深度约为 0.2 cm，而 1.0 MeV 的质子的穿越深度约为 0.001 5 cm，同样的能量下，电子的穿越深度约为质子穿越深度的 100 倍；也就是说，要穿越能量为 1.0 MeV 电子穿过的深度时，质子能量要达到约 20.0 MeV。对一般航天器结构设计而言，典型屏蔽厚度水平在 0.1~0.2 cm（40~80 mil）范围，从这一点看，一般航天器的结构屏蔽效果可以阻挡宇宙空间或辐射带中能量为 1.0 MeV 电子和能量为 20.0 MeV 的质子。

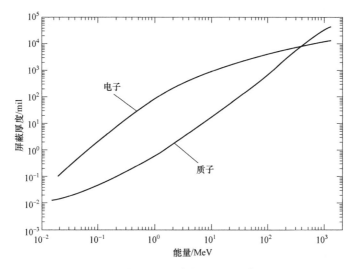

图 2-3　电子和质子的最小穿越能量随屏蔽厚度的变化

在能量离子与半导体材料相互作用过程中，由 Bethe and Bloch 理论可知，离子能量的损失过程与离子种类、能量等都密切相关。离子在材料中穿越时，其能量损失总会在某个位置处达到最大值，即能量损失峰值，该峰值被称为布拉格峰（Bragg peak）。在进行单粒子效应模拟试验及加固性能评估设计中，半导体材料中带电粒子 LET 值随射程（穿越深度）的变化曲线是最常用的参考数据。图 2-4 给出了采用 SRIM 软件计算的常见重离子加速器可以提供的 Kr^+、Cu^+、Ar^+、Ne^+ 四种离子的 LET 值随射程的变化曲线，图 2-5 也给出了采用 SRIM 软件计算的银河宇宙射线中丰度最大的 $^{56}Fe^+$ 离子在硅中的 LET 值及射程，图 2-6 则给出了采用 SRIM 软件计算的常见重离子在硅及 GaAs 材料中的 LET 及射程。从变化曲线可以看出带电粒子在半导体材料中产生沉积电荷的基本特点，即每种带电粒子在材料中的电荷沉积（能量损失）均存在一个峰值，不同种类离子，其峰值的分布位置不同。但一般情况下，当粒子能量在 1 MeV/nuc 附近时，离子在材料中产生的沉积电荷（能量损失）达到最大，即此种情况下，离子最大能量损失在布拉格峰附近。在地面单粒子效应模拟试验中，为了充分实现模拟效果的真实性和准确性，常常选择离子在半导体材料中产生最大能量损失的情况下开展效应测试及模拟试验；另外，从计算分析及图 2-4、图 2-5 及图 2-6 中可以看出，一个带电粒子在半导体材料中能够到达的最大 LET 值近似等于其原子序数大小。有关 LET 值随射程的变化曲线及布拉格峰的详细讨论分析，读者如需进一步深入了解，可参见参考文献 [5]。

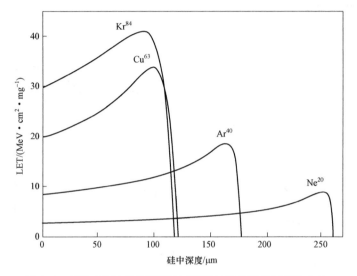

图 2-4 采用 SRIM 软件计算的重离子 LET 值随射程变化曲线

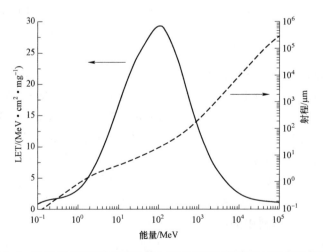

图 2-5 采用 SRIM 软件计算的 $^{56}Fe^+$ 离子在硅材料中的 LET 值及射程

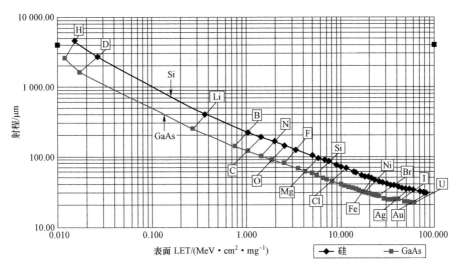

图 2-6　采用 TRIM 软件计算的重离子在硅及 GaAs 材料中的 LET 值及射程

2.1.2　重离子与半导体材料相互作用过程的空间尺度

电子-空穴对的产生是因重离子与半导体材料硅原子中电子的库仑相互作用所产生的能量沉积所造成，一般来说，产生单粒子效应需要沉积大量的能量，最典型状况是重离子在 1 μm 的离子路径上沉积 10 MeV 能量时，可能会诱发传统电子器件和集成电路出现单粒子效应。在离子路径上，能量沉积所释放产生的电子-空穴对全部或部分被电子器件和集成电路敏感节收集后，产生的瞬态电流脉冲可能导致单粒子效应发生，在电子器件和集成电路中，一般情况下最敏感的区域是处于反偏状态下的 PN 结。针对半导体材料中电离产生电子-空穴对的过程，已开展了许多理论和试验方面的研究工作，从重离子与半导体材料相互作用的主要物理过程来说，主要结论如下：

第一，电离产生的电子-空穴对会对电路中邻近 PN 结形成电干扰，造成电路结构中局部电场的重新分布，电场的重新分布会诱发电路中某些寄生结构导通，如 CMOS 电路中寄生的 PNPN 结构导通会造成单粒子锁定（SEL）发生，MOSFET 电路中寄生的双极性晶体管导通会形成雪崩击穿而造成单粒子烧毁（SEB）。

第二，电离产生的电子-空穴对浓度的径向分布可以采用相关的理论进行定量计算分析，如 Kats 理论（将在后面章节详细介绍）。一般地说，可以将电子-空穴对浓度的径向分布认为是高斯型分布。为简单起见，不考虑电子-空穴对径向扩散时的复合过程，则电子-空穴对扩散方程为：

$$\frac{\partial n_{\text{ehp}}}{\partial t} = D\Delta n_{\text{ehp}} \tag{2.1-2}$$

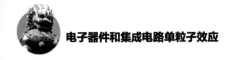

方程解为：

$$n_{\text{ehp}} = \frac{\text{LET}}{4\pi Dt} e^{-r^2/(4Dt)} = n_0 e^{-\left(\frac{r}{r_0}\right)^2} \qquad （2.1\text{-}3）$$

在上述方程解的表达式中，n_{ehp} 表示单位体积内的电子-空穴对（EHP）数目。如果 t 的单位为 ps，扩散系数 D 的单位为 cm^2/s，r_0 的单位为 μm，粒子线性能量传输 LET 值的单位为 EHP/μm，那么 $n_0 = 10^{12}\,\text{LET}/(\pi r_0^2)$，$r_0^2 = 4 \times 10^{-4} Dt$，从式（2.1-3）可以看出，电子-空穴对密度的径向分布模式为高斯型分布。详细的理论和试验研究表明，不同能量和种类的离子产生的电子-空穴对分布轮廓不同，图 2-7 给出了不同能量 Ag 离子在硅材料中产生的电子-空穴对浓度分布轮廓图。从图中可以看出，100 MeV 的 Ag 离子产生的电子-空穴对径迹半径最大为 0.08 μm；而 1.0 GeV 的 Ag 离子产生的电子-空穴对径迹半径最大为 4.0 μm。100 MeV 的 Ag 离子产生的电子-空穴对浓度最大为 $1 \times 10^{28}/\text{cm}^3$，而 1.0 GeV 的 Ag 离子产生的电子-空穴对浓度最大为 $1 \times 10^{24}/\text{cm}^3$，电子-空穴对浓度最大位置均处于径迹结构中心。

第三，电子-空穴对的运动（扩散、漂移和聚焦）会在电路中某电极上产生电荷收集而形成脉冲电流。

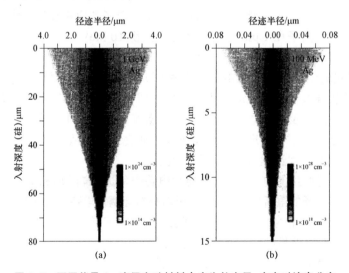

图 2-7 不同能量 Ag 离子在硅材料中产生的电子-空穴对浓度分布

2.1.3 重离子与半导体材料相互作用过程的时间尺度

重离子与硅材料原子中电子的库仑相互作用所产生的能量沉积过程的时间尺度一般在飞秒到皮秒范围内。图 2-8、图 2-9 及图 2-10 给出了能量离子在

硅材料中产生的电子-空穴对及其电子器件和集成电路电荷收集过程的时

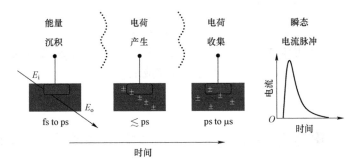

图 2-8　电离及电荷收集过程的时间分布情况

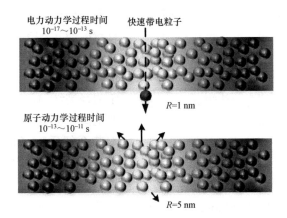

图 2-9　电离及电荷收集过程的时间分布示意图

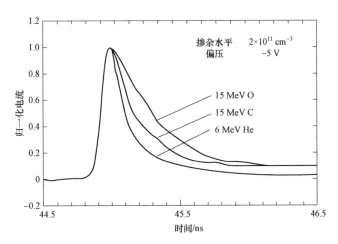

图 2-10　电荷收集过程的时间分布情况

间分布情况。一般认为，快速的高能带电离子与电子相互作用的动力学过程在 $10^{-17} \sim 10^{-13}$ s 的时间范围内，而与原子相互作用的动力学过程在 $10^{-13} \sim 10^{-11}$ s 的时间范围内，即其在几百飞秒的时间范围内完成了能量沉积过程。重离子和硅材料原子相互作用过程中，会产生二次电子（见 2.2 节）从而形成电离径迹，这种电荷的形成过程是在皮秒时间范围内完成的。

2.2 重离子在半导体硅材料中的电离径迹结构

重离子与半导体材料相互作用时，由于电离过程在半导体材料中产生了能

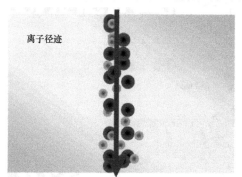

离子径迹

量较高的 δ 射线（电子），不仅在穿越纵向上有一定的射程，在横向上也会由于二次电子的产生形成一定的径迹结构，重离子在硅材料中的电离径迹结构如图 2–11 所示。本节介绍重离子电离径迹结构计算分析的理论和方法。表 2–1 列出了计算重离子电离径迹结构的一些常用基本参数。

图 2–11　重离子在硅材料中的电离径迹结构示意图

表 2–1　电离径迹结构计算涉及的主要参数

材料	电离能 E_p/eV	密度/（g·cm^{-3}）	单位 LET 值产生 EHP 密度/cm^{-3}
GaAs	~4.8	5.32	~6.47×10^4
Si	3.6	2.328	1.11×10^5
SiO$_2$	17	2.2	1.29×10^4

2.2.1　Katz 理论

重离子在硅材料中与原子相互作用产生电子–空穴对，电子–空穴对在径向的分布取决于重离子在该方向的能量沉积，即硅材料重离子径向剂量的分布。径向剂量 $D(t)$ 是离子（电荷数为 Z，速度为 β）径迹的径向函数，它的计算公式在相关文献中有介绍。本节主要利用相关文献中的公式计算分析一般试验研

究中采用的典型重离子 Br⁺的径迹结构。

当带电粒子穿过物质，在描述沉积能量的空间分布时，能量损失的主要模式是假定靶材料原子发射电子后被电离。穿越深度为 t，射程为 r 的电子，其剩余能量为 W，W 由走完剩余射程 $r-t$ 的能量 ω 给出。发射电子（δ 射线）剩余能量的函数形式为：

$$W(r,t) = \omega(r-t) \qquad (2.2-1)$$

式中，r 为能量 ω 的发射电子的实际射程；t 为穿入材料的深度。当给定靶材料中的射程–能量关系已知时，剩余能量便可由式（2.2–1）估算。

若一束离子每平方厘米中包含一个电子，t 处的耗散能量 E 表示为：

$$E = \frac{d}{dt}(\eta W) \qquad (2.2-2)$$

式中，η 是电子传输的概率。

正如文献［14］指出的那样，式（2.2–2）忽略了几个效应。首先，它忽略了背面散射，尽管可以认为某一薄层 dt 内损失的能量可由后面层背面散射获得的能量加以补偿。其次，所有的电子都用一个未散射类型表示；另外，穿越深度为 $t(t>r)$ 的电子的沉积能量没有考虑。这些不足之处可由电子输运的直接解或 Monte Carlo 方法克服。然而，Kobetich 和 Katz 方法的优点在于简单准确。所使用的传输函数是基于 Dupouy 等人的表述，并由 Kobetich 和 Katz 修正得到：

$$\eta(r,t) = e^{-\left(\frac{qt}{r}\right)^p} \qquad (2.2-3)$$

其中，

$$q = 0.005\ 9Z_T^{0.98} + 1.1 \qquad (2.2-4)$$

$$p = 1.8(\lg Z_T)^{-1} + 0.31 \qquad (2.2-5)$$

式中，Z_T 是靶材料的原子数；r 和 t 的单位是 g/cm²。

为了估算能量在 ω 和 $\omega+d\omega$ 之间，每单位长度的离子径迹上，一个离子激发的自由电子数目，Kobetich 和 Katz 采用了由 Bradt 和 Peters 给出的公式：

$$\frac{dn}{d\omega} = \frac{2\pi N Z^{*2} e^4}{mc^2\beta^2}\frac{1}{\omega^2}\left[1 - \frac{\beta^2\omega}{\omega_m} + \frac{\pi\beta Z^{*2}}{137}\sqrt{\frac{\omega}{\omega_m}\left(1 - \frac{\omega}{\omega_m}\right)}\right] \qquad (2.2-6)$$

式中，e、m 为电子电量和质量；N 为靶材料中每平方厘米中的自由电子数；ω_m 为一个离子能传给自由电子的最大能量值，它是一个经典的运动学数值，由下式给出：

$$\omega_m = \frac{2mc^2\beta^2}{1-\beta^2} \qquad (2.2-7)$$

在方程（2.2–6）中，Z^* 是离子的有效电荷数：

$$Z^* = Z\left[1 - \exp\left(-\frac{125\beta}{Z^{2/3}}\right)\right] \qquad （2.2-8）$$

Rudd 等人在试验上发现了电子束缚效应后，Kobetich 和 Katz 考虑了该效应。Rudd 发现 ω 可被解释为传给发射电子（动能为 W）的总能量，所以，式（2.2–6）中的 ω 可由下式代替：

$$\omega = W + I \qquad （2.2-9）$$

如果 ε 是穿过半径为 t 的圆柱体（其轴是离子径迹）表面的 δ 射线的能流，圆柱体内单位长度上沉积的能量密度 E 和平均半径 t 由下式给出：

$$E = \frac{-1}{2\pi t}\frac{\mathrm{d}\varepsilon}{\mathrm{d}t} \qquad （2.2-10）$$

总能流可通过对单个电子的能流（由 ηW 给出）积分并对材料中的所有原子的求和分布和 δ 射线的分布得到：

$$\varepsilon(t) = \sum_i \int_{\omega_t}^{\omega_m - I_t} \mathrm{d}\omega W(t,\omega)\eta(t,\omega)\frac{\mathrm{d}n_i}{\mathrm{d}\omega} \qquad （2.2-11）$$

在式（2.2–11）中，下限 ω_t 是一个电子穿入距离 t 的能量，上限 $\omega_m - I_i$ 是运动离子能给电子的最大动能。根据式（2.2–10）和式（2.2–11），能量密度分布可以表示为：

$$E(t) = -\frac{1}{2\pi t}\sum_i \int_{\omega_t}^{\omega_m - I_t} \mathrm{d}\omega\frac{\partial}{\partial t}[\eta(t,\omega)W(t,\omega)]\frac{\mathrm{d}n_i}{\mathrm{d}\omega} \qquad （2.2-12）$$

$E(t)$ 被定义为剂量的径向分布。

由于电子传输问题的复杂性，在理论上确定电子的射程与能量之间的关系是困难的，在离子径迹结构计算中，为了方便，在计算中采用的是基于试验测量的经验表述。射程与能量关系的精确表述由下式决定：

$$r = A\omega\left[1 - \frac{B}{1 + C\omega}\right] \qquad （2.2-13）$$

其中，

$$A = (0.81Z_T^{-0.38} + 0.18)\times 10^{-3}\ \ \mathrm{g/(cm^2 \cdot keV)} \qquad （2.2-14）$$

$$B = 0.21Z_T^{-0.555} + 0.78 \qquad （2.2-15）$$

$$C = (1.1Z_T^{0.29} + 0.21)\times 10^{-3}/\mathrm{keV} \qquad （2.2-16）$$

反过来，式（2.2–13）可以给出 ω 与 r 的关系。

2.2.2　电荷径向分布轮廓（径向剂量计算）

计算 δ 射线在 Si 材料中的径向剂量分布时，假定发射电子的能量服从均匀分布，则式（2.2-1）可化简为：

$$W = \frac{r-t}{r}\omega \qquad (2.2-17)$$

将式（2.2-14）～式（2.2-16）代入式（2.2-13）得到：

$$r = 0.081\ 81 \times 10^{-3}\omega\ \mathrm{g}/(\mathrm{cm}^2 \cdot \mathrm{keV}) \qquad (2.2-18)$$

将式（2.2-3）、式（2.2-6）、式（2.2-17）、式（2.2-18）代入式（2.2-12），得：

$$E(t) = \frac{\lambda}{t}\int\left[\frac{r-t}{r}\omega\mathrm{e}^{-\left(\frac{qt}{r}\right)^p}\left(\frac{q}{r}\right)^p pt^{p-1} + \mathrm{e}^{-\left(\frac{qt}{r}\right)^p}\frac{\omega}{r}\right]\frac{1}{\omega^2} \cdot$$

$$\left[1 - \frac{\beta^2\omega}{\omega_{\mathrm{m}}} + \frac{\pi\beta Z^{*2}}{137\sqrt{\omega_{\mathrm{m}}}}\sqrt{\omega} - \frac{\pi\beta Z^{*2}}{137\omega_{\mathrm{m}}^{3/2}}\omega^{3/2}\right]\mathrm{d}\omega \qquad (2.2-19)$$

其中，$\lambda = \dfrac{NZ^{*2}e^4}{mc^2\beta^2}$。

对于 Si 而言，

$$\lambda = \frac{7\times10^{23}Z^{*2}(4.8\times10^{-10})^4}{0.91\times10^{-27}(3\times10^{10})^2\beta^2}(\mathrm{erg/cm})$$

$$= \frac{7\times10^{23}Z^{*2}(4.8\times10^{-10})^4}{0.91\times10^{-27}(3\times10^{10})^2\beta^2}\times6.24\times10^8(\mathrm{keV/cm})$$

$$= 28.311\ 55 \times Z^{*2}/\beta^2(\mathrm{keV/cm})$$

对式（2.2-19）进行化简，得：

$$E(t) = \frac{\lambda}{t}\mathrm{e}^{-\left(\frac{qt}{r}\right)^p}\left[\left(1-\frac{t}{r}\right)p\left(\frac{q}{r}\right)^p t^{p-1} + \frac{1}{r}\right] \cdot$$

$$\left\{\ln\frac{\omega_{\mathrm{m}}}{\omega_t} - \beta^2\left(1-\frac{\omega_t}{\omega_{\mathrm{m}}}\right) + 2\frac{\pi\beta Z^{*2}}{137}\left[1-\left(\frac{\omega_t}{\omega_{\mathrm{m}}}\right)^{1/2}\right] - \frac{2}{3}\frac{\pi\beta Z^{*2}}{137}\left[1-\left(\frac{\omega_t}{\omega_{\mathrm{m}}}\right)^{3/2}\right]\right\}$$

考虑到低能时，$r = A(1-B)\omega$，类似地，$t = A(1-B)\omega_t$，则：

$$\frac{\omega_t}{\omega_{\mathrm{m}}} = \frac{t}{r}$$

于是，剂量径向分布可表示为：

$$E(t) = \frac{\lambda}{t}\mathrm{e}^{-\left(\frac{qt}{r}\right)^p}\left[\left(1-\frac{t}{r}\right)p\left(\frac{q}{r}\right)^p t^{p-1} + \frac{1}{r}\right] \cdot$$

$$\left\{\ln\frac{r}{t} - \beta^2\left(1-\frac{t}{r}\right) + 2\frac{\pi\beta Z^{*2}}{137}\left[1-\left(\frac{t}{r}\right)^{1/2}\right] - \frac{2}{3}\frac{\pi\beta Z^{*2}}{137}\left[1-\left(\frac{t}{r}\right)^{3/2}\right]\right\}$$

图 2-12～图 2-17 给出了基于上式计算得出的带电粒子在硅材料中的径向剂量分布情况，图中横坐标为径迹半径，单位为 nm；纵坐标为粒子电离产生的剂量，单位为 Gy（戈瑞）。从图中可以看出，不同能量 Br$^+$ 离子在硅材料中沉积的径向剂量（电子-空穴对浓度）分布半径不同，能量越高，分布半径越大。从图中可以看出，140 MeV 的 Br$^+$ 离子产生的电子-空穴对径迹半径最大为 3.5 μm；而 350 MeV 的 Br$^+$ 离子产生的电子-空穴对径迹半径最大为 10 μm。

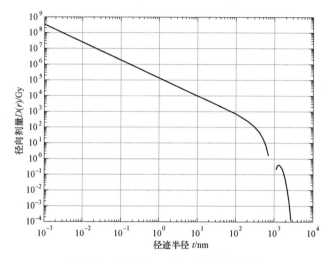

图 2-12　1 MeV/nuc 的 Br$^+$ 径向剂量分布

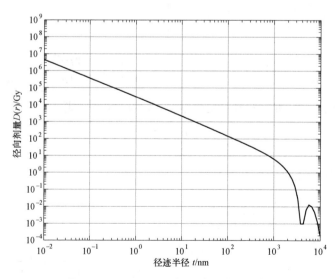

图 2-13　4 MeV/nuc 的 Br$^+$ 径向剂量分布

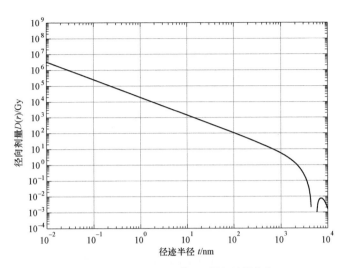

图 2-14　5 MeV/nuc 的 Br⁺径向剂量分布

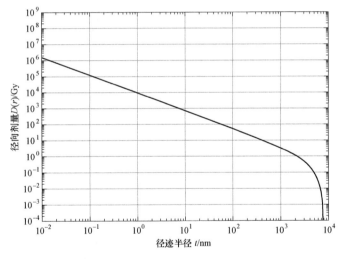

图 2-15　8 MeV/nuc 的 Br⁺径向剂量分布

2.2.3　重离子径迹结构的经验模型

在电子器件和集成电路单粒子效应试验测试分析及加固设计中，一般需要应用对单粒子效应物理过程的分析计算方法，这首先要求对重离子径迹结构的一般性描述模型具有一定了解，本小节介绍了基于理论计算结果和实际应用中总结出的重离子径迹结构的经验模型。

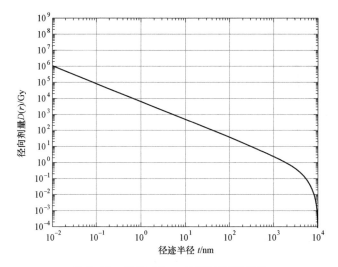

图 2-16　10 MeV/nuc Br⁺径向剂量分布

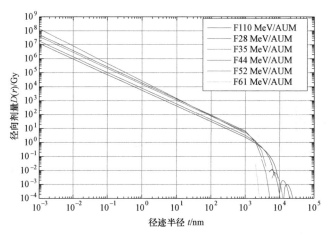

图 2-17　不同能量 Br⁺径向剂量分布

在电子器件和集成电路加固设计过程中，电路及系统设计师可以采用计算机模拟的方法来分析单粒子现象对电子器件和集成电路特性的影响，从而进一步改进电路结构设计，评估耐故障设计方法，及在试验上通过确定测试环境来评估器件单粒子效应特性。就单粒子效应产生过程的基本特点而言，其与电子器件的三维结构密切联系，特别是重离子电离径迹的三维结构。在单粒子效应的器件级仿真计算分析中，尽管采用电离径迹的柱状式二维结构可以得出一些符合试验结果的结论，但进一步严格的仿真分析需要具有电离径迹的三维结构来处理诸如离子以一定入射角进入器件敏感区的实际情况。例如，在针对单个带电粒子产生的瞬时电离现象模拟分析中，离子径迹中电荷的分布方式可以采用一般的解析表达方式。带电离子在半导体材料中产生的电离径迹之空间分布取向可能完全是随机的，如其起始点坐标为 (x_0, y_0, z_0)，其末端坐标为 (x_1, y_1, z_1)，或者知道其电离径迹长度及其与 YZ 平面和 XZ 平面的夹角。在单粒子效应的电路级仿真计算中，离子径迹中包含的电荷是作为一个产生电荷的附加项加入电流连续性方程中的。

通过理论研究和试验测试验证，人们对重离子电离径迹结构分布进行了总结分析，提出了三种可供电路仿真分析计算的经验模型：第一种是简单的阶跃函数式，即均匀性分布模型；第二种是高斯函数式分布方式；第三种是指数分布方式。

柱状均匀分布表达式为：

$$Q_1(r) = \begin{cases} Q_0, & r \leqslant r_e \\ 0, & r > r_e \end{cases} \tag{2.2-20}$$

高斯分布表达式为：

$$Q_1(r) = Q_0 e^{-\frac{r^2}{\sigma^2}} \tag{2.2-21}$$

指数分布表达式为：

$$Q_1(r) = \begin{cases} Q_0 \left[1 + \dfrac{r}{\sigma}\right]^{-n}, & r \leqslant r_e \\ 0, & r > r_e \end{cases} \tag{2.2-22}$$

在均匀分布模型和指数分布模型中，r_e 为电离径迹结构的有效半径。通常情况下，一般认为 r_e 为重离子产生的最大能量二次电子的射程。在应用指数分布模型进行计算分析时，需要对指数分布范围的末端进行近似截取处理，以便在分析计算产生电荷的离散分布时，保证积分计算过程具有收敛特性。

在单粒子效应仿真计算分析中，一般地说，在一定的时间范围内，带电粒子在半导体材料中沉积的总电荷密度可以选择两种方式之一的：要么是阶跃函数式的均匀分布模式，要么是峰值为一定值的高斯型分布模式，其特征长度为 t。在过去的一些研究工作中，有时为了计算上的需求，许多作者都选取时间尺度上为 1 ps 的阶跃函数作为离子产生电荷的分布形式。但需要提及的是，实际情况下，离子撞击半导体材料产生电荷的过程非常快，产生过程的时间一般在飞秒量级范围内。

利用重离子径迹结构经验模型进行单粒子效应仿真分析计算时发现，单粒子瞬态响应过程与沉积电荷的数值离散特性密切相关，特别强调的是，在计算分析非均匀分布电荷轮廓和带电离子的随机趋向径迹时，由于计算方法的局限性，电荷沉积量会产生离散误差。在计算方法的单元格设置上，通过对载流子密度和电荷分布特征的数值积分，可以获得沿离子径迹长度上网格单元中沉积的电荷量的大小。在单粒子效应建模的仿真分析中，必须将给定网格单元中沉积的电荷总量转换成网格单元敏感节点的电荷产生率，数值积分方法的精确性及转换过程都会造成计算结果的离散误差，这种离散误差对计算分析结果影响最大。对一个给定网格上沉积电荷的计算中，必须保证沉积电荷总量的准确性，而且也要维持正确的电荷空间分布轮廓，以便明确在正常电特性传输计算中没有在网格单元上附加多余的电荷密度。

例如，在单粒子效应模拟计算分析中，对 100 MeV 铁离子的电离径迹结构而言，电荷计算中的离散特征可能导致计算所得的沉积电荷仅为 90 MeV 铁离子所产生的电荷量，这种情况对精确电荷收集计算而言，是一种难以接受的情况。为了保证准确的初始沉积电荷，在计算中，为了消除离散误差带来的影响，达到 100 MeV 铁离子产生的电荷量，可以选择对电离径迹结构内每个节点的电荷产生项乘上 1.11（10/9）倍的系数。就这种一般性缩放比例系数的方法来说，如果系数过大，可能会影响初始沉积电荷的分布轮廓。另外，即使确定的初始化沉积电荷合理正确，但由于初始化电荷分布特性的变化，可能会在峰值电流和收集电荷的计算中仍然带来误差，即使采用更精细的网格化分布来提高计算的准确度，但精细的网格分布将会耗费大量的计算时间。为了提高计算分析中初始电荷分布的精度，在重离子经验分布模型计算方法上通常采用一些适当的数值计算方法，如采用四级或五级高斯积分法计算沉积电荷总量时，可以将沉积电荷的计算离散误差保持在实际电荷量的百分之几之内。如果在计算中使用期望值，在电荷的初始化空间分布中，电荷分布不会太大偏离期望的均匀分布、高斯分布及指数分布。

2.3 聚焦脉冲激光束在半导体硅材料中的电离径迹结构

2.3.1 一般性物理描述

根据量子光学理论，当光子能量大于半导体材料禁带宽度时，半导体材料吸收光子而产生电子−空穴对。当激光穿过半导体材料时，材料对激光的吸收使其光强减小。图 2-18 为聚焦脉冲激光束在半导体器件中的传播示意图。

根据 Beer（比尔）定律，激光光强随入射距离呈指数规律衰变。具体表达式为：

$$I=I_0\exp(-\alpha X)$$

式中，I_0 为入射激光在器件表面处的光强；α（$\mathrm{cm^{-1}}$）为硅材料对激光的吸收系数，在距离表面 X 深处，激光光强为 I；如果硅材料吸收一个光子时的电子–

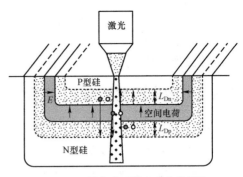

图 2-18 聚焦脉冲激光束在半导体器件中的传播

空穴对产额为 m，那么在激光传输路径上单位长度上产生的电子–空穴对数为：

$$G=(hv)^{-1}mI_0\alpha\exp(-\alpha X)$$

式中，G 的单位为电子–空穴对数/cm，由于硅材料表面的反射，并非所有入射激光进入材料。设硅表面对激光的反射率为 R_0，则：

$$G=(hv)^{-1}m（1-R_0）I_0\alpha\exp（-\alpha X）$$

对硅–空气界面而言，硅的折射率为 $n=3.42$，空气的折射率为 $n=1$，那么硅表面对激光的反射率为 0.3。对波长为 1 064 μm 的激光而言，其光子能量为 1.17 eV，该能量大于硅材料禁带宽度能量 1.12 eV。硅材料产生电子–空穴对需吸收能量为 3.6 eV，故硅材料吸收一个光子时的电子–空穴对产额为 1/（3.6/1.17）=1/3.08。

在脉冲激光能量等效重离子 LET 值的理论计算中，认为激光和重离子在传输路径单位距离上产生的电子–空穴对数目是相同的，并且脉冲激光光子能量大于半导体的禁带宽度。如果脉冲激光的能量是 J［单位为焦耳（J），1 MeV=1.6×10^{-13} J］，器件表面的反射系数为 R，则进入硅材料中的能量为：

$$E_0=\frac{(1-R)J}{1.6\times10^{-13}}\mathrm{MeV} \qquad （2.3-1）$$

根据 Beer 定律，则可推出脉冲激光能量等效重离子 LET 值理论计算公式为：

$$\mathrm{LET}=K(1-R)J\alpha\exp(-\alpha X)/(hv)$$

式中，$K=6.25\times10^{12}\ m/\rho$，其中 ρ 为硅材料密度。

如果脉冲激光能量略大于半导体的禁带宽度，吸收系数基本不随入射深度变化，则脉冲激光能量等效重离子 LET 值计算的简化公式为：

$$\mathrm{LET}=\frac{(1-R)\alpha J E_{\mathrm{ion}}}{1.6\times10^{-13}\rho E_{\mathrm{Si}}} \qquad （2.3-2）$$

结合重离子试验数据进行修正，得出对于波长为 1.06 μm 脉冲激光，脉冲能量等效重离子 LET 的关系式为：1 nJ=56 MeV·cm²/mg；对于波长为 1.079 μm 的脉冲激光，其能量等效重离子 LET 的关系式为：1 nJ=36 MeV·cm²/mg。

2.3.2 激光诱发的电子–空穴对产生率

按照基本的激光束横向传播模式，侧向分布由高斯函数描述。参数 ω_0 是半导体表面的光腰。半导体内的光束传播由共焦长度 Z_{sc} 决定。按照 Beer–Lambert 定律，由于光的吸收，激光强度随进入半导体内的距离呈指数式衰减。

激光诱发的电子–空穴对产生率表达式可以表示为：

$$g_{las}(r,z,t) = \frac{2\alpha T E_L}{\pi^{3/2}\omega_0^2 E_\gamma \tau_{las}} \frac{\omega_0^2}{\omega(z)^2} e^{-\frac{2r^2}{\omega(z)^2}} e^{-\alpha z} e^{-\frac{t^2}{\tau_{las}^2}} \quad （2.3-3）$$

式中，参数 α 为导体的光吸收系数；E_L 为激光脉冲能量；E_γ 为光子的能量；T 为半导体表面的能量透射系数，参数 T 中考虑了氧化层的干涉效应；τ_{las} 为激光脉冲宽度；z 为穿越深度。

在半导体器件结构中，电路的响应时间要比激光脉冲传播的时间长得多，因此，空间和时间变化之间的耦合可以被忽略，且产生率的时间分布仅为另一重新产生脉冲的时间分布。我们认为在实验室典型的试验条件下，10 ps 脉宽的脉冲能量的径向分布可以认为是高斯型的。

图 2–19 和图 2–20 给出了不同共焦长度下，脉冲激光在硅材料中产生的电离径迹结构，计算中激光波长为 1.06 μm，能量为 1.0 nJ，假定光束的聚焦束斑直径为 1.0 μm（接近波长决定的理论极限）。从图中可以看出，脉冲激光产生的电子–空穴对径迹半径为激光束半径大小，激光诱发产生的电子–空穴对浓度最大为 1×10¹⁶/cm³。应当说明的是，对数颜色刻度从视觉上夸大了光束的宽度和发散。实际上，考虑波长后，大部分能量在光束发散变得严重之前便被吸收。

计算中采用的激光电离径迹结构的计算表达式为：

$$\int_\infty^\infty g_{laz}(r,z,t)\mathrm{d}t = \tau\sqrt{\pi}\,\frac{2\alpha T E_L}{\pi^{3/2}\omega_0^2 E_\gamma \tau_{las}} \frac{\omega_0^2}{\omega(z)^2} e^{-\frac{2r^2}{\omega(z)^2}} e^{-\alpha z}$$

$$= \frac{2\alpha T E_L}{\pi\omega_0^2 E_\gamma} \frac{\omega_0^2}{\omega(z)^2} e^{-\frac{2r^2}{\omega(z)^2}} e^{-\alpha z}$$

式中，$\omega_0 = \frac{4f\lambda}{\pi D}$，光斑半径的纵向函数 $\omega(z)$ 为 $\omega(z) = \omega_0\sqrt{1+\left(\frac{\lambda z}{\pi n\omega_0^2}\right)^2}$，其中 n 是线性折射率，λ 是光的波长。结合试验中使用的具体数据，共焦参数 z_0 由下

式给出：

$$z_0 = \pm \frac{\pi n \omega_0^2}{\lambda}$$

其中 ω_0 可由光学聚焦设备决定，即 $\omega_0 = \frac{4f\lambda}{\pi D}$，典型值是 1 μm，$f$ 为使激光束聚焦的透镜焦距长度，D 为照在透镜上的激光束斑的直径。

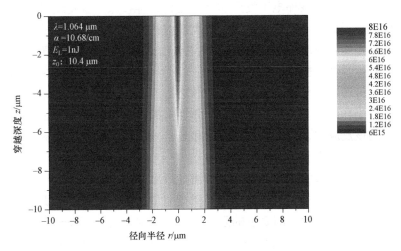

图 2-19 脉冲激光诱发的电子-空穴对径迹结构

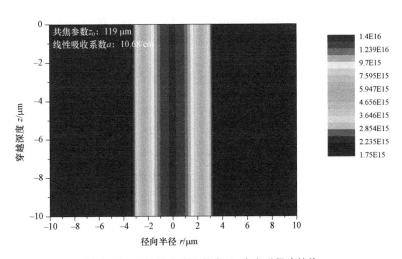

图 2-20 脉冲激光产生的电子-空穴对径迹结构

| 2.4 质子与半导体硅材料的相互作用 |

质子与半导体硅材料相互作用的方式主要有三种情况：第一，质子与半导体材料靶材原子中的核外电子发生非弹性碰撞，导致原子激发或电离，即质子的直接电离过程，这种过程是质子穿过物质时损失能量的主要方式，质子在硅材料中的阻止本领或质子 LET 值的大小主要由这种方式所决定。第二，质子与靶原子核发生弹性碰撞，即核阻止；质子与半导体硅材料原子发生弹性碰撞时，质子将能量传递给靶材料原子核，使靶核离开原来的位置，产生位移损伤。第三，质子与半导体材料靶原子核发生非弹性碰撞后发生核反应，在质子与靶材原子发生的核反应中，观测到直接反应和复合核两种主要反应机制，以及截面更小的碎裂反应过程。

质子与靶原子核中核外电子弹性碰撞导致原子电离，这种相互作用方式被称为质子能量的电离损失，或称为电子碰撞能量损失；质子使物质电离的能力用电子能量损失来量度，即质子的阻止本领，或质子的线性能量损失 LET；另外，质子与半导体硅材料原子核发生弹性碰撞时的能量损失为核阻止线性能量损失 LET，与电子阻止线性能量损失 LET 相比较，这部分数值上很小，可以忽略不计。

在考虑了激发和电离的共同作用后，贝特等人给出的电子阻止本领表达式如下：

$$S_e \equiv \left(-\frac{\mathrm{d}E}{\mathrm{d}x}\right)_e = 4\pi n_a \frac{Z_1^2 Z_2^1 e^4}{m_e v_1^2} \ln\left(2m_e v_1^2 \Big/ I\right)$$

式中，n_a 为原子数密度；Z_1 为入射质子的原子序数；Z_2 为靶原子的原子序数；v_1 为入射质子的速度；I 为靶原子电子平均激发能。在入射质子速度接近 $V_0 Z_1^{1/3}$（V_0 为玻尔速度）时，质子能损 S_e 有极大值，称为布拉格峰。对于已给定靶材料，峰值是入射离子原子序数的函数。从 S_e 的表达式可以看出，质子在半导体硅材料中的直接电离能力很弱，在 Si 中的 LET 值最大为 0.5 MeV·cm²/mg 左右，而且随着能量的升高逐渐减小。利用 Ziegler 等人开发的 SRIM 计算程序可以计算质子 LET 值随能量的变化关系曲线，如图 2–21 所示。从图中可以看出，质子的线性能量损失 LET 主要由电子碰撞能量损失所造成，图中所示质子能量在 50～500 MeV 范围内时，质子核阻止线性能量损失 LET 比电子碰撞能量损失 LET 低三个数量级，即两者相差千分之一以下左右；图中也给出了质子在半导体硅材料中射程随能量的变化关系曲线，从图中可以看出，质子能量处于 50～500 MeV 范围内时，其射程约从 200 μm 增大到约 600 200 μm。

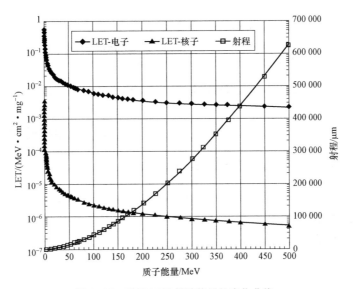

图 2-21　质子 LET 值随能量的变化曲线

图 2-22 为铝屏蔽材料中质子阻止本领随其能量的变化曲线，在铝屏蔽材料中，10 MeV 质子在 30 μm 的射程内，其最大 LET 值约为 0.5 MeV·cm²/mg，而在最初的 20 μm 的入射距离内，其 LET 值约在 0.05 MeV·cm²/mg 范围内。

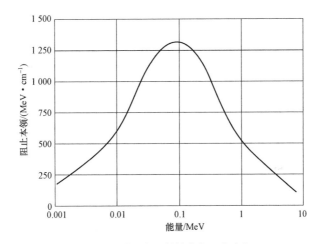

图 2-22　质子在铝材料中的阻止本领

对于传统器件，质子通过直接电离沉积的能量不足以产生单粒子效应（Single Event Effect，SEE），只有对临界电荷很小的器件（LET 阈值小于 1 MeV·cm²/mg），如大容量的 DRAM、纳米 SRAM 器件、CCD 器件以及光电器件，质子直接电离过程能够诱发单粒子效应发生。值得特别指出的是，随着现代电子器件和集成电路技术的不断发展，不能因为质子的 LET 值小，就轻易忽略质子直接电离引起的单粒子效应问题。对高能质子而言，其线性能量损失 LET 反映的是能量沉积的统计平均值，由于统计涨落，质子沉积的能量可能超过平均值，甚至可以高一个数量级左右，所以当电子器件或集成电路的翻转 LET 阈值与高能质子的 LET 值接近时，一部分入射质子的 LET 值就有可能超过翻转阈值，通过直接电离产生翻转，这种概率也可能超过发生核反应的概率。

2.4.1 高能质子与硅材料核反应过程

相比重离子而言，高能质子本身的线性能量传输值（LET）很小，即其直接电离产生的电子-空穴对密度很低，其不足以在传统电子器件和集成电路中诱发产生单粒子效应，但随着超深亚微米工艺技术的发展，有关研究工作表明，质子的直接电离过程也可以诱发超深亚微米工艺制作的集成电路发生单粒子效应。

对于传统电子器件和集成电路而言，高能质子诱发的单粒子效应主要是质子与半导体材料核反应产生的反冲核的电离过程所诱发。当一个高能质子入射进入半导体器件材料的晶格结构中时，其与材料靶原子核发生弹性和非弹性碰撞过程，这种碰撞将引发核反应过程，主要包括：① 产生硅反冲原子的弹性碰撞；② 产生二次反冲核，并发射 α 粒子和 γ 射线（例如，Si 发射一个 α 粒子并产生 Mg 反冲核）；③ 发生裂变反应过程，靶原子核被裂解为两个碎片（例如，Si 分裂成 C 和 O 离子）反弹出来。这些反应产物通过直接电离过程在其反弹路径上产生电子-空穴对，由于这些反冲核比质子质量大许多，而且具有一定的能量，它们电离产生的电荷要比质子直接电离产生的电荷多许多，这些电离电荷在传播过程中易导致电子器件或集成电路发生单粒子效应。上述的核反应过程的描述也称为内核级联碰撞/核子蒸发双态核反应过程，即双态内核级联/蒸发核反应模型。图 2-23 为质子与半导体硅材料原子的内核级联/核子蒸发的双态核反过程示意图。

质子与半导体材料硅原子的核反应过程极其复杂，如图 2-24 所示。现有描述质子与半导体材料硅原子的核反应过程的成熟模型为上述的内核级联碰撞/核子蒸发双态反应模型，在第一状态时，即内核级联碰撞状态是指高能质子和单个硅原子核发生非弹性级联碰撞后，形成轻碎片和处于激发状态的反冲核；

第二状态时，即核子蒸发状态时，处于激发态的反冲核继续蒸发释放核子，直至达到稳态。随着质子能量的增加，核反应过程会展现出不同的特征和反应产物，下面是高能质子与硅原子核反应的一些例子。

$$^{28}\text{Si}（\text{P，P}）^{28}\text{Si} \tag{2.4-1}$$

$$^{28}\text{Si}（\text{P，}\alpha）^{25}\text{Mg} \tag{2.4-2}$$

$$^{28}\text{Si}（\text{P，P}\alpha）^{24}\text{Na} \tag{2.4-3}$$

$$^{28}\text{Si}（\text{P，P}）^{12}\text{C}+^{16}\text{O} \tag{2.4-4}$$

$$^{28}\text{Si}（\text{P，P}）2^{14}\text{N} \tag{2.4-5}$$

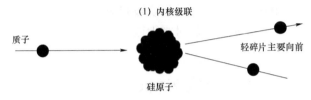

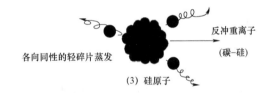

图 2-23　质子与半导体硅材料原子的核反应过程示意图
（内核级联/核子蒸发的双态核反应模型过程示意）

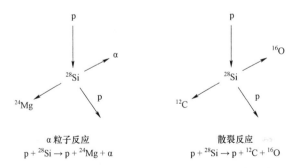

图 2-24　质子与半导体材料硅原子的核反应过程示意图

质子核反应的产物包括反冲核和裂变碎片，其向各个方向发射，但大部分反冲核和裂变碎片主要是前冲方向，随着质子能量的升高，核反应过程倾向于核裂变成多个碎片，由于动量守恒，较轻的裂变碎片具有较高的能量。

核反应产生的反冲核是质子产生单粒子效应的主要机制，在质子核反应中只观测到直接反应和复合核两种反应机制，以及截面更小的碎裂反应。采用量子分子动力学模型（QMD）进行数值计算的结果表明，能量在 1 000 MeV 以下，质子与铁的碰撞反应过程中，重的碎片始终只有一块，其余的都是轻离子（$A \leqslant 5$），计算分析表明在此能量范围内，尚未发生核的多重碎裂反应。对于传统电子器件而言，敏感体积中的电离电荷主要是由核反应中产生的重反冲核所沉积。对于 LET 阈值（$1 \sim 10$ MeV·cm^2/mg）较低的器件，主要是与后两种类似的反应起主要作用，虽然截面很小，只有 20.0 mb 左右，但已能引起破坏性单粒子效应 SEL 以及功率 MOSFET 中的单粒子烧毁和单粒子栅击穿等，这对低地球轨道卫星电子系统而言，特别是其经过南大西洋地磁异常区中心区域时，会对系统构成极大威胁。

2.4.2　质子与硅材料核反应反冲核

如前所述，质子核反应的产物包括反冲核和裂变碎片，在分析质子在半导体硅材料中产生的反冲核分布时，基于内核级联碰撞/核子蒸发的双态核反应模型，采用蒙特卡罗计算方法，获得的质子与半导体材料硅原子的核反应过程反冲核包括了元素周期表中磷元素以前的几乎所有元素，即 Li、Be、B、C、N、O、F、Ne、Na、Mg、Al、Si、P。图 2-25 为基于内核级联碰撞/核子蒸发的双态核反应模型计算的 50 MeV 能量质子在半导体硅材料中产生的反冲核分布情况，图 2-26 为基于内核级联碰撞/核子蒸发的双态核反应模型计算的 200 MeV 能量质子在半导体硅材料中产生的反冲核分布情况，图 2-27 为基于内核级联碰撞/核子蒸发的双态核反应模型计算的 500 MeV 能量质子在半导体硅材料中产生的反冲核分布情况。对比图 2-25、图 2-26 及图 2-27 可以看出，不同能量质子在半导体硅材料中产生的反冲核分布不同，但以产生镁元素核的分布概率最大；随着质子能量增大，产生其他元素核（如碳、氖、钠等）的分布概率也逐渐增大，但能引起产生最大 LET 值的磷元素反冲核的概率很小。反冲核分布的不同，表明了这些能量粒子在半导体硅材料中的能量损失之不同，即反冲核对质子 LET 值大小及分布的影响不同，从三个不同质子能量情况的计算结果可知，质子 LET 值的最大值几乎主要取决于反冲核最大 LET 值的大小，依据现有质子单粒子效应试验结果和理论分析计算结果，一般认为中等能量（$50 \sim 500$ MeV）范围内的质子在半导体硅材料中产生的 LET 值小于 15.0 MeV·cm^2/mg。

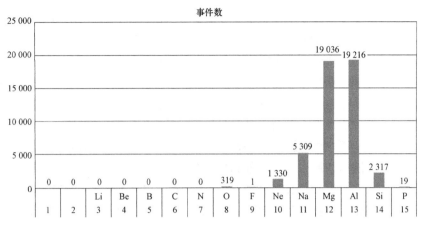

图 2-25　50 MeV 能量质子产生的反冲核分布

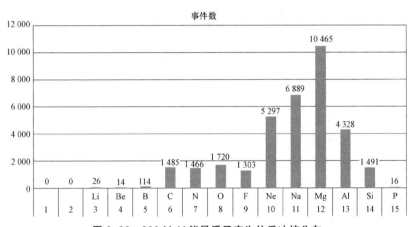

图 2-26　200 MeV 能量质子产生的反冲核分布

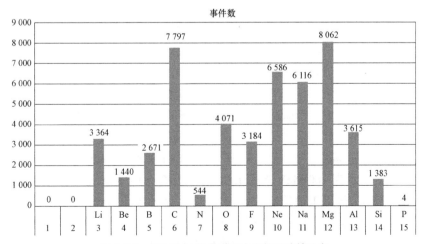

图 2-27　500 MeV 能量质子产生的反冲核分布

通常在做质子单粒子效应试验测试时，质子加速器所提供的常见质子束流能量范围在 30～200 MeV。B. Doucin 等人采用蒙特卡罗方法（HETC 计算代码程序）分别计算了能量为 30 100 200 MeV 的质子与 P 型体硅材料相互作用后产生的反冲核的分布情况，并经过了试验测量验证。当质子能量处于 30～200 MeV 范围内时，质子与 P 型体硅材料相互作用后产生的反冲核具有如下特点：

第一，具有高原子质量数（$A > 25$）的二次反冲核的能量都非常低（小于 1 MeV），这些高质量数反冲核的射程约为 1 μm，所以可以认为其能量都沉积在局部空间范围内，所以就沉积能谱的高能端来说，其贡献很小。

第二，与较重产物相比，虽然中等质量数（$12 < A < 24$）的二次反冲核产额比较小，但由于这些核反应产物碎片具有的平均初始能量处于 2～6 MeV，且射程在几微米以上，其易诱发器件发生单粒子翻转。

第三，质量较轻的核反应碎片（α 离子、氘核、氚核）具有较高的初始能量，其数值高达 7 MeV 以上，但其在电子器件材料中的阻止本领非常低，其数值小于 0.5 MeV/μm，而其射程较长，大于 40 μm。

2.4.3 反冲核的 LET 值分布

如前所述，利用 Ziegler 等人开发的 SRIM 计算程序可以计算出高能质子产生的反冲核的能量分布情况，也可以得出反冲核在半导体硅材料中的射程与线性能量传输 LET 值的分布情况。图 2-28 和图 2-29 是在质子能量为 500 MeV（其产生反冲核的典型能量范围为 0.5～50 MeV）情况下，采用 SRIM 计算程序得出的硅材料中高能质子产生的反冲核能量与 LET 值分布结果。图 2-28 为硅材料中高能质子产生的反冲核能量与其 LET 值的关系曲线，图 2-29 为硅材料中高能质子产生的反冲核射程与 LET 值的关系曲线。如前所述，这些反冲核包括 Li、Be、B、C、N、O、F、Ne、Na、Mg、Al、Si、P 十三种元素的核碎片。从图 2-29 中可以看出，这些反冲核在半导体硅材料中的射程以 Li、Be 的为最大，以 Si、P 的为最小，而反冲核的最大 LET 值以 Li、Be 的为最小，以 Si、P 的为最大，从图中也可以看出，反冲核的最大 LET 值是由磷元素反冲核所决定的，其数值约为 16.0 MeV·cm²/mg，由上节叙述可知，由于高能质子在半导体硅材料中产生磷元素反冲核的概率很小（比产生硅反冲核的概率小几百分之一），所以一般在工程设计应用中，认为高能质子在半导体硅材料中产生的 LET 值不大于 15.0 MeV·cm²/mg。

图 2-30 所示为 200 MeV 质子 LET 谱与重离子 LET 谱的比较，图 2-31 所示为不同能量质子 LET 谱的比较，图 2-32 所示为同一归一化注量下不同能量质子在不同敏感体积大小中的 LET 谱的比较，图 2-33 所示为不同归一化注量下不同能量质子在不同敏感体积大小中的 LET 谱的比较。

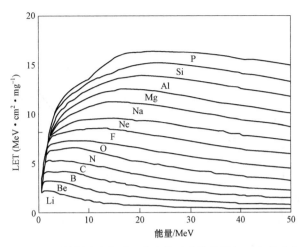

图 2-28 硅材料中高能质子产生的反冲核能量与 LET 值分布

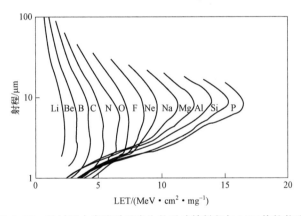

图 2-29 硅材料中高能质子产生的反冲核射程与 LET 值的关系

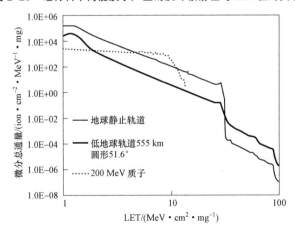

图 2-30 200 MeV 质子 LET 谱与重离子 LET 谱的比较（LEO 与 GEO 轨道）

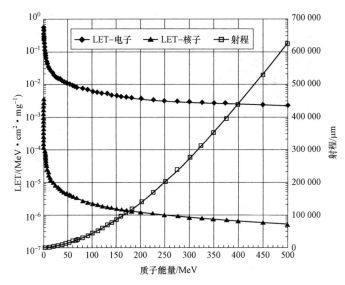

图 2-31　不同能量质子 LET 谱的比较

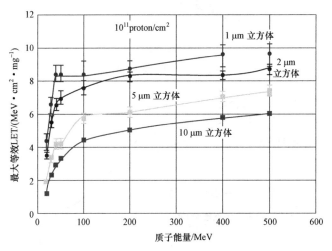

图 2-32　同一归一化注量下不同能量质子在
不同敏感体积大小中的 LET 谱的比较

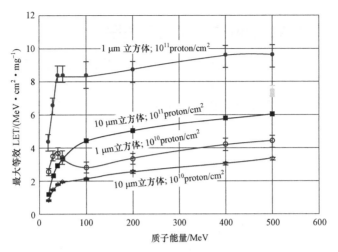

图 2-33　不同归一化注量下不同能量质子在不同敏感体积大小中的 LET 谱的比较

2.5　不同模拟源的等效性问题

如前面章节所述，诱发单粒子效应的空间辐射环境主要有重离子和高能质子，空间重离子种类多，其能量范围宽，从每核子几千电子伏到每核子高达 10 吉电子伏（keV/nuc～10 GeV/nuc），且具有立体角全向分布的特点，很难实现真实环境的地面模拟或重现。目前，国内外大部分单粒子效应地面模拟试验，尤其是工程设计验证评估试验中没有考虑离子种类和能量的差异带来的集成电路或电子器件单粒子效应现象的差别，效应表征参量以粒子 LET 作为主要指标，认为具有相同 LET 值的重离子产生单粒子效应的特征是一样的。但随着电子器件和集成电路制造工艺的不断发展，器件特征尺寸已达到纳米尺度，器件敏感节点间距减小，器件发生单粒子效应所需的临界电荷降低，由此引入了更加复杂的电荷收集机制。大量试验结果表明，单粒子效应试验结果与重离子能量、入射角度等因素密切相关。另外，不同模拟源诱发的单粒子效应异同性分析和评估也是地面模拟试验中需要解决的问题之一，这些问题的理解和分析解决都涉及不同模拟源诱发的电子-空穴对产生过程及电荷径迹分布的问题，在本节中，主要介绍这方面的基础知识。

2.5.1　重离子诱发的电子-空穴对产生率

重离子诱发的电子-空穴对产生率完全由入射离子的能量和其初始 LET 值大小决定。对单粒子效应试验而言，离子能量随入射路径的变化可以忽略。因此，初始 LET 构成了主要变化参数，在单粒子效应的计算分析中，常见的计算分析采用高斯柱状模型：

$$g_{\text{ion}}(r,z,t) = \frac{1}{\pi^{3/2} r_0^2 \tau_{\text{rad}}} \frac{L_i}{E_P} e^{-\frac{r^2}{r_0^2}} e^{-\frac{t^2}{\tau^2}} \tag{2.5-1}$$

式中，L_i 为入射离子在受辐照半导体表面的初始 LET 值；r_0 为电子-空穴对的柱状径迹结构半径，通常采用 Katz 理论计算出的 Ag^+ 离子的典型值为 $0.08\sim$ 4 μm，在本节给出的计算分析中，选取的典型值是 0.1 μm；E_P 表示在材料中产生一电子-空穴对的平均能量（硅材料的 E_P 值为 3.6 eV）。另外，传播的时间问题通常被忽略，产生率的时间变化是一个球形高斯分布。τ_{rad} 为包括离子和二次电子穿过器件结构的时间以及产生的载流子的弛豫时间，数量级是 1 ps。图 2-34 给出了计算得出的 275 MeV Fe^+ 离子（Fe^+ 离子是典型的空间辐射环境宇宙射线的组成部分）诱发的电荷径迹分布。需要说明的是，由于在计算模型中未包括离子 LET 值沿入射路径的变化，那么沿传播方向诱发的电子-空穴对产生率是一样的。图 2-35 是计算给出的 180 MeV Br^+ 离子在硅材料中产生的电荷径迹分布。

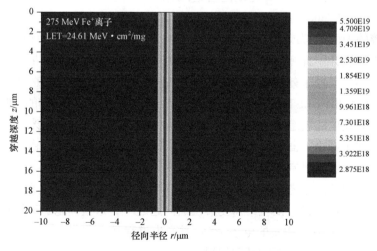

图 2-34　275 MeV Fe^+ 离子诱发的电荷径迹分布

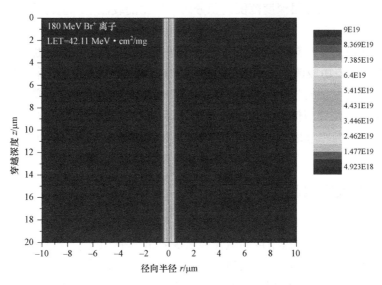

图 2-35　180 MeV Br⁺离子诱发的电荷径迹分布

2.5.2　LET 值等效计算中的非线性引入误差分析

在 2.3.3 节所述的激光等效重离子 LET 值计算分析中，激光在硅材料中的传播和吸收是基于线性过程。实际上，激光在硅材料中的传播和吸收存在非线性效应（如双光子吸收过程），值得指出的是，在计算分析电子-空穴对产生率模型中应包括一些非线性效应，如至少在激光能量达到一定强度下，应考虑硅材料中双光子的非线性吸收过程。例如，对于缓慢发散的光束，非线性双光子吸收机理（在与超快激光脉冲有关的高激光脉冲强度下，或者使用近带隙的波长时，可以出现双光子吸收）可用于分析性描述。在这种情况下，脉冲激光诱发的电子-空穴对产生率的描述如下：

$$G_{\mathrm{las}}(r,z,t) = G_0 U(r,z,t) + \frac{r_{\mathrm{TPA}}}{2} G_0 U(r,z,t)^2$$

$$G_0 = \frac{2\alpha T E_{\mathrm{L}}}{\pi^{3/2} \omega_0^2 E_\gamma \tau_{\mathrm{las}}}, \quad r_{\mathrm{TPA}} = \frac{2\beta T E_{\mathrm{L}}}{\alpha \pi^{3/2} \omega_0^2 \tau_{\mathrm{las}}} - \quad\quad (2.5\text{-}2)$$

$$U(r,z,t) = \frac{\mathrm{e}^{-\frac{2r^2}{\omega_0^2}} \mathrm{e}^{-\alpha z} \mathrm{e}^{-\frac{t^2}{\tau_{\mathrm{las}}^2}}}{1 + r_{\mathrm{TPA}} \mathrm{e}^{-\frac{2r^2}{\omega_0^2}} \mathrm{e}^{-\frac{t^2}{\tau_{\mathrm{las}}^2}} (1 - \mathrm{e}^{-\alpha z})}$$

式中，β 为非线性吸收系数，非线性吸收机理对产生率的贡献由 r_{TPA} 系数决定。在表面附近，双光子吸收（TPA）机理使线性模型的产生率增加。很明显，当对半导体的有限敏感层深度范围内积分时，产生的载流子总量比线性情形下产生的载流子总量少，这是因为两个光子才能产生一电子–空穴对。

其他效应如激光穿过器件结构，吸收系数随掺杂浓度的变化也能逐步地进行理论分析。自由载流子通常通过总量子效率系数（也取决于器件结构）建模。然而，对更为复杂的效应，如自吸收效应（如脉冲尾部被脉冲前部产生的载流子吸收）的严格处理使数字化方法成为必要。如果波长小于 0.85 μm，这些效应通常在硅材料中被忽略，但对于接近带隙波长而言，这些效应对产生率的形状有重要贡献。

2.5.3 线性等效激光 LET

为了比较激光和重离子与硅材料的两种相互作用所引起的电离过程及其诱发的单粒子效应，一般采用的激光能量等效重离子 LET 值的等效原则是假设在单位距离上产生的电子–空穴对数目相同。在这里，我们基于描述单粒子效应的平行管道（RPP）模型来对激光能量等效重离子 LET 值的计算进行分析。该模型假定样品内的单粒子效应敏感体积可以定义为平行六面体，电子–空穴对产生率对体积和时间的积分与有效沉积电荷成比例，通过数值计算来确定沉积电荷是否超过临界电荷，从而决定是否发生单粒子效应。等效计算分析中的另一个假设就是认为平行六面体的侧向尺寸无限大，这样模型可以简化，体积就可由层的厚度 d 来表征。在这种情况下，可以对平行管道模型加以拓展，用来描述激光束与半导体材料的相互作用。基于上述分析，我们可以认为当在厚度为 d 的器件敏感层中产生同样数量的电子–空穴对时，激光束和重离子诱发的单粒子效应能够被等效，即：

$$\int_0^\infty \int_0^d \int_{-\infty}^\infty g_{las}(r,z,t)2\pi r dr dz dt = \int_0^\infty \int_0^d \int_{-\infty}^\infty g_{ion}(r,z,t)2\pi r dr dz dt \quad (2.5-3)$$

用式（2.5–1）和式（2.5–2）描述的产生率可以得出：

$$T\frac{E_L}{E_\gamma}(1-e^{-\alpha z}) = \frac{L_i d}{E_P} \quad (2.5-4)$$

然后，对于能量为 E_L 的激光脉冲，"激光等效重离子 LET" L_e 被定义为在厚度为 d 的器件敏感层中沉积相同数量的载流子的重离子 LET。

$$L_e = K_e E_L \quad (2.5-5)$$

式中，等效系数 K_e 由下式给出：

$$K_e = T\frac{E_P}{E_r}\frac{1-e^{-\alpha d}}{d} \quad (2.5-6)$$

对 e^x 进行级数展开：$e^x = 1 + x + \dfrac{1}{2!}x^2 + \cdots$，并略去高阶项，有：

$$K_e = T\frac{E_P}{E_r}\frac{1-e^{-\alpha d}}{d} = \alpha T\frac{E_P}{E_\gamma} \qquad (2.5-7)$$

对一般集成电路而言，其敏感层深度与光束的穿越深度（$1/\alpha$）相比很小，将式（2.5-7）代入式（2.5-5），得：

$$L_e \approx \alpha T E_L \frac{E_P}{E_r} \qquad (2.5-8)$$

该式表明激光等效重离子 LET 值不依赖于单粒子效应计算模型的 RPP 模型中的敏感层体积深度 d。图 2-36 给出了等效系数 K_e 随 d 的变化关系曲线。从图中可以看出，对于波长为 1 064 nm 的激光，激光等效重离子 LET 值几乎与敏感层体积深度无关；但对于波长为 800 nm 的激光而言，在最初 5 μm 内等效系数 K_e 的变化大约是 15%，这也说明了式（2.5-8）在应用中的局限性。因此，对于波长为 800 nm 的激光模拟试验结果，要精确地计算基于 RPP 模型的等效 LET 值，就要估算敏感深度 d。

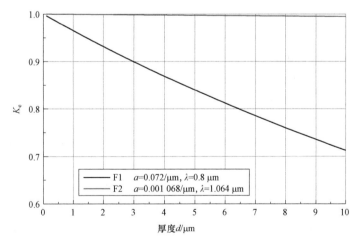

图 2-36 K_e 系数随厚度 d 的变化曲线

值得注意的是，RPP 模型没有考虑电荷产生和收集的时间。这表明如果脉冲激光诱发电流脉冲的时间形状与重离子的情况相似时，采用 RPP 方法的等效激光能量与重离子 LET 才有意义。

参 考 文 献

[1] Barkas W H. Nuclear Research Emulsions Vol. 1 [M]. New York and London: Academic Press, 1963.

[2] Mott N. The Scattering of Fast Electrons by Atomic Nuclei[C]. Proceedings of the Royal Society of London, 1929, 124: 425–431.

[3] Hansen J W, Olsen K J. Theoretical and Experimental Radiation Effectiveness of the Free Radial Dosimeter Alanine to Irradiation With Heavy Charged Particles[J]. Radiat. Res., 1985, 104: 15–27.

[4] Katz R, Kobetich E J. Particle Tracks in Emulsion[J]. Phys. Rev., 1969, 186(2): 344–351.

[5] Katz R, Sinclair G L and Waligorski M P R. The Fricke Dosimeter as a 1-Hit Detector[J]. Nucl. Tracks Radiat. Meas., 1986, 11(6): 301–307.

[6] Kiefer J. Cellular and Subcellular Effects of Very Heavy Ions[J]. Int. J. Radiat. Biol., 1985, 48(6): 873–892.

[7] Spohr R. Ion Tracks and Microtechnology—Principles and Applications[M]. Friedr: Vieweg and Son, 1990.

[8] Zhang C X, Dunn D E and Katz R. Radial Distribution of Dose and Cross-Sections for the Inactivation of Dry Enzymes and Viruses[J]. Radiat. Prot. Dosim., 1985, 13(1–4): 215–218.

[9] Kobetich E J. Interaction of Heavy Ions in Matter[D]. Ph.D Thesis, Univ. of Nebraska, July 1968.

[10] Chatterjee A. Microdosimetric Structure of Heavy Ion Tracks in Tissue[J]. Radiat. & Environ. Biophys., 1976, 13(3): 215–227.

[11] Rudd M E. User-Friendly Model for the Energy Distribution of Electrons From Proton or Electron Collisions[J]. Nucl. Tracks Radiat. Meas., 1989, 16(2/3): 213–218.

[12] Spencer L V and Fano U. Energy Spectrum Resulting From Electron Slowing Down[J]. Phys. Rev., 1954, 93(6): 1172–1181.

[13] Butts J J and Katz R. Theory of RBE for Heavy Ion Bombardment of Dry

Enzymes and Viruses[J]. Radiat. Res., 1967, 30: 855–871.

[14] Kobetich E J and Katz R. Energy Deposition by Electron Beams and γ Rays[J]. Phys. Rev., 1968, 170(2): 391–396.

[15] Kobetich E J and Katz R. Width of Heavy-Ion Tracks in Emulsion[J]. Phys. Rev., 1968, 170(2): 405–411.

[16] Kobetich E J and Katz R. Electron Energy Dissipation[J]. Nucl. Instrum. Methods, 1959, 71(2): 226–230.

[17] Katz R, Sharma S C and Homayoonfar M. The Structure of Particle Tracks. Topics in Radiation Dosimetry[M]. Cademic Press, Inc., 1972.

[18] Paretzke H G. Comparison of Track Structure Calculations With Experimental Results[C]. Proceedings of the 4th Symposium on Microdosimetry, 1974, Commission of the European Communities, pp. 141–168.

[19] Dupouy G, Perrier F, Verdier P, et al. Transmission of Monoenergetic Electrons Through Thin Metal Foils[J]. Acad. Sci., 1964, 258(14): 3655–3660.

[20] Bradt H L and Peters B. Investigation of the Primary Cosmic Radiation With Nuclear Photographic Emulsions[J]. Phys Rev., 1948, 74(12): 1828–1840.

[21] Wingate C and Baum J W. Measured Radial Distributions of Dose and LET for Alpha and Proton Beams in Hydrogen and Tissue-Equivalent Gas[J]. Radiat. Res., 1976, 65: 1–19.

[22] Rudd M E, Sautter C A and Bailey C. Energy and Angular Distributions of Electrons Ejected From Hydrogen and Helium by 100– to 300–keV Protons[J]. Phys. Rev., 1966, 151(1): 20–27.

[23] Baum J W, Kuehner A V and Stone S L. Radial Distribution of Dose Along Heavy Ion Tracks, LET[C]. Symposium on Microdosimetry, Ispra, Italy, AEC, 1967.

[24] Varma M N, Baum J W and Kuehner A V. Energy Deposition by Heavy Ions in a "Tissue Equivalent[J]. Gas. Radiat. Res., 1975, 62: 1–11.

[25] Varma M N and Baum J W. Energy Deposition in Nanometer Regions by 377 MeV/Nucleon 20Ne Ions[J]. Radiat. Res., 1980, 81: 355–363.

[26] Metting N F, Rossi H H, Braby L A, et al. Microdosimetry Near the Trajectory of High-Energy Heavy Ions[J]. Radiat. Res., 1988, 116: 183–195.

[27] Sternheimer R M. Range-Energy Relations for Protons in Be, C, Al, Cu, Pb, and Air[J]. Phys. Rev., 1959, 115: 137.

[28] Sternheimer R M and Peierls R F. General Expression for the Density Effect

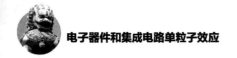
for the Ionization Loss of Charged Particles[J]. Phys. Rev. B3, 1971, 3(11): 3681.

[29] Jackson J D. Classical Electrodynamics[M]. New York: John Wiley, 1975.

[30] Emfietzoglou D, Akkerman A and Barak J. New Monte Carlo Calculations of Charged Particle Track-Structure in Silicon[J]. IEEE Transactions on Nuclear Science, 2004, 51(5): 2872–2878.

[31] Pouget V, Lapuyade H, Fouillat P, et al. Theoretical Investigation of Equivalent Laser LET[J]. Microelectronics Reliability, 2001, 41: 1513–1518.

[32] Hahn A A, Zagel J R, et al. Observation of Bethe-Bloch Ionization Using the Booster Ion Profile Monitor[C]. Proceedings of the 1999 Particle Accelerator Conference, New York, 1999: 468–470.

[33] Adams J H. Cosmic Ray Effects on Microelectronics, Part IV[R]. NRL Memorandum Report 5901, Naval Research Laboratory, Washington D.C., 1986.

[34] Petersen E. Internuclear Cascade-evaporation Model for LET Spectra of 200 MeV Protons Used for Parts Testing[J]. IEEE Trans. Nucl. Sci., 1998, 45: 2467–2474.

[35] Hiemstra D M, Blackmore E W. LET Spectra of Proton Energy Levels from 50 to 500 MeV and Their Effectiveness for Single Event Effects Characterization of Microelectronics[J]. IEEE Trans. Nucl.Sci, 2003, 50(6): 2245–2250.

[36] Tian K, Cao Z, Xue Y X, et al. Comparison Study of the Charge Density Distribution Induced by Heavy Ions and Pulsed Lasers in Silicon[J]. Chinese Physics C, 2010, 34(1): 148–151.

[37] 陈伟，郭晓强，姚志斌，等. 空间辐射效应地面模拟等效的关键基础问题[J]. 现代应用物理，2017，8（2）：1–12.

第3章

单粒子效应机理

我们知道，当带电离子穿过半导体材料时，会与靶材料原子发生相互作用而产生沿着径迹形成的电子–空穴对，由此诱发单粒子效应。一般来说，半导体器件及集成电路中产生单粒子效应的机制主要有三个过程：① 能量粒子轰击敏感区域并沉积电荷，主要有两种方式，一是与器件材料碰撞发生直接电离，二是与被碰撞材料的原子发生反应产生二次粒子导致的间接电离；② 电离释放的电荷在器件内部的传输：一是在高电场区域，单粒子触发的沉积电荷以漂移的方式移动；二是在中性区域，单粒子触发的沉积电荷以扩散的方式移动；三是电离释放的电荷通过双极放大效应（存在于某些类型的器件中）移动；③ 器件敏感区域的电荷收集：器件中的电荷输运会产生瞬时电流，对器件和相关的单元产生干扰。

随着半导体工艺技术的不断发展，器件尺寸缩小使得半导体存储器对于单粒子电离效应更为敏感，导致电荷共享和多位翻转等新现象的出现。单个粒子撞击引发多个存储单元的翻转在超深亚微米工艺技术下变得越来越频繁，已成为单粒子效应机理分析与理解的重点关注问题。

本章主要针对单粒子翻转、单粒子瞬态、单粒子锁定、单粒子烧毁、单粒子栅击穿等现象，对半导体器件的敏感节点的电荷收集、单粒子翻转敏感性与特征尺寸关系、单粒子瞬态产生及传播、传播特性、温度效应、寄生结构等单粒子效应的物理机理进行了详细分析与介绍。

|3.1　概　　述|

　　当单个空间带电粒子通过半导体材料时，是如何诱发单粒子效应的呢？其基本的诱发过程是重离子在半导体材料中的直接电离过程，或质子直接电离过程及通过核反应过程产生的反冲核的电离过程。从第 2 章讨论我们知道，电离过程是由于具有一定有效电荷数的带电离子与半导体硅材料原子的库仑相互作用过程所引起，在这种相互作用过程中，产生的二次高能电子(δ 射线)会在 1～100 fs 的时间范围内，通过损失能量和激发光子进一步扩展电离路径而形成电离径迹结构。一般来说，在半导体硅材料中，产生一个电子–空穴对所需的平均能量为 3.6 eV（其中 1.0 eV 等于 10^{-19} J），而线性能量传输值 LET 为离子在传输材料中单位距离上损失的平均能量，其常用单位为 MeV·cm^2/mg。在集成电路设计中，有时为了比较器件物理尺寸大小和重要节点存储电荷量的大小，线性能量传输值 LET 的单位也可以通过计算而转换为单位距离上的沉积电荷量（pC/μm 或 fC/μm）的多少。如带电离子线性能量传输值 LET 为 98.0 MeV·cm^2/mg 时，其在单位距离上沉积电荷量约为 1.0 pC/μm。

　　电子器件和集成电路产生单粒子效应的机理也涉及器件工艺与结构及电路响应诸多方面，但基本过程是电离过程，即高能带电粒子在穿越半导体器件材料过程中损失能量而形成电离电荷沉积。但应注意到的是，物理上的电荷产生机理也包括弹性和非弹性碰撞的核反应过程。另外，对现代新型电子器件和集成电路而言，随着其在航天器电子设备系统中的广泛应用，空间带电粒子电离产生电荷收集过程的有趣性和复杂化仍吸引着人们在不断探索之中。

不同的单粒子现象有着不同的产生机理或者基本过程。但所有单粒子效应产生的基本点是重离子在半导体材料中的直接电离过程，或质子通过核反应过程产生的反冲核的直接电离过程；在地面模拟试验研究中，有时也利用半导体材料对一定能量光子的吸收来实现类重离子的电离过程，如利用脉冲激光照射可以实现空间单粒子效应的地面实验室模拟。就电子器件和集成电路而言，单粒子效应的产生涉及四个基本过程，第一个过程是高能带电粒子撞击敏感区后的电荷沉积过程，即电离过程；如第 2 章所述，带电粒子与半导体材料之间通过库仑相互作用而使半导体材料原子的电子脱离原子核束缚，从而产生微米空间尺度上的电子-空穴对分布。第二个过程是电离产生的电荷在电子器件内部的输运过程，该过程主要涉及电子-空穴对（载流子）在器件沟道区、耗尽层区等区域内的漂移、扩散过程，即电离电荷的分离过程。第三个过程是电子器件敏感区内敏感节点的电荷收集过程，我们知道，带电粒子产生的电离径迹可能穿越一个或几个 PN 结，该过程主要涉及一个可能处于反偏状态或正偏状态的独立 PN 结电荷收集特征。第四个过程是电子器件或电路的响应过程，电子器件或电路的响应特征主要表现在其内部敏感节点单元状态发生改变所需的最小电荷大小，既临界电荷 Q_{crit} 大小。临界电荷概念是为了比较数字电路单粒子效应敏感性而引入，实际上，其也可以应用在其他单粒子效应敏感性的比较分析上。图 3-1 为单粒子效应产生的基本过程及对航天器电子设备系统影响说明的示意图。

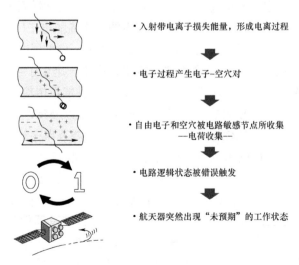

- 入射带电离子损失能量，形成电离过程
- 电子过程产生电子-空穴对
- 自由电子和空穴被电路敏感节点所收集
  ——电荷收集——
- 电路逻辑状态被错误触发
- 航天器突然出现"未预期"的工作状态

图 3-1　单粒子效应产生的基本过程说明示意图

重离子和高能质子通过电离过程而在电子器件材料中沉积能量。当这种过程发生时，在离子所通过路径上的 PN 结近区将会产生稠密的等离子体柱，即电子–空穴对径迹，径迹中电离电荷的一小部分会复合掉，而大部分会被 PN 结的接触节点所收集，除了 PN 结近区的电荷被收集外，电荷收集也可以通过聚集和扩散过程在 PN 结以外区域收集重离子和高能质子通过电离产生的电荷，如通过扩散方式在 PN 结的耗尽层区收集电荷。电荷收集的最终结果是在离子撞击路径所经过内部电路敏感节点上，产生持续时间较短的脉冲电流或电压。

　　就单粒子效应的产生方面来说，带电离子通过电离产生沉积电荷量的大小主要与三个方面的因素相关，首先是带电离子特性参数，包括离子能量、类型及离子电荷态；其次是电子器件或集成电路的物理结构和工艺结构特性，包括电荷沉积的有效路径深度和电荷收集的有效路径长度；最后是电子器件或集成电路的电路响应特性，如电路对电流脉冲的敏感性，其与电路状态改变所需电压、电容及电路响应时间等参数密切相关。

　　一般来说，在硅基电子器件或集成电路中，带电离子形成沉积电荷的时间在 200 ps 的时间范围内，在这样的一段时间内，带电离子沉积的大部分电荷会被集成电路敏感节所收集，在电路上表现为瞬态电流脉冲或瞬态电压脉冲，在这种脉冲电流或电压中，也存在一种由于电荷扩散引起的延迟成分，这种延迟成分的时间可以延长到 1 μs 甚至更长。这种电荷的扩散过程对慢速响应的 SEE 现象而言是重要的诱因之一，如后续章节中即将介绍的动态存储器中的单粒子翻转及 CMOS 电路的锁定等单粒子现象主要就是这种电荷扩散引起的延迟成分所诱发。

　　在单粒子效应产生的电路响应过程中，临界电荷 Q_{crit} 概念是表述单粒子现象特征的一个重要方面，其指数字电路或集成电路内部敏感节点单元状态发生单粒子效应变化所需的最小电荷量，临界电荷主要表述单粒子效应敏感性的电路特性；对 MOS 器件而言，临界电荷的大小主要由电路分布参数决定，如可根据器件结构参数，计算灵敏区 PN 结的势垒电容和栅电容，并估计寄生电容的大小后，根据串并联情况计算出总电容，其乘以高低电平差就可得到临界电荷大小，在这种情况下，临界电荷的大小与带电粒子电离沉积电荷相差不太悬殊。但对双极性器件而言，临界电荷的大小与带电粒子电离沉积电荷相差悬殊。实际过程中，由于有的器件参数无法准确得到，故只能估计其大小的分布范围。另外，从电路实现的工艺水平来说，同一批次的器件，其灵敏结寄生电容也有一个变化范围，因此，得到的临界电荷在一定的范围内变化。

　　从电子器件和集成电路响应的角度来看，单粒子效应可以分为两大类，即单粒子诱发的软错误（Single-event Soft Error, SSE）和硬错误（Single-event Hard

Error，SHE），以 MOS 晶体管为例，图 3-2 给出了电子器件和集成电路单粒子效应产生的基本物理过程示意图。

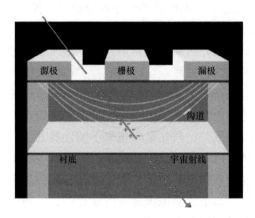

图 3-2　单粒子效应产生的基本过程示意图

单粒子诱发的软错误指单粒子翻转（SEU）或单粒子瞬态（SET）等，单粒子诱发的硬错误指单粒子锁定（SEL）、单粒子烧毁（SEB）、单粒子栅击穿（SEGR）等。单粒子效应的类型随着半导体器件和集成电路制造工艺的不断发展而逐渐增多，目前在传统电子器件和集成电路中发现的单粒子效应主要有：如存储器件的单粒子翻转、模拟及数字器件的单粒子瞬态脉冲、CMOS 器件的单粒子锁定、功率器件的单粒子烧毁及单粒子栅击穿等。

在电子器件和集成电路中，如果单个带电粒子入射引起的一个锁存器或者存储单元输出信号发生错误，且这种错误输出能够通过操作器件的一个或者多个相关功能模块来纠正，则认为是电子器件或集成电路发生了单粒子诱发软错误，一般包括单粒子翻转、单粒子瞬态脉冲、单粒子功能中断等。在电子器件和集成电路中，如果单个带电粒子入射引起器件性能发生不可逆变化，这种变化一般会导致器件一个或多个模块，甚至整个器件永久性损伤，则认为是电子器件或集成电路发生了单粒子诱发硬错误。一般包括单粒子锁定、单粒子栅击穿和单粒子烧毁等。下面就人们已认识到的主要单粒子效应作一概念化介绍，后续章节将逐步开展分析及讨论说明。

单粒子翻转（Single Event Upset，SEU），指单个高能带电粒子（质子或重离子）诱发的一种瞬态信号变化所产生的电子器件和集成电路发生软错误的现象。如上所述可知，当宇宙空间的高能带电粒子穿过一个电荷存储单元时，在耗尽层或者附近沉积能量，产生电子-空穴对构成的等离子体径迹柱，该等离子体径迹柱内的电荷在电场作用下，聚集在节点被收集。当节点收集的电荷超过其临界电荷值时，存储单元发生翻转；当宇宙空间的高能质子穿越电子器件和集成电路时，通过核非弹性相互作用产生二次粒子，如果核反应二次粒子沿穿越路径沉积了足够电荷被节点所收集，从而改变邻近存储单元的状态，使得存储单元发生翻转。单粒子翻转是一种软错误，它会改变存储单元的存储状态，但并不损坏器件，可以通过刷新存储单元数据来纠正。例如对于 SRAM 器件，单粒子翻转一般发生在其存储单元中；而对于 NAND Flash 存储器件，单粒子翻转一般发生在其存储单元浮栅和页缓冲器中。另外，随着器件制造工艺的不断发展，存储单元的结构越来越紧密，相邻敏感节点的间距不断减小，发生翻转所需的临界电荷也不断降低。此时，一个粒子入射可能会导致相邻的两个及两个以上存储单元的状态都发生变化，这种现象被称作单粒子多位翻转，现已观察到先进工艺电子器件和集成电路单粒子多位翻转有两种类型，一种为单粒子导致的同一个字节中多个位发生翻转，一种为单粒子导致相邻物理地址的多个存储单元存储状态同时发生变化。单粒子多位翻转的防护设计已是现代纳米器件空间应用所面临的技术挑战之一。

单粒子瞬态（Single Event Transient，SET），指单个高能带电粒子（质子或重离子）诱发的一种电压扰动或电流扰动信号在电子器件和集成电路传播过程中诱发错误的现象。如上所述，当宇宙空间的高能带电离子穿过一个 PN 结或几个 PN 结单元时，在耗尽层或者附近区域沉积能量，产生电子-空穴对等离子体柱，该等离子体径迹柱内的电荷在电场作用下，聚集在节点被收集而形成瞬态电流脉冲。瞬态电流脉冲在电路单元链路传播过程中诱发电路单元发生错误。同样，当宇宙空间的高能质子穿越电子器件和集成电路时，通过核非弹性相互作用产生二次粒子，如果核反应二次粒子沿穿越路径沉积了足够电荷被一个 PN 结或几个 PN 结单元所收集形成瞬态电流脉冲，其在传播过程中造成电路单元状态发生变化。粒子瞬态脉冲翻转是一种软错误，它会改变电路逻辑单元状态，并不损坏器件，可以通过刷新逻辑状态数据来纠正。例如对于双极性工艺制作的运算放大器和电压比较器等器件，单粒子瞬态一般发生在电路内部某个敏感晶体管，通过晶体管链路的传播，会在运算放大器或电压比较器输出端形成瞬态脉冲电流，从而改变电路状态；而对于 MOS 数字器件，单粒子瞬态电流一般形成在内部晶体管的体区和漏极区。另外，随着器件制造工艺的不断发展，存储单元的结构越来越紧密，相邻敏感节点的间距不断减小，形成单粒子瞬态电流所需的临界电荷也不断降低。单粒子瞬态的防护设计已是现代逻辑器件和数字器件空间应用所面临的技术挑战之一。

单粒子锁定（Single Event Latchup，SEL），指单个高能带电粒子（质子或重离子）穿过器件中某个敏感区域时，导致寄生结构导通而后诱发一种反常高电流状态的一种现象，会导致器件的功能失常。单粒子锁定是一种出现在寄生PNPN 半导体结构中的低阻高电流现象，在 CMOS 器件中常见。器件一旦进入锁定状态，只需很低的电压就可以维持这种状态，同时，所产生的大电流将使器件内部温度迅速上升，器件可能会因为温度过高而被损毁。这时只有立即切断供电电压，使之低于维持锁定状态的临界电压，器件才能恢复到正常状态。

单粒子烧毁（Single Event Burnout，SEB），指单个高能带电粒子（质子或重离子）穿过功率器件中某个敏感区域时，导致寄生晶体管导通后形成的雪崩过程诱发反常大电流出现的状态，会导致器件内部一些 MOSFET 单管功能失常，造成器件永久性损坏，是一种高能带电粒子诱发的硬错误，一般发生在功率 MOSFET 器件中。近年来，在新型高功率器件（如 SiC 二极管）中也观测到了重离子诱发的类似单粒子烧毁现象。

单粒子栅击穿（Single Event Gate Rupture，SEGR），指单个高能带电粒子（质子或重离子）穿过器件中某个敏感区域时，引起构成 MOSFET 管的栅极介质被击穿，使得栅－漏两极永久短路，栅极漏电流增大，造成器件永久性损伤；单粒子栅击穿是一种与单粒子烧毁类似的硬错误，一般在功率 MOSFET 器件中常发生，另外，单粒子栅击穿在 NAND Flash 器件中也可以观测到，特别是在重离子垂直入射照射时，NAND Flash 器件对单粒子栅击穿更为敏感，这对于先进工艺制造的 NAND Flash 器件的空间或强辐射环境中的应用构成了严重制约。

单粒子功能中断（Single Event Functional Interrupt，SEFI）：指单个高能带电粒子（质子或重离子）入射引起的器件部分模块的重启、锁定或者其他的可检测到的功能性失常，这种状态一般不需要通过器件电源重启（反复开关）来恢复功能（与 SEL 有一定区别），一般也不会造成永久性损伤，是一种软错误。SEFI 一般出现在复杂器件中，如微处理器（CPU）和信号处理器（DSP）等，这些复杂器件处于工作状态下时，一些翻转发生在其内部寄存器或者锁存器中，造成了器件控制功能的失常，从而造成器件功能性中断。如微处理器（CPU）内部寄存器发生翻转，导致程序执行指向紊乱，造成系统死机；又如 NAND Flash的内部微控制器中可能会产生这种错误，导致其控制的编程或擦除等操作失效。

上面对主要单粒子效应的基本概念进行了介绍，在地面模拟试验及空间飞行试验中，人们也发现了单个高能带电粒子在电子器件和集成电路中诱发的其他单粒子现象，如类似于单粒子瞬态脉冲的单粒子扰动（Single Event Disturb，SED），其主要表现为数字电路的存储单元逻辑状态出现瞬时改变。表 3-1 给出了至今为止人们所认识到的电子器件和集成电路发生单粒子效应的种类和特点，从表中可以看出单粒子效应类型的分布、效应的特征或对电子系统存在的危害性。

表 3–1　单粒子效应分类

类型	英文缩写	主要特征
单粒子翻转	SEU（Single Event Upset）	存储型模块逻辑状态的翻转
单粒子多位翻转	SEMU（Single Event Multiple Upset）	一个粒子撞击导致单元多个位逻辑状态的变化
单粒子瞬态	SET（Single Event Transient）	瞬态电流在逻辑电路中传播，产生瞬时脉冲
单粒子功能中断	SEFI（Single Event Functional Interrupt）	控制模块状态出错，引起器件功能中断
单粒子扰动	SED（Single Event Disturb）	存储单元逻辑状态出现瞬时改变，等效于 SET 在存储电路中的影响
单粒子锁定	SEL（Single Event Latchup）	寄生 PNPN 结构导通，呈现大电流状态
单粒子急返	SES（Single Event Snapback）	NMOS 器件中产生的大电流再生状态
单粒子烧毁	SEB（Single Event Burnout）	寄生晶体管导通，大电流导致器件烧毁
单粒子栅击穿	SEGR（Single Event Gate Rupture）	栅介质形成大电流，导致介质击穿
单粒子位移损伤	SPDD（Single Particle Displacement Damage）	因位移效应造成的永久性损伤
单个位硬错误	SHE（Single Hard Error）&Stuck at Bit Error	单元中单个位出现不可恢复性损伤

3.2　单粒子翻转机理

单粒子翻转是指当带电粒子撞击到半导体器件或集成电路内部的敏感区域后，电离产生的收集电荷超过电路敏感节点的临界电荷时，电路逻辑状态发生了改变，如引起的存储器单元状态翻转。单粒子翻转是一种非破坏性的现象，对被影响的存储器存储单元进行重写后，存储单元状态可以恢复，单粒子翻转现象在现代许多半导体工艺制造的电子器件和集成电路中都会出现。

从电子器件和集成电路单粒子翻转的敏感性方面来说，主要有两个参数来描述电子器件单粒子翻转的特点。第一个为单粒子翻转的 LET 阈值，有时也称为有效 LET 阈值，顾名思义，就是重离子在器件中诱发单粒子翻转所需要的最小 LET 值，如果电子器件具有较高的 LET 阈值，表明其具有较好的抗单粒子翻转能力，反之亦然。LET 阈值的单位与 LET 值的单位一样，为 MeV·cm²/mg。第二个参数为器件的单粒子翻转截面，其大小通常由发生的单粒子翻转数目与入射（注入）重离子总数目之比来计算，表示了一个重离子能引起单粒子翻转发生的概率大小，单位为平方厘米。电子器件的翻转截面愈大，表示其抗单粒子翻转的能力愈差。

一般来说，电子器件的 LET 阈值需通过重离子试验才能确定，目前常用的有两种方法，第一种方法是在入射重离子总数目（通常为 10^6 或 10^7 粒子/平方厘米）保持不变的情况下，电子器件刚好没有产生单粒子翻转的 LET 值。第二种方法是通过重离子照射试验作出单粒子翻转截面随 LET 值的变化曲线，得到饱和翻转截面，人为规定饱和翻转截面 10%处的截面所对应的 LET 值为 LET 阈值。

在现代电子器件和集成电路中，静态随机存储器（SRAM）和动态随机存储器（DRAM）是最常见的易发生单粒子翻转的器件。静态随机存储器具有包含几乎相同存储单元的阵列结构，每个存储单元由相互耦合连接的四个晶体管形成的反相器对所组成（详见图 3-3），当入射重离子撞击到反相器晶体管漏极节点处时，可能会产生单粒子翻转。例如，当离子撞击在漏极节点上产生的电压脉冲比两个反相器间的反馈脉冲快时，这时单元的逻辑状态将会发生改变。动态随机存储器的存储结构与静态随机存储器不同，其存储单元使用单元电容器上存储的电荷量来表示存储数据的状态，其机理为无反馈循环的被动式存储方式，存储单元只有通过刷新的方式来持续保持存储信息，在一般情况下，只有一种状态对单粒子翻转敏感。入射离子撞击很容易诱发动态随机存储器发生状态翻转，既可以引起存储单元错误，也可能诱发位线错误（读周期中使用前置荷电位线扰动）。

不但存储器电路，包括其外围支持电路（如敏感放大器电路），均对单粒子效应敏感，而且控制逻辑电路对单粒子效应或单粒子瞬态效应也敏感。在单个重离子撞击下，大容量存储器电路也可能发生多个位的同时翻转，这种情况在入射离子径迹在几个存储单元附近或离子的入射角度平行于芯片表面时极易发生。随着集成电路工艺特征尺寸的不断减小，发生翻转的临界电荷也不断变小，而且电路敏感节点间距离也变小，这种情况下更容易发生单粒子翻转。

3.2.1　单粒子翻转现象物理描述

如第 2 章所述，带电离子在其穿越路径上会留下一个稠密的电子-空穴对等离子体柱，如果这样的等离子体柱在电场附近形成，如在 PN 结近区，电子和空穴将被电场分离,而后电子或空穴会被电路节点电极所收集形成电流脉冲,如图 3-5 所示。从图中可以看出，这种电流脉冲由两个主要成分组成，一个是离子撞击后的延续几百皮秒的瞬态成分，另一个是延续几百纳秒的延迟成分。瞬态成分电流主要是由于电路敏感节点耗尽层区电荷收集和聚集区电荷收集所形成（Hsieh 1981a，Hsieh 1981b，Hsieh 1983，McLean 1982，Messenger 1982，Gilbert 1985，Murley 1996）的，而延迟成分电流主要由载流子扩散到耗尽层区而被结电场收集所形成。电路节点电极形成的电流脉冲可能导致一个触发器（flip-flop）状态的变化，或者在逻辑电路中沿着反相器链路传播下去，造成电路工作紊乱。在其他电路结构情况下，这种电流脉冲也可能诱发其他单粒子现象，如单粒子锁定等。

图 3-3 为保持在有效逻辑状态下的 CMOS SRAM 存储单元的结构示意图，图 3-4 为在 SRAM 器件的存储单元中，处于反偏置状态下的漏极 N_1 节点在遭受离子撞击后的瞬态电压变化情况。从图 3-3 中知道，P_1N_1 晶体管、P_2N_2 晶体管分别形成了两个不同的反相器电路结构，对 P_1N_1 形成的反相器而言，当其输入节点 B 保持低电平状态时，输出节点 A 由于 P_1 的作用而处于高电平状态 V_{DD}；同样，对 P_2N_2 形成的反相器而言，当输入节点 A 被嵌拉在高电平状态下时，输出节点 B 由于 N_2 的作用而处于低电平状态，从而使 SRAM 存储单元保持在一个稳定状态。这时候，如果一个带电离子的撞击产生了足够电荷，并被敏感节点 A 所收集后，诱发敏感节点 A 处的电位低于反相器 P_2N_2 反转的阈值电位，那么 SRAM 存储单元的逻辑状态会发生反转，从而改变了存储单元逻辑状态，造成所谓单粒子翻转。在这种逻辑状态的变化过程中，引起一个存储单元翻转所必需的最小电荷数量被称为临界电荷 Q_{crit}。

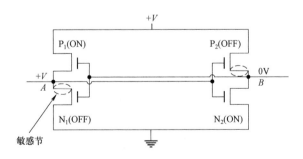

节点 A 处的电荷脉冲引起
P_2 管处于导通状态（翻转）

图 3-3　CMOS SRAM 单粒子翻转示意图

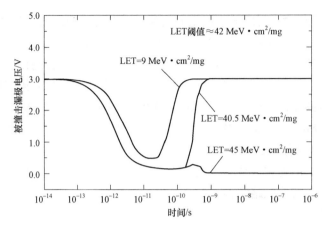

图 3-4 SRAM 存储单元中遭受离子撞击的漏极瞬态电压变化情况
（离子 LET 值远低于临界 LET 值、稍低于临界 LET 值及稍高于临界 LET 值条件下）

如图 3-4 所示，SRAM 存储单元的 MOS 管漏极在遭受不同 LET 值的重离子撞击后，其瞬态逻辑状态变化不同。SRAM 存储单元发生单粒子翻转的 LET 阈值为 42.0 MeV·cm²/mg，从图中可以看出，当入射离子的 LET 值稍微高于临界 LET 值时，MOS 管漏极的电压降落后保持了足够长时间，导致 SRAM 反相器单元反相，并保持锁存在一个反常的新逻辑态；但当入射离子 LET 值低于临界 LET 值时，MOS 管漏极的电压降落保持了一段时间后返回原状态，这种瞬态的状态变化并没有维持住。

3.2.2 敏感节点的电荷收集

在讨论单粒子翻转的基本机理时，几种电荷收集过程及机理均需要理解和掌握，这些过程及机理对单粒子效应特点及相关试验数据分析是十分有用的。针对这些机理，已有研究工作者做了详细分析［Dodd 2003，Reed 2008］，本节介绍主要结论，供在试验结果分析中作为基础理论参考。

有关研究表明，单粒子效应的电荷收集过程有三个主要过程，即电子–空穴对初始分离的漂移过程，受电场影响的聚集过程，及 PN 结耗尽层外区的载流子扩散过程。图 3-5（a）为电荷收集过程示意图，从图中可看出，不同位置处电荷收集的方式不同，不同过程其时间响应也不同。不同的电荷收集过程由于具有不同的时间响应特性，其在晶体管级、整个存储单元及存储单元临近的单粒子效应建模分析中都是必须明确的基本物理过程。

针对离子撞击后电路中电荷收集的基本特性，人们开展了许多试验和理论方面的研究工作。试验研究方面包括宽束电荷收集谱测量、粒子微束和激光微束诱发的电荷收集脉冲测量等，在电荷收集特性研究方面，也采用电路数值仿真的分析方法研究了电荷收集的物理过程。

我们知道，当带电离子撞击电子器件或集成电路时，就带电粒子诱发的电荷收集而言，最敏感区域是通常处于反偏状态的 PN 结近区，PN 结耗尽层区存在高电场，其对诱发的载流子（电荷）会产生漂移和聚集作用，从而使敏感节点的电荷收集过程十分有效，敏感节收集电荷后，形成如图 3-5（b）所示的电流脉冲的瞬态成分（Q_D+Q_F）；当离子穿越到 PN 结耗尽层近区时，产生的载流子通过扩散过程进入耗尽层场临近时也会被敏感节点有效收集，从而形成如图 3-5（b）所示的电流脉冲的延迟成分 Q_{DF}。即使带电离子直接撞击远离耗尽层区的区域，电离产生的载流子也可以通过扩散过程而被 PN 结节点所收集而形成脉冲电流。在电子器件和集成电路的单粒子翻转现象发现后不久，美国 IBM 公司的研究人员采用数值模拟计算的方法研究了反偏 PN 结对入射 α 粒子撞击的响应过程，分析研究中的一个重要发现是 PN 结静电电位存在扰动现象，即称之为"电场聚焦"的过程，这种电场聚焦过程通过将静电场分布从结近区延伸到衬底区域而增大了电荷收集量，这个过程是形成敏感节点电荷聚集收集的直接原因，电荷收集的聚集过程将在随后加以说明。

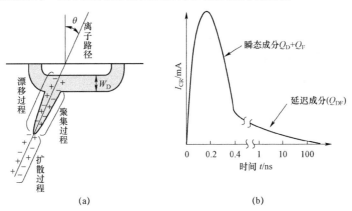

图 3-5 电荷收集过程示意图

（a）电荷收集过程；（b）电流脉冲

（一）电荷收集的聚集过程

如前所述，在带电离子形成的电子–空穴对电荷收集过程中，存在一种电荷聚集现象，又称作漏斗效应，是诱发单粒子效应电荷收集的一个主要过程，这个过程首先是在研究 α 粒子诱发的单粒子翻转机理中被发现，后来在其他种类粒子的单粒子效应机理研究中得到了广泛证实。在早期 α 粒子单粒子效应基本机理研究中，人们发现 PN 结敏感区收集的电荷比预计的由漂移和扩散运动收集的电荷高出许多，于是提出了一个新的电荷收集模型，即电荷聚集模型。

图 3-6 为电荷聚集过程的示意图。如图中所示，当一个 N^+P 结施加了一个 V_0 的正偏压后，形成了电子浓度为 N_A 的耗尽区。当一个 α 粒子垂直注入时，产生一个半径约为 1 000 A 的电子–空穴对等离子体径迹，如图 3-6（a）所示。这时等离子体的密度比衬底的掺杂浓度高出几个数量级，达到 $10^{18}\sim10^{19}$ cm^{-3}，如第 2 章计算分析所知，能量为 275 MeV 的铁离子产生的电子–空穴对密度达到 5.5×10^{19} cm^{-3}。在这个瞬间，等离子体周围的耗尽层被电中性化，如图 3-6（b）所示。当耗尽层区进一步消失时，由于失去了对电场的屏蔽作用，正偏压 V_0 产生的电场等位线分布会延伸到衬底内部，如图 3-6（c）所示，正是这种电场的延伸，造成了电荷的聚集过程。在电荷收集过程中，电子–空穴对等离子体以两种形式完成电荷分离，即径向分离和纵向分离。开始时，由于等离子体局部密度很高，以径向分离为主。在径向电场作用下，空穴被驱赶到衬底区域，而电子仍留在等离子体径迹附近。在纵向电场作用下，那些被分离的电子向上漂移，被 N^+ 电极所收集。随着等离子体密度的减少，结的耗尽层又开始形成。首先是等离子体径迹外表面，然后过渡到中心。在这个过程中，电荷以纵向分离为主，电子被 N^+ 电极所收集，而空穴脱离纵向电场的影响，直到结耗尽层完全恢复。这个电荷收集过程具有很快的速度，一般认为小于 1 ns，比通常只有扩散过程的电荷收集过程快得多。实际上，电荷聚集过程就是把耗尽层的电场重新分布到中性的衬底区域，结果导致离子穿越的敏感节内收集到更多的电离产生的电荷。

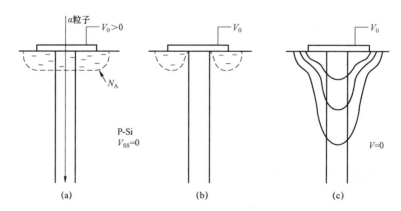

图 3-6 电荷聚集过程示意图

（a）粒子撞击（$t=0$）时 n=p$\gg N_A$；（b）节点耗尽层中性化过程（$t>0$）；
（c）电场等位线随离子径迹向下延伸

但对静态电路而言，如静态存储器电路（SRAM），由于静态存储器电路中处于反偏状态的晶体管与外部有源电路相连，电荷聚集过程并不十分明显。这是由于电路中敏感节点被离子撞击后，其反偏电压可能会失去，这样一来，导致漂移收集过程或者聚集收集过程的贡献明显降低。

聚集效应能够导致敏感节电荷收集增大。当重离子撞击到敏感节时，沿着带电离子路径的方向，诱发敏感节点处的电场延伸到衬底区域；这样一来，在离开敏感节的一定距离范围内所沉积的电荷将通过有效的漂移过程被敏感节点收集，此即电荷收集过程的聚集效应。人们对这种过程进行了较详细的研究，McLean and Oldham 提出的聚集效应分析模型，对早期人们理解电荷收集过程的特征提供了重要的帮助，后来，更进一步对外延层衬底对瞬态电荷收集特性的影响开展了研究，这些研究工作进一步明确了电荷聚集收集的一些特征，较为详细全面讨论了电荷通过衬底的聚集收集过程，读者可以进一步阅读有关参考文献。

在某些电路结构中，保持偏置电压不变来隔离 PN 结时，对电荷收集过程的影响有重要作用，如在静态 SRAM 电路中，电荷聚集过程对单粒子翻转的影响并不十分明显，这是由于处于反偏状态晶体管的结与动态的外部电路相连接的原由。在这种情况下，被离子所撞击节点所加的偏压并不是保持不变的，实际上，所撞击节点的电压在零和反偏电压间频繁地变化，这种被撞击节点的电压突然变为零偏压的状况会降低电荷的漂移收集过程的效果，相应的电荷聚集收集过程效果也将降低。在这种情况下，电荷聚集收集过程在电路响应的初始阶段有一定作用，但在电路响应的后期阶段，主要是电荷的扩散收集起主要作用。

（二）电荷收集的扩散过程

从时间尺度上看，当以强电场支配的电荷快速漂移过程结束后，支配电荷收集的主要因素是慢速的扩散过程。这种扩散过程与离子撞击位置相关，即撞击点靠近或远离漏极敏感节点时，扩散过程形成的电荷收集的多少会有不同。如果在撞击点没有保护阱设立的限制边界，扩散过程的电荷收集甚至可以延伸到正常器件特征尺寸以外（Smith 1995），对现代电子器件和集成电路而言，这种现象将会变得越来越明显。为了全面理解扩散过程的电荷收集，在器件工艺及加固设计中，针对单粒子效应采用有效合理的缓解措施，对带电离子径迹结构应当有一个了解和掌握。为了帮助读者理解电荷的收集过程，图 3-7 给出了带电离子在半导体 MOS 管结构中产生电荷及收集过程的二维结构示意图，图 3-8 给出了晶体管单元中重离子电离径迹中电子-空穴对密度分布的示意图。下面的讨论过程也可以参照示意图进行理解。

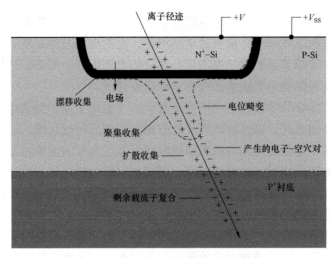

图 3-7　电荷收集过程的二维结构示意图

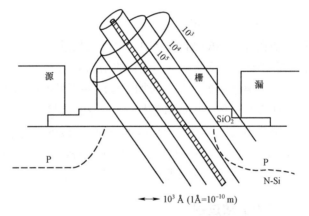

图 3-8　晶体管单元中重离子电离径迹分布示意图

　　结合第 2 章论述可知，带电离子径迹结构的长度可以认为是小于或等于离子射程长度 l，在讨论电荷收集的扩散过程时，如果我们只注重某些特殊条件，如高密度，并且假设某些边界条件成立，那么我们就可以对扩散过程进行简化分析。

　　尽管早在 1983 年就已经报道了扩散在电荷收集过程中的重要作用，但并没有意识到，漂移和扩散间的相互关系有助于简化电荷收集过程的分析。考虑到施加的电压具有反向偏压极性，高密度条件导致衬底电场具有使少数载流子漂移电流近似等于少数载流子扩散电流所需的强度，所以总电流大约是扩散电流的两倍。如此分析是因为，在某种程度上，扩散区域体区（DRB）可以近似为静止的，它阻止了大多数载流子电流。这意味着在 DRB 处，大多数载流子漂移电流和扩散电流具有相同的绝对值。在高密度条件下（载流子密度大大超过了某些衬底和 DRB 处的掺杂密度，这种情况通常发生在离子轨迹处），电子–空穴对密度几乎是位置的函数（意味着 DRB 处的值和梯度几乎相等），因此电子–空穴漂移电流取决于迁移率，电子–空穴扩散电流也取决于迁移率。因此，在 DRB 处，多数载流子漂移等于多数载流子扩散，这意味着在 DRB 处少数载流子漂移也等于少数载流子扩散。然而，两个少数载流子电流相互相加而不是相减，因此 DRB 处的总电流是少数载流子扩散电流的两倍。但是这并不是全部决定因素，因为扩散电流与载流子密度函数的梯度成正比，它依赖于载流子密度函数，而载流子密度函数又受电场的影响。应当注意的是，虽然进行了简化(总电流是扩散电流的两倍)，电流仍然取决于整个器件的电位分布情况。

　　然而，其他简化处理有利于估算高密度条件下的扩散电流。稳态分析表明，衬底分为两个准中性区，每个区都有一些简单的性质。衬底下方区域耗尽了多余的载流子并提供了大部分衬底电压。由于电导小（与上面的高密度区相比）和大的电压降，这被称为高电阻区（HRR）。强电场阻止少数载流子进入这一区域，而准中性则保证了基本上没有过多的多数载流子。该区域能自我维护；低电导率会产生维持低电导率的强电场。计算机模拟显示在瞬态条件下也有类似的效果。在这种情况下，HRR 是径迹下方的一个区域（如果径迹足够长，可以到达下电极，那么下端将快速清除，从而形成 HRR）。这样一个区域在电位图上清晰可见，表明大部分衬底电压穿过径迹下方的低电导率区域，沿着径迹的电场相对较弱。在载流子密度图中也可以看到这样一个区域，表明没有向下扩散。

　　HRR 上方的衬底区域具有弱电场和高载流子密度的特点。这些都是双极扩散方程适用的条件，所以这个区域被称为双极区（AR）。注意，双极扩散方程只描述了载流子密度函数（不包括漂移在内的载流子流），并不意味着载流子运动是由扩散引起的。在相同的梯度条件下，不同的漂移辅助电流密度可以兼容相同的载流子密度函数。零梯度意味着离开一个体积单元的载流子被其他移动单元取代，并且这种流动形态可以在不改变载流子密度函数的情况下添加到另一个单元中，即不同的流型与相同的载流子密度函数兼容。特别是，电子–空穴可以处于截然不同的运动方式（一种载流子类型可以向上移动，另一种可以向下移动），即相同的过剩载流子密度函数适用于准中性区中的两种载流子类型。

　　因此，双极扩散方程与漂移电流的存在并不矛盾，即使是弱电场也会在高密度电离径迹上产生强漂移电流。虽然双极扩散方程没有描述载流子电流，但是它描述了载流子密度函数，并且这个函数可以通过总电流是少数载流子扩散电流的两倍的结论来计算载流子流大小。然而，只有方程是不够的，还需要边界条件。这个方程不适用于 AR 以外的区域，因此必须知道 AR 边界的位置，并且必须知道这些边界上的过剩载流子密度。在靠近 HRR 的较低 AR 边界处，边界值很简单（为零），但边界位置的计算并不简单，因为它受衬底压降（除其他外）的影响。较大的衬底压降往往会产生更宽的 HRR 和较窄的 AR。然而，在假设的高密度条件持续存在的前期，如果适当选择一些边界条件，总电流可以看作是双极扩散方程预测的扩散电流的倍数。

（三）电路敏感节收集电荷的计算

如上所述，单粒子效应的电荷收集过程有三个主要过程，与此相对应的是电路敏感节的收集电荷主要由瞬态漂移成分、瞬态聚集成分及延迟扩散成分构成，如图 3-9 所示，即 $Q=Q_D+Q_F+Q_{DF}$，其中 Q_D、Q_F、Q_{DF} 分别代表漂移电荷、聚集电荷及扩散电荷。其中漂移电荷近似于离子路径上单位距离内沉积的电荷量，即 $Q_D=SdQ/dS$，而聚集电荷与离子路径上单位距离内沉积的电荷量成指数关系，即 $Q_F=\alpha(dQ/dS)^\beta$。

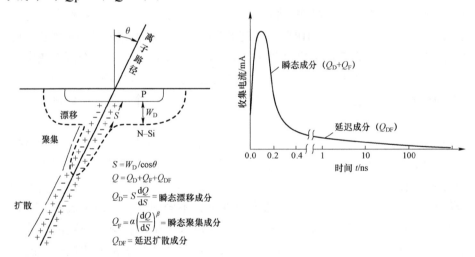

图 3-9　电荷收集主要成分及表达式示意图

电路敏感节收集电荷的计算就是计算电离过程诱发产生的电流大小，这种计算主要是基于对离子径迹结构产生电流的计算。在电子器件和集成电路仿真中，作为仿真输入的离子径迹结构模型及其准确性变得越来越受关注。目前，器件模拟中采用离子径迹结构模型的一个主要问题是：一种方法是简单的柱状电荷产生，电荷分布均匀，离子路径上 LET 值保持不变。然而，实际的离子径迹结构具有径向分布特征，并且随着离子穿越材料的过程而变化。如第 2 章讨论可知，当离子撞击到一个器件上时，高能的初级电子被释放出来，它们在很短的时间内，在离子径迹周围产生非常大密度的电子–空穴对，这些电子–空穴对（载流子）的空间分布被称为离子电离径迹结构（参见图 3-8 晶体管单元中重离子电离径迹分布示意图）。这些载流子通过漂移和扩散被收集，又通过不同的直接复合机制（辐射机制、俄歇机制）在非常密集的核心径迹中复合，极大地降低了峰值载流子浓度，所有这些机制都改变了径迹在时间和空间上的分布。当粒子穿过物质的过程中时，它会失去能量，然后产生的 δ 射线的能量就会降低，电子–空穴对就会产生在距离子路径更近的地方，这样一来，入射粒子在器件中产生了几何上具有锥形特征的等离子体径迹（如第 2 章所示），采用蒙特卡罗方法，可以计算真实的离子径迹结构。模拟计算结果表明，即使在 LET 相同的情况下，低能粒子和高能粒子的电离径迹结构之间存在着重要差异。高能粒子是真实空间环境中存在的离子，但在实验室 SEU 测量中无法使用高能粒子。所以，通过模拟研究高能粒子的单粒子效应可以在一定程度上弥补实验室测试的不足。

如第 2 章所述，Katz 理论提出了离子径迹结构的解析模型，并应用在仿真模拟计算程序中。应当指出的是，"非均匀指数分布"的径迹模型是基于 Katz 理论提出的经验模型，在该模型中，离子径迹具有通过幂指数分布表述的过剩载流子径向分布，并且电荷密度沿着径迹长度变化（即 LET 值沿着离子径迹不是恒定的）。其他分析模型为等半径非均匀径迹分布模式或非均匀高斯分布模式。

在开展单粒子效应仿真计算分析时，粒子撞击的影响是作为载流子的外部生成源而引入的。通过附加载流子产生率将粒子撞击产生的电子–空穴对密度包含在连续性方程中。撞击诱发的电子–空穴对产生率可以与诸如粒子 LET 值（定义为 dE/dl）的辐照参数相关联。可以使用产生电子–空穴对所需的平均能量以长度为单位将粒子 LET 值转换成等效数量的电子–空穴对：

$$\frac{dN_{ehp}}{dl} = \frac{1}{E_{ehp}} \frac{dE}{dl} \qquad (3.2-1)$$

连续性方程中电子–空穴对的数量通过以下辐射诱导载流子产生率表示：

$$G(w,l,t) = \frac{dN_{ehp}}{dl}(l) \cdot R(w) \cdot T(t) \qquad (3.2-2)$$

通过关联两个表达式可以得到电子–空穴对的径向分布和时间分布函数。式中 $R(w)$ 和 $T(t)$ 分别是电子–空穴对的径向和时间分布函数。式（3.2-2）假设：径向分布函数 $R(w)$ 仅取决于粒子在材料中经过的距离，并且沿离子路径产生的电子–空穴对在任何点具有相同的时间分布函数。因此函数必须满足以下条件：

$$\int_0^\infty \int_0^{2\pi} \int_{-\infty}^\infty Gw\mathrm{d}w\mathrm{d}\theta\mathrm{d}t = \frac{\mathrm{d}N_{\mathrm{ehp}}}{\mathrm{d}l}$$

函数 $R(w)$ 和 $T(t)$ 满足以下归一化条件：

$$2\pi \int_0^\infty R(w)w\mathrm{d}w = 1$$

$$\int_{-\infty}^\infty T(t)\mathrm{d}t = 1$$

在一般情况下，仿真计算中采用的离子径迹模型的时间分布函数 $T(t)$ 为高斯函数形式：

$$T(t) = \frac{\mathrm{e}^{-(t/t_c)^2}}{t_c\sqrt{\pi}} \tag{3.2-3}$$

式中，t_c 是高斯函数的特征时间，用来调整脉冲持续时间。径向分布函数通常用指数函数或高斯函数 $R(w)$ 来模拟。

$$R(w) = \frac{\mathrm{e}^{-(w/r_c)^2}}{\pi r_c^2} \tag{3.2-4}$$

式中，r_c 是用于调整离子径迹宽度的高斯函数的特征半径。相关研究已经表明，径向离子径迹的不同电荷分布确实会影响器件的瞬态响应，但当离子撞击二极管时，其变化仅限于 5%。

3.2.3　单粒子翻转敏感性与特征尺寸关系

随着电子器件和集成电路向超大规模和纳米尺度工艺技术方向的发展，器件的特征尺寸变得越来越小，大部分器件和集成电路对单粒子翻转现象也变得越来越敏感。就现代器件工艺技术的发展来看，器件的特征尺寸（沟道长度 L）变小对电子器件和集成电路单粒子效应敏感性的影响表现出越来越复杂的趋势。虽然如此，但对传统基于体硅及相关工艺技术制造的电子器件和集成电路而言，单粒子翻转敏感性与特征尺寸的相关性可以从三个方面来进行说明：首先是器件制造工艺的特征尺寸会直接影响电离电荷的特征收集长度；其次是发生单粒子翻转的临界电荷的大小也与特征尺寸大小密切相关；最后，单粒子效应的敏感横截面区域随器件制造工艺特征尺寸的变化而变化。

（一）电荷收集长度对单粒子翻转敏感性的影响

从前面章节的有关论述知道，对传统工艺技术制造的电子器件和集成电路而言，电荷收集长度不但与离子射程有关，也与器件制造工艺的特征尺寸相关，有关试验测试表明，与体硅工艺制造的电子器件或集成电路相比，SOI 工艺制造的电子器件或集成电路的单粒子翻转敏感性要低许多，甚至达到一个数量级左右。一般来说，对一个射程较长的离子而言，随着器件制造工艺特征尺寸的减小，电荷收集长度也会变小。我们知道，随着器件工艺特征尺寸的变小，器件功能层厚度不断减小，沟道掺杂浓度也变得较高，诸如此类因素的影响导致了耗尽层区域宽度 W 变窄，从而产生单粒子翻转的主要电荷收集过程之一的"聚集"收集效果减弱，所以电荷收集长度随器件制造工艺特征尺寸的减小而减小。另外，器件芯片的衬底特性也会影响电荷收集长度，不同工艺制造的电子器件和集成电路，其衬底特性不同。如对采用较薄外延层 CMOS 工艺制造的器件来说，由于其近乎几微米厚度的外延层可以有效地限制基于衬底区域的电荷收集过程，这类器件的单粒子翻转敏感性较低，如前所述，SOI 工艺制造的电子器件或集成电路的单粒子翻转敏感性要比体硅工艺制造的电子器件或集成电路的单粒子翻转敏感性低一个数量级左右，所以器件制造工艺的衬底特性也对电荷收集长度具有比较明显的影响。另外，敏感区域变化对单粒子翻转敏感性也具有一定的影响，随着器件制造工艺特征尺寸的变化，单粒子效应敏感区域大小也发生变化。这主要表现在工艺特征尺寸变小将会导致每个位的总横截面积变小，即使是工艺特征尺寸变小带来的电荷收集长度减小及临界电荷降低将会抵消总横截面积变小的效果，但每位净翻转率大小将随着工艺特征尺寸变小而降低。

（二）临界电荷变化对单粒子翻转敏感性的影响

如上所述，随着器件的特征尺寸变得越来越小，单粒子翻转的敏感性将与制造工艺相关的几个因素之间的相互竞争及影响程度相关联，临界电荷随器件特征尺寸的变化是其中主要因素之一。众所周知，对于存储器件来说，临界电荷是指引起一个存储单元（或者一个功能晶体管）状态发生翻转所需的最小电荷量，显然，这个最小电荷量将会随特征尺寸变小而变小，但值得注意的是，临界电荷变小引起的这种单粒子翻转敏感性增高也会受到电荷收集长度变小及器件结构影响的抵消，最终器件单粒子翻转敏感性随特征尺寸变小而变化的特性由几个因素之间的竞争程度所决定。现有针对现代电子器件和集成电路的大量单粒子效应试验测试及研究表明，随着电子器件和集成电路向纳米工艺特征尺寸方向的发展，器件对单粒子翻转也变得越来越敏感，并且呈现出一种复杂的机理和过程。

针对传统电子器件和集成电路，开展了许多有关单粒子翻转的试验研究和分析工作。大量试验研究表明，在空间重离子或质子核反应产物的作用下，器件发生单粒子翻转的敏感性与其制造工艺的特征尺寸相关，表 3–2 给出了一般常见半导体器件和集成电路发生单粒子翻转的临界电荷 Q_{crit} 与器件工艺特征尺寸 L 的变化数据表。从表中可以看出，随着器件特征尺寸（MOS 器件为沟道长度 L）的降低，发生单粒子翻转的临界电荷也随之降低。

表 3-2　常规半导体器件临界电荷 Q_{crit} 与特征尺寸

器件型号	工艺	估计的 Q_{crit}/pC	估计的特征尺寸 L/μm
HM6508	CMOS	0.3	4
HS6508RH	CMOS	0.8	4
HS6508RH*	CMOS	2.0	4
CDP1812	CMOS/SOS	1.1	5
9900	I²L	0.4	4.5
9989	I²L	0.06	4.5
	NMOS	0.02	1
	NMOS	0.08	2
NBRC4042	CMOS/SOS	0.12	2.5
	NMOS	0.6	6
TC3164	CMOS/SOS	0.2~0.6	~4
CD4061	CMOS	3.5	~15
	PMOS	0.6	6
TC244	CMOS	9.0	21

　　彼特森等人在研究了不同工艺和器件的临界电荷与特征尺寸关系后，对相关试验数据进行拟合分析，给出了描述临界电荷与特征尺寸关系的彼特森定律。彼特森定律是经验定律，具体表达为：$Q_{crit}=0.023L^2$。

　　图 3-10 给出了不同传统工艺和器件临界电荷与特征尺寸的关系，从图中可以看出，主要工艺器件的临界电荷 Q_{crit} 大小几乎与特征尺寸 L 的平方呈线性关系。这说明对大部分常规器件，彼特森定律在描述临界电荷与特征尺寸关系方面是符合实际情况的。虽然如此，但在 20 世纪 80 年代，针对一些工艺制作的器件的试验研究表明，临界电荷 Q_{crit} 大小并不是与特征尺寸 L 的平方严格地呈线性关系式。如针对采用 CMOS/SOS 工艺制作的几组具有不同特征尺寸大小的加固器件开展的试验测试表明，具有较小特征尺寸的存储器件比其他具有较大特征尺寸值的存储器件对单粒子翻转更加敏感，试验研究中测试了不同批次制作的不同特征尺寸存储器件的临界电荷与特征尺寸的相关性，在严格考虑了

器件内部存在的边缘晶体管也能收集电离电荷的情况下，Q_{crit} 和特征尺寸 L 的关系式中的幂指数项为 1.6 ± 0.2，而并非严格等于 2，因此，在实际测试试验分析中，应用彼特森定律时应该注意到这一点。

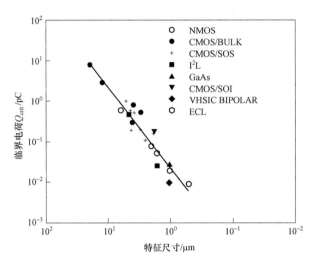

图 3-10 临界电荷与特征尺寸的关系

虽然彼特森等人的早期研究工作给出了临界电荷与特征尺寸的经验表达式，但实际上，器件发生单粒子翻转的敏感性与器件电路内部结构特性也密切相关，并与器件内部的开关电压幅值（或电源电压）高低有关，这是因为器件内部的开关电压幅值的高低直接决定着临界电荷的大小；虽然说随着特征尺寸的不断变小，器件发生单粒子翻转的临界电荷也随之变小，但器件临界条件的变化是其相关联的多个综合因素作用之表现，如对一些器件来说，这种综合因素作用表现明显，而对另一些器件来说这种表现并不十分明显。就具体电子器件及集成电路来说，如对逻辑电路和静态随机存储器而言，特征尺寸的减小导致相应开关电压幅值的降低，开关电压幅值的降低减小了电压的漂移幅度，这会直接影响到器件临界电荷的特性。但从另一方面看，伴随着器件特征尺寸的减小，器件的开关速度将会增加，这将会和电荷收集长度变小、临界电荷降低的因素进行竞争，其综合结果确定了器件发生单粒子翻转的敏感程度。又例如，对动态随机存储器来说，由于器件内部存在的存取刷新是一种周期性的电荷泄放过程，动态随机存储器的这种电荷泄放过程，随着器件特征尺寸减小，带来的内部电压降低引起的单粒子效应敏感性并不十分明显。另外，应当注意的是，动态随机存储器的单粒子效应敏感性也与其内部结构特征息息相关。我们知道，由于大部分动态随机存储器采用升压式字节线布局，且其噪声余量受到位线电容和单元存储电容比率的影响，但动态随机存储器的"块定向"设计会使位线电容和单元存储电容比率增大，也就是说，动态随机存储器结构和设计特征也决定着其单粒子效应的敏感性。所以动态随机存储器的单粒子效应敏感性随着特征尺寸减小而呈现出复杂现象，很难明确提出其变化特征来。

（三）翻转 LET 阈值与特征尺寸的关系

在电子器件和集成电路单粒子效应试验测试的研究工作中，针对典型的集成电路，通过大量的地面重离子测试试验，获得了传统典型集成电路发生单粒子翻转的 LET 阈值与器件特征尺寸之间的关系，其中最具代表性的就是微处理类器件。

在过去的三十多年中，由于航天器电子设备性能及设计技术的不断发展变化，在单粒子效应测试试验方面，针对各种不同工艺制造、不同结构及性能的微处理类器件开展了许多测试试验研究工作。研究工作表明，重离子和高能质子在微处理类器件中将会诱发各功能模块电路产生单粒子效应，一个显著特征就是微处理类器件内部寄存器会产生比较明显的单粒子翻转现象，而随机逻辑功能模块部分的单粒子翻转现象并不十分明显。显而易见，微处理类器件单粒子效应的这种特征可能会随着集成电路制造工艺的不断进步而发生改变。这里值得一提是，跨越 20 世纪末及 21 世纪的近三十五年的试验研究工作表明，在 NMOS 和 CMOS 工艺制造的微处理类器件中，其内部寄存器产生单粒子翻转的 LET 阈值几乎没有发生明显变化，表 3–3 和图 3–11 给出了近三十年来微处理类器件单粒子效应的相关试验测试结果，即从 20 世纪 80 年代开始，针对各种不同类型和功能的微处理类器件获得的单粒子翻转 LET 阈值与器件制造工艺特征尺寸大小的关系。从表 3–3 可以知道，在近三十年的时间里，微处理类器件制造工艺的特征尺寸几乎减小了约两个数量级以上，但微处理类器件的单粒子翻转 LET 阈值没有发生多少变化，仍然保持在一个数量级范围内。举例来看，从表 3–3 中可见，在 20 世纪末，采用 NMOS 工艺制造的高性能处理器 Power PC750，其单粒子翻转 LET 阈值在 $2.0\sim2.5$ MeV·cm^2/mg 范围内，而在 20 世纪 80 年代，采用 NMOS 工艺制造的处理器 8086，其单粒子翻转 LET 阈值在 $1.5\sim2.5$ MeV·cm^2/mg 范围内，但其制造工艺的特征尺寸比 Power PC750 的高出一个数量级以上。而最新工艺制造的第 5 代 Core™ i3–5005U 高性能处理器，其单粒子翻转 LET 阈值在 $0.2\sim1.0$ MeV·cm^2/mg 范围内，但其制造工艺的特征尺寸比 Power PC750 处理器的低了一个数量级以上。

表 3-3　翻转 LET 阈值与特征尺寸的关系

器件型号	生产厂家	生产日期	估计的 LET 阈值/ (MeV · cm² · mg⁻¹)	估计的特征 尺寸 L/μm
Z-80	Zilog	1986	1.5～2.5	3
8086	Intel	1986	1.5～2.5	1.5
80386	Intel	1991	2.0～3.0	0.8
68020	Mot.	1992	1.5～2.5	0.8
LS64811	LSI	1993	1.5～2.5	1.2
90C601	MHS	1993	2.0～2.5	1.2
80386	Intel	1996	2.0～3.0	0.6
80486DX	Intel	1996	5.0+1.5	0.6
PC603e	Mot.	1997	1.7～3.0	0.4
Pentium	Intel	1997	2.0～3.0	0.35
Power PC750	Mot.	2000	2.0～2.5	0.25
Freescale P2020	Qualcomm	2006	1.0～1.5	0.045
SPARC V8 Leon 3	N/A RH	2012	2.0	0.065
AMD A4-3300	AMD	2012		0.032
Broadwell 5th Gen. Core™ i3-5005U	Intel	2015	0.2～1.0	0.014

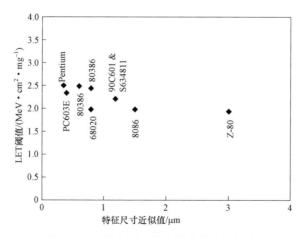

图 3-11　翻转 LET 阈值与特征尺寸的关系

另外，微处理类器件的质子单粒子翻转特征也是应当注意的一个方面，这方面的完整试验测试数据相对来说比较少一些。图 3-12 给出了两个先进微处理器内部的寄存器模块的质子单粒子翻转截面随能量的变化情况，翻转截面的大小归一化为每位多少次翻转。从图中可以看出，两个微处理器的质子诱发单粒子翻转能量阈值相差不多，但是新工艺制作的 Power PC750 微处理器的翻转截面变低，比相对较旧工艺制作的 PC603e 微处理器的翻转截面几乎低一个数量级以下，两个微处理器的主要制作工艺是相同的，都采用了重掺杂衬底上覆盖一层薄外延层的制作工艺过程。但 PC603e 微处理器设计的制作工艺特征尺寸为 0.35 μm，而 Power PC750 微处理器设计的制作工艺特征尺寸为 0.25 μm；就微处理器器件的质子单粒子翻转来说，两个不同工艺特征尺寸制作的微处理器的翻转能量阈值相近，这与重离子照射测试情况下 LET 阈值相近的情况相同，但翻转截面几乎相差一个数量级以上。我们知道，由于质子在半导体材料中的核反应产物也会诱发单粒子翻转，如果这些核反应产物的 LET 值大于 LET 阈值时，将会诱发单粒子翻转；当器件尺寸变得越小时，与特征尺寸相比而言，这些核反应产生的反冲核的射程将变长，因而更多较低能量的反冲核就可以诱发器件发生翻转，这样一来，就增加了单粒子翻转的频度。

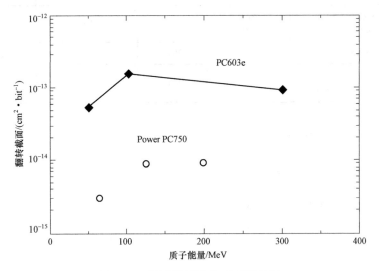

图 3-12　质子翻转截面与能量的关系

（同一厂家制造的不同特征尺寸高性能微处理器内部寄存器质子诱发单粒子翻转截面比较）

这些测试结构基本代表了基于外延层衬底工艺制作的主流微处理类器件，Core™ i3-5005U 工作频率已达 2 GHz 以上，航天电子系统通常所采用的 Power PC750 微处理器的工作频率为 700 MHz。就 Power PC750 微处理器和 PC603e

微处理器的重离子和高能质子测试结果来看，其内部发生单粒子翻转的模块主要是寄存器单元和缓冲存储单元，但翻转特性也可能受到内部其他单元的单粒子瞬态脉冲的影响。我们知道，随着微处理器工作频率的提高，其对内部逻辑单元或其他内部单元区域产生的瞬态错误的干扰越来越敏感，所以随着特征尺寸的不断变小，微处理器翻转频度会不断提高，针对 Power PC750 微处理器和 PC603e 微处理器的重离子和高能质子测试结果也证明了这一点。这种现象对航天器用微处理器的设计选择提出了挑战，即高性能微处理器的 LET 阈值达到了要求，但翻转频度难以满足工程设计需求。

|3.3　单粒子瞬态机理|

单粒子瞬态（SET）是单个高能带电粒子（质子或重离子）穿越集成电路过程中诱发的一种电压扰动或电流扰动信号，这种单个高能带电粒子诱发的电压扰动或电流扰动既在模拟电路中出现，也产生于数字电路中，其在电子器件和集成电路的传播过程中可能诱发错误现象，导致电子部件或设备发生故障。在单粒子瞬态现象的试验测试及分析研究中，有时把单个高能带电粒子在模拟电路中诱发的单粒子瞬态称为模拟单粒子瞬态（ASET）现象，而把单个高能带电粒子在数字电路中诱发的单粒子瞬态称为数字单粒子瞬态（DSET）现象。现有研究表明，单粒子瞬态现象不但出现在由 CMOS 工艺、双极性工艺及 BiCMOS 工艺制造的集成电路中，也出现在Ⅲ～Ⅴ簇工艺制造的集成电路中，例如，在 GeSi 材料制作的集成电路中，试验观察到的单粒子瞬态现象比较明显。

3.3.1　单粒子瞬态现象描述

空间应用的电子系统都需要对器件和系统的单粒子效应响应特征做出评估和预测分析。随着电子器件和集成电路的单粒子翻转加固设计工艺的不断完善，并且在卫星电子系统设计中广泛采用检错纠错（EDAC）等防护设计技术，空间电子系统的抗单粒子翻转诱发故障的能力不断提高。但是随着新型电子器件在航天器电子设备中的不断应用，空间高能带电粒子在电子系统部件中产生的单粒子瞬态脉冲诱发的系统级故障随之增多，日益成为航天器电子设备和系统在轨正常工作所面临的技术难题。1992 年，美国国家航空航天局（NASA）技术试验卫星 TOPEX/Poseidon 在发射后运行不久就由于单粒子瞬态现象诱发了航天器系统故障。在随后的几年里，美国国家航空航天局发射成功的 TDRS 卫星、CASSINI 卫星及 SOHO 等卫星也发生了由单粒子瞬态现象诱发的系统故障。直到 2001 年，NASA 发射的探测宇宙大爆炸遗留微波辐射的卫星也由于单粒子瞬态现象诱发了系统故障，造成大量科学试验数据的丢失。近年来，国内在轨运行卫星也由于单粒子瞬态现象诱发的系统故障频频发生，2017 年，我国通信卫星由于单粒子瞬态现象诱发了某电源设备掉电，使信号转发造成中断。

一般的单粒子瞬态现象主要发生在线性电路中，如运算放大器、电压比较器、A/D 转换器、采样/保持放大器、混合逻辑电路、输入/输出电路、脉宽调制器、光电探测器和计时器等。当器件中发生单粒子瞬态现象时，器件的输出可能出现错误，并在器件中诱发误码，错误输出和误码传播可能造成电子系统发生故障。如果空间带电粒子产生的单粒子瞬态电流脉冲足以影响下一级电路的输出，就会使电路输出出现错误，影响其所在电子系统发生各种指令和逻辑错误，从而造成系统功能的紊乱。随着星载电子系统运行速度的不断提高，一个单粒子瞬态扰动都有可能导致系统出错。有关试验测试及卫星电子设备在轨运行表明，在航天器电子系统构成的各个部件中，输入/输出型器件（如 A/D 转换器和电压比较器）或部件（如 DC/DC 转换器）的单粒子瞬态现象是单粒子效应在系统级上产生故障的主要原因之一，如国内外地面测试试验和卫星在轨故障现象证实，卫星电子设备中最常用的 DC/DC 转换器中的单粒子瞬态现象会造成整个系统发生严重故障，而针对数字电路开发的 EDAC 设计方法难以解决这种瞬态翻转带给系统的故障或失效。单粒子效应诱发的系统级故障指部件中的单粒子翻转能够在系统中传播并造成系统工作紊乱或失效，有关单粒子效应诱发系统级故障的特点和分析将在后面第 5 章节作专门介绍。而线性电路中的单粒子瞬态现象最容易在系统中传播，并形成系统级故障，因此线性电路中的单粒子瞬态现象及其诱发的系统故障是现阶段航天器电子系统设计面临的主要技术难题。

在针对单粒子瞬态现象的研究中，许多作者及研究机构开展了许多方面的研究工作，美国国家航空航天局有关实验室针对典型的线性电路和混合逻辑电路，如运算放大器 LM124、OP-27、OP470，电压比较器 LM139，A/D 转换器 AD9713 等器件专门开展了重离子和脉冲激光诱发的单粒子瞬态现象的试验研究，并在模拟试验研究的基础上，对线性电路单粒子瞬态现象的测试方法进行了总结分析。国内相关单位在此方面也开展了探索性研究，如针对 54 系列器件，在激光模拟单粒子效应试验系统上，初步开展了单粒子瞬态效应模拟试验技术研究，试验中观测到了单粒子瞬态现象，分析和总结了单粒子瞬态效应测试技术。本节主要对相关研究成果从基本机理和现象分析上作一基本说明和叙述。

3.3.2　单粒子瞬态的产生及传播

单粒子瞬态是指集成电路内部晶体管某一节点处，由于附近带电粒子径迹产生的瞬态电流而引起的瞬时电压或电流的变化。如第 2 章所述，当带电粒子通过一个反偏 PN 结时，由于电离电荷的收集过程，这时候会在敏感电极上产生瞬态电流脉冲。例如，在一个存储单元中，如果其收集到的电荷足够多，就可能导致单元存储状态发生改变，即发生单粒子翻转。但当入射重离子撞击到复合逻辑电路时，电荷的收集可能诱发产生电压脉冲，导致电路逻辑状态发生改变，这就是所谓的单粒子瞬态现象。

在单粒子瞬态特性的试验研究方面，研究工作者重点针对反偏 PN 结和隔离 CMOS 晶体管的情况，开展了瞬态过程的电荷收集机理研究工作，研究结果表明，单粒子诱发的瞬态脉冲主要由快速成分和慢速成分构成，快速成分主要由电荷的漂移过程和电场畸变引起的"聚集"过程所造成，慢速成分主要来自硅衬底中的电荷扩散过程。在这种电荷收集过程中，电路中存在的双极性放大过程也许会更进一步增强瞬态电流大小，瞬态脉冲形成的具体过程和特性主要取决于器件结构和离子撞击的具体位置分布情况。例如，在 MOS 晶体管结构中，寄生的源/体/漏双极性结构就可以明显地对沉积在阱/体区的电荷进行放大，针对这种寄生双极性放大现象及瞬态电流增强，人们开发出了具体的工艺加固设计方法来避免或减缓 SET 的发生，如阱接触（Frequent Well Contacts）、虚拟结（Dummy Junctions）等。在体硅制造工艺技术中，也采用介质隔离（SOI）工艺来限制电荷的收集过程，同时，其可以实现体接触而减缓寄生双极性结构的放大作用。

如前所述，单粒子瞬态在模拟电路和数字电路中均会发生，但最易发生单粒子瞬态的是逻辑电路。大部分单粒子瞬态现象是无害的，其并不影响器件的正常工作。尽管如此，但有一部分的单粒子瞬态会带来危害或造成数据冲突，如在复杂电路中，当时钟周期边缘与瞬态脉冲边缘相契合时，逻辑门电路中的单粒子瞬态可能会被存储单元所捕获而引起数据出错。所以说，当集成电路工作在高时钟频率下时，逻辑电路单粒子瞬态传播进入存储单元的机会增高，从而影响后续电路或部件的工作特性。这种现象在重离子单粒子翻转试验中被观测到，试验测试表明，当待测器件的工作频率越高，单粒子瞬态翻转截面越大。

有关数字存储电路的单粒子效应试验研究表明，单粒子瞬态脉冲在传播过程中，如果以下四个条件满足，则可能诱发数字存储电路发生单粒子翻转：第一，在电路敏感节上产生单粒子瞬态脉冲；第二，沿开放的逻辑通路传播，且到达一个锁存器或其他内存存储单元；第三，当瞬态脉冲到达时，其幅值和脉宽足以改变存储单元状态；第四，当瞬态脉冲到达时，正值存储单元处于"敏感窗口"，如时钟条件能够使得脉冲信号被单元电路所俘获。

线性调制器电路和直流/直流变换器在其输出端更容易出现单粒子瞬态现象。在当前广泛使用的具有一定耐辐射能力的 FPGA 电路中，需要使用一个核心逻辑电源，由于构成 FPGA 电路的逻辑阵列晶体管具有较小的特征尺寸，而对逻辑电源提供的电压有较严格的公差要求。而要避免单粒子瞬态现象对 FPGA 电路的影响是比较困难的，有关试验测试表明，由于单粒子瞬态的影响，线性调制器电路和直流/直流变换器不适合应用于 FPGA 电路设计中。

单粒子瞬态也会在数/模转换器输入端出现，导致转换器输出端的数据紊乱。在涉及数/模转换器的电子系统设计中，通常将单粒子瞬态考虑为另一种噪声源，在数据管理中按噪声进行处理。尽管如此，如果采用数字化数据作为输入去处理探测和校对过程出现的故障时，若仅依据简单采样的方式，那么某些算法并不一定实现正确的响应过程，主要原因是单粒子瞬态会对简单采样方式形成干扰。

如果不考虑工艺特征和晶体管设计的具体参数特点，当一个晶体管处于某逻辑单元链路中时，其收集电离电荷产生的瞬态电流脉冲将会被调制耦合在逻辑单元链路中。下面主要以 NMOS 晶体管和 PMOS 晶体管及其组成的反相器电路为例，说明单粒子瞬态电流在基本单元电路中的传播特性。

图 3-13 给出了处于关闭状态 NMOS 晶体管的耦合瞬态电流特性，关闭状态 NMOS 晶体管既可认为是一个独立单元，又可认为是反相器链路结构单元。在 NMOS 晶体管作为一个独立单元存在时，由于其漏极电压保持不变，瞬态电流脉冲的特征基本呈现出一个反偏 PN 结的电荷收集电流脉冲波形，即该脉冲由快速漂移成分和慢速延迟成分所组成。从另一方面看，当 NMOS 晶体管嵌入反相器链路结构单元时，被重离子撞击的 NMOS 晶体管的漏极电压不会受到固定电压的影响，这样一来，被撞击 NMOS 晶体管的漏极电压受到电离电流的影响而产生扰动，这时对处于开状态的负载 PMOS 晶体管进行了偏置，从而产生了漏极电流；离子撞击之前，漏极电压处于输出电容维持状态，撞击相应产生一个窄脉宽电流脉冲之后，漏极电压塌缩，随后 NMOS 晶体管中电离产生电流由降低了的漏极电压和互补 PMOS 晶体管驱动电流所共同主导，节点电压动态相互作用的结果及 SEE/PMOS 的电流特征就是特征化了的平衡 SET 电流，即图 3-13 所示曲线的平直部分。这平直部分的电流大小取决于 PMOS 晶体管驱动电流的大小，其周期与降低了的漏极电压变化周期一致。随着离子撞击产生的沉积电荷从被撞晶体管流走，电流不能继续保持，平衡 SET 电流状态消失，漏极电压恢复，脉冲电流又一次减小到零。最后，被撞击的反相器输出电压完全恢

复到原来数值大小，电压瞬态脉冲传播到下行反相器链路中。应当注意的是，在电压恢复以前，被撞击逻辑门电路中处于"开"状态的晶体管对离子沉积电荷具有明显的耗散作用，处于"开"状态的晶体管电流越大，产生的 SET 脉冲变得越窄。这种传播过程的特点也可以用来进行单粒子瞬态效应的减缓设计，例如，可以使用宽度较大的晶体管，使其具有较高驱动电流，就可以快速提高对离子沉积电荷的耗散过程。更进一步来说，如果采用具有大电容特性的大晶体管构建电路单元，则该电路单元就具有将部分离子撞击产生的 SET 电压脉冲滤掉的特性。反之，如果逻辑电路单元采用较小尺寸的晶体管构建，那么该电路单元将对单粒子瞬态脉冲现象十分敏感。针对这种情况，人们作了相关试验测试研究，结果如图 3-14 所示，图中给出了采用不同宽度的晶体管制造的四个反相器链路的单粒子瞬态敏感性分布情况，即单粒子瞬态截面随离子 LET 值的变化特征。正如我们所预料的那样，从图 3-14 中可以看出，随着晶体管尺寸的增大，发生单粒子瞬态的离子 LET 阈值增大，相比之下，这意味着采用大晶体管构建的链路，其单粒子瞬态敏感性低，采用小晶体管构建的链路，其单粒子瞬态敏感性高。尽管如此，但大晶体管具有较大的单粒子瞬态敏感性区域，所以当离子 LET 值较大时，单粒子瞬态敏感性的表现似乎是形式上增大了晶体管尺寸，这就部分地抵消了大晶体管对 SET 的减缓作用。因而，上面提到的采用大晶体管设计方式来减缓单粒子瞬态敏感性的方法，必须仔细权衡空间环境约束条件（如对单粒子瞬态翻转率的限制）的需求。有一点也需要注意，那就是正常处于关闭状态的传输门电路也可能传输单粒子瞬态脉冲，采用 TCAD 仿真分析的结果也表明了这一点。例如，在如图 3-15 所示的带有传输门电路的主从式触发器电路结构中，当具有耦合作用的传输门电路处于关闭状态时，一般认为主电路状态和次电路状态是相互隔离的；虽然这样，但当离子不论从主电路或次电路侧面撞击后，如果产生的收集电荷超过存储于逻辑节点处的电荷许多时，单粒子瞬态电压的偏移也许会超越电路板上电源供电能力（与单粒子瞬态电压脉冲极性有关），这种电压偏移实现了一种功能，即使得传输门电路中的某一晶体管处于导通状态，导通晶体管可以允许单粒子瞬态脉冲进入下一级中，并且被处于上升沿的时钟脉冲锁存。另外，当工作频率很高，器件制造工艺特征尺寸很小，采用高 LET 值重离子照射时，在触发器链路中观察到了多位翻转现象，这表明只要离子撞击沉积的电荷足够多（离子 LET 值足够大），产生的单粒子瞬态脉冲可以在任何逻辑门电路中传播。

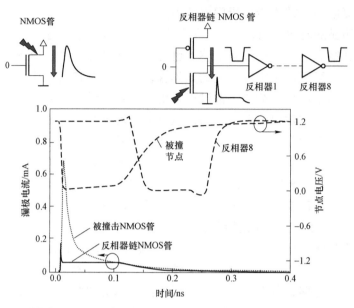

图 3-13　处于关闭状态 NMOS 晶体管耦合瞬态电流的特点

（既可作为一个独立单元，又可作为反相器链路结构单元）

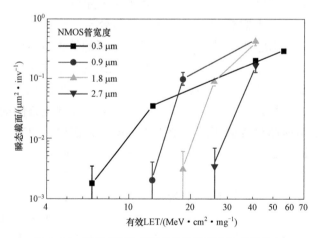

图 3-14　四个反相器链路的单粒子瞬态敏感性分布

（采用 130 nm SOI 工艺制作。NMOS 晶体管宽度分别为 0.3 μm、0.9 μm、1.8 μm、2.7 μm；
在所有情况下，PMOS 晶体管宽度为 NMOS 晶体管宽度的 2 倍，所有晶体管的栅长为 130 nm，
且采用体接触方式设计）

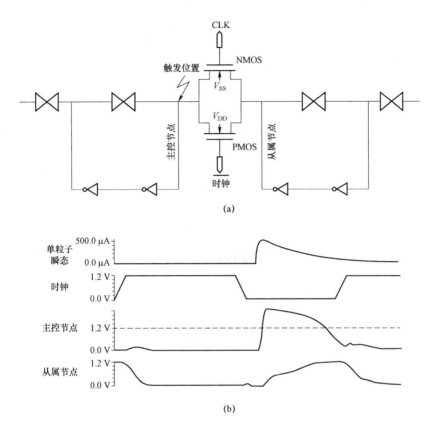

图 3-15　带有传输门电路的主从式触发器电路结构和从主状态到次状态的 SET 传播
（a）带有传输门电路的触发器电路原理图；（b）从主状态到次状态的 SET 传播

3.3.3　传播过程的脉冲加宽特性

在单粒子瞬态测试试验中，针对大部分的测试结构和电路，认为单粒子瞬态脉冲在相通单元组成的链路结构中传播时，其宽度将会保持不变，或者按最严重影响程度考虑，即在节点电容非常大的情况下，也认为只产生部分的电荷吸收，在这种假设条件的驱动，试验测试中为了增加对单粒子瞬态俘获的敏感性，即提高可能获得的测试截面大小，在一些测试电路设计中均采用了相通单元组成的长链结构方式，如反相器电路等。但实际情况是，在某些条件和状态下，这种假设条件不成立，相关试验测试也证明了这种假设的不真实性。在脉冲激光和重离子照射条件下，人们针对相通单元组成的长链结构进行了相关试验测试，试验测试发现了传播诱导脉冲加宽（Propagation-Induced Pulse

Broadening，PIPB）的现象。举例来说，参考资料［41］中报道了试验测试观察到了这样一种现象，当利用脉冲激光在测试试验器件中产生一个单粒子瞬态脉冲（SET）时，该脉冲在一个相通单元组成的长链结构中传播时，瞬态脉冲的宽度从激光入射节点处的小于 200 ps，逐渐增大到纳秒尺度的范围内。试验测试中采用了脉冲激光单粒子效应模拟试验方法，利用脉冲激光可以精确地对敏感位置进行定位测试试验，在图 3-16 中给出了试验定位与相关 SET 脉冲加宽的试验测试结果。试验中，采用脉冲激光的能量为 55 pJ，针对设计的相通单元组成的长链测试结构，进行了试验测试，激光在四个不同位置处进行照射，

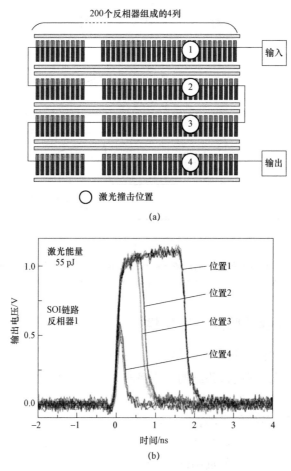

图 3-16　试验定位与相关 SET 脉冲加宽的试验测试结果
（a）激光照射反相器链的四个不同位置示意图；
（b）不同位置处反相器链输出端输出的瞬态电压脉冲

当激光产生的 SET 经过少数几个反相器传播后，在反相器链的输出端测定的瞬态脉冲电压比较窄，但是当 SET 经过越来越多的反相器（图 3–16 中位置 3、2、1）传播后，反相器链的输出端测定的瞬态脉冲电压也逐渐变宽。传播过程的 PIPB 效应，或者脉冲延展现象，在 SOI 工艺制作的电子器件和集成电路中表现最为明显，同时也在体硅工艺制造的电子器件和集成电路有所展现。相关试验测试表明，具有"浮体效应"特征的工艺和设计对 PIPB 效应特别敏感，测试获得的瞬态脉冲电压展宽可以从每个门电路的几个皮秒到 55 皮秒之间。

　　基于对试验测试电路结构的分析，结合晶体管电压偏置适时随时间的变化来看，可以认为 PIPB 效应主要是由内部浮体所处节点之充电和放电诱发的延迟过程所引起。由于晶体管开关时间与载流子的碰撞电离、温度及复合等过程相关，所以与晶体管的开关时间相比，这些内部浮体所处节点的充放电时间常数变得相对较慢，晶体管偏置慢变的这种时间变化特性导致了门电路之间的晶体管阈值电压存在微小差别，亦即在一段时间内处于准静态的晶体管的开启点发生了变化。当存在这种情况时，SET 在传播过程中就被相应的门电路进行了调制，SET 信号可能会被延展或者衰减。反过来看，如果一个电路链工作在高频状态下，那么晶体管体电位的典型充放电时间常数比时钟周期要大，这时在所有器件上，晶体管阈值电压将会稳定在一个中间值状态，SET 传播过程中的展宽现象将会缓解。在相关试验研究中，针对测试电路，测试了 SET 传播过程中的 PIPB 现象与器件工作频率之间的相关性。图 3–17 具体给出了在不同电源电压条件下，脉冲延展现象与输入脉冲频率的变化关系。从图中可以看出，当器件工作在低频状态下，在 SET 传播开始前晶体管体电位处于准静态偏置状态时，SET 传播过程中的 PIPB 现象最为严重。当晶体管体处于动态浮体状态时，影响晶体管阈值电压大小的其他相关参数，诸如电源电压、体（阱）区掺杂浓度也变得比较重要起来，这些参数将对 SET 传播过程中的展宽现象有所影响。例如，当电源电压降低时，SET 传播过程中脉冲展宽现象变得比较明显；而体（阱）区掺杂浓度变得比较高时，SET 传播过程中脉冲展宽现象也变得比较严重。

　　在重离子照射（Xe，60 MeV·cm²/mg）条件下，针对利用各种逻辑电路构建的复合链路结构，测试了单粒子瞬态发生的横截面大小及传播诱导脉宽加宽变化率（展宽率），试验中测量了横截面大小及传播诱导脉宽加宽变化率随传播时间的变化情况，传播时间与输出端电容大小成正比例。试验测试结果如图 3–18 所示。试验测试采用的综合链路结构用三种类型的门电路所构成，分别为反相器、带有输出电容的反相器及 NOR 电路。

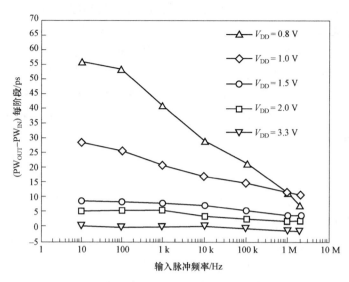

图 3-17　脉冲延展现象与电源电压和输入脉冲频率的相关性

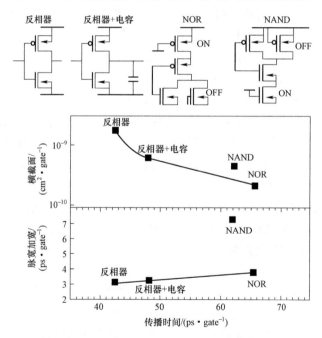

图 3-18　几种电路 SET 横截面和 PIPB 展宽率随电路传播时间的变化情况
（Xe，60 MeV·cm²/mg）

　　试验发现，当节点电容增大，即传播时间延长时，测量所得的横截面变小，很明显，当节点电容增大时，在重离子撞击节点产生的单粒子瞬态脉冲更容易被过滤掉。尽管如此，一旦单粒子瞬态在电路中形成，在三种类型的电路链结构中，传播诱导脉宽加宽变化率基本相同，大约为 3 ps/gate，脉宽加宽现象并不十分明显。但对 NAND 电路而言，其单粒子瞬态脉冲的响应和前述三种电路不同，其 SET 横截面大小比反相器电路的小，也就是说，NAND 电路的节点电容要比前述三种电路的节点电容大，虽然这样，但由于 NAND 电路中，处于导通状态的 NMOS 晶体管将其栅极与地相连接，当单粒子瞬态脉冲在传播时，导通状态晶体管如同一个附加电阻一样，使得加在 NAND 电路上的有效电压降低，因此，NAND 电路中的 PIPB 现象比其他电路更为重要，图 3-18 中的相关测试结果也说明了这一点。

这里应当说明的是所有测试电路链路结构采用 130 nm 的 SOI 工艺制作，栅长度为 130 nm 的晶体管采用体接触方式，NMOS 管的宽度为 0.3 μm，PMOS 管的宽度为 0.6 μm。

3.3.4　单粒子瞬态脉冲湮灭及电荷共享

在 20 世纪 80 年代，人们认识到，一个带电粒子电离产生的电荷通过扩散过程的作用，影响到的电路内部区域要比一个敏感节点区域面积大，即可以在存储器中观察到多个位同时翻转的现象。尽管如此，但由于体电荷扩散具有相对较长的时间常数，观察到的多位翻转现象仅限于高集成度，且具有电荷积分式（动态）的电路中，诸如 DRAM 电路、CCD 电路及具有阻性负载的 SRAM 等。但当集成电路制造工艺的节点特征尺寸低于 250 nm 时，在静态电路中，试验观察到了单个带电粒子的撞击可以同时影响电路中的多个敏感节点，这种现象称为"电荷共享"。Olson 等人在商用 250 nm 工艺制造的 CMOS SRAM 器件中观察到了这种"电荷共享"现象，Amusan 等人在 130 nm 工艺制造的 CMOS 锁存器中也观察到了这种"电荷共享"现象。"电荷共享"现象对单粒子瞬态过程有明显的影响，共享过程可能将电离产生的电荷分布在其他任何可能的敏感节点电路处，从而对产生的瞬态脉冲进行调制，直接影响到瞬态脉冲的脉宽。Amusan 等人的试验测试也证明了这一点。另外，"电荷共享"过程也可能诱发单粒子瞬态的双脉冲现象，即在同一个数据通道中，主要电荷收集节点产生一个主脉冲后，随后产生来自非临近节点电路电荷延迟收集所形成的次脉冲。"电荷共享"现象形成的单粒子瞬态脉冲变化的重要特征为"湮灭"现象，这种现象于 2009 年首次在 130 nm 工艺制造的集成电路被观察到。单粒子瞬态"湮灭"是指受"电荷共享"的影响，当脉冲依此在数据通道中传播时，瞬态脉冲宽度变窄。单粒子瞬态"湮灭"现象仅在一定条件下发生，即当脉冲信号沿某一信号通道传播时，该通道的时间尺度与邻近电路单元的电荷共享时间尺度相近（在

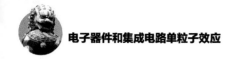

130 nm 节点工艺之前未观察到该条件）。

　　图 3-19 给出了传统数字单粒子瞬态（DSET）产生过程和单粒子瞬态"湮灭"事件发生历程的比较说明。从图中反相器链路结构组成部分可以看出，单粒子瞬态"湮灭"过程存在一种竞态条件，即 PMOS 门电路控制的瞬态信号和空穴向器件 P_2 的扩散过程之竞争机制；如果单粒子瞬态信号先于扩散收集电荷到达 P_2，那么 P_2 将会关闭，由于反相器的响应过程，漏极电压改变了状态（从高电平变为低电平），这时候器件 P_2 的漏极易于接纳收集的电荷，随着扩散电荷的延迟到达，P_2 漏极收集了电荷，其电压状态又一次发生了扰动（从低电平变为高电平），又返回初始状态。因此，对器件 P_2 来说，单粒子撞击事件触发了其漏极状态的两次变化，而在其组成的反相器输出端观察到的却是缩小了电压脉冲宽度的瞬态脉冲，即发生了单粒子瞬态脉冲"湮灭"现象。Ahlbin 等人基于 65 nm CMOS 反相器试验结果的分析，验证了单粒子瞬态脉冲"湮灭"

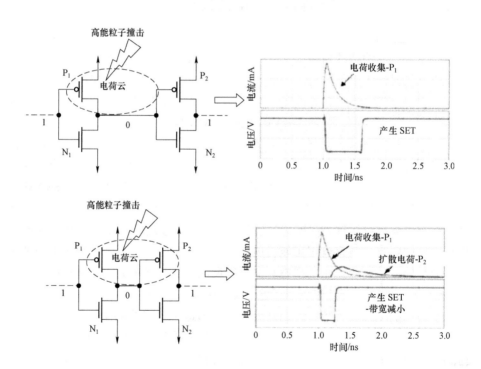

图 3-19　单粒子瞬态脉冲湮灭描述

（通过两个反相器链的正常 SET 传播过程（上图），在 P_1 和 P_2 之间，由于存在电荷共享与 SET 波形传播的耦合，从而引起脉冲湮灭现象（下图））

现象的存在。应当说明的是，试验中采用的完全相同的反相器链路是基于两种衬底结构制作而成，一种是所有栅极处于一个共同的阱区，这样一来增强了电荷共享过程的作用，从而更易形成脉冲"湮灭"现象；另一种是每一个栅极处于分离阱区，这样可以减缓电荷共享过程及脉冲"湮灭"现象发生。

图 3-20 给出了在重离子宽束照射的条件下，被测试的集成电路中产生的单粒子瞬态脉冲宽度的分布情况。从图中可以看出，相对于具有分离阱结构的链路来说，具有共阱结构的链路其产生的单粒子瞬态脉冲的数目和平均脉冲宽度都变得比较小，这一点清楚表明了共阱结构的链路存在明显的电荷共享及脉冲"湮灭"过程。单粒子瞬态脉冲的"湮灭"是一种必须重视的现象，这是因为它可以直接影响电路的电性能和时阈的屏蔽功能（脉冲宽度是一个关键的失效参数），并且也影响电路的弹性设计选择。另外，脉冲"湮灭"现象也解释了在 100 nm CMOS 工艺制作的电路中观察到的单粒子瞬态脉宽与入射重离子能量相关性弱的现象；也对随着特征尺寸不断变小，试验中观察到的 DSET 率逐渐趋于饱和的现象作出了说明。

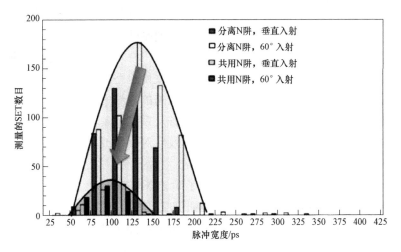

图 3-20　单粒子瞬态"湮灭"现象的试验结果
（测试器件采用 65 nm CMOS 工艺制作的反相器链）

3.3.5　总剂量对单粒子瞬态的影响

就工作在空间辐射环境中的电子器件和集成电路而言，总电离剂量效应也是影响其正常工作的重要因素。我们知道，由于电离辐射在氧化物薄膜及氧化物与硅界面处会诱发电荷捕集，从而引起双极性晶体管和 MOS 晶体管电性能的衰变。集成电路和电子器件的总电离剂量效应研究表明，对双极性电路来说，由于总电离剂量而造成其内部氧化物电荷捕集，致使双极性晶体管放大系数发生衰变；对 CMOS 电路，由于其内部氧化物与硅界面处电荷捕集，也会造成 MOS 晶体管阈值电压漂移。当 MOS 晶体管构成的存储器单元在质子和重离子照射下时，电离辐射也会引起单粒子翻转加固性能的衰变；同样，电离总剂量效应也将影响双极性线性电路和 CMOS 电路中单粒子瞬态的产生和传播，针对双极性线性电路和体硅 CMOS 工艺及 SOI 工艺制造的数字电路而言，研究结果证明了这一点。

有关研究工作表明，重离子在双极性线性电路中诱发的单粒子瞬态会受到总剂量照射的影响。当使用质子和γ射线照射双极性线性电路后，受电离总剂量对双极性线性电路的影响，重离子诱发的单粒子瞬态脉冲形状会发生扭曲变形；试验测试表明，重离子诱发的不同形状单粒子瞬态脉冲，其变化方式不同，试验中观察到一些单粒子瞬态脉冲宽度变宽，而另一些单粒子瞬态脉冲宽度变窄，并且这种变化方式与双极性线性电路的工作方式也相关。试验研究工作表明，利用脉冲激光微束可以对器件内部产生单粒子瞬态的位置实现定位测试，许多单粒子瞬态脉冲敏感位置分布的脉冲激光定位试验测试研究表明，虽然可以利用试验结果来分析瞬态脉冲的恢复过程主要是依赖于电流源（用于去耦电容充电）的电流驱动能力，但总电离剂量对重离子在双极性线性电路中诱发的影响的物理机制呈现出复杂性，即有些双极性线性电路的单粒子瞬态错误率在总剂量照射后会增加，而另一些双极性线性电路的单粒子瞬态错误率在总剂量照射后会减小。有鉴于此，在航天器电子设备及系统的单粒子瞬态脉冲的敏感性测试试验与评估中，必须考虑电离总剂量效应对器件或集成电路的单粒子瞬态脉冲敏感性之影响。

第一次研究电离总剂量效应对单粒子瞬态影响的是针对 180 nm 全扩散 SOI 工艺制作的反相器链而开展的。在研究工作中，采用钴−60 γ 射线源照射器件，在辐照前和辐照后，采用片上的测量电路分别测试 SET 脉宽的变化情况。

我们知道，线性双极性电路长期暴露在离子辐射下会产生电离总剂量效应（TID），其特征是电路的某些电气参数逐渐退化。例如，运算放大器的增益带宽积在电离辐照下会发生衰变，正是这种增益带宽积的衰变，造成了单粒子瞬态波形的扭变。依据参数衰变的特性以及对单粒子瞬态波形改性、阈值变化的程度，错误率可以随着电离总剂量效应而增加或减小。在一个任务开始时，如果在单粒子瞬态防护设计中，忽视系统中的这些变化可能会导致它在接近任务结束时变得更加脆弱。

早期的研究工作发现，线性双极性电路（LM119）发生 SET 的阈值与离子照射有关联，主要关注了低能质子照射的影响。另外，脉冲激光测试表明，发生 SET 的阈值的脉冲激光能量随质子注量的单调增加而增加，这表明，线性双极性电路（LM119）经过质子照射后，发生 SET 的风险降低。

相关研究工作也分析了 TID 对电压比较器（LM139）中 SET 的形状和灵敏度的影响。SET 脉冲的表现形态比较简单，当比较器的输出为"高"时为负，而当输出为"低"时为正。对于输出为"高"的情况，TID 导致 SET 脉冲前沿的斜率（由比较器的压摆率确定）减小，从而导致 SET 脉冲的幅值减小。TID 对脉冲后沿没有影响，这是因为脉冲后沿由电阻器（连接在集电极开路和正电源之间）和 LM139 输出晶体管的电容所确定。这些结果表明，预期的空间 SET 错误率随剂量降低。

与简单的电压比较器相比，运算放大器（例如 LM124）中的 SET 具有更多的形状和尺寸，使 LM124 成为理想的器件，可以更好地了解总剂量照射如何影响 SET。已知许多因素（例如电源电压、反馈、增益、配置和粒子 LET）会影响 SET 的形状，在相关试验研究工作中，将 LM124 运算放大器中产生的初始 SET 脉冲与暴露于电离辐射中产生的 SET 脉冲进行了比较分析，试验装置采用了三种不同的工作配置方式：电压跟随器（VF）、带增益的反相器（IWG）和带增益的非反相器（NIWG）。每种配置都会产生一组独特的 SET 脉冲瞬态形状，这些瞬态形状将会在器件经过总剂量辐照后发生变化，图 3-21 给出了在不同工作状态下，LM124 器件在总剂量照射后的单粒子瞬态变化特性。一个重要发现是，辐照后 SET 脉冲形状的变化主要取决于运算放大器的工作配置。一些 SET 脉冲的幅度减小，一些 SET 脉冲保持相对不变，一些 SET 脉冲变窄，而另一些 SET 脉冲则变得更宽。在图 3-21 中，单粒子瞬态波形来自器件 LM124 内部芯片上不同敏感位置处的晶体管输出波形，在图中，左边的图形来自器件内部芯片上敏感位置 A 处的晶体管 Q_{20}，右边的图形来自器件内部芯片上另一敏感位置 B 处的晶体管 Q_9；这里应当说明的是，在这些试验测试过程中，示波器的触发模式设置为 AC 模式，因而试验中获得的波形基线为 0 V。

从图 3-21 中可以看出，IWG 配置模式的 SET 幅值最大（～1.0 V），而 VF 配置模式的幅值最小（～0.5 V）。所有三种配置模式下的 SET 宽度（FWHM）为 2～3 µs。经过总剂量照射之后，只有 IWG 配置中的 SET 才显示出幅度的大幅降低（最多达到 50%）。IWG 和 NIWG 配置的 SET 宽度变化更明显，从 2 µs 增加到 19 µs。而 VF 配置的 SET 宽度从 2 µs 增加到 5 µs。另外，来自晶体管

Q_9 的 SET 的结果与来自 Q_{20} 的 SET 的结果非常不同。尽管用于 VF 和 NIWG 配置的晶体管 Q_9 的形状和尺寸非常相似，并且仅比 IWG 配置中的 SET 稍宽，但它们的宽度在辐照后变得更窄，减小到小于辐照前值的一半。同时，对于 VF 和 NIWG 配置，幅度仅略有降低，但对于 IWG 配置，幅度降低却相当大。

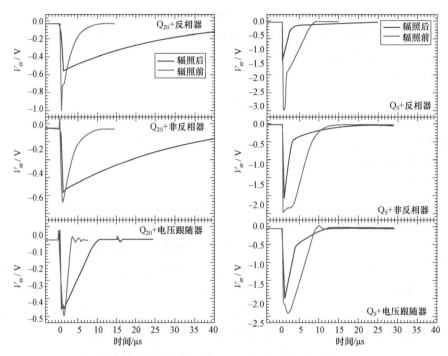

图 3-21　LM124 器件不同工作状态下的单粒子瞬态变化特性
（左边的波形来自晶体管 Q_{20}，右边的波形来自晶体管 Q_9）

　　针对 LM124 内部芯片 R_1 区域，采用聚焦脉冲激光束进行照射，在 IWG 配置模式下，获得的 SET 脉冲如图 3-22 所示。尽管 R_1 的功能是用作电阻器，但其结构是具有悬浮基极的晶体管的结构。起源于 R_1 的 SET 形状对测量设备的寄生输出电容极其敏感。随着电容的增加，SET 的形状从正振幅的方波变为负分量增加的双极波。图中较小的负分量是由于连接到输出的探头的电容相对较小。当入射脉冲激光的能量变化时，原始 SET 波形保持其双极性特性，但经过总剂量辐照后，部分的 SET 脉冲的幅值和形状与原始部分的 SET 幅值和形状有很大不同，它们具有基本的三角形形状，仅具有较小的负分量和较小的幅值。其他两种配置（VF 和 NIWG）的 SET 也具有相似的变化特征，此处不再给出。

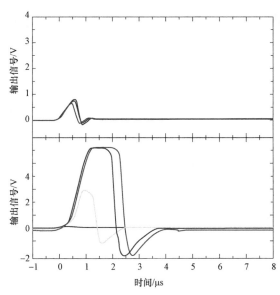

图 3-22   LM124 内部芯片 R1 区域上产生的 SET 波形
（IWG 配置模式，脉冲激光能量为 0.24 pJ、0.36 pJ、0.48 pJ、0.60 pJ 和 0.72 pJ）

由于脉冲激光模拟单粒子效应试验技术的方便性，人们利用脉冲激光更进一步研究了总剂量照射对 SET 特性的影响。例如针对 180 nm FDSOI 工艺，具体就单个晶体管开展了试验测试，结果表明，TID 导致 SET 脉冲在输出节点处变得比最初产生时的宽度更宽。这是因为在这种 180 nm 工艺中，2.5 nm 厚的栅极氧化物太薄而不能捕获电荷，但是辐射诱导的正电荷被捕获在 SOI 下方的掩埋氧化物层中，这种电荷会引起 NMOS 和 PMOS 阈值电压的负向偏移。另外，最重要的一点是，它减小了 PMOS 晶体管的驱动电流，而该电流主要是将被激光撞击的晶体管驱动恢复到其原始状态。

人们也采用混合模式 3D TCAD 仿真分析的方法，研究了总剂量照射对 SET 脉冲特性的影响，并与试验结果进行了比对分析。TCAD 仿真分析证实，随着总剂量（TID）的增加，SET 脉冲宽度的增加程度与 PMOS 晶体管的驱动能力的降低相关。图 3-23 给出了 PMOS 晶体管的负阈值偏移变化对 SET 脉冲宽度影响的仿真分析结果。仿真过程只需在晶体管上施加适合的正偏置电压，即可完全不使用任何辐射，就可以再现出 TID 对 SET 脉冲宽度影响的效果。在 FDSOI 工艺中，晶体管的主体被完全耗尽，因此 NMOS 和 PMOS 晶体管的前级栅与后级栅（即衬底）完全耦合，这时，向衬底施加正偏置电压会导致 NMOS 和 PMOS 阈值电压出现负向偏移，这与将晶体管实际暴露于 TID 时测得的变化相似。Gouker 等人结果表明，当将 FDSOI 式的反相器链衬底，偏置到与 TID 试验结果相一致的电压数值时，激光诱导的 SET 变宽数值，与 TID 照射后的实测结果相一致。当 FDSOI 反相器链路经过重离子（Xe，60 MeV·cm²/mg）照射后，也再现了相似的结果。

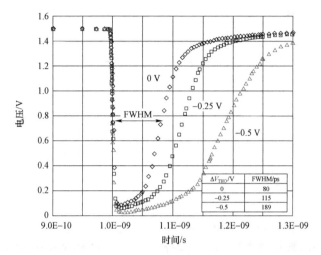

图 3-23　PMOS 晶体管的负阈值偏移变化对 SET 脉冲宽度的影响
（无漂移：$\Delta V_{THO}=0$ V）（PMOS 晶体管：$\Delta V_{THO}=-0.25$ V，$\Delta V_{THO}=-0.5$ V；NOMS 晶体管：$\Delta V_{THO}=0$ V）

3.3.6　温度效应

　　单粒子瞬态的温度效应与器件的制造工艺及测试条件密切相关，比如，采用体硅工艺和 SOI 工艺制造的集成电路，其单粒子瞬态的温度相关性表现出不同特征。针对采用 130 nm 体硅 CMOS 工艺制造的反相器链路来说，试验测试和 TCAD 仿真分析结果表明，随着温度的提高，单粒子瞬态脉冲的平均宽度增加。针对采用 180 nm 全耗尽 SOI（FDSOI）工艺制造的反相器链路来说，试验测试和 TCAD 仿真分析结果表明，随着温度的提高，单粒子瞬态脉冲的平均宽度变化并不十分明显，与温度的相关性呈现出复杂的关系，其机理尚需开展进一步研究。下面介绍相关研究工作得出的结果。

　　Matthew J. Gadlage 等人针对 130 nm 体硅 CMOS 工艺制造的反相器链路进行了重离子照射试验，试验测试样品包括两种电路，一种电路具有保护层防护，另一种无保护层防护。初步的试验研究表明，由于具有保护层防护的测试电路可以削减电路敏感节点的电荷收集区域面积大小，所以当保持温度不变时，即使在很高 LET 值的重离子照射下，测试电路的单粒子瞬态敏感性不高。在后续详细试验研究工作中，针对两种测试电路，采用电阻加热器粘贴在器件上的加温方式，温度数值标示的是在试验样品上粘贴的温度传感器所测试温度。在样品温度分别保持在 25 ℃、50 ℃、100 ℃及 150 ℃的温度条件下，采用加速器提供的 906 MeV 的 Kr⁺离子在垂直入射条件下（LET 值为 30.9 MeV·cm²/mg）进行了试验测试，试验结果如图 3–24 所示。

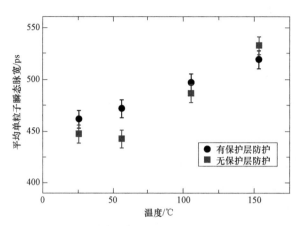

图 3–24　不同温度条件下测得的平均 SET 脉冲宽度
（130 nm 体硅 CMOS 工艺制造的两种不同电路）

从图 3–24 可以看出，随着试验样品温度的提高，单粒子瞬态脉宽分布向脉宽增大的方向漂移，有关试验也表明，当试验样品温度所处范围比较低时（–135～25 ℃），随着试验样品温度的提高，单粒子瞬态脉宽分布也向脉宽增大的方向漂移。试验测试研究过程中，为了减少试验过程的各种误差带来的不确定性，在每个温度条件下，采样数目超过了 200 个单粒子瞬态脉冲事件，离子照射总通量数目达到 10⁸ 个/cm²。

对体硅 CMOS 器件来说，随着温度提高，单粒子瞬态脉宽分布向脉宽增大的方向漂移的主要机制是其双极性放大效应随着温度的升高而变得明显起来。采用 180 nm 体硅工艺制作的器件的相关研究显示了相同的变化趋势（SET 灵敏度随温度升高）。但 Gadlage 等人的研究工作表明，采用 180 nm FDSOI 工艺制造的反相器时，随着温度的升高，SET 宽度几乎没有变化，这种不同的试验结果可能与 FDSOI 工艺制造的 NMOS 和 PMOS 晶体管（较小漏极结面积和晶体管体区全耗尽特性）的电性能（漏电流、阈值电压）随温度变化很小的特征有关，Gadlage 等人研究工作也表明，在高温环境下，FDSOI 逻辑电路可以耐受 SET 的影响。

在研发实验室和集成电路制造行业中，已经积极探索了利用集成电路的三维堆叠的新技术，以此来增加电路密度并改善系统性能。Gouker 等人率先开展了由新型 3D 技术制造的 3D IC 逻辑门电路中重离子诱导的单粒子瞬态试验测试研究工作。3D IC 逻辑门电路中三个 CMOS 电路层垂直集成在 20 μm 厚的层中；通过 1.25 μm 直径的 3D 通孔实现了层与层间的互连。三个独立的逻辑测试电路堆叠在三层上。瞬态信号收集在反相器链中，并使用片上电路进行单粒子瞬态测量。在离子垂直入射的情况下，由 Kr⁺离子引起的 SET 分布在两个上层是相近可比的，但在下层则有所不同，下层中测得的 SET 瞬态宽度较窄，SET 横截面大于上层中测得的 SET 瞬态宽度。分析认为存在两种可能：首先，在进行 3D 集成之后，与第 1 层相比，第 2 层和第 3 层的电路可能发生了翻转，总的来说，第 1 层以上的过孔和触点比其他两层上的更多。MRED 仿真显示，由于 Kr⁺离子与位于敏感器件区域上方的钨（高 Z）通孔和触点的核反应，底层电路可能对 SET 更敏感。其次，SET 分布的差异可能仅是由于 NMOS 和 PMOS 电气特性的差异所致，因为此 3D 工艺集成了来自不同制造批次的单晶硅片（晶圆），正如前面所讨论的那样，它将影响初始 SET 宽度和第 1 层的 PIPB 效应。Gouker 等人的研究工作还表明，可用于第 2 层和第 3 层电路的背面金属层可用于独立调整 NMOS 和 PMOS 晶体管的驱动电流，从而改变 SET 脉冲宽度和横截面。

| 3.4 单粒子锁定机理 |

20 世纪 60 年代，随着 CMOS 工艺出现，锁定现象随之被发现。CMOS 器件的锁定主要是其制造工艺过程形成的寄生晶体管所引起。这些寄生晶体管形成了 PNPN 结构，在器件正常工作状态下，这种寄生结构处于高阻状态，对器件工作没有影响。但是这种寄生结构可能被各种方式所激发而处于导通状态，如果外部电源能够提供足够的电流，那么电路就会发生热损坏。自从 20 世纪 90 年代以来，由于 CMOS 器件具有功耗低、速度快和抗噪声能力强等优点，市场上一半以上的电子器件与集成电路都是采用 CMOS 工艺制造。也由于上述优点，CMOS 器件在航天器电子设备中得到了广泛的应用。但是，空间辐射环境中的带电粒子容易在 CMOS 器件中引发单粒子锁定（Single Event Latchup）现象，空间辐射环境中的高能重离子和质子核反应产生的离子会在半导体硅材料中电离产生出高密度的柱状电子–空穴对，这种瞬态的电流流动会使 CMOS 器件中寄生的 PNPN 结构处于导通状态，从而形成所谓的单个粒子诱发的锁定。

卫星在轨运行实践表明，各国卫星上采用的 CMOS 器件或集成电路的电子设备及部件中都出现过多次单粒子锁定（SEL）现象，有的导致卫星部分功能异常，有的引发航天器仪器失效，如我国"神舟"飞船留轨舱中电子设备中出现过多次大电流状态，只有通过地面遥控指令的干涉，使其供电电源掉电后重新加电，才能消除电子设备的大电流状态。直至目前，单粒子锁定现象一直是困扰 CMOS 器件在航天器电子设备上应用的一个难题。

1979 年，Kolasinski 等人在 CMOS 工艺制造的 1 Kbit 和 4 Kbit 存储器中观察到了单粒子诱发的锁定现象。在他们的研究工作中，考察了加速器离子在不同照射方向下器件的锁定特性。其后，许多研究工作者相继肯定了单粒子锁定现象的存在，1983 年，Stephen 等人分别利用高能重离子和放射性同位素锎源裂变碎片，在 CMOS 器件中观察到了单粒子诱发的锁定现象，当时试验中发现，利用锎源裂变碎片测定的锁定截面要比利用 67.0 MeV 的 Kr+离子测定的锁定截面高一个数量级，研究者将这种差异归咎于离子能量和 LET 值的不同。经过 20 世纪 80 年代的研究，确定了单粒子诱发锁定的基本特征参数，即单粒子锁定发生的离子 LET 阈值、锁定截面和锁定发生时的保持电流及电压等。并在相关问题的研究工作中，单粒子锁定现象的其他特征被发现，并进行了深入的研究。在这些研究工作中，最主要的发现和重要研究工作是单粒子锁定的温度相关性、仿真分析计算，以及影响单粒子锁定敏感性因素的分析与确定。

1986 年，Kolasinski 等人在研究单粒子效应的温度相关性时，发现随着器件温度的增加，发生单粒子锁定的 LET 阈值降低，而锁定截面增加，试验中发现，一些在室温条件下不发生单粒子锁定的器件，而在较高温度下很容易出现单粒子锁定现象。1991 年，Johnston 等人对单粒子锁定的温度相关性效应进行了深入的研究，为此，其专门制作了基于体硅 N 阱和 P 阱工艺的相关试验和测试样品，试验结果表明，发生单粒子锁定的 LET 阈值主要取决于器件敏感节点的总收集电荷和触发敏感性。总电荷收集与温度的相关性不大，但它与器件的掺杂浓度密切相关。而锁定被触发的敏感性与温度相关性较大，当温度从 25 ℃增加到 100 ℃时，锁定触发敏感性增大 2.5 倍；分析认为，当器件温度升高以后，器件内部阱区间的分布电阻变大，从而使得带电粒子产生的瞬态电流在阱区产生的电压降落增高，因而锁定触发敏感性增加。

在单粒子锁定的计算机仿真分析研究中，Rollins 等人利用 PISCES 器件分析软件，在计算带电离子与器件内部产生的电子–空穴对输运的基础上，分析研究了决定单粒子锁定敏感性的相关器件结构参数及器件敏感区域；其利用重离子试验测试表明，在单粒子锁定的 LET 阈值方面，对较轻的离子而言，试验结果与仿真计算结果相符合得很好。但对较重的离子而言，计算模型不能拟合出锁定阈值的试验结果，分析表明，这种不一致性是由于计算分析中采用的带电离子输运计算软件（Cartesian 二维计算分析软件）不能准确描述带电粒子的电离径迹结构所引起，这个问题一直到 20 世纪 90 年代末期仍处于研究中。在后来的研究工作中，由于三维器件分析软件的不断应用与开发，针对单粒子锁定也开展了三维仿真分析与计算。1993 年，Y. Moreau 等人利用三维计算分析软件，针对 1 μm 工艺制作的 CMOS 器件，分析了其单粒子锁定的敏感性。分析从带电粒子撞击器件内部开始，详细给出了电子–空穴对径迹结构随时间的变化过程；当电子或空穴漂移时，沿着径迹结构长度方向，随着电子–空穴对径迹结构半径的不断加大，其电压可以达到 4 V 以上，从而导致寄生晶体管发射极–基极间处于正偏状态，因而寄生垂直 PNP 晶体管处于导通状态。随后，当电子或空穴的扩散使得进入器件衬底的载流子浓度加大后，导致寄生水平 NPN 晶体管也处于导通状态，电子开始注入寄生晶体管中，这时候只要电源能够提供足够的电流，器件将处于锁定状态。不论是对轻离子还是重离子，利用三维计算分析软件获得的器件单粒子锁定 LET 阈值与试验结果相一致。

随着器件结构变得越来越小，其单粒子锁定的敏感性也越来越高，也由于在轨卫星电子设备中在经过南大西洋异常区的高能质子环境时发现了单粒子锁定现象，因此从 20 世纪 90 年代初期开始，研究工作者将研究重点之一转向高能质子诱发的单粒子锁定现象的研究上，地面试验及分析表明，高能质子诱发的单粒子锁定现象是由其与硅材料发生核反应后的产物及反冲产物所引起，并不是质子的直接电离过程所造成。20 世纪 90 年代中期，研究工作者对重离子诱发的单粒子锁定敏感性和高能质子诱发的单粒子锁定敏感性进行了比对分析，有关试验结果表明，对同一类型器件而言，利用重离子测定的单粒子锁定饱和截面和利用质子测定的单粒子锁定饱和截面之间存在很大的差别，这种差别难以从质子核反应的物理理论上加以简单说明，进一步的分析表明，这种差异与器件结构、带电离子和质子反冲核产生的电子–空穴对的收集过程等密切相关。

单粒子锁定的大量研究工作主要是针对集成电路或器件的工艺加固设计而开展的，在该方面，为了理解 CMOS 器件发生单粒子锁定的基本物理过程和获得有效的器件工艺加固设计方法，许多研究工作中均采用专门制作的试验样品，研究工作从试验和计算机仿真等方面取得了重要成果，为器件的抗单粒子锁定加固工艺设计提供了试验和理论上的应用指导。在加固试验评估方面，除了针对具体器件的测试试验外，仍无系统的总结研究工作报道。在试验测试评估中，除了测定给出单粒子锁定发生的离子 LET 阈值和锁定发生时的保持电流及电压外，许多试验结果都给出了单粒子锁定截面随离子 LET 变化的曲线，但对集成电路或器件单粒子锁定敏感性的评估验证方法没有系统总结。随着脉冲激光单粒子效应模拟试验技术的不断研究和发展，研究工作者也采用聚焦脉冲激光束来模拟空间重离子诱发的单粒子锁定现象。研究发现，脉冲激光束可以对器件内部锁定敏感区的分布实现定位，但缺乏对其与重离子试验结果等效性的分析，使得其在加固评估中的应用受到限制。本章节在分析单粒子锁定的基本物理过程的基础上，试图通过两类典型 CMOS 集成电路的单粒子锁定测试和试验研究，比对分析单粒子锁定激光模拟与加速器模拟试验结果，总结针对单粒子锁定的地面模拟试验技术和加固验证评估方法。

3.4.1　单粒子锁定现象物理描述

如前所述，随着 CMOS 工艺技术的发展发现了锁定现象，这种现象的根源在于 CMOS 工艺技术制造中带来的固有寄生双极性晶体管结构。图 3–25 是 CMOS 反相器剖面中的寄生晶体管和一些相关分布电阻的示意图。图中晶体管的集电极、基极之间的电流通路用一些代表器件内部分布电阻的分离电阻相连接。显然各个寄生晶体管的集电极、基极都是分散式分布的；基于工作参数的考虑，它们在图中所示位置都在 PN 结附近。为简化起见，可以认为水平晶体管 LNPN 和垂直晶体管 VPNP 各自有一个共用的集电极，如图 3–25 中的 X 点和 Y 点。同时必须说明的是，垂直晶体管 $VPNP_1$ 管和 $VPNP_2$ 管的集电极电流能够到达水平晶体管 $LNPN_1$ 管和 $LNPN_2$ 管的基极；同样，$LNPN_1$ 管和 $LNPN_2$ 管的集电极电流也能够激活 $VPNP_1$ 管和 $VPNP_2$ 管的基极。在正常的工作条件下，寄生晶体管是相互独立的，因为它们各自的基极和发射极之间被短接，反馈回路被屏蔽。在重离子或脉冲激光诱发的瞬态电流作用下，其中的一个寄生晶体管会被激发导通，从而使得两个寄生的纵向晶体管 NPN 或横向晶体管 PNP 三极管都导通，产生电流正反馈，最终导致两个寄生三极管达到饱和，并维持这种饱和状态（即寄生可控硅导通），在 CMOS 反相器中造成从 V_{DD} 到 $-V_{SS}$ 的异常大电流通路，从而形成所谓的 CMOS 器件单粒子锁定效应。

图 3–26 也给出了 P 型衬底 N 阱 CMOS 电路中简化的寄生双极性晶体管模型，在该模型中，两晶体管的集电极处在同一区域，两晶体管内部互相连接，每个晶体管的集电极区也为另一个晶体管提供基极触发电流。从图中可以看出，寄生垂直 PNP 晶体管由 P 型源区（或漏极）、N 型阱区及 P 型衬底区构成，对体硅 CMOS 工艺而言，垂直 PNP 晶体管的电流放大系数较大，在 30～100 的范围内，其基极宽度与阱区扩散深度相当。另外，水平寄生 NPN 晶体管由 N 型阱区、P 型衬底区及 N 型源区（或漏极）构成，水平 NPN 晶体管的电流放大系数较小，在 2～20 的范围内；其基极宽度由相关设计要求决定，一般来说，其宽度在 4～10 μm。

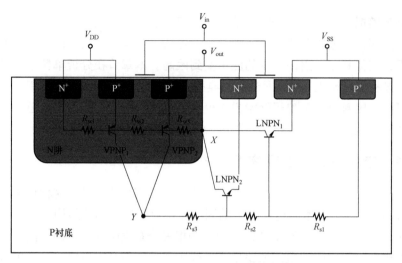

图 3-25　CMOS 反相器剖面及寄生 PNPN 结构示意图

　　显然，从寄生双极性晶体管模型的电路结构特点可以看出，要使 CMOS 器件产生锁定，必须具备以下条件：

　　（1）要存在一个引起寄生晶体管导通的强触发信号，这种触发信号可以是外部的，也可以是内部的。如空间环境中高能离子在集成电路中沿离子轨迹电离产生的电荷可以被电路中敏感节点收集而形成瞬态触发信号。

　　（2）寄生晶体管的 PNPN 复合结构必须具有正反馈特性，一般认为发生单粒子诱发锁定时，必须 $\beta_V \times \beta_L > 1$，这里的 β_V、β_L 分别指垂直和水平寄生晶体管的电流放大倍数；如前所述，该放大倍数与器件制造工艺及特征尺寸大小等有关。

　　（3）在锁定状态被触发后，电源输入端能够提供超过保持电流的电流强度。

　　空间高能带电粒子引起 CMOS 器件锁定现象的详细物理过程及机理目前仍在继续研究之中。但一般认为，带电粒子轰击 CMOS 器件，沿粒子轨迹电离出大量电子-空穴对，当这些载流子通过漂移和扩散被芯片中的灵敏 PN 结收集时，就会形成锁定触发信号。如果上述另外两个条件也同时满足，则会引起 CMOS 器件的锁定效应。与传统的电激励导致的锁定相比，重离子触发锁定具有一定的特点，首先是这种触发是内部触发，其次是这种触发源分布在器件内部一定范围内，即触发锁定的瞬态电流处于器件芯片中一定区间内，即重离子径迹所在的区间内；随着入射离子种类和能量的不同，离子入射的深度也不同，锁定触发扰动范围可以从器件芯片表面以下一直延伸到耗尽层区。

　　当重离子或脉冲激光穿越图 3-26 所示的 CMOS 电路结构中时，诱发单粒子锁定发生的主要物理过程为：

（1）瞬态电流的形成。由第 2 章的计算分析可知，重离子或脉冲激光在阱区和衬底内部可产生电子–空穴对等离子体柱，该等离子体柱会形成一个瞬态电流源，瞬态电流源电流从阱接触区流向衬底接触区，由于阱区中存在分布电阻，因此该瞬态电流在阱区形成电压降落，该电压的大小与离子撞击位置和阱接触区之间的距离有关，从图 3-26 可以看出，离子从 P$^+$区附近入射时可以在阱区内产生最大的电压降落。因此，在 P$^+$区附近范围入射的重离子或脉冲激光束最易诱发单粒子锁定发生，在该区间范围内，诱发锁定发生的入射重离子的最小 LET 值和入射脉冲激光最小能量决定着器件测试中所检测出的单粒子锁定 LET 阈值或能量阈值。

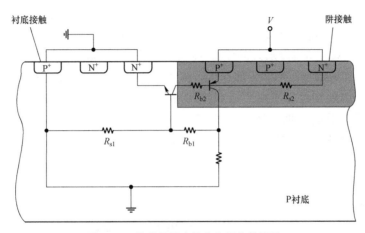

图 3-26　单粒子锁定的寄生晶体管模型

（2）寄生垂直 PNP 晶体管处于正偏状态而导通。如果重离子或脉冲激光入射在阱区内产生的电压足够高，将会使寄生垂直 PNP 晶体管处于正偏置而导通，由于寄生垂直 PNP 晶体管有较大的电流放大系数，此时会有更大的电流从 P$^+$区流向衬底区（接地），寄生垂直 PNP 晶体管导通并处于电流放大工作状态是锁定触发的前奏。

（3）寄生水平 NPN 晶体管处于正偏状态而导通。垂直 PNP 晶体管处于导通状态而形成的较大电流将会在衬底区内形成较大的电压，该电压将使寄生水平 NPN 晶体管处于正偏状态而导通，而水平 NPN 晶体管导通后的工作电流更进一步为垂直 PNP 晶体管提供所需的基极电流。

（4）PNPN 复合结构正反馈特性引起两寄生晶体管处于饱和工作状态，此时，锁定现象出现。如前所述，寄生垂直 PNP 晶体管和寄生水平 NPN 晶体管的电流放大倍数都远远大于 1，两寄生晶体管形成正反馈过程而处于饱和工作状态；此时会在电源和地之间形成很大的电流，器件出现了重离子或脉冲激光诱发的单粒子锁定现象，如果此时，外部电源能够提供足够的电流，那么器件将会发生热损坏。

实际上，锁定现象的发生只需要在电路中存在 PNPN 环路，并且仅在两个寄生晶体管存在的条件下就可以被诱发。所以，一般在机理分析研究中，经常使用四个端点的 PNPN 结构来作为分析单粒子锁定过程的基本结构单元。图 3-26 为 CMOS 电路中寄生 PNPN 结构的简化电路原理示意图，图 3-27 为与图 3-26 相关的寄生 PNPN 结构的等效电路示意图，其中 R_{BW}、R_{EW}、R_{CW} 分别为晶体管 T_W 的等效电阻，R_{BS}、R_{ES}、R_{CS} 分别为晶体管 T_S 的等效电阻。如图 3-27 所示，假设电源仍加在 V_{DD} 和 V_{SS} 端点，那么该 PNPN 结构可以用由 P⁺端点和 N⁺端点获得的

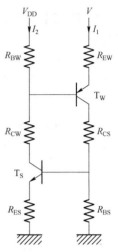

图 3-27 寄生 PNPN 结构的
简化原理电路示意图

电流随电压变化特性曲线来表征。图 3-28 给出了在 N⁺端点处于接地的情况下，获得的典型 I–V 特性曲线。从图中可以看出，在正常 V_{DD} 偏置下，存在两种可能发生的状态及两个关键的临界转换点。两个关键临界点分别为触发点（V_{trig}，I_{trig}）和保持点（V_{hold}，I_{hold}），两个关键临界点主要用来确定不稳定的负阻区域。在电触发模式下，如果电压超过了触发点电压 V_{trig}，那么高导通区域会被触发，而且在电压保持终止时须降低偏压。保持电压 V_{hold} 是确定单粒子锁定敏感性的一个重要参数。在离子触发模式下，由于电离过程作用，在结构内部直接产生了高导通路径，这时候，图 3-27 所示的等效电路需要进行修改，即触发可能在比触发电压 V_{trig} 低的情况下发生，虽然离子诱发的敏感性不能从静态 I–V 特性曲线中获知，但触发点和保持点却是器件锁定敏感性的主要标志参数，其与内部结构中各种阻性通道的具体数值相关，如图 3-27 所示等效电路中的各种等效电阻参数所表征。为了获得单粒子锁定特性参数之间的可分析处理关系，依据对双极性晶体管的简化前提下，结合对图 3-27 给出的等效电路分析，我们可以对单粒子锁定过程作一概要说明及讨论。

在线性模式下，在考虑电流增益

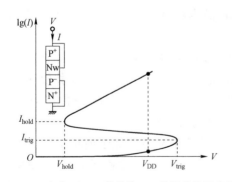

图 3-28 寄生 PNPN 结构的 I–V 特性曲线示意图

时，可以忽略基极电流和发射极–基极间电压的变化情况。例如，发射极和基极间的电位差为一常数，近似等于 $V_{BE(th)}$（~ 0.8 V）。在饱和模式下，集电极和发射极电压相等，V_{BE} 仍然等于 $V_{BE(th)}$。

如果认为晶体管 T_W 和 T_S 工作在线性模式状态下，那么基于上述假设，我们可以得出：

$$V - R_{EW}I_1 - V_{BE(th)} = V_{DD} - R_{BW}I_2 \tag{3.4-1}$$

$$R_{ES}I_2 = R_{BS}I_1 - V_{BE(th)} \tag{3.4-2}$$

对式（3.4–1）和式（3.4–2）依据电流求解得到：

$$V = V_{DD} + V_{BE(th)}\left(1 + \frac{R_{BW}}{R_{ES}}\right) - R_{EW}I_1\left(\frac{R_{BW}R_{BS}}{R_{EW}R_{ES}} - 1\right) \tag{3.4-3}$$

式（3.4–3）表示了图 3–28 中负斜率曲线的变化情况，即 PNPN 结构 I–V 特性曲线的负阻通道变化特性。从方程中可以看出，只有在开环增益［这儿为 $R_{BW}R_{BS}/(R_{EW}R_{ES})$］大于 1 的情况下，才有可能发生不稳定状态（负阻状态），必须注意的是，一般情况下，相比其他等效电阻而言，两个晶体管发射极等效电阻 R_{EW} 和 R_{ES} 都比较小。按照同样的计算分析方法，可以计算出触发点和保持点的具体参数。

当晶体管 T_S 刚刚开启时，触发过程发生，例如，当 $I_1 = (V_{BE(th)}/R_{BS}) = I_{trig}$ 时，那么：

$$V = V_{DD} + V_{BE(th)}\left(1 + \frac{R_{EW}}{R_{BS}}\right) = V_{trig}$$

而保持点相当于负阻线性区域的终点，也就是说在晶体管 T_S 或者晶体管 T_W 的饱和点，那么利用下面的条件就可以推演出保持点参数。

$$I_2 = \frac{V_{DD}}{R_{ES} + R_{CW} + R_{BW}}$$

$$= I_{2sat}\ (T_S \text{先于} T_W \text{发生饱和})$$

$$I_1 = \frac{V_{hold}}{R_{EW} + R_{CS} + R_{BS}}$$

$$= I_{hold}\ (T_W \text{先于} T_S \text{发生饱和})$$

可以看出，如果下式满足，则晶体管 T_S 先于晶体管 T_W 发生饱和状态。

$$\frac{\dfrac{R_{BS}}{R_{CS}} - \dfrac{R_{ES}}{R_{CW}}}{1 + \dfrac{R_{ES} + R_{BW}}{R_{CW}}} > \frac{V_{BE(th)}}{V_{DD}} \tag{3.4-4}$$

在这种情况下，

$$V_{hold} = V_{trig} - I_{2sat}R_{BW}\left(1 - \frac{R_{EW}R_{ES}}{R_{BW}R_{BS}}\right)$$

$$\approx V_{trig} - \frac{R_{BW}}{R_{BW} + R_{CW}}V_{DD}$$

如果晶体管 T_W 先于晶体管 T_S 发生饱和状态，那么：

$$I_{hold} = \frac{R_{ES}V_{DD} + V_{BE(th)}\left(R_{ES} + R_{BW}\right)}{R_{CS}R_{ES} + R_{BS}\left(R_{ES} + R_{BW}\right)}$$

也可以近似表示为：

$$I_{hold} \approx \frac{R_{ES}V_{DD} + V_{BE(th)}R_{BW}}{R_{CS}R_{ES} + R_{BS}R_{BW}} \tag{3.4-5}$$

和

$$V_{hold} \approx \frac{R_{BS} + R_{CS}}{R_{CS}R_{ES} + R_{BS}R_{BW}}\left(R_{ES}V_{DD} + V_{BE(th)}R_{BW}\right) \tag{3.4-6}$$

最后，当两个晶体管 T_W 和 T_S 都达到饱和状态时，$I\text{–}V$ 特性曲线又变为斜率为 $1/R$ 的直线，即：

$$R = \left(R_{ES}\,//\,R_{BS} + R_{CS}\,//\,R_{CW}\right)//\,R_{BW} + R_{EW}$$

$$\frac{1}{R} \approx \frac{1}{R_{BW}} + \frac{1}{R_{CS}} + \frac{1}{R_{CW}} \tag{3.4-7}$$

在以上的分析说明中，虽然对实际晶体管特性作了许多方面简化，但实际上计算的数值一般与实际数值相差不大，这是由于一般晶体管的增益都大于1。这种情况我们可以从图 3–29 中清楚地看到。在同样设定的一系列电阻值下，采用简化模型计算得出的 $I\text{–}V$ 特性曲线和采用更复杂仿真软件 SPICE（包括了真实晶体管参数及分布）计算得出的 $I\text{–}V$ 特性曲线基本相似，数值误差不大，这说明可以采用简化模型计算锁定发生的两个关键点参数。但需要说明的是，在计算精度要求较高时，特别是在晶体管增益较小时，很明显，需要开展相关复杂计算分析，这里不再赘述。

正常情况下，触发点电压 V_{trig} 等于 $V_{DD} + V_{BE(th)}$（但 R_{EW} 非常大的情况除外），除非 R_{CS} 或 R_{BW} 数值特别大，条件方程式（3.4–4）一般情况下是满足的，那么：

$$V_{hold} \approx V_{BE(th)} + \frac{R_{CW}}{R_{BW} + R_{CW}}V_{DD} \tag{3.4-8}$$

在带电离子电离过程诱发单粒子锁定的情况下，应当考虑电离过程对电气性能的影响问题。描述这一点的最简单方法是假设电离径迹相当于一个导电丝线。例如，可以认为这条导电丝线引起了 N 阱和衬底之间短路，也可能使横向晶体管的基极和集电极短路，或者两者都可能发生。在所有这些情况下，只要离子沉积的能量足够高，就可能诱发单粒子锁定发生。

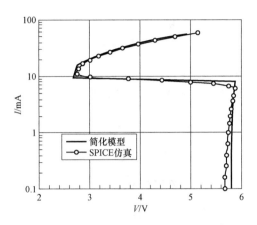

图 3-29 PNPN 结构 I-V 特性曲线比较

（简化模型计算（粗实线）和 SPICE 仿真计算（圆圈））

上面的叙述是基于电子学的分析方法，没有给出关于锁定过程的时间相关性的任何信息，即重离子撞击诱发锁定的动态过程。离子撞击器件后，产生的载流子密度的仿真分析可以提供这一方面的理解。例如，让我们假设离子的撞击位于图 3-26 所示结构的 N 阱处，且在 N⁺端点和 P⁺端点之间，而且沉积的能量足够大，足以引起锁定现象。图 3-30 给出了 V_{DD} 端点处的电流，如图中所示，描述离子产生电子–空穴对（EHP）大小及分布的模型采用第 2 章给出的高斯模型。通过仿真分析，锁定发生期间涉及的动态条件可以描述如下：首先，电势分布会沿离子的轨迹发生变化。V_{DD} 不只仅在 N 阱/P 型衬底结处下降，而是在更大的路径范围（宽度）内下降。作为准瞬时结果，进入 N 阱的电势分布不再均匀等于 V_{DD}。朝向 N 阱底部的电势减小使得 PNP 基极变为正向偏置。因此，垂直 PNP 晶体管被激活；然后将空穴注入 P 型衬底中。但是，由于电子基极电流仅由离子产生的过量电子提供，因此 PNP 晶体管趋于返回其截止状态。这种早期的动态过程可以从图 3-30 看出，并且对应于 30～40 ps 范围内的持续时间。P 型衬底上的多余空穴将会被 P⁺端点推动，并在衬底中扩散。在空穴扩散过程中，因为衬底电阻足够高，所以空穴电流流动增加了水平 NPN 晶体管的基极电位。因此，可以通过收集到达 N⁺端点区域的空穴来逐渐激活该水平 NPN 晶体管；在这个过程中，电子同时被注入 N 阱中，因此可以维持 PNP 晶体管的激活，这样一来，反馈过程将会持续进行，锁定现象被触发。从图 3-30 中电流增大的过程也可以清楚地看出这一点。另外，从图 3–30 中还可以看出，在几十纳秒的范围内，器件将达到稳态电流，而最终电流增加与离子撞击之间的时间延迟（纳秒数量级）取决于器件几何结构的布局和大小。

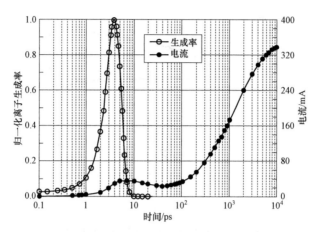

图 3–30　离子撞击后产生的锁定电流随时间变化曲线

（包括载流子产生率随时间的变化）

3.4.2　单粒子锁定与温度的关系

到 20 世纪 80 年代中期，单个粒子引起的 CMOS 电路的锁定现象已是众所周知的一种单粒子效应，但是，关于锁定的重要特征尚未全面明晰。这其中就包括温度对 SEL 的影响特征问题，开发建模工具以及确定影响锁定灵敏度的其他关键因素等。Kolasinski 等人在对温度依赖性的具体研究中，发现温度升高会导致锁定阈值降低，并且截面会随温度升高而增加（见图 3–31）。此外，在高温下测试时，在室温下未锁定的部件很容易发生锁定。这表明在电子器件和集成电路的加固保障测试过程中，在最高使用温度下对被试器件进行测试评估的重要性。

相关试验研究工作表明，采用的测试结构的饱和横截面随温度而增加，这主要是由于锁定触发条件依赖于温度导致的有效面积的增大和扩散电荷的增加，所以饱和横截面具有固有的温度敏感性。其他试验研究也发现，这些相同的机制也支配着 SRAM 器件的饱和锁定横截面的特征。专门测试结构的试验结果表明，为了使饱和横截面随温度显著增加，不需要存在着多个锁定路径。专门测试结构的试验也表明，由于阱电阻和正向压降的温度敏感性，单粒子锁定的 LET 阈值随着温度增高而增加，发生锁定的路径也比较明确。试验结果表明，对于三种不同的工艺，观察到 LET 阈值的差异很大，与 P 型外延 N 阱工艺相比，体型 P 阱工艺实际上更不易诱发 SEL，尽管这并不相关于温度敏感性，但这种试验结果表明了衬底掺杂程度对单粒子锁定敏感性的重要作用。

与其他辐射效应不同，单粒子锁定具有非常强的温度依赖性，在锁定评估和测试过程中必须将其考虑在内（见第 4 章说明）。图 3-31 和图 3-32 分别给出了测试结构和复杂电路的锁定阈值和横截面与温度的关系。从图中可以看出，与室温结果相比，发生锁定的 LET 阈值在 100 ℃ 降低了约一半。LET 阈值的显著降低是由两个主要因素引起的，一个是双极性结构的固有特性，即"在温度升高的情况下，正向电压（V_{BE}）降低（约为 –2 mV/℃），另外，高温下阱电阻的增加也是一主要因素。结果净效应表现为，与室温下的 LET 阈值相比，LET 阈值在 100 ℃ 情况下约降低了一半。其中，大约 30% 的下降是由于 V_{BE} 的下降所引起，余下的降低系数是由阱电阻的增加所引起。尽管电阻率的温度系数取决于掺杂水平，但是对于低于 10^{18}cm^{-3} 的掺杂水平来说，这种机制还是合理的。对于许多 CMOS 器件以及测试结构，在器件处于高温条件下辐照时，许多试验测试证实了发生锁定的 LET 阈值将会明显降低的这一特征。

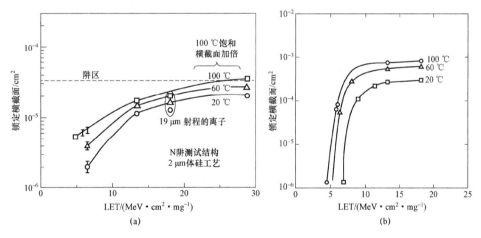

图 3-31　单粒子锁定与温度的相关性
（a）N 阱测试结构；（b）体硅工艺 64K SRAM

温度不但影响 LET 阈值，而且也影响饱和截面大小。其原因是，随着器件触发阈值下降，在给定的 LET 值下，更多的阱面积会影响横截面。图 3-31 中专门测试结构的试验结果清楚地表明了这一点。对于该电路，不饱和截面的增大是由两个因素引起的，一个是增大了低 LET 阈值的阱区域的有效面积，另一个是随温度升高，可以打开的路径数量总数将会增加。

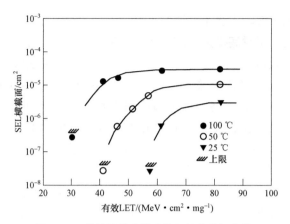

图 3-32　单粒子锁定敏感性与温度的相关性

　　在单粒子锁定特性方面，这种密切的温度相关性十分重要，需要特别予以关注。因为在室温下不表现出锁定的电子器件和集成电路可能会在高温下出现锁定现象。因此，室温条件下的测试不能全面评估单粒子诱发锁定的敏感性。显然，在敏感性评估和加固保障测试中，不仅需要在应用中预期最高温度下测试电子器件和集成电路，而且还必须仔细指定获得测试结果的具体温度数值或范围。这样一来，温度控制设备将会在单粒子效应的重离子测试中增加一定的难度，从后面第 4 章中可以知道，试验过程需要在器件上提供直接的束流照射路径（器件去掉封装）以及在真空系统中与器件建立可靠热接触的复杂性。

　　到 20 世纪 90 年代中期，Johnston 等人对温度对 SEL 的影响进行了进一步研究。使用具有体硅 N 阱和 P 阱 CMOS 工艺的测试结构，基于外延 N 阱的结构以及具有体硅 P 阱 CMOS 工艺的 64K SRAM，他们的试验测试结果表明，发生锁定的阈值取决于收集的总电荷和触发灵敏度。收集的总电荷与温度的变化不太敏感，但掺杂水平密切关联；而触发灵敏度随着温度从 25 ℃到 100 ℃的增加而增加 2.5 倍，这主要是由于阱中压降的增加以及扩散电阻的增加。测试结果证明，这种效应与衬底类型和所测试器件的工艺差异无关。结果表明，由于扩散电荷收集的增加，横截面增加了 2.0 倍；从测试结构分析知道，随着电荷收集的增加，对阱接触电阻较低的区域可以实现相同的发射极正向偏置，并触发锁定，不需要存在额外的锁定路径来解释饱和截面随温度增加的现象。

| 3.5 单粒子烧毁机理 |

3.5.1 单粒子烧毁现象物理描述

功率 MOSFET 器件的特点是当其处于开启状态时，能够导通大电流，而当其处于关闭状态时，能够承受高电压。图 3-33（a）给出了 N 沟道功率 MOSFET 器件一个结构单元的剖面示意图。由于 N 沟器件的正栅偏压使得栅下 P 型体区处于反偏状态，这样一来，电子就可以从源区流向漏区。这种 DMOS 结构会形成一个寄生的双极性晶体管，如图 3-33（b）所示，MOSFET 器件一个单元区的源区、体区及漏区分别构成了寄生晶体管的发射极、基极和收集极；由于源区和体区的金属连接使得寄生晶体管的基极/发射极结处于短路连接，所以功率 MOSFET 在正常工作时，寄生晶体管总是处于关闭状态。如果有电流横向流过处于源区（发射极）下面的体区（基极区）时，基极/发射极将处于正偏置，寄生晶体管可能会被打开而处于导通状态。当寄生晶体管处于导通状态而功率 MOSFET 处于关闭时，就会有瞬态大电流和高电压发生，器件会被击穿或热损坏。

功率 MOSFET 的单粒子烧毁主要是由于这种寄生晶体管的存在引起的，在图 3-34 中也给出了带电粒子穿越这种寄生结构时产生的电子-空穴对径迹示意。如第 2 章分析计算所述，当重离子穿过器件时，其电离产生的电子-空穴对会沿重离子径迹长度方向产生一个等离子体柱。该等离子体柱会形成一个瞬间的电流源，在该电流源内部，空穴经过横向分布的基极区而向上流向源区接地处，而电子则向下流向收集极。这种瞬间的电流源将会初步驱动一个单元中局部寄生的晶体管打开。MOSFET 器件内部的这种瞬间电流如果引起正反馈过程，则出现大电流状态的单粒子烧毁。是正反馈式的增加到单粒子烧毁出现，还是熄灭不使器件受损伤，主要取决于寄生晶体管打开的难易程度。这种瞬态电流是否增加形成正反馈还是降低为零，主要取决于与寄生晶体管垂直结构相关的反馈过程。寄生晶体管的反馈机理主要包括四个基本过程：第一，电子从发射极开始注入，通过基极区后被集电极所收集；第二，雪崩过程产生的空穴电流从集电极返回到基极区；第三，随后的横向空穴电流从基极流向源区金属接触处；第四，这种横向空穴电流在基极/发射极间产生电压。如果这种反馈过程形成，那么器件将出现单粒子烧毁现象。

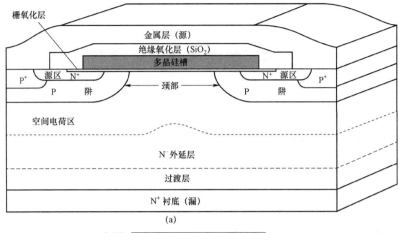

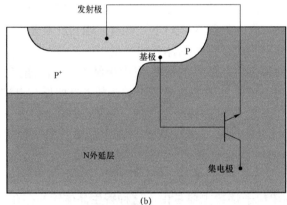

图 3-33 功率 MOSFET 器件结构及其内部寄生晶体管结构

（a）功率 MOSFET 器件结构示意图；（b）功率 MOSFET 器件内部寄生晶体管结构示意图

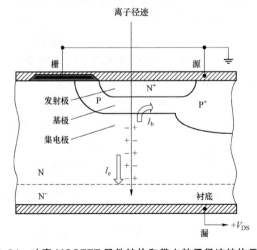

图 3-34 功率 MOSFET 器件结构和带电粒子径迹结构示意图

如第 2 章的计算分析表明，带电粒子在硅中产生的电子-空穴对径迹可以近似认为是柱体结构，由于其柱状结构的半径一般在微米量级，长度一般为带电粒子的射程，因而重离子诱发的瞬态电流源结构形状可以描述为柱状。其具体结构参数可以由本章的计算分析给出，如对 175 MeV（5 MeV/核子）的溴离子而言，其产生的瞬态电流源柱状结构半径约为 1 μm，长度约为 25 μm。该瞬态电流源的电流大小为：$I=qv_sN_{ehp}$，其中 q 为电子电荷，v_s 为电子运动饱和速度，N_{ehp} 为重离子产生的电子-空穴对密度大小，由本章分析可知，瞬态电流源电流大小与入射重离子 LET 值的大小成正比关系。综上所述，入射重离子的射程和 LET 值大小不但决定着其诱发的瞬态电流源结构形状，而且也影响瞬态电流源电流大小。相关试验结果也从某些方面证明了上述分析说明。

综合几种功率 MOSFET 器件单粒子烧毁模型的特点，比较分析结果表明，单粒子烧毁产生的物理机制主要是：第一，寄生的双极性晶体管（BJT）是 MOSFET 器件产生单粒子烧毁失效的主要角色；第二，寄生晶体管中的电流大小是影响 SEB 发生的主要条件；第三，寄生晶体管基极/集电极结区发生雪崩倍增现象是发生 SEB 的先决条件。

3.5.2 单粒子烧毁与漏–源电压的关系

图 3–35 示出了在准稳态条件下，MOSFET 器件在不同击穿阶段时的电流-电压特性示意图。当漏极电压增加到超过某一数值点时，MOSFET 被驱动到正常的雪崩击穿状态（在本图示例中，正常的雪崩击穿电压始于大约 708 V）。高于此点，漏极电流会随着漏极电压的小幅增加而迅速增加。随着器件被进一步地驱动至正常击穿状态时，增加的漏极电流流经 P 体区域，导致在 P 体区域内的源极扩散下形成电压降。随着漏极电压继续增加，该过程一直持续到 P 体区域内的电压下降导致寄生双极性晶体管导通。超过此点，该器件将不再能支持施加的较大的漏极电压，并继续汲取更高的电流，但漏极电压开始下降。一旦寄生双极性晶体管变为激活状态，漏极电流就开始流经源极和 P 体区域。该器件迅速达到触发二次击穿的电流-电压条件，从而导致灾难性故障发生。众所周知，二次击穿是指 MOSFET 的阻断电压能力突然下降，而电流却不受控制地增加。

确定器件对 SEB 不敏感的最大工作电压时，准静态电流-电压（$I-V$）曲线是一个有用的分析手段。为了说明得具体和方便，考虑图 3–35 所示的器件特性曲线。假定漏极电压保持在 500 V 的数值以下，并且瞬态条件（例如，来自重离子冲击）产生了一个瞬态电流的变化，瞬变之后，器件将返回其关断状态，电流也返回到其瞬态前的数值，那么该器件对 SEB 不敏感，因为在此电压或低于此电压时不会触发自持式大电流造成的热失效条件。相反，假定漏极电压保持在 600 V 的值，并且出现瞬态情况，在瞬变之前，电流的值低于产生正常雪崩电流的数值，但是在瞬变之后，电流可以（取决于瞬变的性质和幅值大小）增加到双极性导通电流之上的数值，而是否发生转变过程，取决于瞬变是否能够触发 SEB。实际上，单粒子烧毁 SEB 触发条件（重离子诱导 SEB 所需的 LET 值）可以使用准静态 *I–V* 曲线进行估算，但是这些估算条件不应代替实际的重离子测试（如果重离子测试可能不需要，器件应在低于最小 SEB 触发电压条件下运行）。MOSFET 的击穿特性有助于理解器件的 SEB 性能，并在设计对 SEB 不太敏感的功率 MOSFET 器件时提供有用的仿真模型和数据。

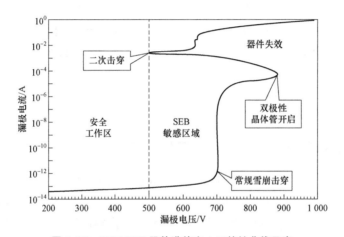

图 3–35　MOSFET 器件准静态 *I–V* 特性曲线示意
（显示了从正常关断状态到正常雪崩击穿，到双极导通，再到第二次击穿的过渡）

利用 MOSFET 器件 *I–V* 曲线进行 SEB 性能仿真分析时，模拟输出的有用性需要有关器件设计和布局（各层的厚度和掺杂分布）的广泛知识，在参考文献［15］和［16］中讨论了几个器件设计/工艺参数以及它们如何影响雪崩击穿响应等，读者可以进一步参考阅读。

为了确定器件空间应用的适用性，设计人员通常依赖于风险评估计算机代码，例如基本的单粒子翻转率计算代码"CRÉME"。对于 V 沟道（垂直）功率 MOSFET，这些程序代码需要有关器件 SEB 灵敏度的信息，这些信息通常是从试验确定的 σ_{SEB} 分布轮廓中提取的（通常会提取最小 LET 值和最大 σ_{SEB} 值）。使用非破坏性测试技术（参见第 4 章 4.5.2 节），可以确定多个 σ_{SEB} 曲线，从而允许使用相同样品的不同测试和操作参数（例如离子入射角和要研究的器件的温度）的影响。大量试验测试表明，基本上存在两种类型的 SEB 横截面形态：

（1）通过固定 V_{DS} 和 V_{GS}，同时将样品暴露于 LET 的几个不同值，产生 σ_{SEB}

（单粒子烧毁截面）曲线作为 LET 的函数，可以通过试验确定常规的 σ_{SEB}。

（2）可以通过固定 V_{DS} 和 LET 数值，通过试验确定非常规的 σ_{SEB}，同时将样品在多个 V_{DS} 值下进行照射试验，从而获得一个 σ_{SEB} 作为 V_{DS} 变化函数的分布曲线。

图 3–36 展示了一个典型的 σ_{SEB} 随 V_{DS} 的变化曲线，它是两个 IRF120 采用能量为 247 MeV 的铜离子照射下，获得的单粒子烧坏截面随 V_{DS} 的变化曲线，铜离子的 LET 值为 30 MeV·cm²/mg。该测试曲线表明，已经观察到的单粒子烧毁特性与器件工艺及类型密切相关，所以实际应用中选择器件类型时应予以考虑。进一步分析表明，这些观察到的 SEB 轮廓变化中的许多变化是由于来自不同批次、不同晶片甚至同一晶片的样品之间的源极区和主体区的掺杂轮廓中的工艺变化所致。除此观察外，还发现 σ_{SEB} 曲线轮廓的饱和度随着有源芯片面积的增加而增加。图 3–37 也展示了一个典型的 σ_{SEB} 随 V_{DS} 的变化曲线，它是 IRF150 器件在采用能量为 247 MeV 的铜离子照射下，在器件处于不同温度条件下时，获得的单粒子烧坏截面随 V_{DS} 的变化曲线，从图中可以看出，单粒子烧坏截面的大小也与器件温度相关，随着温度的升高，SEB 敏感性降低，器件在 25 ℃条件下发生 SEB 的 V_{DS} 阈值约为 60 V，而在 100 ℃条件下发生 SEB 的 V_{DS} 阈值约为 72 V。

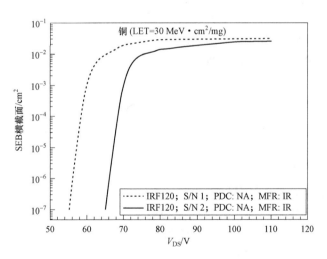

图 3–36　IRF120 器件的 σ_{SEB} 随 V_{DS} 变化曲线
（247 MeV 的铜离子，LET 值为 30 MeV·cm²/mg，射程为 40 μm）

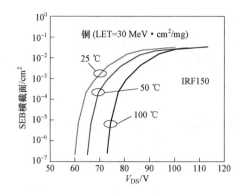

图 3-37　IRF150 器件的 σ_{SEB} 随 V_{DS} 变化曲线

| 3.6　单粒子栅击穿机理 |

　　单粒子栅击穿（SEGR）是指局部栅氧化层介质在重离子入射后引入的强电场作用下发生的栅介质击穿现象。在功率 MOSFET 器件中，入射重离子的电离过程会产生电荷，在一定偏置电压作用下，这些电荷部分会驻留在硅与二氧化硅界面处的硅材料中，产生强电场，致使栅氧化层发生击穿。如图 3-38 所示，当重离子穿过栅的颈区（凹槽区）后，电离产生的电子-空穴对在垂直方向电场作用下分离，大量空穴收集在硅与二氧化硅界面处，如果栅氧化物电荷足够高，就在栅氧化层中形成了一个强电场脉冲（持续时间约在皮秒时间尺度内），这个电场强度如果足够大，就可以使栅氧化层发生局部击穿，进而产生很大的栅漏短路电流，发生雪崩倍增效应，直至烧毁整个器件。进一步来说，当入射带电离子在栅极颈区（凹槽区）产生电子-空穴径迹后，电子被吸引到漏极，空穴被驱动到电离径迹轴线方向的栅极。如图 3-38、图 3-39 所示，这种电荷收集过程通常被可视化为围绕径迹的电子-空穴对鞘层作为一条能使漏极短路到 Si-SiO$_2$ 截面的导电丝。这种撞击形成的"导电丝"概念源于单粒子翻转建模分析，其作为"等离子体"丝线可以引起所谓的"耗尽层区塌缩"。霍尔和盖洛韦（Hohl and Galloway）将其应用于对单粒子栅击穿过程的说明。由于"等离子体"丝线的局部短路作用，离子撞击将导致很大一部分漏极电压降落在栅氧化层上，那么在"等离子体"丝线附近，局部氧化物处的电场强度增高，如果这种局部氧化物处瞬时电场足够大，并且持续了足够长的时间，则在电离径迹附近区域发生了氧化物的电击穿，这时候，存储在 MOSFET 电容器中的电荷的很大一部分被泄漏形成放电，从而"等离子体"丝线附近的局部温度升高，造成氧化层损坏，形成栅极和衬底的短路，器件丧失功能。

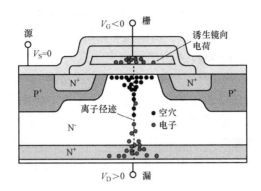

图 3-38　单粒子栅击穿现象示意图

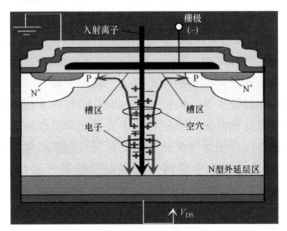

图 3-39　离子撞击在漏极凹槽区的器件响应过程示意说明
（单粒子栅击穿现象示意图）

3.6.1　单粒子栅击穿现象物理描述

1978 年，Fisher 等人第一次报道了在 N 沟道和 P 沟道功率 MOSFET 器件中观察到的重离子诱发的单粒子栅击穿现象，同年，Wrobel 等人也研究了重离子诱发 MOS 电容器的介质击穿现象，指出发生介质击穿的临界电场与所加电场和重离子沉积的电离能相关，即在重离子照射期间，造成介质击穿所必需的所加电场降低，分析认为，重离子穿越介质时形成了一个导电通道，电容器通过该通道泄放了其存储的能量；如果来自重离子和电容器的能量足够高，那么造成电容器局部熔化而短路。Wrobel 等人在试验数据总结分析的研究基础上，提出了重离子在介质材料内诱导产生的阈值电场与重离子必须满足的线性能量传输值 LET 之间的经验关系式：

$$E_{FT} = 4.1 \times 10^7 \times 1/\sqrt{LET} \times 1/\cos(\theta + 5°)$$ （3.6–1）

该式也被称为 Wrobel 公式。在该式中，E_{FT} 为电场强度，单位为 V/cm；LET 的单位为 MeV·cm²/mg；θ 为离子偏离垂直方向的入射角度。

基于 Wrobel 等人的工作，Fisher 等人提出了功率 MOSFET 器件的单粒子栅击穿的物理机理，该机理涉及典型 V 沟道（垂直）功率 MOSFET 器件中分布电容的集总模型。一般来说，栅–漏电容包括两个串联的分量，即栅极氧化物两端的电容以及当器件在截止状态下偏置时由耗尽层区形成的电容。我们知道，器件的设计应使大部分施加的漏极电压落在耗尽层区上（与由栅氧化物形成的电容相比，电容要小），从而保护栅氧化物免受其他过大电场的影响。但是，某些施加的电压确实会出现在栅极氧化物上。Fisher 等人提出的模型中假设，在重离子辐射下，随着漏极电压在额定 BV_{DSS} 内增加，氧化物电容器两端的电压会上升，并可能达到根据 Wrobel 提出的关系计算得出的氧化物击穿所需的电压水平，即临界击穿电场大小。然后，通过使用 Wrobel 公式计算栅极氧化物厚度并测量辐照期间击穿所需施加的栅极电压，同时使漏极和源极节点短路以消除耗尽区电容，从而验证了 Wrobel 公式与功率 MOSFET 栅极击穿的关系的适用性。自从初步研究这些以来，已经进行了许多相关工作来理解单粒子栅击穿的机制。下一节将详细介绍对该失效机制的经验模型和机理分析。

如本节开头所述，当一个重离子撞击漏极的某一敏感性区域时，功率 MOSFET 器件可能发生单粒子栅击穿。该敏感性区域常常被称为凹槽区，当重离子撞击位于器件表面的体扩散之间的凹槽区域（称为颈部）时，如果重离子撞击到漏极时，功率 MOSFET 器件可能会发生栅极击穿（见图 3–38）。我们知道，沿着高能离子的路径，当入射离子将能量损失提供给氧化物和半导体材料时，会生成电子–空穴对。人们认为 SEGR 涉及对诱导产生的电子–空穴对的响应过程存在两种机制，即外延层响应和氧化物响应。在这两者中，外延层的诱导电流的响应过程被认为是主要机制。

在外延层中，重离子基本上形成电离等离子体的径迹。对于处于关闭状态偏置（零或负 V_{GS} 和正 V_{DS}）的 N 型功率 MOSFET 器件，当空穴朝 Si–SiO₂ 界面迁徙并且电子迁徙到漏极衬底时，在电离产生的径迹内会发生电荷分离。同时，电子和空穴从径迹的径向方向向外扩散。在氧化物界面处，径迹的位置上会形成更高浓度的空穴，与电子通过强垂直漂移场向漏极接触的传输速度相比，而扩散过程和较弱的横向漂移电场将致使空穴在径向上被更缓慢地移入 P 体区域。Si–SiO$_2$ 界面处空穴的累积及其在栅极中的镜面电荷会在氧化物上产生一个瞬态场，这会增加器件内部任何已施加电场的强度。Brews 等人和 Darwish 等人第一个将这种空穴堆积诱导的电场描述为将一部分漏极电压转移到 Si–SiO$_2$ 界面的机制，并通过器件传输仿真证明了这一过程。

除了这种外延层响应会导致氧化物上的瞬态电场增加之外，氧化物击穿所需的临界电场还被认为会因捕获在氧化物中的电离电荷而降低。Titus 和 Wheatley 通过对试验研究总结和理论分析，推导得出了这种氧化物响应过程的特征，即当 V_{DS} 保持在 0 V 时，产生栅击穿所需的外加栅极电压的经验表达式如下：

$$V_{GScrit} = 10^7 t_{ox} / (1 + Z / 44) \qquad （3.6–2）$$

式中，t_{ox} 是氧化物厚度（cm）；10^7 是一般氧化物的击穿强度（V/cm）；Z 是重离子的原子序数。

有趣的是，从上式可以看出，所施加的临界值 V_{GS} 仅是重离子原子序数 Z 的函数，与能量和入射离子的 LET 值没有直接的关系。而 Titus 和 Wheatley 等人采用从相对来说能量较低离子获取的数据，通过经验拟合得出 V_{GS} 是离子能量的函数。当考虑到更宽的入射离子能量谱时，发现上述方程可以更好地拟合数据。这一发现表明，氧化物响应可能是电离电荷、电离半径以及位移损伤和损伤半径的复杂影响。Beck 等人采用密度泛函理论研究分析了相关过程，证明了电介质中的辐射诱导的泄漏电流可能是由沿着离子流经氧化物的位移原子簇形成的；氧化物能带隙内的缺陷能级允许缺陷到缺陷的隧穿。如果存在足够强的电场，则这种穿过氧化物的电阻率降低的路径将导致 Wrobel 等人描述的电容放电和热熔化，从而导致栅极击穿。

离子撞击产生电荷，在器件内部 Si–SiO$_2$ 界面处的硅中累积电荷，所以不会引起 SEB 的单个高能重离子可能会产生 SEGR。描述 SEGR 的最简单方法是可视化通过栅绝缘子的离子。假定漏极电压为零伏或接近零伏，这样就不会发生 SEB。然后可以施加高的负栅极偏压，从而允许跨过栅极绝缘体的电场很大，但又不能太大，以至于在离子撞击之前导致绝缘体失效。但是，通过绝缘子释放的能量可能会导致绝缘子失效，即 SEGR。如果栅极偏置已设置为绝对值比临界电压低一些的负电压，并且漏极电压保持在零或接近零，则离子撞击不会引起 SEGR。绝缘子两端的电场是由绝缘子顶部和底部之间的电压差产生的。当漏极电压增加时，离子撞击前的电场不会增加。但是，在离子撞击后数十毫秒内，该漏极电压的一小部分将出现在栅极绝缘体-硅的界面上，这可能足以超过绝缘体上的临界电压或电场，从而导致发生 SEGR。在实际的电路应用中，SEGR 可能会导致故障或永久性故障。已经提出了几种详细的模型来描述 SEGR

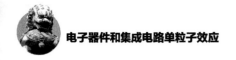
机制。

在对功率 MOSFET 器件的 SEGR 建模时，研究工作者提出了三种主要模型：① 半经验模型，该模型描述了一类功率 MOSFET 在给定 LET 值入射离子作用下 V_{GS} 与 V_{DS} 之间的线性变化关系，并且模型也表明，器件的偏置处于制造商建议的最大工作范围内时，SEGR 可以在功率 MOSFET 器件中发生。② 薄层电荷模型，该模型使用分布式 $R\text{-}C$ 线来模拟空穴在通向接地的过程中的路径，并表明电压在 MV 范围内的栅极氧化物电场持续了皮秒级的时间。③ 基于二维 Atlas-II 器件模拟器的预测算法，该算法结合了雅典娜（Athena）工艺处理数据，该数据与试验数据具有很好的一致性；结果表明，器件负载的增加会导致 SEGR 脆弱性降低，并且 SEGR 对温度的依赖性较小。实际上，针对 SEB 和 SEGR 的建模工作，对于设计与开发具有加固性能的功率 MOSFET 器件至关重要，同样，提出的各种模型也能清楚地说明 SEB 和 SEGR 响应的物理失效机制。在上述的模型中，前两种模型，尤其是半经验模型在电路板级的加固设计方面有重要应用，下面主要针对前两种模型进行介绍，而采用器件模拟器仿真结果分析提出的模型在这里不再赘述。

3.6.2 单粒子栅击穿的半经验模型

对功率 MOSFET 器件来说，栅源电压 V_{GS} 是表征单粒子栅击穿现象的最重要参数之一，栅源电压 V_{GS} 对单粒子栅击穿现象的影响特征主要表现在器件栅氧化物的特性方面，如氧化物厚度、电击穿特性及其两者之间的相关性。另外，栅源电压应处于什么样的条件下，器件对重离子诱发的栅击穿现象是不敏感的，即其工作状态相对安全。为了回答这个问题，人们针对具体器件开展了大量试验研究，总结了相关结果，提出了单粒子栅击穿的一些半经验模型，为人们认识和理解其基本机理和现象，以及开展单粒子栅击穿的防护设计提供了试验与理论基础。

1994 年，Wheatley 等人针对 DMOS 晶体管的单粒子栅击穿现象，开展了详细的试验研究工作，总结出了一种描述功率 MOSFET 器件单粒子栅击穿现象的半经验模型。试验中，针对一定结构的 400 多个同批次制造的功率 MOSFET 器件，利用 LET 值处于 0～80 MeV·cm²/mg 的单能重离子照射，获取了发生单粒子栅击穿时，栅源电压 V_{GS} 和漏源电压 V_{DS} 的矩阵数据集（V_{GS}，V_{DS}），并对试验结果进行了总结，获得了试验数据的半经验拟合结果，图 3-40 给出了在不同重离子 LET 值下的矩阵数据集（V_{GS}，V_{DS}）及相关拟合曲线。从图中拟合曲线可以看出，在一定的 LET 值下，栅源电压 V_{GS} 和漏源电压 V_{DS} 呈线性关系。具体半经验表达式如下：

$$V_{GS} = \{0.84[1 - \exp(-LET/17.8)]\}V_{DS} - \{50/(1 + LET/53)\} \qquad （3.6-3）$$

从表达式可以看出，拟合直线的斜率和 V_{GS} 截距与给定的重离子 LET 值相关（参见图 3-40），其分别为表达式中大括号里的第一项和第二项。这里值得注意的是，这种半经验模型只是基于特定器件的试验数据而得出的。对其他结构类型的器件而言，需要完成类似的试验测试及数据处理分析，然后得出类似于式（3.6-3）的表达式。一般地说，表达式实质上应是相同的，只是具体的数值会有所差异。

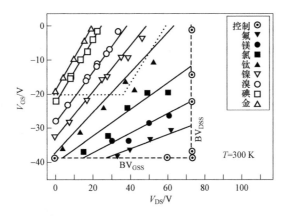

图 3-40　单粒子栅击穿半经验模型表示的试验数据（符号）、模型拟合（实线）、击穿电压（虚线）及制造商建议的最大工作限（点线）

该半经验模型可以较好地解释和说明重离子诱发产生的 SEGR 现象。从表达式可以看出，随着入射离子 LET 值的增加，在较低偏置电压下，就可以诱发 SEGR 现象发生。对建立半经验模型的试验数据分析表明，SEGR 是重离子诱发的电荷累积所诱发，即在栅、漏重叠区的 $Si-SiO_2$ 界面处，重离子诱发的电荷累积过程会在栅氧化层区域形成局部高电场，最终诱发 SEGR 产生。从半经验模型的表达式看出，一个重要的特征是，SEGR 的产生也与 V_{DS} 相关。通常，在分析 SEGR 产生机制过程中，当考虑到栅氧化区的电场时，人们主要对 V_{GS} 感兴趣。显然，在分析 SEGR 敏感性或易发性时，V_{DS} 和 V_{GS} 都需要和重离子 LET 值综合在一起考虑。一般来说，对功率 MOSFET 器件来说，SEGR 对 V_{GS} 的变化比对 V_{DS} 的变化更加敏感，相关试验测试也表明了这一点。

下面对半经验模型进行进一步说明。首先来看第二个括号里的项，即 V_{DS} 等于零时的 V_{GS} 截距，$V_{GSS}=-50/(1+LET/53)$。一般说来，V_{GS} 截距表达式对 SiO_2 电容器应当是有效的，但缺乏对 SiO_2 层厚度变化的说明。其次为表达式中第一个括号里的项，即 V_{GS} 随 V_{DS} 的变化率，即：$\delta V_{GS}/\delta V_{DS}=0.84[1-\exp(-LET/17.8)]$。

要详细说明该变化率的变化情况,就需要一个量化的重离子电离径迹结构说明。我们知道,如果考虑到入射粒子产生的电流过程的影响,仅仅将这种过程认为是一个简单的等离子体丝线连接的概念,是不能说明漏极电压变化是如何传输到栅电容电极(在离子撞击近区)的。例如,这种简单过程的说明需要给出一个栅极电压的偏移变化,用来维持临界绝缘体电场。也就是说,图 3-40 给出的拟合曲线的斜率将为 1,而试验测试结果并非如此。我们知道,离子撞击产生的电流将流过衬底内的阻性通路,此外,当空穴在 Si 和 SiO₂ 界面的径向方向扩散时,将会产生欧姆电压降。更进一步,在栅击穿被诱发之前,部分离子电流流过栅氧化物并在径向通过多晶硅区域。因此,漏极电压的有效变化在 Si 和 SiO₂ 界面处造成了衰减,导致第一个大括号里项的系数介于 0 与 1 之间,而半经验表达式中的系数为 0.84。

1995 年,在 Wheatley 等人工作的基础上,Titus 等人进一步研究了功率 MOSFET 器件的氧化层厚度对 SEGR 的影响特征。在试验测试中,采用不同的漏源偏置条件,针对每种不同氧化层厚度的器件,在不同 LET 值的单能重离子照射下,获取了发生单粒子栅击穿现象的栅源阈值电压。通过对试验测试数据的分析和拟合,考虑到氧化层厚度变化后,

$V_{GSS} = -10^7 t_{ox}/(1+LET/53)$,其中 t_{ox} 为氧化层厚度,另外,考虑了漏源电压在较高情况下单元结构、沟道电导等因素的影响后,提出了一个比较完善的半经验模型。Titus 等人给出的栅源电压 V_{GS}、漏源电压 V_{DS}、离子 LET 值及氧化层厚度之间的关系如下:

$$V_{GS} = 0.87(1-\exp[-LET/18])V_{DS} - \frac{10^7 t_{ox}}{1+LET/53}$$

(3.6-4)

利用上述公式,结合轨道空间环境,可以计算出功率 MOSFET 器件的安全工作区,为保证器件在空间辐射环境中可靠工作提供设计依据。图 3-41 为在不同氧化层厚度下,利用 Titus 公式计算的功率 MOSFET 器件安全工作区(图中实线以下区域)与实测获得的安全工作区的比对。

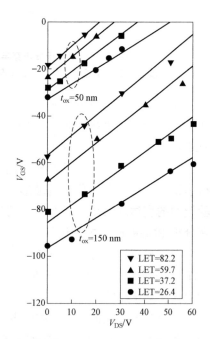

图 3-41　单粒子栅击穿计算与实测的比较
(符号—实测的,直线—计算的,LET 值单位为 MeV·cm²/mg)

从图中可以看出，两者的一致性较好。最后，应当指出的是，其他有关试验研究表明，在离子束照射过程中，如果增加离子的入射角，其 SEGR 敏感性降低；而且对额定电压比较高（200 V 以上）的功率 MOSFET 器件，半经验模型需要进一步改进。

3.6.3　薄层电荷模型

在 SEGR 的失效机制分析中，认为高电场通过跨越厚外延层漏区后被初次降落，然后被转移作用在栅氧化层区。对 N 沟道 MOSFET 器件来说，电子被吸引到正偏压漏极区，空穴被吸引到接地区或处于负偏压的栅极区。如图 3–42 所示，为了在物理上说明栅氧化层电场的增加方式和过程，就需要了解载流子沿电离路径的传输方式和载流子的径向扩散方式。为了说明这些问题，Brews 提出了类似于描述横向 MOSFET 器件的薄层电荷模型，详细的薄层电荷模型可以参阅有关技术文献，本节主要说明基于该模型对离子撞击产生 SEGR 机制的解释。

在他们提出的薄层电荷模型中，电流源被用来模拟沿着离子径迹流向 Si–SiO$_2$ 界面的空穴电流，为了表征电子–空穴的径向扩散过程，电流源的大小被描述为随着时间的变化而呈指数衰减，空穴沿 Si–SiO$_2$ 表面的传输路径被等效描述为具有一定分布方式的 R–C 线，图 3–42 所示的电路模型表示了这一点。分布式 R–C 线的参数采用薄层电荷模型计算给出具体数值，即将分布式电阻和反型层空穴的面积密度联系起来。这个模型没有说明电场是否能够持续较长时间或出现 SEGR，但依据该模型，可以说明 MOSFET 器件的单粒子栅击穿敏感性。很明显，如果电路的 RC 时间常数越小，那么空穴流向接地的速度越快；也就是说，如果流向接地的阻性通路长度减小，或者氧化层或耗尽层电容变小，那么 MOSFET 器件的单粒子栅击穿敏感性降低。

从前面叙述知道，当 N 型的凹槽区域发生离子撞击后，电子通过正向偏压被引向漏极，空穴被驱动到接地栅电极下方的氧化物界面处。当电子从局部电离径迹中漂移并扩散到整个漏极区域时，过程中会遇到扩散电阻。伴随电子流而产生的局部电阻压降（IR）将器件内部电位势分布会推向更深层。也就是说，在电离径迹的漏极端，漏极电压会散布在更长的距离上，从而导致其间内部电场强度的整体降低。

为了说明氧化物电场的增加，我们考虑空穴收集过程。在 N 型的凹槽区域和栅极氧化物之间的界面处，空穴被驱动向电离径迹的氧化物端，这些累积空穴在栅电极中将感应出镜向电荷分布，从而增加了氧化物电场强度。简化的电路模型情况如图 3–42 所示。该电路中的集总电容器 C_{IS} 表示与电离径迹的氧化物端相邻的界面区域的电荷存储能力，电阻 R_s 表示从撞击电离径迹沿着 Si–SiO$_2$ 界面的泄漏路径。氧化物电场累积的程度取决于空穴到达速率（由 $I_f(t)$ 确定）与空穴到接地点的出口速率之差，具体由电路的时间常数 RC 所确定，该电路时间常数为 $R_s C_{IS}$。在薄层电荷模型中，假设撞击电离径迹在 MOSFET 器件内部表面施加了一个瞬态电流 $I_f(t)$，在该电流的表达式中，虽然可以使用一般的时间依赖性方式，但为简单起见，$I_f(t)$ 可以简单地表示为：

$$I_f(t) \approx I_{fB} + (I_{f0} - I_{fB})e^{-t/T} \qquad (3.6-5)$$

式中，T 是电离径迹寿命，由径迹等离子体鞘内的漂移和扩散所确定；I_{f0} 是 $t=0$ 时的径迹电流；I_{fB} 是初始瞬态电流衰减之后形成的径迹电流（$t>T$）。相关仿真分析表明，在氧化物电场比较大的时间内，$I_f(t)$ 的形式与使用器件仿真软件包 MEDICI 进行数值模拟所得的结果相符。

上述的基于电荷模型的电路模型只是一种简化说明。实际上，离子撞击器件后，最有可能导致 SEGR 发生的区域应当在距 P 体足够远的地方，该区域会在扩散使"空穴"与 P 体接触之前，大量收集它们。在这样的一种条件下，界面存储电容器会通过代表表面反转层的分布式 R–C 线接地，这种分布的 R–C 线模拟了从电离径迹向接地的扩散方式，而不是如图 3–42 的集总电路所暗示的那样允许立即进入接地。研究工作者通过薄层电荷模型对这种分布式 R–C 线进行了进一步建模分析，用来描述通过体接触从电离径迹收集空穴的过程。薄层电荷模型表明空穴收集过程是一种非线性扩散过程，采用非线性扩散方程进行具体求解。对于较大的空穴密度，非线性会由于其自电场而增加空穴的扩散速率。

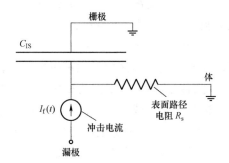

图 3–42　基于薄层电荷模型的电路模型示意图

|3.7　单粒子功能中断机理|

单粒子功能中断（SEFI）是一个通用术语，一般指单粒子效应导致的部件或器件整体功能故障的所有非破坏性失效模式。这种失效模式的诱发原因和影响，因部组件的不同而呈现出不同过程和特征，特别是在先进存储器件（SDRAM，闪存器件）、可编程逻辑器件（FPGA）及微处理器这些器件中，单粒子功能中断失效模式及表现形式具有不同的特征，存在一定的差异性。然而，综合各种已有测试试验数据的器件之单粒子功能中断的主要特征，在大多数情况下，单粒子功能中断是与电子器件及集成电路中配置具体功能的控制寄存器中的单粒子翻转或某些敏感单元的单粒子瞬态相关联，其引起的失效形式主要表现为电子器件及集成电路工作时的功能丢失。

我们知道，器件内部某单元的单粒子翻转（SEU）和某敏感节点的单粒子瞬态（SET）不能在器件的管脚处直接观察到，然而，在 SEU 和 SET 发生之后的某个时间，器件可能会以不可预测的方式工作。如上所述，在诸如闪存和微处理器这些复杂器件中，就可以观察到被称为单粒子功能中断的这类单粒子效应。试验测试中发现，单粒子功能中断可能使器件处于一种不可恢复的反常工作模式状态，它通常不会造成器件损坏，但会对数据、控制及功能造成中断或混乱，而故障发生后需要对器件进行复杂的恢复操作，对在轨运行的航天器来说，有时甚至包括对整个航天器电子设备子系统的重置操作。

例如，微处理器的程序计数寄存器中的一个单粒子翻转可能导致指令执行序列意外跳转到代码的不同部分，从而导致不正确的程序行为；而闪存是非易失性存储器，它包括复杂的内部时序逻辑和要操作的内部状态。该器件可以被外部命令擦除某个块，进行页编程，并在外部引脚读取页等。这些命令的执行由内部状态机控制和排序。当采用重离子对闪存进行验证试验时，在没有任何外部激励的情况下，却观察到了闪存器件执行了擦除、编程和读取操作。这是非易失性存储器单粒子功能中断的一种表现形式，在重离子照射下，闪存器件呈现出了随机块擦除和页写入的现象。

具体针对同步动态随机存取存储器（SDRAM）器件来说，依据其对器件影响后果和恢复过程，单粒子功能中断又可以细分成三种主要类型：

首先是逻辑单粒子功能中断，在有关文献中，这种类型的单粒子功能中断又被称为地址错误（AE）、可恢复突发错误（RBE）或者临时块错误，这些错误特征主要表现为基于行和列的逻辑错误，在基于行的逻辑错误方面，一个行地址寄存器或者冗余行地址寄存器中发生单粒子翻转后，可能导致两种情况发生，一种是导致错误的行选择，另一种是冗余行的激活，而冗余行用于替代制造测试中识别的缺陷单元。在基于列的逻辑错误方面，一个列地址寄存器或者冗余列地址寄存器中发生单粒子翻转后，会导致与行逻辑错误相似的逻辑错误特征。而这种错误发生后，只有写入正确的数值才能恢复状态。

其次是可重置单粒子功能中断，当器件结构中隐含的逻辑单元受到重离子撞击后，将可能发生这种类型的单粒子功能中断现象，这种现象会在特定的地址区间出现，试验测试中发现，通过使用模式寄存器设置这条命令重新配置器件，可以恢复器件的功能。尽管如此，试验中发现，在发生这种故障期间，可能某单元数值被修改，因此，需要对存储器进行重新写入。

最后为重新启动单粒子功能中断，在有关文献中，这种类型的单粒子功能中断又被称为不可恢复错误、不可重置错误或者硬错误单粒子功能中断或永久性单粒子功能中断，引起这种单粒子功能中断的缘由有几种，如刷新计数器寄存器中的翻转，内部状态机遭受重离子撞击，测试模式或其他不确定模式被激活；不管其原由究竟是什么，其结果就是器件丧失了其存储功能，唯一的恢复过程是器件的一个完整电源循环。

我们知道，单粒子翻转可以发生在微电子器件或集成电路中的不同模块及结构部分，如果单粒子翻转发生在我们可以通过 I/O 端口直接访问的区域，那么就容易检测到翻转并加以正确识别。一个明显的例子就是随机存储器（RAM）中的单粒子翻转，在对 RAM 的重离子照射试验测试中，可以明确识别出单粒子翻转位，并且在大多数情况下，这些错误的翻转横截面也确实表征了器件敏感区域的几何面积大小。尽管如此，在试验测试中发现，由于离子的撞击，器件本身无意中执行了其自测试模式功能，这时候测试获取的翻转错误就不能归于明确定义的某个位，这种现象就可以认为是一种单粒子翻转造成的器件功能中断现象。总体而言，对正常测试造成的干扰就是单粒子功能中断的最主要特征之一，从这一点来看，单粒子功能中断是由于微电子器件（RAM）敏感区域的单粒子翻转所引起的一种现象学事件，其具体过程和机理因器件的不同而不同，我们通常无法访问，或者由于我们对器件结构了解很少，无法确定单粒子翻转的具体位置，只能观察到器件功能的失效。下面我们举一些例子来说明这一点。

在 1997 年以前，人们在很多类型的动态随机存取存储器（DRAM）中观察到了正常的单粒子翻转现象，可能由于单粒子功能中断截面比较小的缘故，没有提及单粒子功能中断的现象。1997 年，Koga 等人第一次报道了针对几类器件的单粒子功能中断现象的试验测试和观察。在总结分析 DRAM 的重离子试验研究中，指出在某些 DRAM 器件中，至少有一类翻转诱发异常现象可能属于单粒子功能中断，即单粒子翻转表现出将 DRAM 器件"编程"进入运行测试模式。这里应当提及的是，大多数 DRAM 器件可以被认为是具有各种功能的控制器，例如，其可以实现"刷新""快写"和"预充电"。这些功能通过正确使用顺序输入操作和存储的控制逻辑状态进行调节。此外，许多 DRAM 器件都有一组模式寄存器，它们可以将器件配置为各种工作模式，其中有些模式已有明确规定，如测试模式，而其他模式却没有明确规定，只为将来的使用留下了空间（由器件制造商规定），或者保持在永久未定义状态。

Koga 等人在试验中发现，在 Atmel 公司制造的电擦除器件（EEPROM）中观察到两种类型的单粒子功能中断现象，第一种类型被认为是激活了器件内部一些未定义的逻辑状态，这时候，器件的偏置电流有所增加，其原由可能是受照射影响的输出节点中的"冲突"所造成，试验过程中，通过长时间对器件的照射可以消除这种功能故障，推测分析认为是受影响的位可能经历了两次翻转后消除了这种异常。第二种类型是长时间的照射并不能消除这种电流增大的状态，但也不是一种单粒子锁定现象，后来，人们称这种现象为"单粒子微锁"现象，这种现象已在先进复杂器件中呈现出来，这里不再赘述，有兴趣读者可以进一步参阅相关技术文献。

|参 考 文 献|

[1] Binder D, Smith E C and Holman A B. Satellite Anomalies from Galactic Cosmic Rays[J]. IEEE Trans. Nucl. Sci., 1975, 22: 2675–2680.

[2] May T C and Woods M H. Alpha-particle-induced Soft Errors in Dynamic Memories[J]. IEEE Trans. Electron. Devices, 1979, 26: 2–9.

[3] May T C. Soft Errors in VLSI: Present and Future[J]. IEEE Trans. Components, Hybrids, Manuf. Tech., 1979, 2: 377–387.

[4] Wyatt R C, McNulty P J, Toumbas P, et al. Soft Errors Induced by Energetic Protons[J]. IEEE Trans. Nucl. Sci., 1979, 26: 4905–4910.

[5] Pickel J C and Blandford J T J. Cosmic Ray Induced Errors in MOS Memory Cells[J]. IEEE Trans. Nucl. Sci., 1978, 25: 1166–1171.

[6] Messenger G C. Collection of Charge on Junction Nodes from Ion Tracks[J]. IEEE Trans. Nucl. Sci., 1982, 29: 2024–2031.

[7] McLean F B and Oldham T R. Charge Funneling in n and p-type Si Substrates[J]. IEEE Trans. Nucl. Sci., 1982, 29: 2018–2023.

[8] Axness C L, Weaver H T, Fu J S, et al. Mechanisms Leading to Single Event Upset[J]. IEEE Trans. Nucl. Sci.,1986, 33: 1577–1580.

[9] Kreskovsky J P and Grubin H L. Simulation of Charge Collection in a Multilayer Device[J]. IEEE Trans. Nucl. Sci., 1985, 32: 4140–4144.

[10] Chern J H, Seitchik J A and Yang P. Single Event Charge Collection Modeling in CMOS Multi-junctions Structure[J]. in IEDM Tech. Dig., 1986: 538–541.

[11] Koga R and Kolasinski A. Effects of Heavy Ions on Microcircuits in Space: Recently Investigated Upset Mechanisms[J]. IEEE Trans. Nucl. Sci., 1987, 34(1): 46–51.

[12] Koga R, Pinkerton S D, Moss, S C, et al. Observation of Single Event Upsets in Analog Microcircuits[J]. IEEE Trans. Nucl. Sci., 1993, 40(6): 1838–1844.

[13] Massengill L W. Cosmic and Terrestrial Single-event Radiation Effects in Dynamic Random Access Memories[J]. IEEE Trans. Nucl. Sci., 1996, 43(5): 576–593.

[14] Musseau O. Single-event Effects in SOI Technologies and Devices[J]. IEEE Trans. Nucl. Sci., 1996, 43: 603–613.

[15] Reed R A, Carts M A, Marshall P W, et al. Single Event Upset Cross Sections at Various Data Rates[J]. IEEE Trans. Nucl. Sci., 1996, 43(6): 2862–2867.

[16] Turflinger T L. Single-event Effects in Analog and Mixed-signal Integrated Circuits[J]. IEEE Trans. Nucl. Sci., 1996, 43(2): 594–602.

[17] Dodd P E, Shaneyfelt M R and Sexton F W. Charge Collection and SEU from Angled Ion Strikes[J]. IEEE Trans. Nucl. Sci., 1997, 44(6): 2256–2265.

[18] Detcheverry C, Dachs C, Lorfévre E, et al. SEU Critical Charge and Sensitive Area in a Submicron CMOS Technology[J]. IEEE Trans. Nucl. Sci., 1997,

44(6): 2266–2273.

[19] Knudson A R and Campbell A B. Comparison of Experimental Charge Collection Waveforms with PISCES Calculations[J]. IEEE Trans. Nucl. Sci., 1991, 38(4): 1540–1545.

[20] Seifert N, Zhu X and Massengill L W. Impact of Scaling on Soft-error Rates in Commercial Microprocessors[J]. IEEE Trans. Nucl. Sci., 2002, 49(5): 3100–3106.

[21] Warren K, Massengill L, Schrimpf R, et al. Analysis of the Influence of MOS Device Geometry on Predicted SEU Cross Sections[J]. IEEE Trans. Nucl. Sci., 1999, 46(2): 1363–1369.

[22] Hareland S, Maiz J, Alavi M, et al. Impact of CMOS Process Scaling and SOI on Soft Error Rates of Logic Processors[C]. in Proc. Symp. VLSI Tech., 2001: 73–74.

[23] Massengill L W, Bhuva B L, Holman W T, et al. Technology Scaling and Soft Error Reliability[C]. in Proc. IEEE Int. Rel. Phys. Symp, Anaheim, CA, Apr. 2012: 3C.1.1–3C.1.7.

[24] Dodd P E and Massengill L W. Basic Mechanisms and Modeling of Single-Event Upset in Digital Microelectronics[J]. IEEE Trans. Nucl. Sci., 2003, 50(3): 583–602.

[25] Heileman S J, Eisenstadt W R, Fox R M, et al.CMOS VLSI Single Event Transient Characterization[J]. IEEE Trans. Nucl. Sci., 1989, 36(1): 2287–2291.

[26] Nashiyama I, Hirao T, Kamiya T, et al. Single-event Current Transients Induced by High Energy Ion Microbeams[J]. IEEE Trans. Nucl. Sci., 1993, 40: 1935–1940.

[27] Leavy J F, Hoffmann L F, Shovan R W, et al. Upset due to a Single Particle Caused Propagated Transient in a Bulk CMOS Microprocessor[J]. IEEE Trans. Nucl. Sci., 1991, 38(6): 1493–1499.

[28] Newberry D M, Kaye D H and Soli G A. Single Event Induced Transients in I/O Devices: A Characterization[J]. IEEE Trans. Nucl. Sci., 1990, 37(6):

1974–1980.

[29] Kaul N, Bhuva B L and Kerns S E. Simulation of SEU Transients in CMOS ICs[J]. IEEE Trans. Nucl. Sci., 1991, 38(6): 1514–1520.

[30] Baze M P and Buchner S P. Attenuation of Single Event Induced Pulses in CMOS Combinational Logic[J]. IEEE Trans. Nucl. Sci., 1997, 44(6): 2217–2223.

[31] Dodd P E, Shaneyfelt M R, Felix J A, et al. Production and Propagation of Single-event Transients in High-speed Digital Logic ICs[J]. IEEE Trans. Nucl. Sci., 2004, 51(6): 3278–3284.

[32] Ferlet-Cavrois V, Paillet P, Gaillardin M, et al. Statistical Analysis of the Charge Collected in SOI and Bulk Devices under Heavy Ion and Proton Irradiation—implications for Digital SETs[J]. IEEE Trans. Nucl. Sci., 2006, 53(6): 3242–3252.

[33] Eaton P, Benedetto J, Mavis D, et al. Single Event Transient Pulse Width Measurements Using a Variable Temporal Latch Technique[J]. IEEE Trans. Nucl. Sci., 2004, 51(6): 3365–3368.

[34] Benedetto J, Eaton P, Avery K, et al. Heavy Ion-induced Digital Single-event Transients in Deep Submicron Processes[J]. IEEE Trans. Nucl. Sci., 2004, 51(6): 3480–3485.

[35] Benedetto J M, Eaton P H, Mavis D G, et al. Digital Single Event Transient Trends with Technology Node Scaling[J]. IEEE Trans. Nucl. Sci., 2006, 53(6): 3462–3465.

[36] Ferlet-Cavrois V, Paillet P, McMorrow D, et al. New Insights into Single Event Transient Propagation in Chains of Inverters—evidence for Propagation-induced Pulse Broadening[J].IEEE Trans. Nucl. Sci., 2007, 54(6): 2338–2346.

[37] Ferlet Cavrois V, Pouget V, McMorrow D, et al. Investigation of the Propagation Induced Pulse Broadening (PIPB) Effect on Single Event Transients in SOI and Bulk Inverter Chains[J]. IEEE Trans. Nucl. Sci., 2008, 55(6): 2842–2853.

[38] Massengill L W and Tuinenga P W, Single-event Transient Pulse Propagation

in Digital CMOS[J]. IEEE Trans. Nucl. Sci., 2008, 55(6): 2861–2871.

[39] Wirth G, Kastensmidt F L and Ribeiro I. Single Event Transients in Logic Circuits—load and Propagation Induced Pulse Broadening[J]. IEEE Trans. Nucl. Sci., 2008, 55(6): 2928–2935.

[40] Ahlbin J R, Massengill L W, Bhuva B L, et al. Single-event Transient Pulse Quenching in Advanced CMOS Logic Circuits[J]. IEEE Trans. Nucl. Sci., 2009, 56(6): 3050–3056.

[41] Gouker P, Gadlage M J, McMorrow D, et al. Effects of Ionizing Radiation on Digital Single Event Transients in a 180nm Fully Depleted SOI Process[J]. IEEE Trans. Nucl. Sci., 2009, 56(6): 3477–3482.

[42] Buchner S, Sibley M, Eaton P, et al. Total Dose Effect on the Propagation of Single Event Transients in a CMOS Inverter String[J]. IEEE Trans. Nucl. Sci., 2010, 57(4): 1805–1810.

[43] Gadlage M J, Ahlbin J R, Ramachandran V, et al. Temperature Dependence of Digital Single-event Transients in Bulk and Fully-depleted SOI Technologies[J]. IEEE Trans. Nucl. Sci., 2009, 56(6): 3115–3121.

[44] Gadlage M J, Ahlbin J R, Narasimham B, et al. Scaling Trends in SET Pulse Widths in Sub–100 nm Bulk CMOS Processes[J]. IEEE Trans. Nucl. Sci., 2010, 57(6): 3336–3341.

[45] Ahlbin J R, Massengill L W, Bhuva B L, et al. Single-event Transient Pulse Quenching in Advanced CMOS Logic Circuits[J]. IEEE Trans. Nucl. Sci., 2009, 56(6): 3350–3356.

[46] Guo G, Hirao T, Laird J S, et al. Temperature Dependence of Single Event Transient Current by Heavy Ion Microbeam on Epilayer Junctions[J]. IEEE Trans. Nucl. Sci., 2004, 51(5): 2834–2839.

[47] Narasimham B, Ramachandran V, Bhuva B L, et al. On-chip Characterization of Single-event Transient Pulsewidths[J]. IEEE Trans. Dev. Mat. Rel., 2006, 6(4): 542–549.

[48] Loveless T D, Kauppila J S, Jagannathan S, et al. On-chip Measurement of Single-event Transients in a 45nm Silicon-on-insulator Technology[J]. IEEE

Trans. Nucl. Sci., 2012, 59(6): 2748–2755.

[49] Makino T, Kobayashi D, Hirose K, et al. LET Dependence of Single Event Transient Pulse-width in SOI Logic Cell[J]. IEEE Trans. Nucl. Sci., 2009, 56(1): 202–207.

[50] Balasubramanian A , Narasimham B, Bhuva B L, et al. Implications of Total Dose on Single-event Transient (SET) Pulse Width Measurement Techniques[J]. IEEE Trans. Nucl. Sci., 2008, 55(6): 3336–3341.

[51] Kolasinsky W A, Blake J B, Anthony J K, et al. Simulation of Cosmic-ray Induced Soft Errors and Latchup in Integrated-circuit Computer Memories[J]. IEEE Trans. Nucl. Sci., 1979, 26: 5087–5091.

[52] Stephen J H, Sanderson T K, Mapper D, et al. Cosmic Ray Simulation Experimentsfor the Study of Single Event Upsets and Latch-up in CMOS Memories[J]. IEEE Trans. Nucl. Sci., 1983, 30: 4464–4469.

[53] Johnston A H and Hughlock B W. Latchup in CMOS from Single Particles[J]. IEEE Trans. Nucl. Sci., 1990, 37: 1886–1893.

[54] Kolasinski W A, Koga R, Schnauss E S, et al. The Effect of Elevated Temperature on Latchup and bit Errors in CMOS Devices[J]. IEEE Trans. Nucl. Sci., 1986, 33: 1605–1609.

[55] Rollins J G, Kolasinski W A, Marvin D C, et al. Numerical Simulations of SEU Induced Latch-up[J]. IEEE Trans. Nucl. Sci., 1986, 33: 1565–1570.

[56] Fu J S, Weaver H T, Koga R, et al. Comparison of 2D Memory SEU Transport Simulation with Experiments[J]. IEEE Trans. Nucl. Sci., 1985, 32: 4145–4151.

[57] Johnston A H, Hughlock B W, Baze M P, et al. The Effect of Temperature on Single-particle Latchup[J]. IEEE Trans. Nucl. Sci., 1991, 38: 1435–1441.

[58] Adams L, Dayy E J, Harboe-Sorensen R, et al. A Verified Proton-induced Latch-up in Space[J]. IEEE Trans. Nucl. Sci., 1992, 39: 1804–1808.

[59] Mcnulty P J, Abdel-Kader W G, Beauvais W J, et al. Simple Model for Proton-induced Latchup[J]. IEEE Trans. Nucl. Sci., 1993, 40: 1947–1951.

[60] Nichols D K, Coss J R, Watons R K, et al. An Observation of Proton-induced Latchup[J]. IEEE Trans. Nucl. Sci., 1992, 39: 1654–1656.

[61] Petersen. Approaches to Proton Single-event Rate Calculations[J]. IEEE Trans. Nucl. Sci., 1996, 43: 496−520.

[62] Johnston A H, Swift G M and Edmonds L D. Latchup in Integrated Circuits from Energetic Protons[J]. IEEE Trans. Nucl. Sci., 1997, 44: 2367−2377.

[63] Lorfevre E, Sanges B, Bruguier G, et al. Cell Design Modifications to Harden a N-channel Power IGBT Against Single Event Latchup[J]. IEEE Trans. Nucl. Sci., 1999, 46: 1410−1414.

[64] Nordstrom T V, Sexton F W and Light R W. A Three Micron CMOS Technology for Custom High Reliability and Radiation Hardened Integrated Circuits[C]. in 5th IEEE Custom Integrated Circuits Conf., 1983, Rochester, NY.

[65] Becker H N, Miyahira T J F and Johnston A H. Latent Damage in CMOS Devices from Single-event Latchup[J]. IEEE Trans. Nucl. Sci., 2002, 49: 3009−3015.

[66] Melinger J S, Buchner S. Critical Evaluation of the Pulsed lase Method for Single Event Effects Testing and Fundamental Studies[J]. IEEE Trans. Nucl. Sci., 1994, 34(6): 2574−2584.

[67] Melinger J S, McMorrow Dale, et al. Puled Laser-induced Single Event Upset and Charge Collection Measurements as a Function of Optical Penetration Depth[J]. J. Appl. Phys, 1998, 84(2): 690−703.

[68] Jones R, Chugg A M, Jones C M S, et al. Comparison Between SRAM SEE Cross-section from Ion Beam Testing with Those Obtained Using a New Picosecond Pulsed Laser Facility[J]. IEEE Trans. Nucl. Sci., 2000, 47(3): 539−544.

[69] 曹洲，薛玉雄，杨世宇，等. 单粒子效应激光模拟试验技术研究[J]. 真空与低温，2006，11（3）：123−126.

[70] Adolphsen J W and Barth J L. First Observation of Proton Induced Power MOSFET Burnout in Space: The CRUX Experiment on APEX[J]. IEEE Trans. Nucl. Sci., 1996, 43: 2921−2926.

[71] Waskiewicz A E and Groninger J W. Burnout of Power MOS Transistors with

Heavy Ion of Californium-252[J]. IEEE Trans. Nucl. Sci.,1986, NS–33: 1710–1715.

[72] Stephen J H, Sanderson T K, Mapper D, et al. A Comparison of Heavy Ion Sources Used in Cosmic Ray Simulation Studies of VLSI Circuits[J]. IEEE Trans. Nucl. Sci., 1984, NS–31(6): 1069–1074.

[73] Oberg D L and Wert J L. First Non-destructive Measurements of Power MOSFET Single Event Burnout Cross Sections[J]. IEEE Trans. Nucl. Sci., 1987, NS–34: 1736–1741.

[74] Fischer T A. Heavy-ion-induced Gate Rupture in Power MOSFETs[J]. IEEE Trans. Nucl. Sci., 1987, 34: 1786–1791.

[75] Hohl J H and Galloway K F. Analytical Model for Single Event Burnout of Power MOSFETs[J]. IEEE Trans. Nucl. Sci., 1987, 34: 1275–1230.

[76] Johnson G H, Chrimpf R D and Galloway K F. Simulating Single Event Burnout of n-Channel Power MOSFET's[J].IEEE Transactions on Electron Devices, 1993, 40(5): 1001–1008.

[77] Calvel P, Peyrotte C, Baiget A, et al. Comparison of Experimental Measurements of Power MOSFET SEB's in Dynamic and Static Modes[J]. IEEE Trans. Nucl. Sci., 1991, 38: 1310–1314.

[78] Stassinopoulos E G, Brucker G J, Calvel P, et al. Charge Generation by Heavy Ions in Power MOSFET's, Burnout Space Predictions, and Dynamic SEB Sensitivity[J]. IEEE Trans.Nucl. Sci., 1992, 39: 1704–1711.

[79] Johnson G H, Schrimpf R D, Galloway K F, et al. Temperature Dependence of Single-event Burnout in n-channel Power MOSFETs[J]. IEEE Trans. Nucl. Sci., 1992, 39: 1605–1612.

[80] Kuboyama S, Matsuda S, Kanno T, et al. Mechanism for Single-event Burnout of Power MOSFETs and Its Characterization Technique[J]. IEEE Trans. Nucl. Sci., 1992, 39: 1698–1703.

[81] Hohl J H and Galloway K F. Features of the Triggering Mechanism for Single Event Burnout of Power MOSFETs[J]. IEEE Trans. Nucl. Sci., 1989, 36: 2260–2266.

[82] Huang S, Amaratunga G A J and Udrea F. Analysis of SEB and SEGR in Super-junction MOSFETs[J]. IEEE Trans. Nucl. Sci., 2000, 47: 2640–2647.

[83] 曹洲，杨世宇，达道安. 功率MOSFET单粒子烧毁测试技术研究[J]. 真空与低温，2004，10（1）：45–53.

[84] 李志常，曹洲. 高LET值的获得及其在SEB效应研究中的应用[J]. 宇航学报，2004，25（4）：453–458.

[85] 李志常，李淑媛，刘建成，等. MOSFET功率器件单粒子烧毁效应（SEB）截面测量[J]. 原子能科学技术，2004，38（5）：395–398.

[86] 曹洲，杨世宇，薛玉雄，等. 功率MOSFET单粒子烧毁试验研究[C]. 第五届卫星抗辐射加固技术学术交流会论文集，北京，2004：175–169.

[87] Cao Zhou. Equivalent Properties of Single Event Burnout in Power MOSFET Induced by Heavy Ion and 252Cf Fission Fragmen[C]. 57th IAF, IAC–06–C2.6.08.

[88] Johnson G H, Palau J M, Dachs C, et al. A Review of the Techniques Used for Modeling Single-event Effects in Power MOSFETs[J]. IEEE Trans. Nucl. Sci., 1996, 43: 546–560.

[89] Wheatley C F, Titus J L and Burton D L. Single-event Gate Rupture in Vertical Power MOSFET's: An Original Empirical Expression[J]. IEEE Trans. Nucl. Sci., 1994, 41: 2152–2159.

[90] Johnson G H, Schrimpf R D, Galloway K F, et al. Temperature Dependence of Single-event Burnout in N-channel Power MOSFET's[J]. IEEE Trans. Nucl. Sci., 1992, 39: 1605–1612.

[91] Titus J and Wheatley C F. Experimental Study of SEE in Vertical Power MOSFET's: Single-event Gate Rupture (SEGR) and Single-event Burnout (SEB)[J]. IEEE Trans. Nucl. Sci., 1996, 43(2): 533–545.

[92] Kuboyama S, Matsuda S, Kanno T, et al. Mechanism for Single-event Burnout of Power MOSFET's[J]. IEEE Trans. Nucl. Sci., 1992, 39: 1698–1703.

[93] Brews J R, Allenspach M, Schrimpf R D, et al. A Conceptual Model of Single-event Gate Rupture in Power MOSFET's[J]. IEEE Trans. Nucl. Sci., 1993, 40: 1959–1966.

[94] Allenspach M, Brews J R, Mouret L, et al. Evaluation of SEGR Threshold in Power MOSFET's[J]. IEEE Trans. Nucl. Sci., 1994, 41: 2160–2166.

[95] Allenspach M, Mouret L, Titus J L, et al. Single-event Gate Rupture in Power MOSFET's: Oxide Thickness Dependence and Computer Simulated Prediction of Breakdown Biases[J]. IEEE Trans. Nucl. Sci., 1995, 42(6): 1922–1927.

[96] Wrobel T F. On Heavy Ion Induced Hard-errors in Dielectric Structures[J]. IEEE Trans. Nucl. Sci., 1987, NS–34: 1262–1268.

[97] Mouret L, Calvet M C, Calvel P, et al. Experimental Evidence of the Temperature and Angular Dependence in SEGR[C]. in Proc. of RADECS 95, 1995, Arcachon, France.

[98] Mouret I, Allenspach M, Schrimpf R D, et al. Temperature and Angular Dependence of Substrate Response in SEGR[J]. IEEE Trans. Nucl. Sci., 1994, 41: 2216–2221.

[99] Nichols D K, Coss J R and McCarty K P. Single-event Gate Rupture in Commercial Power MOSFET's[C]. in RADECS 93 Con. Proc., 1993: 462–467.

[100] Label K, Gates M, Moran A, et al. Radiation Effect Characterization and Test Methods of Single-Chip and Multi-Chip Stacked 16 Mbit DRAMs[J]. IEEE Trans. Nucl. Sci., 1996, 43(6): 2974–2979.

[101] Nichols D K, Coss J R, Miyahira T F, et al. Device SEE Susceptibility from Heavy Ions (1995–1996)[C]. IEEE NSREC Data Workshop, 1997: 1–13.

[102] Harboe-Sorensen R, Muller R and Fraenkel S. Heavy Ion, Proton, and Co-60 Radiation Evaluation of 16 Mbit DRAM Memories for Space Application[C]. IEEE NSREC Data Workshop, 1995: 42–49.

[103] Koga R. Single Event Functional Interrupt (SEFI) Sensitivity in Microcircuits[C]. Proceedings of RADECS 97, 1997: 311–318.

[104] Koga R, Crain S H, Yu P, et al. SEE Sensitivity Determination of High-density DRAMs with Limited-range Heavy Ions[C]. IEEE NSREC Data Workshop, 2000: 45–52.

[105] Koga R, Yu P, Crawford K B, et al. Permanent Single Event Functional

Interrupts (SEFIs) in 128-and 256-Megabit Synchronous Dynamic Random Access Memories (SDRAMs)[C]. IEEE NSREC Data Workshop,2001: 6–13.

[106] Guertin S M, Patterson J D and Nguyen D N. Dynamic SDRAM SEFI Detection and Recovery Test Results[C]. IEEE. Radiation Effects Data Workshop, 2005.

[107] Cóbrecesa A and Regadíoa A. SEU and SEFI Error Detection and Correction on a DDR3 Memory System[J]. Microelectronics Reliability,2018, 91: 23–30.

[108] Guertin S M, Allen G R and Sheldon D J. Programmatic Impact of SDRAM SEFI[C]. IEEE Radiation Effects Data Workshop (REDW), 2012.

[109] Bak G Y. Logic Soft Error Study with 800MHz DDR3 SDRAMs in 3x nm Using Proton and Neutron Beams[C]. IEEE Reliability Physics Symposium (IRPS), 2005.

[110] Guertin S M. Analysis of SDRAM SEFIs[C]. Single Event Effects Symposium (SEE), LaJolla, California, 2012.

[111] Guertin S M, Partterson J D and Nguyen D N. Dynamic SDRAM SEFI Detection and Recovery Test Results[C]. IEEE Radiation Effects Data Workshop, 2013.

[112] Bougerol A. Use of Laser to Explain Heavy Ion Induced SEFIs in SDRAMs[J]. IEEE Trans. Nucl. Sci., 2010, 57(1): 272–278.

[113] Bougerol A, Miller F and Buard N. SDRAM Architecture & Single Event Effects Revealed with Laser[C]. 14th IEEE International On-Line Testing Symposium, 2008.

[114] Chen C L and Hsiao M Y. Error-correcting Codes for Semiconductor Memory Applications: a state-of-the-art Review[J]. IBM J. Res. Dev., 1984, 28(2): 124–134.

[115] Hsiao M Y, Bossen D C and Chien R T. Orthogonal Latin Square Codes[J]. IBM J. Res. Dev. 1970, 14(4): 390–394.

[116] Reviriego P, Pontarelli S and Maestro J A. Concurrent Error Detection for Orthogonal Latin Squares Encoders and Syndrome Computation[J]. IEEE Trans. Very Large Scale Integr. VLSI Syst., 2013, 21: 2334–2338.

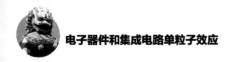
[117] Sánchez-Macián A. SEFI Protection for Nanosat 16bit Chip on-board Computer Memories[J]. IEEE Trans. Device Mater. Reliab., 2017, 25: 698–707.

[118] Sánchez-Macián A, Reviriego P and Maestro J A. Combined SEU and SEFI Protection for Memories Using Orthogonal Latin Square Codes[J]. IEEE Trans. Circuits Syst., 2016, I 63(11): 1933–1937.

[119] Koga R, George J and Bielat S. Single Event Effects Sensitivity of DDR3 SDRAMs to Protons and Heavy Ions[C]. IEEE Radiation Effects Data Workshop (REDW), 2012: 1–8.

[120] Howard J W and Hardage D M. Spacecraft Environments Interactions: Space Radiation and Its Effects on Electronic Systems[C]. Tech. rep. TP–1999–209373, NASA.

第 4 章

单粒子效应测试

　　在电子器件及集成电路单粒子效应地面模拟试验研究及器件加固性能地面验证评估试验中，由于被试器件要经受重离子、高能质子或脉冲激光束照射，目前对于电子器件与集成电路单粒子效应特征及加固性能评估的一般性测试方法，都采用将待测器件与测试装置分离开来，并安装在适当待测器件（DUT）电路中，根据其结构和参数特点，分析其发生单粒子效应的特性。但由于电子器件和集成电路种类繁多，各类器件的单粒子效应又大相径庭，有时同一器件或集成电路又会同时呈现出几种不同单粒子现象，所以相应的测试方法和模拟试验技术也比较复杂。国际上经过多年的基础理论分析和模拟试验研究，对相关成果进行了总结分析，已形成了一些有关电子器件和集成电路的单粒子效应模拟试验及测试规范，并在科研实践活动及航天器工程设计中得到了较广泛应用。具有一定代表性的有：美国材料测试协会提出的 ASTM F1192—1990《重离子在半导体器件中引起的单粒子现象测量标准指南》，美国电子行业协会提出的 JEDEC 13.4《重离子在半导体器件中引起的单粒子效应测量过程》，以及欧洲航空航天局提出的空间环境及效应基本规范 ESA/SCC No.25100《单粒子效应的测试方法和指南》，我国国军标测试标准《单粒子效应测试方法》。有关这些测试指南及试验规范将在后续相关章节中对其主要内容和应用要求作进一步说明。

　　本章首先对单粒子效应测试的一般要求及方法作了概要性介绍，这些测试方法是大量具体实践经验基础的总结分析。本章主要内容是结合具体电路，介绍常见单粒子效应的测试方法，在单粒子翻转测试方面，以存储器 SRAM 和微处理器为具体电路，介绍基本测试要求和测试系统组成；在单粒子瞬态（SET）测试方面，以常见模拟电路（如运算放大器、比较器）为具体电路，介绍基本测试要求和测试系统组成；在单粒子锁定测试方面，以 CMOS SRAM 为具体电路，介绍基本测试要求和测试系统组成；在单粒子烧毁和单粒子栅击穿测试方面，以功率 MOSFET 器件为具体电路，介绍试验测试的基本要求和测试系统组成；在单粒子功能中断测试方面，以 SDRAM 和微处理器为具体电路，介绍试验测试的基本要求和测试系统组成等。

|4.1　单粒子效应测试概论|

　　在电子器件和集成电路单粒子效应测试中，主要是实现对单粒子现象的观察和记录，测试中几乎所有单粒子现象都需要对发生截面（发生概率大小的表征）给出测量结果。那么如何测试才能给出较合理、科学准确的发生现象截面的测量结果呢？测试的主要目标是采用必要的测试手段和检测方法能够全面表征电子器件和集成电路对单粒子效应的响应特征。比如，在所有单粒子效应测试中，都采用计算机进行自动控制以适应对电子器件和集成电路单粒子效应响应过程的测试，又如，待测器件（DUT）一般需在真空室中进行性能测试，所以，在测试中，必须解决通过真空室法兰与待测器件进行通信的硬件设计，同样，在真空环境下，待测器件的热耗散与控制也是测试系统设计考虑的基本要求之一。

　　一般来说，针对集成电路的特性及参数测试是十分复杂的，在这方面有专门的论著可以参阅，在电子工业行业或其他行业领域也有专用测试设备可以使用。但由于在集成电路单粒子效应试验及加固评估验证中，器件或集成电路是需要在辐射场下进行实时测试，一般专用测试设备不适合使用，因此，测试的主要目标是针对单粒子效应引起的错误及故障实现实时检测与记录，但由于集成电路的复杂性，至少可以说在器件测试中去监测错误的出现具有一定的挑战性。为了实现单粒子效应的检测，在测试手段和方法上可以有许多方案去实现，这些测试方法一般情况下可以将其分为四种主要类型，即静态偏置法（Squirt Method）、黄金芯片比较法（Golden-Chip Method）、准黄金芯片法（Pseudo-Golden-Chip Method）、松散式耦合系统法（Loosely Coupled Systems Method）。就这一般的四种测试方法而言，每种方法都有各自的优缺点，对所有器件类型来说，没有哪一种方法是通用的，所以，对上述一般性的四种测试方法的了解是开展单粒子效应检测试验的基本基础，也是开展电子器件和集成电路单粒子效应试验及验证评估研究工作所必须理解和掌握的基本知识之一。

4.1.1　测试系统的主要功能

如前面所述，单粒子效应试验过程中，被试验器件的测试是一项复杂的技术，其不但需要考虑实现器件功能及参数的测试，又要考虑对单粒子效应的识别检测和处理。对同一器件，不同测试方法或不同的测试程序，其测试结果不相同，甚至相差很大。单粒子效应测试系统的结构由被试器件的类型和功能决定，但对常见电子器件和集成电路来说，单粒子效应测试系统的基本要求如下：

（1）至少能够对器件实际使用的功能进行测试。

（2）能够对被试验器件进行初始化设置。

（3）可以实现单粒子效应事件的诊断和记录功能。

（4）具有数据的实时处理、存储和检索功能。

（5）具有自动复位或手动复位的功能。

（6）具有良好的抗电磁干扰能力。

4.1.2　测试软件设计一般要求

单粒子效应测试软件的设计主要是由测试硬件特性所决定，测试软件一般要求实现对被测器件的读写和其他功能的测控。在测试软件设计中，一般要求体现在以下几个方面：

首先，在存储类器件的单粒子效应测试软件设计中，主要考虑测试数据形态的设计，如全1形态，全0形态，或1-0形态交替方式；也要考虑寄存器的敏感性及"死时间"的处理方式（探测/记录/重写）。

其次，特殊和复杂器件的测试软件设计，主要依据器件的具体特性设计，明确和了解软、硬件相互作用方式，如"类"处理器测试软件（"双片比对"等）的设计，数/模混合信号电路单粒子效应测试软件的设计。

最后，在测试软件设计中，尽可能采用实际应用软件实现单粒子效应的测试。

图4-1为单粒子效应测试的一般流程示意图。

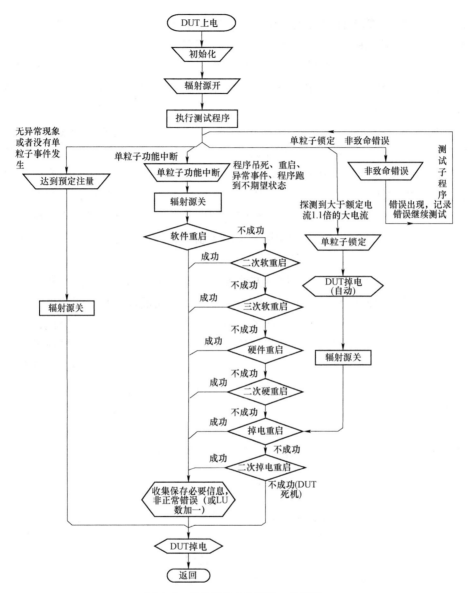

图 4-1　单粒子效应测试的一般流程

4.1.3　静态偏置测试方法

静态偏置测试方法是单粒子效应测试技术中的最简单方法，在该测试方法中，待测器件在加电偏置条件下，采用重离子束流或脉冲激光微束照射，辐照后或辐照期间对待测器件进行测试，记录重离子或脉冲激光微束辐照引起的错误数据，然后计算统计出发生单粒子现象的截面大小。下面我们以 SRAM 器件为例来说明。在 SRAM 器件单粒子效应测试系统中，应主要包括一硬件控制电路，该电路可以将一定存储形态的数据加载到存储器中，然后读回存储器数据并进行逻辑比较分析，在比较分析中，记录检测出存储器中翻转位总数目，该数目除以离子照射期间的离子总注入量，就可以得出单粒子翻转截面大小。在试验测试中，在不同情况下重复上述过程，可以获得较丰富的翻转截面数据，如得出在不同离子入射角下，不同 LET 值下，不同数据存储形态及不同温度条件下的翻转截面大小。单粒子锁定和单粒子烧毁的测试也可以采用静态偏置测试方法，即对待测器件施加偏置电压，在重离子束流照射过程中，检测器件是否发生了单粒子锁定或烧毁。由于被照射部件在任何时候都可能发生单粒子锁定，这样获得的测试结果只能标定特定 LET 值下器件的锁定敏感性，但不能应用测试数据去计算单粒子锁定截面。

很明显，这种静态偏置的测试方法容易实现，对大部分电子器件和集成电路而言，针对诸如单粒子锁定和单粒子烧毁等破坏性现象的筛选评估也十分实用和方便，但由于测试中仅仅统计了静态偏置条件下的错误计数，因此，在某种程度上而言，这种测试方法是不完整的。例如，在静态存储器的情况下，器件内部中那些实现逻辑控制和地址解码的部件就没有实现对单粒子翻转诱发错误响应的测试。而逻辑控制电路部分的一个错误，可能会同时引起许多个单元位发生单粒子翻转；另一方面，在静态偏置条件下，不能给出器件单粒子翻转截面与其工作频率的相关性测量，另外，器件中对单粒子翻转的敏感位在重离子辐照过程中可能发生多次翻转，如果出现这种情况，也许某些翻转的错误数得不到记录，则试验测试得出的单粒子翻转截面将是实际情况的 $\frac{1}{3} \sim \frac{1}{2}$，虽然存在这种可能的试验误差，但针对许多存储器而言，由于其存储单元的单粒子效应敏感性决定着整个器件的翻转截面，所以一般采用静态偏置的测试方法来测量存储器器件类的单粒子翻转截面大小。又如，在功率 MOSFET 器件的情况下，采用静态偏置的测试方法测定的单粒子烧毁截面的大小并不能真实反映功率 MOSFET 在动态工作（处于不断的开关状态）条件下的单粒子烧毁敏感性。尽管静态偏置的测试方法具有一定的局限性，但由于其测试手段易于实现，对器件的单粒子敏感性也能给出定量分析结果，在电子器件和集成电路单粒子效应试验评估和加固设计方法验证中仍被广泛应用。

4.1.4 黄金芯片比较法

如上所述，静态偏置测试方法可能会对某些单粒子事件作出错误判断，如对多次翻转过程只能给出一次记录等。所以，在单粒子效应测试中，为了进一步提高测试结果的准确性，在单粒子效应模拟试验及加固性能验证评估中，也采用单粒子事件的动态检测方法，如采用对两个相同器件工作状态进行比较分析的黄金芯片比较法测试方法。黄金芯片比较法是实现电子器件和集成电路性能及参数动态测试的一种单粒子效应测试方法，这种测试方法避免了建立一个在真空环境下工作的大型电子器件和集成电路测试仪的麻烦。采用黄金芯片比较法测试时，测试系统硬件装置的设计及建立主要是围绕着两个相同的器件而开展，其中一个器件是被辐照器件，另一器件用来和被辐照器件工作状态进行比较，称之为黄金芯片器件。在测试系统硬件装置设计及研制时，必须实现其中一个器件处于重离子或脉冲激光辐照，而另一个器件却须避开重离子或脉冲激光辐照。采用黄金芯片比较法实现的测试装置在系统测试时，如果两个器件的输入条件一致，那么在没有单粒子事件发生的情况下，它们的输出也应该一致。由于黄金芯片比较法的测试特点，要求在单粒子错误检测中针对器件的每个输出管脚设置一系列的电平比较器及计数器电路，其中计数器电路保持对观测到的单粒子事件数进行跟踪记录。另外，在被辐照器件出现单粒子事件后，测试系统的硬件控制电路必须实现对被辐照器件和黄金芯片器件进行同时复位处理。在电子器件和集成电路单粒子效应测试中，黄金芯片比较法具有动态测试特性，对集成电路的几乎所有部件可以实现检测。另外，由于实现了单粒子事件的实时动态记录，这样就更容易避免对多次单粒子翻转事件的遗漏记录。对许多工作频率不太高、输入管脚相对较少的不同种类的逻辑电路来说，采用黄金芯片比较法可以实现对其单粒子效应的测试。例如，通过比较被辐照器件和黄金芯片器件的电源电流，如果两个器件的电流大小相差较大，那么可以认为发生了单粒子锁定现象。

尽管如此，但黄金芯片比较法的应用也具有一定的局限性，具体表现在以下几个方面：

首先，由于对两个相同器件进行比较测试，测试系统硬件需要对被辐照器件和黄金芯片器件提供同步的输入信号。

其次，在一个测试周期内的输入状态决定了测试控制硬件装置的存储数据大小，对一些电子器件而言，可能涉及的输入信号数目很多，这会造成测试系统软硬件设计的复杂化。

再次，所测试的电子器件和集成电路对噪声应当不太敏感，因为器件对噪声敏感的情况下，噪声信号可能会在输出端引发一个"误判"的单粒子事件。

最后，所测电子器件或集成电路的输出参数在测试系统装置的比较器分辨率范围内都必须保持在相同情况下，其中就包括时间参数。在大部分情况下，

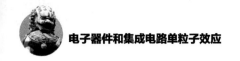

这种要求制约了测试过程中待测器件工作频率有一个上限限制，对工作频率较高的器件来说，难以实现对其性能的测试。

4.1.5 准黄金芯片法

准黄金芯片法是在黄金芯片比较法的基础上发展而来的，其主要是通过将被测芯片的输出信号序列和一个标准信号序列进行比较，从而避免了黄金芯片比较法的部分局限性。在硬件实现上，就是将作为比较参考的黄金芯片用一个计算机来替代，也就是在待测器件处于重离子或脉冲激光辐照时，其每一个输出信号都与规定的已知数值进行比较，如果比较结果出现差异，那么就认为发生了单粒子事件。对 FIFO 存储器来说，准黄金芯片法是最好的单粒子效应测试方法，当一个确定的"位型"反复重置于存储器时，在每次重写前，都对原写入状态进行读取，如果读取的"位型"状态不正确，那么认为在 FIFO 存储器的控制逻辑部分或循环缓冲部分发生了单粒子事件。

准黄金芯片法是单粒子效应测试中最常用的方法之一，在单粒子效应试验研究中，由于采用这种方法时，测试硬件装置设计及加工容易，在单粒子效应研究试验的中期发展阶段，许多研究工作者都采用计算机辅助式的测试硬件装置来评估许多器件的单粒子效应敏感性。

如同黄金芯片比较法一样，待测器件的输入信号序列的状态数目也限制了准黄金芯片法的应用范围；同时，由于要对待测器件所有输出信号与规定数值进行比较，这个过程也耗费一定时间，因而，准黄金芯片法测试系统设计中，对待测器件工作频率也有一定的限制及要求。

4.1.6 松散式耦合系统法

上面讨论的三种测试方法都是基于对待测器件实施精密控制和检测的一套硬件装置而实现的。就电子器件和集成电路测试的一般原则而言，这是针对单粒子效应测试的最好方法。尽管如此，但在实际测试过程中，待测器件中的单粒子事件可能导致测试硬件系统发生混乱或故障，导致无法实现电子器件和集成电路的单粒子效应评估或系统加固措施有效性的试验验证。如果测试系统发生混乱或故障，在单粒子效应测试中会形成无法统计的死时间，这时候，离子束流在持续照射，单粒子事件却无法统计，这样一来，在试验上无法准确获取单粒子事件发生截面的大小，更难以明确单粒子事件发生的过程和特点。所以，对单粒子效应测试系统而言，能够快速检测和纠正在待测器件中出现的各种事件是其基本要求之一。

松散式耦合系统测试方法是基于两个系统同步通信的主从互连方式而建

立的。第一个系统，可以称其为待测器件测试系统，主要是实现对待测器件性能和参数的测试与检测；第二个系统，可以称其为主测试控制系统，其主要功能是实现监测和记录待测器件测试系统报告的单粒子事件数，并在观测到单粒子事件后对待测器件测试系统进行复位处理。在单粒子效应试验测试中，这种测试方法对微处理器等相关器件的测试是一种最有效的测试方法，在这种情况下，待测器件测试系统主要由一个单板计算机构成，其主要执行一些固定的例行程序运行。这些例行程序主要由已知的状态字来标识是否待测器件测试程序成功完成或者一个单粒子事件发生。然后待测器件测试系统将会在一定的时间段内以串行连接或一些相似通信协议的方式反馈给主测试控制系统计算机。当测控系统接收到状态字后进行读检，如果发生了单粒子事件，测控系统将强迫待测器件测试系统计算机进行复位。另外，测控系统也起到一个看门狗的作用，这样一来，如果在待测器件中发生单粒子事件而导致待测器件测试系统工作停止，这时候可以进行强制复位。

尽管松散式耦合系统测试方法有如上所述的一些优点，但其也有一定的局限性，主要表现在以下几个方面：

第一，由于待测器件本身参与测试，可能导致单粒子事件影响特征及信息分布丢失，在这种测试方法中，我们可以确定单粒子事件的发生，但不能明确待测器件何时何处发生了单粒子事件。

第二，在真正意义上而言，利用这种测试方法获得的单粒子事件发生截面是整个待测器件测试系统的截面，而不是待测器件的单粒子事件截面。但是在试验过程中，如果仅仅照射待测器件且其单粒子事件数均被观测记录到，那么获得的系统事件发生截面可以近似地认为是待测器件的事件截面。

第三，对待测器件而言，由于实现这种测试方式比较复杂，事件截面的大小明显与测试流程相关，鉴于此，在松散式耦合系统设计中，一般建议测试程序和实际应用的情况相同。在航天器电子系统单粒子效应测试评估中，这种待测器件测试系统的设计一般按照实际飞行程序进行测试，即所谓的"即飞即测"的测试模式。

4.2 单粒子翻转测试

实际上，上述的四种基本单粒子效应测试方法就是基于单粒子翻转测试技术的总结而提出的。所以有关单粒子翻转测试的一般性要求和测试系统设计原则在本小节中不再进行详细说明，而是针对单粒子翻转具体测试过程中一些常见问题作一叙述说明。

在单粒子翻转测试中，常见的一些问题主要包括：如何设置器件偏压和数据形态？采用静态还是动态工作模式？测试过程中要不要考虑温度的变化？辐照过程中的入射离子能量与角度如何选择？怎样进行数据处理等问题。

4.2.1　器件偏压和数据形态设置

器件的偏置电压在一定程度上会影响单粒子翻转的敏感性，测试中可以参考器件应用参数规定和相关试验标准（如美国电子行业协会标准 JEDEC 标准，国内航空航天行业标准等）来具体设置。

一般来说，器件的偏置电压通常设置为器件的正常工作电压（V_{nom}）、正常工作电压上浮 10%（$V_{nom}+10\%V_{nom}$）、正常工作电压下浮 10%（$V_{nom}-10\%V_{nom}$）三种情形进行试验测试。研究表明，随着电压的降低，发生单粒子翻转的概率随之上升，可见，在低电压下，器件的单粒子敏感性会随之增大，图 4-2 为 SRAM 器件单粒子翻转测试中，工作电压对单粒子翻转失效率的影响曲线。

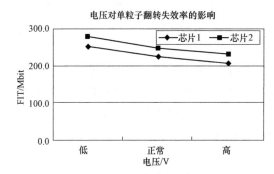

图 4-2　SRAM 器件单粒子翻转失效率
随电压的变化关系

在单粒子翻转测试中，数据形态选择主要是指试验测试前对器件写入特定的数据格式，试验后通过比对数据状态的变化并记录统计，从而实现器件单粒子翻转测试。常用的数据模式由二进制数"0""1"组合而成，如全"1"、全"0"，或 1-0 交替（也称为棋盘格式），以 8 位存储器为例，典型的数据模式有：FFH（十六进制数）、00H、AAH 或者 55H。

单粒子翻转测试主要通过对比回读数据来判断翻转数，在处理回读数据时，主要需要解决两个问题：一是单粒子翻转数统计，就是通过一定的方式找出存储单元在辐照前后存储数据是否一致；二是单粒子翻转定位，即通过分析回读存储单元发生数据翻转的逻辑地址来确定器件内部的逻辑资源位置。若利用脉冲激光进行单粒子翻转测试时，还可以准确定位发生单粒子翻转的实际物理位置。

4.2.2　器件工作模式选择

在单粒子翻转试验中，必须选择器件的工作状态模式，即静态与动态工作模式。静态工作模式是指器件内部无应用电路或电路不工作，仅在偏置电压加电的情况下所进行的测试。动态工作模式是指器件在内部电路工作的情况下，即有时钟和激励情况下，在器件进行正常运行时对器件进行的单粒子翻转效应测试。

　　一般测试过程中，在辐照前，先对待测器件写入特定数据，并回读，确保读出数据正确。静态测试时，在辐照期间不对器件进行读/写操作，在某些离子注量节点暂停辐照，对器件进行读操作，由单粒子翻转测试系统检验比对读出数据有无错误，然后再继续进行辐照。动态测试时，在辐照期间对器件进行循环读操作，检验每一次读出的数据是否发生翻转。若发生了数据翻转，则将出错数据和发生错误时的离子注量记录下来。

　　一般情况下，存储器和锁存器类电路的测试系统应具有静态检测功能或动态检测功能。在静态工作模式下，器件先装入特定的图形后，进行一定注量的辐照，然后检测器件的出错数据。在动态工作模式下，器件在辐照过程中周期性地进行图形的写入、等待、读出比较的操作过程，错误在读过程中被发现，在写过程中被纠正。调节等待时间可以发现线路中最敏感的存储单元。另外，如上所述，测试系统应能够产生不同算法的测试向量，如全"0"、全"1"、乒乓、下雨、棋盘格、走步或其他方式等。值得注意的是，测试系统应具有测试多位翻转的能力。图 4-3 为存储器在不同工作模式下测试的翻转截面，从图中可以看出，当器件处于静态与动态工作模式时，其单粒子翻转敏感性不同；一般情况下，动态工作模式条件下的单粒子翻转比较敏感，而且这种敏感性与离子 LET 值大小具有一定相关性。从图中可以看出，当离子 LET 值小于 50 MeV·cm²/mg 时，动态工作模式下的单粒子翻转敏感性远高于静态工作模式下的单粒子翻转敏感性。

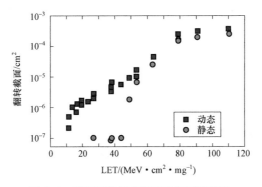

图 4-3　不同工作模式下测试的翻转截面

除了选择工作模式以外，微处理器类复杂数字电路的测试系统应能完成下面的测试。

（1）单机自测试法：被试验器件是系统的一部分，工作过程中同时进行自测试，将错误记录下来。

（2）单机辅助控制法：外部控制器检测被试验器件的输出并将结果保存到外部存储器中。

（3）辅助控制金片法：两个相同的微处理器相继工作，一个被辐照，另一个被屏蔽，用外部的控制器比较并记录两个微处理器的输出。

（4）单机控制法：控制器用于给器件提供输入，连续检测其输出，并与预期值相比。

（5）单机控制金片法：控制器给两个相同的器件提供相同的输入信号，一个被辐照，另一个被屏蔽，控制器检测并比较两者的输出。

微处理器具有不同的功能模块，应分别进行测试。例如，微处理器一个很重要的功能就是"Cache"功能，当打开"Cache"功能时，微处理器的执行速度会比"Cache"功能不打开时要快。对微处理器进行单粒子试验时，要分别执行"Cache"功能关、开程序，并分别计算单粒子效应的数量。

对于模拟电路，如电压比较器和运算放大器，单粒子翻转效应可能会表现为输出电平的波动（详见 4.3 节），检测时要对输出电压连续检测，与未辐照时相比，出现的偏离视为发生了单粒子翻转效应。输出电平的波动可以用采样-保持电路检测，也可以用存储示波器将波形存储之后分析。

4.2.3　器件温度及控制

实际上的空间环境不仅仅只是包含大量的宇宙射线，还存在很大的一个温度梯度。对于空间运行的航天器来说，温度梯度的来源为辐射，航天器背太阳面的温度最低可达−180℃，而对于正对太阳面温度却可达到最高 115℃。因此在轨航天器在实际运行期间将会面临温度环境的较大变化，为了保障航天器电子学系统在轨安全运行，一般都要求空间应用的半导体器件和集成电路在较大的温度范围内都能正常工作。

如第 3 章所述，当重离子入射半导体器件的敏感体积（通常为处于"截止"状态的晶体管，例如处于反向偏置的漏/衬底结）时，电荷被敏感节点收集，在受辐照晶体管处形成一个瞬态电流。这个存储单元内的瞬态电流可能产生一个 SEU，也可能仅对电路产生一个扰动而不产生 SEU，是否产生 SEU 取决于沉积的电荷及其随时间的变化关系。这种瞬态电流脉冲宽度随温度的升高而增加，其电流峰值随着温度的升高而减小。同时 Si 禁带宽度随温度的升高而减小，因此在 Si 中生成电子–空穴对所需的能量也随之减小，最后导致收集到的总电荷随温度的升高而增加，但增加量较小。

在验证器件在不同温度下对于单粒子翻转效应的敏感性时，通常试验中采用感温探头以及陶瓷加热片对半导体器件或集成电路的芯片温度进行实时监控及调制。如图 4-4 所示，使用导热硅胶将加热片固定在半导体芯片正下方的 PCB 面板上，然后感温探头固定在芯片旁边的位置，通过一个反馈电路来完成整个温度控制系统的监测及调控，温度控制仪对实时感温探头监测的温度值进行采集，并且与设定的温度值相比较，如果采集的实际温度低于设定温度，则会适当地增加加热片功率来增加温度，如果采集温度高于设定温度，则会降低加热片的功率，以此来调节芯片的温度，一般要求控制精度在 ±1℃ 范围内。

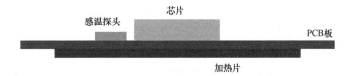

图 4-4　待测器件温度控制示意图

4.2.4　入射离子能量与角度

我们知道，不同能量离子，在材料中的传播距离不同。离子能量决定其在器件中的射程，从而决定了产生电离电荷所处的位置。离子能量的大小直接影响电离电荷能否被 PN 结所收集。对于顶层较厚的 CMOS 器件及能量损失很大的较重离子，须特别考虑离子能量的影响；对于采用倾角照射的方式，则要求离子有较高的能量，否则无法使电离电荷处于器件的灵敏区内。

离子 LET 值是重离子单粒子效应试验中非常重要的量，如何选择 LET 值决定着试验的成败。产生单粒子效应需要入射离子的 LET 值超过某一阈值，而不同型号的器件翻转阈值不同，因此 LET 值的选择主要依赖于器件的类型。另外，翻转截面也是 LET 值的函数，因此，为了能全面地获得器件的单粒子效应特性，在测试试验中要不断改变 LET 值，以获得 σ–LET 曲线。从第 2 章可知，LET 值是入射粒子种类的函数，同时也是离子能量的函数，但 LET 值随离子能量的变化较为缓慢，实际测试中通常采用改变离子种类的方法改变 LET 值，而以改变能量作为辅助手段。

另外，改变离子入射角度，可以改变在灵敏区中的能量沉积，因而改变了有效的 LET 值，这种方法在不改变离子种类的情况下，扩大了 LET 值的范围，简单易行，但是要考虑离子是否具有足够射程。最大可以倾斜的角度取决于待测器件周围屏蔽材料的遮挡束流的蔓延情况，一般来说，与待测器件表面法线成 $60°$ 的角度照射是允许的，它将使得 LET 值增加一倍。

翻转截面是半导体器件 SEU 测试实现的主要指标，一般用 σ 表示，其大小表征器件发生单粒子翻转的概率。翻转截面受到芯片制造工艺和照射离子能量的影响。对于芯片面积为 $S（\mathrm{cm}^2）$ 的待测器件，离子束的注量率为 f（单位：个/$（\mathrm{cm}^2 \cdot s）$），即单位时间单位面积上通过的离子数量，离子入射方向与芯片垂直轴的夹角为 θ，则在照射时间 T 内经过半导体的等效离子数 N_p 为

$$N_\mathrm{p} = f \times T \times S \times \cos\theta$$

如果在照射时间 T 内，记录到 N_SEU 个翻转数，则计算翻转截面的表达式为：

$$\sigma = \frac{N_\mathrm{SEU}}{f \times T \times S \times \cos\theta}$$

从上式中可以看出，离子的入射角度会影响入射到器件内部的有效离子数，进而影响单粒子翻转截面，因此，在进行单粒子翻转测试时要考虑离子的入射角度，通常入射角度在 $0 \sim 90°$ 范围内选择，典型的入射角度为 $0°$、$30°$、$45°$、$60°$。针对 $0.5\,\mu m$ 体硅工艺制造的 128K SRAM 器件，采用不同种类及能量重离子测试获得的翻转截面随有效 LET 值的变化曲线如图 4–5 所示。

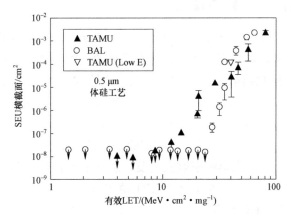

图 4–5　采用不同种类及能量重离子测试的翻转截面

4.3　单粒子瞬态测试

电子器件和集成电路，特别是线性电路在空间带电粒子辐射环境中发生的

单粒子瞬态现象，会在其所在的电子系统中传播，并导致单粒子翻转和错误，造成电子系统发生故障。在空间辐射环境中，由于单粒子瞬态造成的电子器件和集成电路发生软错误的情况主要取决于其瞬态脉冲宽度和幅度，而瞬态脉冲宽度和幅度受多种因素影响，包括辐射环境中分布的粒子种类、能量及被辐照电路的拓扑结构、制备工艺等。针对空间带电粒子诱发单粒子瞬态的测量，测试系统的组成通常是基于两个结构单元，即测试"目标"单元和"脉冲俘获"单元。测试"目标"单元主要由被辐照的电子器件或集成电路组成的 DUT 部分，这些被照射的集成电路一般由许多门电路组成的单链或多链所构成，这些门电路在带电粒子照射下一般会产生单粒子瞬态脉冲。"脉冲俘获"单元或"脉冲计数"单元主要是实现对单粒子瞬态脉冲的俘获及计数，如果对测量有进一步要求，某些条件下可以实现对单粒子诱发瞬态脉冲形状和时域宽度的记录。在单粒子瞬态现象的试验评估及测试中，主要针对单粒子瞬态脉宽和幅度进行测量，对脉宽和幅度的准确测量是有效评估电子器件和集成电路抗单粒子瞬态能力的基本要求之一，只有测量结果精确，才能更准确地预测电子器件和集成电路在空间辐射环境中由单粒子瞬态诱发的软错误率。在单粒子瞬态现象测试中，就理解单粒子瞬态过程和建模分析方面，对单粒子瞬态脉宽的测试显得尤为重要，这是由于对单粒子瞬态波形特征的综合测试及分析对复杂集成电路的抗单粒子瞬态加固设计具有重要作用，本节主要介绍和分析单粒子瞬态的一般测试方法及要求。

4.3.1　单粒子瞬态测试方法及原则

一般来说，针对瞬态电流和电压信号的测试方法与原则均适用于离子诱发单粒子瞬态现象的测试。在单粒子瞬态测试中，针对具体电路，可以有许多种不同的测试方法，如直接测试方法、自测试电路测试法、基于芯片的内嵌式 SET 脉宽测试方法、基于芯片外的 SET 脉宽测试方法等。虽然这些方法的测试应用范围和条件各有不同，但其遵循的一般测试原则有以下几个方面：

第一，SET 发生时的检测一般都采用示波器检测瞬态脉冲，但专门自测试电路不需示波器检测。

第二，对 SET 相关参数进行标定，规定触发条件、幅值和脉宽等。

第三，SET 探针的选取（R 或其他）。

第四，实施对器件或电路功率的监测，以及控制与数据处理等。

另外，方案设计及测试过程应该注意的事项主要包括：输入电压影响测试、电源电压的选择、脉冲捕获的设置条件、输出电压的影响，以及 SET 波形的数据处理等。人们在单粒子瞬态现象的测试试验和加固性能评估中，开发出了许多相关的测试方法，下面具体介绍两种基本 SET 测试方法。

（一）直接测试法

一般的单粒子瞬态脉冲都是用连接到线性电路上的数字存储示波器捕捉的，因此，示波器的触发模式对 SET 脉冲的捕捉至关重要。一般地说，一个上升沿的触发模式只能捕捉到一个正的脉冲波形，而下降沿的触发模式能够捕捉负的脉冲波形。因此，在单粒子瞬态测试中，示波器的触发电平设置应当尽量接近样品的输出电平信号，电压幅值和扫描周期设置尽量能够捕捉到离子在器件中诱发的整个 SET 脉冲波形。在单粒子瞬态试验研究中，电路的偏置条件对线性电路的单粒子瞬态敏感性和瞬态波形都有影响。因此在单粒子瞬态试验测试方案设计中主要考虑输入电压条件对单粒子瞬态敏感性的影响，以实现在试验测试过程对输入电压的可控性，同样，在单粒子瞬态试验测试方案设计中也要关注电源偏压条件对单粒子瞬态敏感性的影响，输出负载对单粒子瞬态现象的影响等，图 4-6 给出了针对比较放大器的单粒子瞬态测试电路的基本组成。此外，试验的测试设备，以及测试设备中的电缆、探头和负载的设置，都会对单粒子瞬态波形有一定的影响，因此，在试验评估中要选择合适的测试设备，设定合理的参数，图 4-7 为针对单粒子瞬态测试的探针设计示意图。由于单粒子瞬态脉冲波形在通过测量仪器时会受漂移电容影响而产生失真，因此直接测量误差较大。虽然测量仪器在不断改进，但由于单粒子瞬态脉宽太窄，仍难以满足瞬态脉冲的捕捉和测试要求，且高频示波器价格昂贵；另外，现行电子器件和集成电路功能和结构也越来越复杂化，这就限制了直接测试方法的广泛应用。

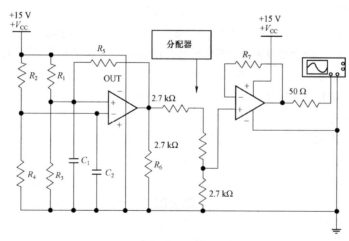

图 4-6　单粒子瞬态测试电路的基本组成

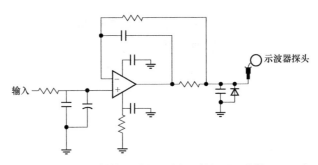

图 4-7　单粒子瞬态测试的探针设计示意图

（二）自测试电路测试法

鉴于直接测试法的缺点，在针对单粒子瞬态现象的芯片级加固设计评估中，在集成电路制造中，提出了一种直接在芯片内搭建自测试电路来测试单粒子瞬态脉冲的方法，这种方法直接在芯片上集成单粒子瞬态脉冲产生、处理和捕捉等模块，为检测瞬态脉冲宽度提供便利。在脉冲产生模块中，鉴于早期集成电路组合逻辑单元较小，瞬态脉冲主要产生于锁存器、存储器等时序逻辑电路中，因而自测试电路中脉冲产生模块主要为锁存器等时序电路；但随着器件尺寸减小，组合逻辑电路对单粒子也愈发敏感，甚至较时序电路更严重，因此，脉冲产生模块应包含各种组合逻辑电路。文献 [20] 采用不同扇入扇出比及不同驱动能力的 16 种链路作为其测试结构的脉冲产生电路，以收集各种电路工作状态下的单粒子瞬态脉冲；文献 [22] 中的脉冲产生模块采用大量组合逻辑电路，并独立占用被测芯片的一大块区域，以提高其单粒子瞬态脉冲产生能力。

实际应用中，只有超过某固定宽度的瞬态脉冲才会对电路工作形成干扰，因而对潜在威胁的瞬态脉冲进行捕捉，可提高研究效率。针对该现象，测试电路中一般包含单粒子瞬态脉冲宽度筛选电路，以过滤脉冲宽度较小且不足以影响电路性能的单粒子瞬态脉冲。常见的单粒子瞬态脉冲宽度筛选模块采用时间三路冗余电路，如图 4-8 所示。

在该电路中，输入的脉冲信号分三路经不同 ΔT 的延迟连接到表决器；表决器采用多数表决来选取三个输入信号中居多数的逻辑状态作为输出的逻辑状态。当输入脉冲宽度小于 ΔT 时，三个输入信号在同一时间最多有一路输出，因而表决器将不会有脉冲输出；当输入脉冲信号宽度大于 ΔT 时，在 ΔT 时间后以

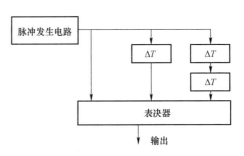

图 4-8　SET 脉冲宽度筛选电路

及ΔT加上脉冲宽度时间前，表决器中至少有两条链路有瞬态脉冲输出，因此表决器将输出与输入信号相同的脉冲，仅在时间上较输入信号延迟了ΔT。

脉冲宽度筛选电路可以滤除来自脉冲产生电路或产生于其内部的宽度小于ΔT的瞬态脉冲。若输入脉冲信号符合宽度大于ΔT的要求，则瞬态脉冲被后续电路捕捉，并使其输出端发生翻转。若试验中检测到输出端发生翻转，则表示捕捉到对电路有潜在威胁的单粒子瞬态脉冲。SET研究中还需要标定单粒子瞬态脉冲宽度。利用多级锁存器串联特性并使输入信号转换为锁存器状态参数的方法，可对单粒子瞬态脉冲宽度进行简单测量。SET脉冲宽度测量电路如图4-9所示。

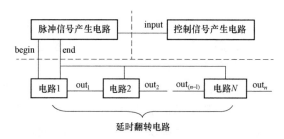

图4-9　SET脉冲宽度测量电路

从图中可以看出，SET脉冲宽度测量电路主要由脉冲信号产生电路、控制信号产生电路和延时翻转电路组成。在该测量电路中，控制信号产生模块主要由RS触发器、与非门和反相器组成，可以将输入脉冲信号的开始端和结束端，分别转换为"begin"和"end"两个信号的电平变化。begin信号的初始状态为"1"，当有脉冲信号的始端经过时，begin信号变为"0"；end信号的初始状态为"0"，当脉冲信号的尾端经过时，end信号变为"1"。

延时翻转电路主要由多级RS触发器串联组成。end信号作为每级电路的使能端，当end信号为"1"时，begin信号经每级RS触发器传递，并使每一级输出信号变为"1"；当end信号由"1"变为"0"时，每级RS触发器输出信号将不再变化。此时整个信号已通过控制信号产生电路，并在延时翻转电路中转换各输出端的二进制信号。若每一级RS触发器内部的延时为T，则通过观察延时翻转电路中RS触发器输出信号为"1"的个数N，就可推算出输入信号的脉冲宽度约为NT。

自测试电路解决了对高频示波器等测量设备的需求问题，也减少了测试结构对电路拓扑结构和制造工艺的依赖，是目前较为理想的瞬态脉冲宽度测试与标定方法。为了增加测试电路中脉冲的产生与捕获概率，可同时并联N个相同的测试电路，构成测试阵列。这样既可提高SET的产生概率，也可通过增加捕获点，增大后续电路对 SET 捕获的概率。随着集成电路设计与制造工艺技术的发展，这种自测试电路仍将不断发展和改进。目前，为精确测量脉冲宽度，捕获电路中每一级延时翻转电路的延时应当尽量小，且需增加电路级数。这将导致捕获电路所占芯片面积较大，乃至与瞬态脉冲产生电路的面积相当。此外，上述测试电路中，并未考虑捕获电路中触发器的翻转情况，可能导致标定出现误差乃至误判，因此需在以上方面进行改进。

4.3.2　基于芯片的内嵌式 SET 脉宽测试

如 4.3.1 节所述可知，基于芯片的内嵌式 SET 脉宽测试方法实际就是一种自测试电路的测试方法。人们在电子器件加固设计和基本单元的耐单粒子辐射能力检验的研究过程中，开发出了镶嵌于芯片内部电路的脉冲捕获测试方式，即基于芯片的内嵌式 SET 脉宽测试技术。在这种 SET 脉宽测试方法中，脉冲捕获电路被设计放置在待测目标电路链路的输出端，捕获电路具体由反相器和触发器组合而成，并且脉冲捕获电路由 SET 脉冲本身所触发。而捕获的 SET 脉冲特征根据锁存寄存器显示的数值的二进制进行编码，SET 脉冲宽度由临近"1"数值的数目所确定。图 4-10 给出了置于电路输出端的自触发脉冲捕获电路组成示意图。对于这种内嵌式 SET 脉宽测试方法来说，测量的时间分辨率对应于反相器的延迟响应，与最小反相器尺寸下的工艺特征频率（由环型振荡器测量值确定）有内在联系。这种测试技术已成功地应用于多个 CMOS 工艺敏感节点和设计方式的 SET 敏感性评估试验研究工作中。在 2012 年，Loveless 等人通过采用一种特别设计的"用于提取和补偿测量引起的不确定度的内测电路"，大大提高了这一测试方法的测量水准，在他们设计的测试单元电路中，采用了一个更精确的时间-数字转换器，而不是静态锁存寄存器，设计中也采用了多个短链路方式和一个处于平衡的 NOR 网络以避免 SET 在传播过程中的脉宽加宽效应。还有一种与上述相似的 SET 测试方法，在测试电路中除了使用SET 脉冲展宽器以外，还包含一种缓冲电路，该缓冲电路置于自触发捕获电路

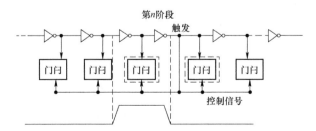

图 4-10　置于电路输出端的自触发脉冲捕获电路组成示意图

和目标电路之间，这种方法中使用 SET 脉冲展宽器的主要目的是改进 SET 脉冲宽度的测量精度，另外，在电路中也集成了内部脉冲发生器的校准电路，这种方法已在单粒子瞬态脉冲试验和加固性能评估研究工作中被普遍采用。

基于上述的基本原理，人们进一步开发了基于芯片的内嵌式 SET 脉宽测试的许多方法，例如采用门电路和触发锁存器并行设计的测试电路等。在这些测试电路设计中，捕获电路本身将会是待测目标链路的一部分，因此，每个门电路的负载包括下一个门电路和测量锁存器，这可能会影响测量的 SET 宽度。另一个区别是这些测试方法没有采取自触发模式，即脉冲捕获电路不是由 SET 本身所触发。在一些测试方法中，脉冲捕获电路的逻辑数值采用由时钟信号定期扫描的方式，这些方法适合于 SET 发生率比较低的情况。而在另一些测试方法中，脉冲捕获电路是由一系列可调的，由欠流反相器组成的时间延迟锁存器所构成，SET 测试的目标电路则是多路复用器（MUX）和每一个时间锁存器的主门电路区域。在对目标电路的 SET 敏感性测试评估中，在每个给定的 LET 值下，通过不断调整时间延迟的大小，直到时域锁存器对所有软错误具有免疫性能为止。另一种测量方法是在一定的延迟条件下对发生的 SET 数目进行计数，这种方法可以给出 SET 发生的横截面随其宽度变化的曲线，但这种方法获得的 SET 脉冲宽度大于程序所设定的延迟时间。

在针对 SET 脉冲宽度测试技术的不断改进中，有一种将锁存器替换为灵敏放大器，用来捕获和记录瞬态脉冲的方法，采用的灵敏放大器采用优化设计，以减小测量中造成的 SET 脉冲失真，图 4-11 给出了这种测试电路组成结构的示意图。从图中可以看出，灵敏放大器将信号直接反馈于示波器。试验测试也证实了这种测试方法的有效性，当采用能量为 943 MeV 的金离子微束流照射反相器链路中的敏感节点时，同步触发了示波器，实现了脉冲波形的捕获和记录。另一种片上 SET 脉冲测试的改进技术就是所谓的采用"游标延迟线（Verner Delay Line，VDL）"电路的方法，具体的 VDL 电路可以参阅相关技术文献，图 4-12 给出了 VDL 脉冲捕获电路组成示意图。在采用 VDL 的测量电路中，在目标链路区域形成的 SET 脉冲首先被转换成两个阶跃信号（"启动"和"停止"），其时间差则为原始脉冲宽度（见图 4-12（a））。然后将这两个信号传送到由两个缓冲链路和一个并行的 D 型锁存链路组成的脉冲-时间转换器（见图 4-12（b）），在测试电路设计中，要求启动信号的缓冲延迟时间比停止信号的缓冲延迟时间长，并且两个信号将进行竞争，直到"停止"信号超过"启动"信号，在此时，D 型锁存器将改变状态，脉冲宽度将根据锁存器存储的逻辑代码给出。应当注意的是，处于"启动"和"停止"信号缓冲链路上的信号延迟差之准确测量和精确计算，必须通过对片上脉冲发生器的校准来实现。

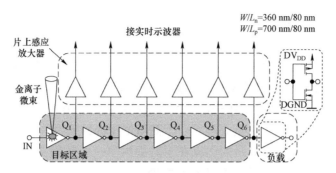

图 4-11　灵敏放大器电路构成的测试结构示意图

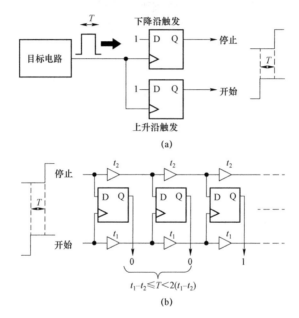

图 4-12　VDL 脉冲捕获电路组成示意图
（a）SET 脉冲首先被转换成两个阶跃信号；（b）脉冲-时间转换器

4.3.3　基于芯片外的 SET 脉宽测试

　　基于芯片外的 SET 脉宽测试，实际就是前面 4.3.1 节所介绍的一种直接测试方法。我们知道，镶嵌于芯片内部的脉冲捕获测试方式是研究电子器件加固设计和基本单元耐单粒子辐射能力检验的主要方法。实际上，在针对器件本身的单粒子瞬态敏感性评估中，需要在器件外部或输出端点实现脉冲捕获的测试方式，如前面 4.3.2 节所述，就是用基于一个高速示波器的测试电路来实现瞬态脉冲捕获，如针对一个反相器链路，可以基于高速示波器设计出三种不同的单粒子瞬态脉冲捕获测试电路，图 4-13 给出了测试电路结构组成原理示意图。

从图中可以看出，在反相器链路输出端，可以通过附加缓冲单元、晶体管检测及反相器检测等前级甄别和检测的手段，再通过高速示波器对瞬态脉冲的捕获，实现对单粒子瞬态脉冲特性的量化测试。在器件外部或输出端点附加缓冲单元的测试方法中，作为一个相对来说分离的测试结构，缓冲单元电路的响应特性必须经过校对和监测，校对中一般使用合适的脉冲发生器来实现。而缓冲单元电路与示波器的耦合连接，则是利用一个高阻电压探针采用单点连接方式实现。这种利用附加缓冲单元电路的优点在于其提供了一个对瞬态电压脉冲直接轨到轨（rail-to-rail）式测量，但其不足之处是对瞬态脉冲的捕获能力受到缓冲单元电路带宽和高阻电压探头特性的影响，例如，现代仪器可以做到的最大时间分辨率为 40 ps，当然，随着技术的不断发展和进步，可以实现更高的时间分辨率。

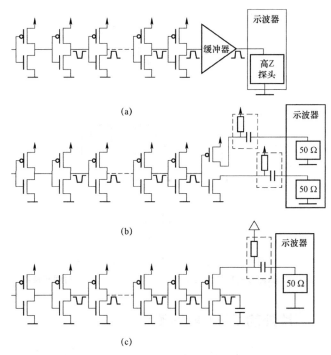

图 4-13　三种外部 SET 宽度测试方法原理示意图

（a）输出缓冲方法；（b）晶体管检测方法；（c）反相器监测方法

为了克服实验室所用示波器电压探头带宽的限制，人们提出了其他的测试方法。这些测试方法建议采用 T 型偏置和标准 50 Ω 输入电阻的示波器相结合的方式来测量电流的变化，而不是电压的变化，输出缓冲可以采用监控晶体管（MT）或探测反相器所取代。在采用监控晶体管的方式中，测试输出 NMOS 和

PMOS 晶体管中的电流，并且依据晶体管直流特性对电压进行重构。在采用探测反相器的方式中，电流在反相器电源板上读出，该数值可以提供一个 SET 脉冲的差分图形。这两种测试方式都是非浸入式的，不会引起 SET 脉冲的失真，因为用于设置监控或检测的晶体管的尺寸与链式反相器中的晶体管尺寸完全相同。除了高性能示波器以外，为了避免 SET 脉冲的测试失真，任何外部 SET 脉宽测试手段（输出缓冲、监控晶体管（MT）及探测反相器）都需要进行系统优化和布线设计，因此需要比较昂贵的测试仪器和设备。然而，与基于芯片内的特定测试结构的设计与制造成本比较，测试设备成本费用通常还算是比较合理的。

4.3.4　单粒子瞬态测试举例

（一）LM124 单粒子瞬态测试方案

由于 LM124 四运放电路具有电源电压范围宽、静态功耗小、价格低廉等优点，因此被广泛应用在各种电路中。LM124 器件包含 4 个独立的高增益、频率补偿型的运算放大器，具有较大的输入电压范围。它的内部包含四组形式完全相同的运算放大器，除电源共用外，四组运放相互独立。每一组运算放大器可用图 4-14 所示的符号来表示。它有 5 个引出脚，其中"+""-"为两个信号输入端，"V_+""V_-"为正、负电源端，"V_o"为输出端。两个信号输入端中，V_{i-}（-）为反相输入端，表示运放输出端 V_o 的信号与该输入端的相位相反；V_{i+}（+）为同相输入端，表示运放输出端 V_o 的信号与该输入端的相位相同。

LM124 器件采用 14 脚双列直插封装，外形如图 4-15 所示。

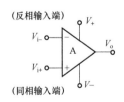

图 4-14　LM124 器件基本结构示意图

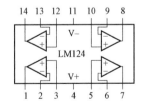

图 4-15　LM124 器件的外形封装形式

为了有效检测到 SET 现象，选用 LM124 样品的同相放大电路，在不同的偏置条件下开展试验研究。由于 LM124 器件的电源电压和输入电压的范围较大，可以达到 3～32 V。在测试方案设计中，主要考虑样品的电源偏压对 SET 敏感性的影响和样品的输入电压对 SET 敏感性的影响。试验 DUT 测试设计中，采用 LM124 器件的同相电压放大电路，使用直流电源分别对样品的电源电压和输入电压进行调控，样品与电源共地，用示波器实时监测样品的输出信号，如果发现 SET 脉冲波形就传送到测控计算机，LM124 单粒子瞬态测试原理图示于图 4-16 中。

图 4-17 是 LM124 器件的单粒子瞬态测试电路连接图。

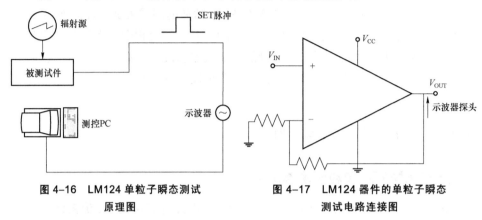

图 4-16　LM124 单粒子瞬态测试　　　　图 4-17　LM124 器件的单粒子瞬态
　　　　　原理图　　　　　　　　　　　　　　　　测试电路连接图

在 DUT 设计调试过程中，为了准确检测单粒子瞬态脉冲，示波器的脉冲触发沿幅值应当尽量接近 LM124 器件 V_{OUT} 的输出值，以便被触发的 SET 脉冲都能够被示波器"发现"。调试过程中发现，在器件未受激光照射条件下，LM124 器件输出一个放大的正电平信号，而当脉冲激光照射到被测试件表面后，单粒子瞬态现象被触发，这时器件的输出端输出一个瞬时的低电平脉冲信号，图 4-18 中给出了这种脉冲激光诱发的单粒子瞬态脉冲波形。

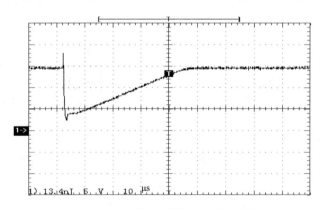

图 4-18　LM124 器件发生单粒子瞬态的脉冲波形

（二）LM139 单粒子瞬态测试方案

LM139 集成电路内部含有四个独立的电压比较器，该电压比较器的特点为：失调电压小，典型值为 2 mV；电源电压范围宽，单电源为 2～36 V，双电源电压为 ±18 V±1 V；对比较信号源的内阻限制较宽；共模范围很大，为 0～（V_{CC}-1.5 V）V_O；差动输入电压范围较大，可以等于电源电压；输出端电位可灵活方便地选用。LM139 集成块采用 C-14 型封装，图 4-19 为 LM139 外形及管脚排列图。

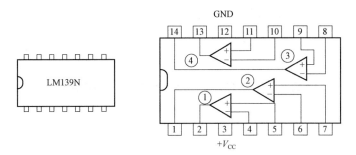

图 4-19　LM139 外形及管脚排列图

在被测试件电路设计中，利用 LM139 器件的单限比较器功能，来研究单粒子瞬态造成的输出信号变化情况。图 4-20（a）给出了一个基本单限比较器电路。输入信号 V_{IN}，即待比较电压，它加到同相输入端，在反相输入端接一个参考电压（门限电平）V_R。当输入电压 $V_{IN} > V_R$ 时，输出为高电平 V_{OH}。图 4-20（b）为其电压传输特性。

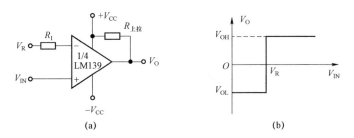

图 4-20　LM139 单限比较器及其传输特性
（a）电路；（b）传输特性

在 LM139 器件单粒子瞬态测试研究中，测试电路连接成电压比较器，图 4-21 是 LM139 器件的单粒子瞬态测试电路。

试验评估中，主要考虑试验样品的输入电压和参考电压之间的压差对 LM139 样品 SET 敏感性的影响。测试过程中，示波器的触发电平设置尽量接近 LM139 器件的输出电平信号。在正常条件下，LM139 的输出电平为低电平信号，当脉冲激光触发 SET 脉冲后，输出端出现一个瞬时的高电平脉冲信号，图 4-22

中给出了脉冲激光诱发的 LM139 器件中捕获的单粒子瞬态的脉冲波形。

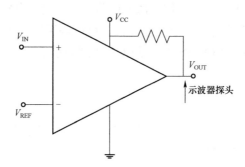

图 4-21 LM139 器件单粒子瞬态测试电路连接图

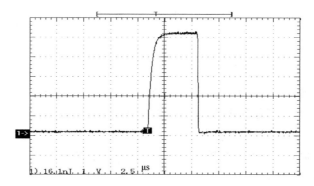

图 4-22 LM139 器件发生单粒子瞬态的脉冲波形

|4.4 单粒子锁定测试|

4.4.1 单粒子锁定主要特征

由于对单粒子锁定敏感的 CMOS 器件或集成电路,其电流在单粒子锁定发生时将大幅度增加,所以监测电源输入端电流的变化是判断许多器件发生单粒子锁定的重要标志。对于大部分中小规模集成电路的单粒子锁定研究都用电源输入端的电流变化来确定单粒子锁定现象,并把它作为单粒子锁定发生的主要特征;而对大规模复杂集成电路,除了监测电源输入端的电流变化外,还要采用分模块监测电流的办法来确定其局部的单粒子锁定现象。但是,把电源输入端电流作为单粒子锁定的一个主要特征来探测，需要经过仔细分析和估算，并经过对样品的功能测试，才能确定相关的探测办法。尤其对于复杂的电子器件而言，在很多情况下这些复杂电子器件的运行机制是动态的，而且电子器件的电流在正常工作条件下的不同时期变化比较大，从而使确定和探测电源输入电流的变化很难。图 4-23 和图 4-24 所示是发生单粒子锁定时被测试件输入电流随时间的变化情况。

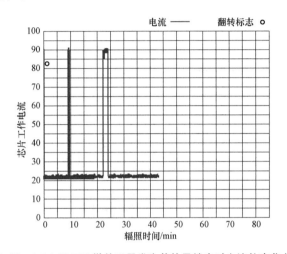

图 4-23　Intel 80C31 微处理器发生单粒子锁定时电流的变化曲线

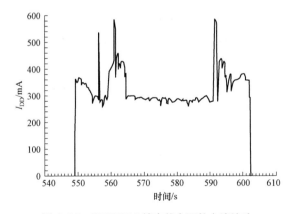

图 4-24　HM65162 锁定状态下的电流波动

4.4.2　单粒子锁定测试原理

单粒子锁定触发后如果不采取限流和断电措施，就会导致器件持续升温，直至烧毁。而迅速关断输入电源，待锁定消失后重新供电是实施保护的最有效方法。通常用一个电源控制电路在很短的时间内（一般在几毫秒以内）迅速关断电源，以保护试验样品不被烧毁。如图 4-25 所示，在控制电路中加入一个内部电压比较器，并设定一个初值，来检测电源输入端电流的变化。当取样电阻 R 上的电压值超过比较器的设定值后，比较器就会发出一个脉冲信号，使得电路控制系统迅速导通，同时关闭电源输入端电源。

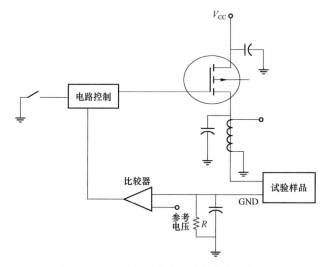

图 4-25　单粒子锁定电源控制电路示意图

如图 4-26 所示，在锁定状态被触发后，如果电源满足保持电压、电流条件，那么输入电流将会迅速增加，形成锁定大电流，如图 4-26 中区域 Ⅱ 所示。在保持电压点以上，器件都处于单粒子锁定状态；在保持电压点以下，锁定状态开始被解除，并且输入电流缩小到几毫安，如图 4-26 中区域 Ⅰ 所示。

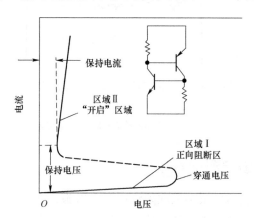

图 4-26　单粒子锁定电压与电流关系示意图

在单粒子锁定试验研究中，采用单片机控制模拟开关来控制施加在试验样品上的电源输入。图 4-27 给出了单粒子锁定试验的测试原理图，当通过取样电阻 R 上的电压值超过电压比较器的设定值时，电压比较器输出一个高电平信号到单片机。单片机经过对采样电压和正常输入电压值的比较之后，输出高电平给模拟开关，切断试验样品的电源输入，再经过一定时间的延迟以后，重新输出高电平给模拟开关，打开试验样品的电源输入。这种测试过程可以有效保护试验样品，并记录锁定发生的次数，其不足之处是采用这种方法给出锁定截面时要仔细分析样品断电时段引起的误差。

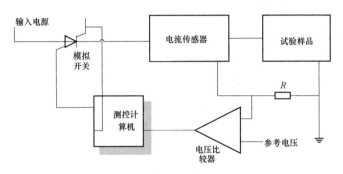

图 4-27　单粒子锁定测试原理图

图 4-28 是单粒子锁定测试系统在试验中测得的试验样品电源输入电流的变化状况。从图中可以看出，单粒子锁定发生的频度很高，锁定发生后，带来大量的翻转错误数目。

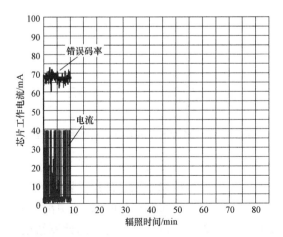

图 4-28　锁定状态下 HM6116 电源输入电流变化曲线

4.4.3 测试系统方案设计

在单粒子锁定试验及敏感性评估的研究工作中，一般要求根据单粒子锁定测试原理和集成电路的一般测试要求，对电子器件和集成电路的单粒子锁定测试进行测试系统方案设计。集成电路的一般测试要求主要与集成电路功能及参数特性密切相关，不同种类的集成电路，其测试要求及实现方案不同，很难给出一个全面详尽的说明。下面仅以 80C31 单片机和 SRAM 存储器为例，举例说明单粒子锁定测试系统的设计方法和系统组成的一般要求。

（一）80C31 测试方案和系统

单片机 80C31 单粒子锁定测试系统组成原理图如图 4-29 所示。测试系统实现的主要功能有：80C31 功能测试；被测 Intel80C31 芯片寄存器、片内 RAM 数据读取功能；80C31 芯片电源输入电流监控功能；能够实现 80C31 电源异常输入大电流保护、计数及加电恢复功能；对被测 80C31 芯片远程复位功能。该系统在进行单粒子锁定的测试过程中，同时也能够实现对 80C31 单片机单粒子翻转敏感性的测试。

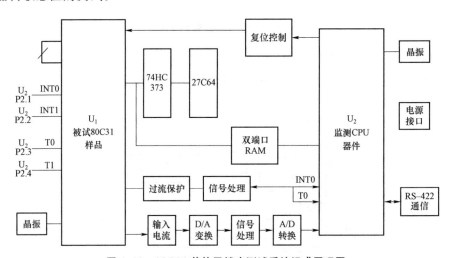

图 4-29　80C31 单粒子锁定测试系统组成原理图

从原理图中可以看出，为了准确测出 80C31 的单粒子效应，在测试系统中加入了一个监测 CPU 芯片 AT89C52，该芯片用于监测被试样品的运算结果和输入电流的变化情况。在被试样品和监测 CPU 芯片中都同时进行同样的运算，如果发现被试样品的计算结果和监测 CPU 芯片的计算结果不一致，那就证明 80C31 中出现了一次单粒子翻转，用监测芯片作记录，并传给上位处理机进行处理。同样，也是用 AT89C52 对被试样品的输入电流进行监控，如果被试样品的输入电流超过了芯片正常使用的最大电流上限，监测芯片立即作出反应，通过调用程序切断被试样品 80C31 的输入电源，同时用芯片中的定时器进行一定时间的计时，直到单粒子锁定现象被消除，定时器通知监测芯片，计时结束，这时给被试样品恢复供电。

图 4-30 是 80C31 单粒子效应测试系统中测试上位机监控原理图，通信方式采用 RS-422 通信卡进行远程测控。根据 80C31 芯片的结构特点，上位机需要对被试样品的累加器、定时器、寄存器以及样品的过电流次数进行监测和显示。

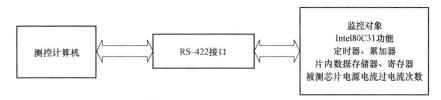

监控对象
Intel80C31功能
定时器、累加器
片内数据存储器、寄存器
被测芯片电源电流过电流次数

测控计算机

RS-422接口

图 4-30　80C31 测试上位机监控情况原理图

（二）SRAM 存储器测试方案

SRAM 单粒子锁定测试系统中同样采用了监测芯片 AT89C52，用于对被试样品中存储数据的读出和写入，同时通过实时监测被试样品中数据是否出现变化，就可以断定被试样品是否发生了单粒子翻转现象。利用该测控芯片结合上位机测控软件，可以准确排列出芯片中存储的数据情况，根据实际测试情况，在芯片中写入的内容被定为以下几个数：00H，55H，AAH，FFH。在测试过程中如果发现哪一个存储单元发生了翻转，对应测试系统中排列出的存储情况就可以找到是哪一个存储单元发生了翻转。另外，该测试系统同样可以结合 A/D 转换器和电流传感器，实时监测被试样品电流输入，如果发现被试样品的输入电流超过了芯片正常使用的最大电流上限，监控芯片立即作出反应，通过调用程序发出切断被试样品的输入电流，同时用芯片中的定时器进行一定时间的延迟计时，直到单粒子锁定现象被消除，定时器通知监测芯片，计时结束，可以给被试样品恢复供电。图 4-31 是存储器 HM65162、IDT71256 和 HM6116 的单粒子锁定测试系统原理图。

根据单粒子锁定现象的特征和测试系统原理，上位测控计算机主要对 SEL 发生的次数和 SRAM 的翻转情况进行监测，并实时显示。图 4-32 为针对 SRAM 测试的上位机测控原理图。

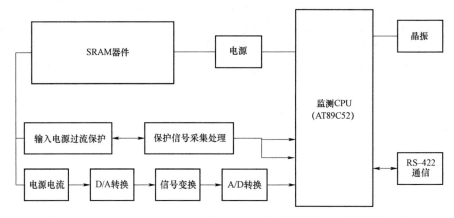

图 4-31　HM65162、IDT71256 和 HM6116 的单粒子锁定测试系统原理图

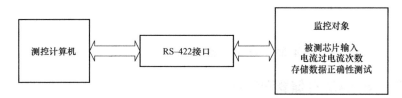

图 4-32　SRAM 测试上位机测控情况原理图

4.5　单粒子烧毁测试

　　由第 3 章知道，功率 MOSFET 器件在空间辐射环境中会发生单粒子烧毁（SEB）和单粒子栅击穿（SEGR）现象。例如，正常条件下，当栅源电压为零时，漏源之间是关闭的，但在重离子照射下，当栅源电压为零时，漏源有时会出现误导通，轻则出现短暂故障，重则导致 MOSFET 器件直接损坏，相应的电子系统也无法正常工作。本节主要介绍单粒子烧毁的电测试方面的内容，在开展重离子试验测试时，具体要求与过程可参见其他单粒子效应测试方法的介绍。在单粒子烧毁测试方法中，具体依据 N 沟道 MOSFET 器件，对试验测试中采用的破坏性测试方法和非破坏性测试方法进行介绍，主要包括非破坏性测试系统方案设计，非破坏性测试方法的基本原理——SEB 脉冲电流计数法，动态数据获取系统的组成部分及功能等。

4.5.1　破坏性测试方法

图 4-33 给出了破坏性测试方法的原理示意图，图中示波器主要用来捕获发生单粒子烧毁时的瞬态电流或电压波形。下面主要介绍该方法的具体测试过程和要求。

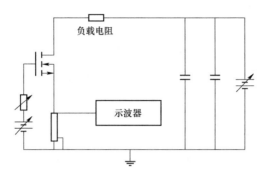

负载电阻

示波器

图 4-33　破坏性测试原理示意图

（一）测试要求

（1）在给定离子种类（LET 值一定）、固定栅源电压和温度一定的条件下，获得烧毁截面与器件 V_{DS}（漏源电压）的关系。

（2）在给定几种离子下区别不同离子的器件发生单粒子烧毁时阈值电压 $V_{DS(th)}$ 与 V_{GS} 及温度的关系，照射离子种类应当能够代表实际辐射空间环境最恶劣的情况。

（二）测试方法

一个近似标准的测试漏源电压 V_{DS} 阈值的方法应当遵循以下几步：

（1）辐照前，在栅源电压 V_{GS} 等于 0 或在源极电流增大速率最大（栅极电压通常为 20 V）的情况下测量漏源电压 V_{DS}，以获得器件正常工作电流。

（2）选择单一栅源电压 V_{GS}（从敏感的 0 V 开始）在以后辐照过程中保持不变，逐渐增大 V_{DS}，在每种离子辐照时通量要达到一定数目（如 100cm^{-2}）以上；变化偏置条件，重复上述步骤、测试 I_{GSS} 和 I_{DSS}。

（3）当 V_{DS} 达到一定值时，如果发生单粒子烧毁现象，则可给出器件发生 SEB 的阈值电压大小。

对破坏性测试系统而言，组成测试系统的主要部件有：

（1）程控电压源（0～300 V），精度要达到 1 V，计算机能随时检测与改变程控电压源电压的变化。

（2）电流检测器（0～10 A），精度要达到 0.1 A，实现与计算机接口连接并实时检测电流变化情况。

（3）适当参数的高稳定可靠电容。

（4）阻值可变的负载电阻、功率 2 000 W。

（5）控制接口电路和 DUT。

（6）测控计算机。

破坏性测量技术具有一定的局限性，主要表现在三个方面：第一，破坏性测量方法不能提供统计意义上有效的烧毁概率。第二，器件辐照时增加漏源电压直到器件烧毁。第三，获得有统计意义的数据需要损失许多器件，并且无法获取器件的烧毁截面。

4.5.2　非破坏性测试方法

还有一种适合测量功率 MOSFET 器件单粒子烧毁截面的方法是非破坏性测试方法，其测试电路的主要组成部分如图 4–34 所示。这种方法可以应用于不同的器件类型、试验时容易获得某器件 SEB 烧毁截面的大小。在非破坏性测试方法中，用一种电流脉冲计数技术与电流限制相结合的办法，实现器件未发生烧毁，就可以得到 MOSFET 单粒子烧毁截面。非破坏性测试方法可以观察到实际烧毁情况下的电流脉冲结构和电流限制情况下的电流脉冲结构，这样的测试方法能够帮助人们更进一步深入理解 MOSFET 器件发生单粒子烧毁的机理。

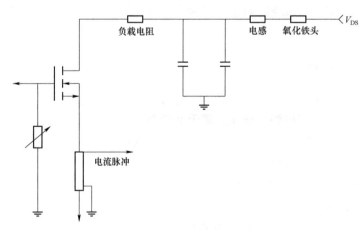

图 4–34　非破坏性测试原理示意图

实现非破坏性测试主要有三个关键方面需要在系统设计和研制中实现，首先是实现电流脉冲计数技术，通常用示波器能够观察到防止器件烧毁的电流脉冲，但为了实时记录这种电流脉冲，设计中电流限制由负载电阻实现（负载电阻在 150 Ω 以下通常导致器件失效），而重离子诱发产生的漏极电流脉冲由电流变换器和快速计数系统计数器来获得（高信噪比的电流变换器和快速计数系统计数器能够获得大范围的 V_{DS} 数据且无漏计数）。其次是非破坏性脉冲的区别，这个脉冲一般认为由功率 MOSFET 寄生电容放电产生，存储电荷需要的电容大约是 200 pF，如果依靠寄生电容本身，将导致器件失效，非破坏性脉冲振幅与 V_{DS} 成正比。非破坏性电压脉冲形状与功率 MOSFET 栅极电压脉冲一致，同时也与源极电流脉冲一致。最后是烧毁脉冲的捕捉，它与非破坏性脉冲有同样的脉宽，但具有很高的脉冲幅度，在破坏性脉冲之后有几个与之相似的脉冲信号。其能量大约是非破坏性脉冲的 100 倍，器件经过这个脉冲后不能再使用。

4.5.3 测试系统方案设计

通过以上两种测试方法的比较分析后，由于非破坏性测试系统要在破坏性测试系统的基础上加试验样品保护电阻、电流脉冲变换器、快速计数器、纳秒级脉冲监视器，测试系统结构较为复杂。在测试系统设计中，一般地说，首先采用破坏性测试方法验证器件单粒子烧毁现象，利用示波器捕捉发生单粒子烧毁时的电流脉冲，对脉冲的特点进行分析研究。在此基础上，对非破坏性测试系统进行方案设计。非破坏性测试系统的主要技术指标和要求为：第一，能够解决控制信号与电源线之间屏蔽的问题；第二，DUT 与测试系统之间要求 10 m 距离，测试系统与远程控制监视记录器要求有 50 m 以上的距离，这样的要求主要是便于在重离子加速器上完成相关的试验。第三，为方便试验，测试系统要求有多个接口，一次可以进行数个样品的辐照试验，并且能够现场用软件改变各个电压信号。

功率 MOSFET 器件辐射效应测试的有关电参数具有幅值变化大、脉宽小等特点，信号的取样点在电源与漏极之间。在漏源关闭和导通时与地之间存在着较大的差压等特点。设计系统时可以采用隔离技术，每一个环节由独立的模块完成。具体如下：

（1）考虑到测试系统的应用环境是在真空中进行，在 DUT 板上一次可插接 10 个 MOSFET。由 10 个继电器进行切换，进行测试的 10 个 MOSFET 可通过上位计算机选择。

（2）为了测试栅源电压与单粒子效应的关系，由一个独立的 12 位 D/A 转换器提供 0～10 V 的程控电压源，根据测试情况可通过上位计算机控制其电压大小。

（3）对于漏源电流和漏源电压，由于辐射效应产生的脉冲电流通过电源与漏极之间的负载电阻获得。在检测脉冲电流时为了保证可靠记录窄脉冲的出现，系统中加入脉冲展宽电路，对由辐射效应形成的脉冲进行限幅等处理，以保护测试系统。

（4）系统中为了获取不同幅值的脉冲电压，由一路 16 位的 D/A 转换器输出的模拟信号与脉冲信号通过差模运算放大器输出，作为脉冲计数信号。这样系统不但可测试电磁效应时产生的脉冲电流，还可以设置不同的阈值电压获得不同幅值的脉冲信号。

（5）对于辐射效应产生的脉冲电流通过电流电压转换电路将电流转换成电压信号，通过 12 位的 A/D 转换单元进行检测。

为了满足测试系统对测试参数的处理分析，通过一台微型计算机对测试环节产生的参数进行处理、保存。计算机通过串行通信方式获取测试环节产生的数据。系统中采用 RS–485 通信方式，通信距离可达 1 200 m。

系统软件采用 Visual Basic 6.0 设计，为用户提供方便的操作界面，系统不但可实时采集测试数据，系统还能够对历史数据进行浏览、图形显示等。测试系统框图如图 4–35 所示。

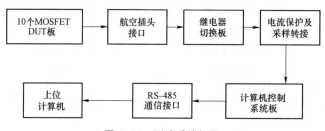

图 4–35　测试系统框图

（一）系统基本组成

测试系统由 DUT 板、航空插头接口、继电器单元、栅源程控电源、继电器切换控制单元、电源检测 A/D 转换器、信号变换器、脉冲计数器、通信接口和上位计算机等组成。测试系统基本组成原理框图如图 4–36 所示。

栅源 D/A 转换单元提供栅源电压，可通过上位计算机根据试验要求设定。漏源电压通过 A/D 转换器进行检测，漏源电压由仪表后面板的接线柱接入。继电器由开关输出量信号通过上位机软件控制，用于接通被测试的 MOSFET。信号处理单元主要完成对脉冲信号幅值的限幅、展宽等处理。考虑到脉冲信号源存在较大的共模电压信号，系统中选用一片高共模运算放大器进行信号处理，采用脉冲展宽电路对其脉冲宽度展宽，为脉冲计数单元提供可靠的计数信号。

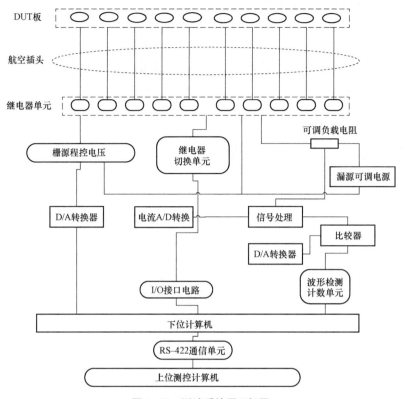

图 4-36　测试系统原理框图

　　动态测试器根据上位机的命令完成所有测试过程及相应的控制。系统的工作过程为：安装硬件→检查连线是否正确→启动测试软件→在"文件"菜单中选择"新建"命令，输入保存数据的文件名→在工具菜单中可完成对 ADAM 模块设置、下位机检测、通信检测等环节验证→在测试界面中通过单击"测试器件选择框"中的选择按钮选中被试器件→在测试界面中设定栅源电压→单击启动测试按钮可对被试器件进行测试→在测试时脉冲计数信号框中显示捕捉到的单粒子辐射效应脉冲信号的数目→在相关参数栏中可显示被试器件的漏源电压、漏源电流值→在测试图形中可对脉冲计数、漏源电压、漏源电流、栅源电压等被测参数的值以图形方式显示→在数据菜单中可对被试器件的数据进行浏览、打印、图形浏览、图形打印。

　　在通信上采用主从式 RS-485 串行通信方式，上位机可根据测试要求向下位测试单元发出发送、接收命令或测试命令，下位机根据接收到的命令接收数据、发送数据或数据采集。由于本系统中主机和下位测试单元距离 1 200 m 左右，上位计算机采用 MOXA 通信接口模板。上位机可根据系统应用的具体情况通过系统参数合理地配置系统软件。

脉冲计数技术的准确实现是测试系统的主要功能，测试过程要求对非破坏性电流脉冲计数实现准确记录，一般来说，系统设计中应采用较高精度的噪声滤波设计，如可编程噪声过滤器，这样一来，测试过程中系统抗干扰能力强，只有在系统本身的电源开关动作中引入计数误差。由于试验过程中，重离子照射时间一般选择十几分钟完成一次数据获取，因而可以认为系统无外界噪声引入的计数误差。

在测试系统研制过程中，一般需要进行测试系统调试及优化设计，可以利用锎源单粒子效应测试系统进行调试试验，对烧毁电流脉冲计数准确性进行验证分析，如当示波器捕捉到一个重离子诱发的电流脉冲时，系统同步实现一个脉冲计数。图 4-37 给出了一个脉冲计数对应的典型电流脉冲波形。

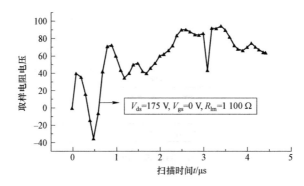

图 4-37　2N6798 器件典型单粒子烧毁波形

（二）系统功能及指标

MOSFET 动态测试系统主要以广泛应用于开关电源的 MOSFET 器件作为主要测试对象。利用该测试系统，可以在地面模拟空间辐射环境下，研究 MOSFET 单粒子烧毁特性，也为器件的选型及其相关电子设备加固设计提供有用的数据和必要的参考依据。

1. 系统实现的主要功能

（1）辐射环境下对脉冲电流的捕捉计数。

（2）系统栅源电压可通过计算机设定，范围为 0～10 V。

（3）被测 MOSFET 漏源电压可通过手动分段设定，电源电压最高为 300 V。

（4）漏极限流电阻可分段设定。

（5）源漏电流监视和保护。

（6）系统软件能对被试器件的漏源电流、漏源电压、脉冲信号等参数进行实时检测。

（7）系统软件提供漏源电流、漏源电压、脉冲信号、栅源电压变化图形曲线的存储、浏览、打印等功能。

（8）系统软件能提供漏源电流、漏源电压、脉冲信号、栅源电压等参数的存储、浏览、打印等功能。

（9）系统能通过软件按钮对被试器件进行选择切换。

（10）MOSFET 测试系统和监控计算机可进行串行通信，通信距离可达 1 200 m。

（11）动态测试器与 DUT 板的距离 ≥3 m。

（12）能够同时测试 10 个 MOSFET 器件。

（13）能够实时动态显示 MOSFET 的测试数据和曲线。

（14）数据浏览查询：浏览查询已测 MOSFET 脉冲的概率分布、栅源电压与脉冲分布的关系、栅源电压与漏源电压、漏源电流的关系。

（15）打印：能够打印已测 MOSFET 的概率分布曲线、栅源电压与脉冲分布的关系曲线，栅源电压与漏源电压、漏源电流的关系曲线。

2. 系统主要技术指标

（1）栅源电压单元：

A/D 分辨率：12 位；输出范围：0～10 V；隔离电压：3 000 V 直流；输出阻抗：0.5 Ω；精度：电压输出 ±0.2%FSR；温漂：±30 μV/℃；满量程温度系数：±25 ppm/℃；可编程输出斜率：0.062 5～64.0 V/s。

（2）计数单元：

计数位数：32 位；输入频率：50 kHz；逻辑 0：最大 +1 V；逻辑 1：+3.5～+30 V；隔离电压：2 500 V_{RMS}；输入脉冲宽度：1 μs（经脉冲、展宽电路处理）。

（3）漏源电流检测单元：

有效分辨率：16 位；输入范围：±20 mA；隔离电压：3 000 V 直流；采样频率：10 Hz；精度：±0.05%；温漂：±6 μV/℃；满量程漂移：±25 ppm/℃；共模抑制比：@50/60 Hz 为 150 dB；差模抑制比：@50/60 Hz 为 100 dB。

（4）DUT 单元：一次试验可完成 10 个 MOSFET 的测试。

| 4.6　单粒子栅击穿测试 |

对功率 MOSFET 器件来说，单粒子栅击穿（SEGR）的测试与单粒子烧毁（SEB）测试在基本测试要求及测试系统组成方面大致相同，不同之处主要是附加 V_{DS}、I_{DS}、V_{GS}、I_{GS} 检测，特别是针对栅极漏电流及源极漏电流，测试过程需要实现精确的自动检测和测量。在测试系统设计中，首先考虑在试验中所有测试样品都需要在加速器试验终端实现电性能的原位测试，如栅源电压（V_{GS}）施加和测试、漏源电压（BV_{DSS}）施加和测试、栅源电流（I_{GS}）和漏源电流（I_{DS}）测试以及专门针对栅源漏电流（I_{GSS}）等的测试。按照实现测试的基本要求，测量仪器主要应包括电流/电压源（Keithley 2400）、栅源电压和栅源漏电流测试仪器（满足一定精度要求，如小于 1 nA 的精度需求等）和远程测控及数据获取系统。图 4–38 为针对功率 MOSFET 器件的 SEGR 的基本测试原理示意图。

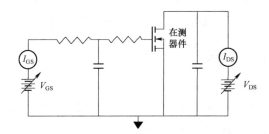

图 4–38　SEGR 的基本测试原理示意图

在设计 SEGR 测试电路时，一般应基于具体航天器电子设备的具体应用设计需求，实现最坏情况下状态的测试。如果在实际任务中包括有多种应用，那么每个应用状态都需要测试或每个应用状态的最坏情况应当识别出来并开展测试试验。例如，较高偏置电压、较高工作温度、较高占空因数及较低应用容许极限等都是 SEGR 测试中遇到的最坏条件之一。

一般来说，测试电路中包括许多的电阻、电容及电导等，这些都会影响 SEGR 单粒子效应特性的测试，原则上，这些参数应当都进行相关测量或至少对测试系统的影响达到最小。这样一来，在测试系统的电连接设计中，最好减少所有连接电缆的总长度，以降低相关测试参数的变化。电源应尽可能靠近测试现场，且连接电缆长度最小。对电源和测控计算机而言，重离子加速环境不会产生大量的辐射而诱发总剂量效应，从而影响到单粒子效应测试，然而，在质子加速器环境下，质子束将产生一个重要的中子辐射背景。如果电源不能远程操作，那么电缆带来的影响应该在试验测试过程中引起一定的注意。

在测试系统设计中，对器件 SEB 的测试也应当同时兼顾考虑，实际上，一般在测试系统设计中，综合考虑了同时实现 SEB 和 SEGR 的测试要求。待测器件 DUT 和子板的测试板（如果使用）将带来一定的电容效果，其可能作为一个旁路或者形成一个加强电容器，这将提高 SEB 的敏感性。因此，如果增加了任何电感来延缓 SEB，附加的板电容会增强这一效果。附加电容可以过滤掉电荷收集引起的噪声或瞬态事件。如果试验中要观察这些事件，则应在电容之前放置测试探针，或尽量使电路板引入的电容最小化。当然，测试探针电缆和示波器都应当是低电阻和低电容特性。测试电缆也将会诱生一定数量的电感，这将延缓 SEB 效应和瞬态现象。如果测试需要，应附加加强电容以提高 SEB 测试的灵敏度，为此目的，至少使用 250 μF 的电容。

在试验测试中发现，表征单粒子栅击穿发生阈值电压的最佳方式是（V_{DS}，V_{GS}）的组合方式，在测试系统设计中，为了实现测试目标及加固保障试验评估，要考虑偏置电压（V_{DS}，V_{GS}）的加置方式，如 V_{DS} 从高到低逐渐加置，但 V_{GS} 的加置采用循环加置方式，即从低逐渐增高，然后从高逐渐降低的循环加置方式，反之，V_{DS} 的加置采用循环加置方式。表 4–1 和表 4–2 给出了多个（V_{DS}，V_{GS}）组合的测试方式，在测试系统设计时可以参照实行这种（V_{DS}，V_{GS}）组合的偏置加置方式。

表 4–1　（V_{DS}，V_{GS}）组合的测试方式（SEB 敏感）　　　　V

V_{GS}	0	±5	±10	±15	±20
$V_{DS(1)}$					
$V_{DS(2)}$					
$V_{DS(3)}$					
$V_{DS(n-1)}$					
$V_{DS(n)}$					

表 4–2　（V_{DS}，V_{GS}）组合的测试方式（SEB 不敏感）　　　　V

V_{GS}	0	±5	±10	±15	±20
$V_{DS(1)}$					
$V_{DS(2)}$					
$V_{DS(3)}$					
$V_{DS(n-1)}$					
$V_{DS(n)}$					

一个典型 SEGR 的测试流程主要包括以下几个方面。

（1）离子束辐照前：a. 选择或设定一个栅电压 V_G 值；b. 收集束流照射前的 I–V 特性数据；c. 加置束流照射状态下的应力电压；d. 验证氧化层泄漏电流是否处于稳定状态。

（2）在读出电流稳定状态下，开始重离子束照射。a. 重离子束照射过程检测电流变化；b. 记录试验数据集；c. 重离子束照射过程辨识 SEGR 特征。

（3）束流挡板关闭后，继续一段时间的泄漏电流测量记录，确定无重离子照射期间泄漏电流的稳定特性。a. 收集照射后的 I–V 特性数据；b. 辨识 SEGR特征。

（4）如果未出现 SEGR，设置下一个 V_G 值后继续试验测试。

（5）如果状态不稳定，选择新的器件模块。

（6）记录每次试验的总剂量数据。

（7）样品标记。

（8）开始数据分析。

图 4–39 所示为 SEGR 测试试验流程图。

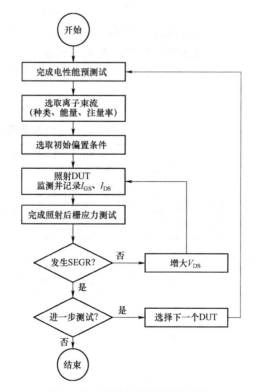

图 4–39　SEGR 测试试验流程图

　　下面介绍另一种 SEGR 基本测试电路的设计举例。图 4-40 为针对功率 MOSFET 器件的 SEGR 的基本测试电路组成示意图。测试系统包含的主要测试仪器包括供电电源（Agilent 6035A）、电流电压源（Keithley 2400，小于 1 nA 的精度）、数字多用表（HP34401A）及电流测量仪器等。这种测试方式在加速器终端设备上易于实现辐照过程的原位测量，所有试验样品在加速器终端设备上可以预先实现电性能的测试，包括原位的栅源电压（V_{GS}）、漏源击穿电压（BV_{DSS}）以及栅极漏电流（I_{GSS}）。从图中也可以看出，数字多用表（HP34401A）在 1 Ω 的标准取样电阻两端连接，而确定漏极电流大小的电阻设置功率为 50 W。

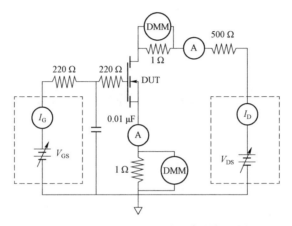

图 4-40　SEGR 的测试电路组成结构示意图

　　人们在开展 SEGR 试验测试研究工作中，不但理解和明确了 SEGR 产生的机理及过程，也在测试系统研制中积累了一些经验。下面介绍在测试系统设计及研制调试中应该注意和了解的一些细节性问题，在某些情况下，这些细小过程可能决定了一个试验的成功与否。

　　第一，在测试系统的基本构成中，电流测量仪器（一般用皮安计）主要用来监测和检测栅极电流和漏极电流的极小变化，测量的电流变化要求能够达到小于 1 nA，如果设计中忽略了这一点，则可能影响准确观测 SEGR 现象。

　　第二，在测试板上，样品数目应尽量设置多一些，如 10 个样品数目以上；这样一来，可以减少在加速器终端的真空状态下更换样品的次数，从而可以增加有效试验时间（增加了束流净照射时间），可以在有限时间内，获得更多试验测试数据或完成更多样品数目的验证评估测试。

　　第三，为了实现样品在真空状态下的快速更换及减小对系统电性能参数的影响，特别是阻容性参数的影响，一般最好使用具有零插拔力（ZIF，Zero-Insertion-Force）插座；同时，在多个测试样品的电连接方式中，每个样品的漏

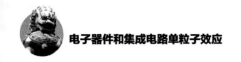
极和栅极需保持严格的电绝缘及隔离，而源极可采用共地的连接方式。

第四，在测试板设计时，必须仔细对样品状态进行设计，避免在高电压状态和真空条件下，测试系统本身的寄生漏电流不能超过 $1×10^{-9}$ A。

第五，在样品所处的测试板设计中，所有电容器应当进行仔细的屏蔽处理，最后，在测试板安装于真空装置前，应要求一丝不苟地对污染物进行洁净处理。

在测控系统设计中，一般采用测控计算机和专用测控板来实现加电方式的控制和数据获取，就上述基本系统，可以采用带有专用测量处理板（如 HP–82324B）的控制计算机系统，实现对 DUT 偏置电压、DUT 的栅极电流和漏极电流的遥测控制和测量，在测控系统设计中，特别需要注意的是避免接地回路对低电流测量状态下的干扰问题。

| 4.7 单粒子功能中断测试 |

相比其他单粒子效应测试而言，单粒子功能中断的测试比较复杂，我们知道，单粒子功能中断大多发生于复杂器件，诸如微处理器或微控制器、SDRAM 器件等。在重离子照射下，这些复杂器件所呈现出的功能反常或丧失的软错误现象也表现出不同特征，如微处理器的挂起、SDRAM 不能实现数据存储等。因此，对单粒子功能中断的测试方法与器件类型密切相关，不同器件，其测试方法也不同，但其基本要求是，都需要识别出离子撞击造成的器件功能异常并加以处理而使器件恢复正常工作，并记录相关参数和数据的变化。本章节部分主要依据器件电性能及相关参数测试的基本要求，具体结合重离子或脉冲激光照射条件下的特殊性，介绍这些 SDRAM 器件和微处理器单粒子功能中断测试的一般方法和主要过程，其他复杂器件的单粒子功能中断测试可以参照这两类典型器件的测试方法。

4.7.1 SDRAM 器件的单粒子功能中断测试

随着存储技术的不断发展，SDRAM 经历了四个发展历程，从 SDR SDRAM 只使用了单边的时钟进行数据传输（在一个时钟周期内只发送一次命令和数据传输），到 DDR SDRAM 同时采用了时钟的双边沿进行数据传输（即在时钟的上升沿和下降沿同时进行数据传输），大大地提升了数据的传输速度和稳定性。DDR2 SDRAM 也是同时采用双边沿进行数据传输，但是数据传输速率较 DDR

SDRAM 快一倍，而 DDR3 SDRAM 比 DDR2 SDRAM 的数据存取速率又快一倍，达到了 8 bit。从 SDR SDRAM 到 DDR3 SDRAM，存储器的芯片频率越来越快，给单粒子效应的测试带来一定挑战。本节结合 SDRAM 单粒子效应的测试试验研究，概要叙述测试的一般原则和技术要求。

我们知道，随着现代电子器件和集成电路技术的不断发展，一个完整的可用 SDRAM 器件由控制部分和存储器单元两个主要模块组成。控制部分是一个复杂的处理器，其通过标准接口信号逻辑［如 DDR3 的断截（Stub）串行端接逻辑（SSTL-15）］处理带有差分信号的信息流。为了使 SDRAM 器件具有一定的存储功能，必须完成器件的初始化过程。首先，启动一系列通电例程，这包括应用时钟信号（大于 400 Mbps）；当所有信号和电源信号稳定至少几百微秒时，应用一组可执行命令进行初始化。然后，启动第二组操作和软件调节，包括启用延迟锁相环（DLL），执行加载模式寄存器命令和执行刷新周期过程等。最后，当成功执行这些操作（通电和软件调节）后，则 SDRAM 器件"工作"为一个功能存储器。也就是说，SDRAM 器件正常工作后，我们可以写入数据位，存储并读取它们。如果器件不工作，那么可以周期性通电（"Power Cycle"），其相当于按顺序执行加电和软件调节。另外，在某些情况下，单独的软件调节（无须加电）可以有效地恢复器件的全部功能。

在 SDRAM 器件的单粒子功能中断测试中，首先要根据器件的特性和相关应用要求，设定测试设备硬件的组成部分，诸如常见的电源、数字信号测试与处理设备、DUT 板的真空连接所需的接口及测控计算机等；其次是测试软件的设计，如测试算法、数据管理及处理方式；最后是系统的调试运行及优化。在测试硬件组成部分设计中，依据满足器件基本特性测试的要求，进行测试系统的设计和研制，或根据飞行任务 "即飞即测"的测试方式，将待测器件 DUT 引出后进行测试。下面以对 SDRAM 器件 EDS5104 和 EDS5108 的单粒子效应（主要是针对单粒子功能中断）的测试为例进行说明。

图 4-41 为测试系统组成主要结构示意图，如图所示，测试系统中采用了高精度可控电源对 DUT 板、模块化数字测试系统板供电，测试板主要实现对 SDRAM 器件功能和参数测试，如可以基于商业上易于采购的 FPGA 评估板进行构建设计，其中一台计算机主要实现对程控电源（如 HP6629A 电源）的监控及对单粒子锁定的测量，另一台计算机主要与模块化数字测试系统板相连，实现对 SDRAM 器件单粒子效应（SEU、MBU 及 SEFI）的测量。测试系统中，DUT 板必须保证与其他功能部件有足够距离的物理分离，以保证其他部件中的集成电路在重离子照射过程中不会受到影响。

在测试系统 DUT 板设计中，一般只考虑室温条件下的测试，如果要考虑温度的变化，则需对 DUT 板进行温度控制设计。在 DUT 设计中，应依据器件特性和相关应用要求设置相关电参数，如：偏置电压设为 3.3 V；基于当前地址解锁采用 32 bit 的方式，对辐照数据模式进行地址设置；数据刷新速率为 16 ms；工作频率为 33 MHz；作业占空比约为 5%。

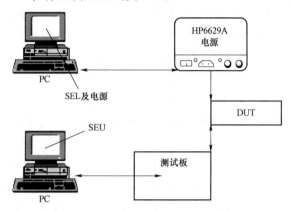

图 4-41 测试系统组成主要结构示意图

在具体软件测试设计中，主要是对 SDRAM 器件的数据形态和读写方式采用一定的方式进行测试，具体测试算法可以参照下面几条测试过程的要求进行设计，实现测试过程的数据获取和分析。如针对器件进行单粒子效应敏感性评估时，可以采用以下过程及算法进行数据的获取和收集：

（1）将数据加载到 DUT 中。

（2）重复读取被测器件。

（3）验证 DUT 保持有正确数据。

（4）开始照射。

（5）连续重复读取并存储 DUT 数据图像。

（6）一旦辐照完成，停止供束。

（7）连续回读，直到 DUT 中出现的错误数目保持不变。

（8）重新写入 DUT。

（9）重新读取 DUT，以确定写入的数据是否正常。

（10）以其他数据形态的方式重复（8）和（9）。

通常，在 SDRAM 器件的单粒子功能中断测试中，针对单粒子翻转的测试系统稍加改进就可以实现对单粒子功能中断的测试。如在 SDRAM 器件 EDS5104 和 EDS5108 的单粒子翻转测试中添加一个移位缓冲区，来跟踪最后的 N 个地址中出现错误的地址数量，并在其中 N 个地址出现错误时，强制执行对 SEFI 的恢复；其次附加对出现 SEFI 的报告算法，以及增加在读取操作期间关闭数据写入的能力等。由于 SEFI 是基于单粒子翻转来识别的，所以了解算法对非 SEFI 的单粒子翻转的敏感性尤为重要。在许多情况下，SDRAM 单元只在一个方向发生单粒子翻转，但棘手的是，发生翻转的方向并不容易确定，或者需要额外的复杂化设计。单粒子功能中断测试系统应当具有的基本优点是，具有快速识别和检测 SEFI 的能力，且具有最小的错误检测结果。一般来说，在对一个器件进行单粒子效应敏感性试验测试中，往往难以获得器件完整的功能图，或者应用中并没有使用器件的完整功能。因此，有些设计目标的实际实现程度是未知的，一般为了测试结果的可应用性或为设计师们提供防护设计数据参考，通常需要对测试流程进行说明，针对 SDRAM 器件的单粒子功能中断测试流程如图 4–42 所示，测试流程主要是实现对 SDRAM 器件的读写循环过程。

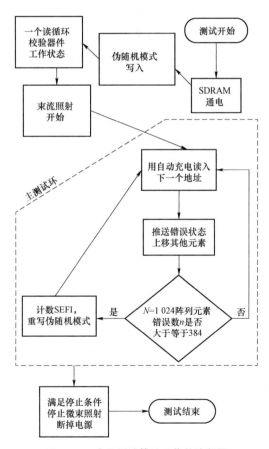

图 4–42　表示测试算法工作的流程图

（该流程图只是一般流程示意，并不代表每一种测试情况。主要测试循环部分包括电流监测、最大传递、测试操作符及允许退出循环的看门狗操作等）

实际上，由单粒子翻转造成的功能中断并不是唯一的单粒子功能中断类型，有关试验测试表明，现代先进电子器件和集成电路（如 SDRAM）发生单粒子功能中断时呈现出一种高电流状态，在测试系统设计时应当考虑到这一点。或者在测试系统试验调试中，如果测试过程中观察到这一点，应当对测试系统进行修改完善，因为这些高电流状态的准单粒子功能中断（因为它们并不总是自行恢复）在测试程序没有运行时更容易发生。如果将高电流状态（非单粒子锁定）也归纳为一种单粒子功能中断，则测试系统需实现对这种状态的恢复处理和计数功能。

在单粒子功能中断测试中，在重离子照射时，一般情况下 DUT 板需要放置于真空室里，所以 DUT 板设计中必须考虑与数字测试板之间的连接问题。图 4–43 给出了一个测试设备连接示意图，被测试器件位于测试 DUT 板上，测试器件的供电采用 40 针带状电缆通过供电电源（HP6629）提供，通过电源测控计算机，采用标准的电源控制程序对供电电源进行操作、监控和记录。例如，在 100 ms 的时间内，测控系统可以实现对供电电源（HP6629）的检测和关闭；试验中，首先设定单粒子锁定阈值电流大小，如果试验过程中发现锁定阈值电流大小设置不合理，则应逐渐调节设置合理的锁定阈值电流大小。例如，在 SDRAM 器件 EDS5104 和 EDS5108 的单粒子效应试验中，设定的初始锁定阈值电流大小为 50 mA，但由于其他虚假的非单粒子锁定事件的干扰，使测试过程受到影响，最后，经过逐步调节测试及优化，将锁定阈值电流大小设定为 500 mA。

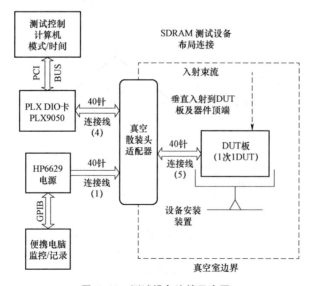

图 4–43　测试设备连接示意图

测试信号及控制信号由数字测控计算机通过数字 PCI 输入/输出卡提供，该数字卡也通过 40 针带状电缆连接到测试器件。所有信号（包括时钟）都是测试计算机所产生。由于数字输入/输出卡的性质，这些信号通常不规则，在某些情况下，信号之间有 100 ms 的死区时间。考虑到这一点，试验安排中，完全刷新大约需要 50 ms 的时间，而且仅是基于行地址的刷新方式。对这些信号间隔的粗略研究表明，典型刷新事件不可能超过 250 ms。就 SDRAM 器件 EDS5104 和 EDS5108 而言，其特性参数是在 70 ℃时为 64 ms。使用每 10℃两倍的降额，预计刷新时间为 1 s 时，能满足室温下正常工作。试验过程中观察到，在 250 ms 间隔的情况下，器件工作是适应的。

上面针对 SDRAM 器件 EDS5104 和 EDS5108 介绍了测试的基本要求，实际上，在测试现代 SDRAM 发生的单粒子功能中断时，一个最主要的测试问题是大宽带需求，这种需求是在下载所有详细错误信息（时间、逻辑地址、位号），并在每个读取周期之内对其处理时所必需的。为了获得错误的详细信息和足够的统计信息，在离子照射期间，可以选择执行两组测试运行模式，一种模式是在离子低注量率情况下的运行，这时候允许从测试仪下载所有错误详细信息；另一种模式是高注量率情况下的运行，只允许从测试仪下载错误数目。

4.7.2 微处理器的单粒子功能中断测试

其他的重置事件对特定的微处理器（MPU）或微控制器（MCU）是单独处理的，为了控制执行（挂起）事件，MPU 应在指定的输入/输出（I/O）线路（"挂起指示线"）或周期性数据信息（见图 4–44）中生成周期性信号。测试单元将在所需超时内没有该周期性信号的情况视为挂起。挂起后有几种 MPU 功能的方法：外部中断、不可屏蔽外部中断、看门狗计时器复位、硬件复位及最后的断电通电。

程序数据的丢失可能是由于编程单元中的单粒子功能中断引起，或者是由程序储存器中的关键位发生单粒子翻转所导致。在这种情况下，复位和电源循环不能处理单粒子造成的功能中断，只有在重新加载程序后才能恢复器件的正常工作。

MPC 的单粒子效应测试中，一个主要的问题就是明确区分出单粒子锁定（SEL）和单粒子功能中断（SEFI），这两种状态发生后，都会导致器件的功耗增加。为了实现这一测试目标，在测试过程中，主要采取以下几个方面的措施：

（1）执行微处理器的硬件复位。

（2）测量复位后被测试器件（DUT）的电流消耗。

（3）如果测量的电流超过 SEL 阈值电流，那么单粒子效应就可以确认

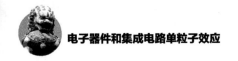

为 SEL。

（4）如果电流消耗恢复到正常水平，那么单粒子效应就可以确认为 SEFI。

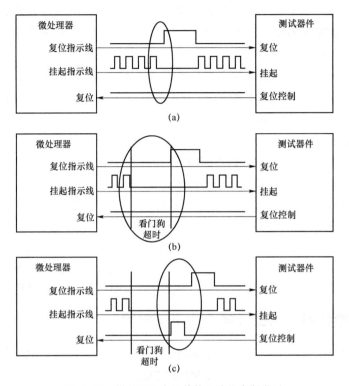

图 4-44　微处理器中的单粒子功能中断类型
（a）自发复位；（b）看门狗计时器处理的挂起；（c）外部复位处理的挂起

在测试过程中，对于测试过程处理故障的一般过程主要包括：① 自动重启（复位），MPU 继续执行任务；② 可通过硬件复位处理的执行停止（挂断）；③ 程序数据全部或部分丢失，导致 MPU 发生故障，在这种情况下，器件重新加载程序后恢复运行。

为了检测自动重启（复位），MPU 在指定的 GPIO 线路（复位指示线）中产生脉冲，或在每次复位后通过某个标准接口发送数据信息。测试单元读取该脉冲或数据信息，分析复位原因，并在需要时增加 SEFI 计算器数目。常见的复位原因有如下几个方面：

（1）单粒子功能中断引发的自发复位；

（2）上电复位（SEL 处理后通常触发）；

（3）集成电路挂起后引起的看门狗定时器复位；

（4）外部硬件通过 MPU 的复位线复位，通常应用于 SEL 处理过程或挂断期间。

图 4–44 所示为微处理器中的单粒子功能中断类型。

| 4.8 单粒子效应试验模拟源 |

单粒子效应地面模拟试验中采用的模拟源主要有大型加速器设备提供的重离子和高能质子，实验室设备有锎源裂变碎片装置和聚焦脉冲激光束装置。

单粒子效应地面模拟试验中主要采用回旋加速器和高能直线加速器提供的重离子，加速器能够产生不同种类和能量的重离子来模拟空间银河宇宙射线重离子诱发的单粒子效应。空间辐射环境中的重离子能量可高达几个 GeV/A，在 Si 中具有很长的射程（100 g/cm² 量级），而 SEE 的敏感区相对较薄（厚几个微米），因此 SEE 的研究可以用具有较低能量，但 LET 值相近的离子来进行，考虑空间所有离子，宇宙线的 LET 谱延伸到 100 MeV/（mg/cm²）左右，现有加速器提供的重离子可以达到要求。如国内重离子回旋加速器和美国劳伦斯–伯克利国家实验室 88 英寸（1 英寸=2.54 厘米）回旋加速器等均能得到与之相当的 LET 谱。

一般实验室方便易用的是锎源单粒子效应模拟试验系统和激光单粒子效应模拟试验系统，利用这两个系统可以进行几乎所有的单粒子效应试验，如单粒子翻转、单离子锁定、单粒子烧毁试验等，取得工程设计中需求的试验数据。

现将用于电子器件和集成电路单粒子效应地面模拟试验的重离子模拟源的特性及实验室试验装置分别介绍如下，质子加速器提供的质子束流特性将在第 4.10 节中结合加固保障测试的内容进行介绍。

4.8.1 重离子模拟源

直线串列静电加速器（TVGA）和回旋加速器均可以产生高能量、不同 LET 值的重离子来进行单粒子效应评估试验。回旋加速器可加速能量可变的多种离子，注量率在 $10^2 \sim 10^8$ particle/（cm²·s）连续可调，在硅中的射程不小于 30 μm。一般来说，回旋加速器单粒子效应试验终端配有放置试验板的真空室，真空室有密封插座，电缆可通过密封插座与外部试验系统连接。回旋加速器的特点是可将离子加速到很高的能量，加速离子的最大能量可超过 1 GeV，加速离子的射程长。对某些高能量离子来说，试验测试可以在大气环境进行。串列静电加速器可加速能量连续可变的离子，注量率在 $10^2 \sim 10^8$ particle/（$cm^2 \cdot s$）连续可调。串列静电加速器单粒子效应试验终端也具有放置试验板的真空室，真空室有密封插座，电缆可通过密封插座与外部试验系统连接。串列静电加速器的特点是可以相对快速改变离子的种类和能量，较快测量出敏感器件的单粒子事件阈值，与回旋加速器相比，串列静电加速器提供的离子的能量相对较低，离子的射程一般较短，特别是它难以提供射程满足要求的高原子序数的离子。

国内现有两台加速器均可以正常提供模拟试验用的不同能量重离子，根据国内相关试验结果看，HI-13 串列静电加速器能够提供多种不同能量和 LET 值的重离子进行模拟试验；而重离子加速器上的重离子能量很高，但是离子种类单一。各类加速器及其提供离子及设备的主要特点如表 4–3、表 4–4 及表 4–5所示。

表 4–3　用于单粒子效应地面模拟试验的加速器

名　称	能量范围（MeV/nuc）	优　点	缺　点
直线串列静电加速器（TVGA）	0～10	更换离子种类快，能达到较低的 LET 值，费用低	不能得到足够射程的高能离子
回旋加速器	10～100	能量高；提供离子种类较多，离子可具有足够射程	更换离子需占用大量时间，费用高
同步加速器	100～1 000	离子能量可与空间环境相比	费用高难以操作
质子加速器	10～150	能量可与空间环境相比	数量少

表 4–4　典型回旋加速器（美国 LBNL 88–IN）提供离子种类

离子种类	原子序数	能量/MeV	LET/（MeV·cm²·mg⁻¹）	射程/μm
H	1	55	0.01	100
H	1	15	0.03	100
He	4	12	0.35	100
N	15	67	3.1	55
O	16	430	1.0	100
Ne	20	90	5.6	45
Ar	40	180	15	46
Cu	65	290	30	45
Kr	86	380	41	46
Xe	136	600	63	50
Bi	209	950	95	50

表 4-5　范德格喇夫静电回旋加速器提供离子种类

离子种类	原子序数	能量/MeV	LET/（MeV·cm²·mg⁻¹）	射程/μm
C	12	110	1.4	100
F	19	150	3.2	100
Si	28	220	7.7	81
Cl	35	210	11.5	63
Ne	58	260	27	40
Br	79	290	37	36
Ag	107	300	53	31
I	127	230	60	31
Au	197	350	82	28

（HI-13 串列静电加速器和回旋加速器 HIRFL 提供的离子参数与上类同）

　　在实际测试中可以根据具体的试验要求和现实条件选用不同的重离子进行模拟试验。例如开展存储器件的多位翻转试验时，采用 Cf-252 源在测试系统调试及预备试验阶段使用；HI-13 串列静电加速器提供的重离子能量较低，可用来研究垂直轰击情况下产生的多位翻转，用 HI-13 串列静电加速器得到的 MBU 结果表明只检测到两位翻转，没有两位以上翻转出现；重离子加速器提供的高能重离子可用来研究掠射情况下产生的多位翻转，并且要求实现入射角度在 0°～85° 可调。在试验中发现，存储器 IDT71256 芯片中写入 "00"，而且仅当写入 "00" 时，在离子以各个角度入射下，都检测到了 MBU，翻转位数甚至达到 8 位。表 4-6 是多位翻转模拟试验中的重离子模拟源。

表 4-6　多位翻转重离子模拟源

种类	能量/MeV	LET/（MeV·cm²·mg⁻¹）	射程/μm	地点
Cf（252）	—	42	6-16.5	实验室
F（19）	46.8	6.149	24.8	
Cl（35）	113	13.8	21.85	北京串列静电加速器 国家实验室
Br（79）	133.7	38	21.1	
Ar（36）	1 260	4.37	714	

　　下面结合 HI-13 串列静电加速器，介绍辐照试验过程中重离子模拟源测试和引出的具体过程。在静电加速器引出的高剥离态离子的束流调试中，用荧光屏或法拉第筒直接监测束流。利用离子源的高压与磁参数修订，实现高剥离态

离子的加速与引出。从加速器引出的初级离子轰击金靶，得到通量为 $10^2 \sim 10^3$ 个/($cm^2 \cdot s$)的弱束流，DUT 板是固定在圆弧形的支架上的，上面有试验样品，中间有一个孔。试验前，旋转支架，将孔对准束流，束流通过孔打到后面的探测器上，校准计数器和多道计数器的计数值的比例，在试验过程中，旋转支架，使样品依次进入束斑，通过多路计数器的计数值就可以算出打到芯片上的离子数，而且这样的设计使离子以一定的角度入射到样品，这也是试验设计所期望的。试验中束流测试装置和 DUT 所在终端设备如图 4-45 和图 4-46 所示。

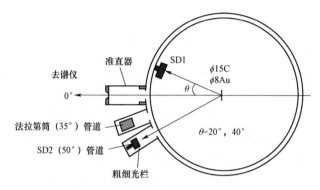

图 4-45　串列静电加速器散射室装置

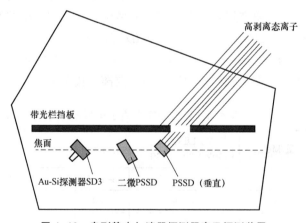

图 4-46　串列静电加速器探测器室及探测装置

在串列加速器上，辐照试验的一般过程和步骤如下：

（1）调试好 SD1、SD2、SD3、PSSD 工作状态。V_b=100～200 V，注意减少噪声。

（2）辐照每个器件前，测量监督注量比：$k=N_{SD3}/N_{SD1}$。最好测 3 次。做好 SD3 与 SD1 的位置记录（SD1 放置-20°，SD3 放置在焦面中心）。

（3）将样品置于 SD3 处（按刻度好了的位置）。

（4）按要求先调好束流强度，然后将粒子注量监测系统及样品测试系统准备好，送束流同时进行测量。在串列静电加速器上的具体试验表明，通常随着入射离子 LET 值和能量的增加，诱发各种单粒子效应的概率越大。如在单粒子烧毁重离子模拟试验中发现，随着入射离子 LET 值和能量的增加，样品发生单粒子烧毁的临界电压明显随之降低，而且样品的烧毁截面也显著增大。在开展的 SEB 模拟试验中，用高剥离态碘离子照射所有试验样品得到的临界电压最小。

4.8.2　放射性同位素锎源 ^{252}Cf

放射性锎（^{252}Cf）源是一种在 20 世纪广泛使用的重离子辐射源，时至今日，ESA ESTEC 试验中心仍采用这种模拟源来测试评估航天器用电子器件和集成电路的单粒子效应敏感性。放射性锎（^{252}Cf）源具有 α 衰变和自发裂变两种衰变方式。α 衰变寿命为 2.63 年，α 衰变中 α 粒子的分支比例为 96.91%，α 衰变中可以发射三种不同能量的粒子，其中 5.98 MeV 的占 0.2%，6.08 MeV 的占 15.2%，6.12 MeV 的占 81.6%。这些 α 粒子在半导体硅材料中的 LET 值（Si）约为 1.6 MeV·cm²/mg，一般来说难以诱发单粒子效应；自发裂变分支比例为 3.09%，寿命为 85 年（其他同位素的自发裂变寿命为 $10^{10}\sim10^{16}$ 年）。放射性锎（^{252}Cf）源自发裂变碎片的质量分布与 ^{235}U 和 ^{239}Pu 的热中子裂变相似，有明显的两个峰，一个峰对应的裂变碎片平均质量为 106.2 AMU（电荷数 z 为 46），平均动能为 102.5 MeV；另一个峰的平均质量为 142.2 AMU（电荷数 z 为 58），平均动能为 78.7 MeV；绝大部分（95%）裂变碎片的 LET 值（Si）在 41～45 MeV·cm²/mg 范围内，59.4%裂变碎片的 LET 值（Si）在 43～44 MeV·cm²/mg 范围内。

锎源在放射性衰变后产生的高能裂变碎片，可被利用进行单粒子效应模拟试验。锎源是在实验室条件下进行单粒子效应模拟试验的有效手段，这种源由于使用方便，节省费用，能模拟大部分电子器件和集成电路的单粒子效应等优点，在实验室中得到了广泛应用，NASA、ESA 和我国都利用锎源开展了许多单粒子效应测试试验和验证评估工作，为航天器辐射加固保障设计提供了技术保证。锎源的主要特点是，可以部分实现重离子的模拟，试验设备相对简单和易于维护及运行方便，锎源裂变碎片在硅中的射程较短（6～15.5 μm），多用于敏感区较浅的器件的单粒子效应研究和加速器试验前的摸底试验及测试。目前，常见实验室的锎源模拟试验系统主要参数指标为：放射源是 ^{252}Cf 同位素，总活度一般要求在 1.0～5.0 微居里（μCi）之间，放射源半衰期为 2.639 年。一般认为，^{252}Cf 同位素裂变碎片的 LET 值在 41～45 MeV·cm²/mg 范围内，平均

LET 值为 43 MeV·cm²/mg，在硅材料中的射程是 6～16.5 μm。锎源裂变碎片的平均 LET 值（Si）大于 100 MeV ^{56}Fe 离子的 LET 值（Si），而 ^{56}Fe 离子是宇宙射线中浓度最强的成分，从这一点来看，^{252}Cf 源适于模拟宇宙射线引发的单粒子效应。

实践证明，在单粒子效应测试系统调试和初步模拟试验中，采用锎源裂变碎片开展单粒子效应试验是一种方便简易的手段。如在进行模/数转换器单粒子翻转测试系统调试的过程中，用 ^{252}Cf 源进行单粒子效应初步试验研究中，发现 ADC0809 在 ^{252}Cf 源裂变碎片的轰击下，具有一定的误码点和误码区。在静态存储器多位翻转中采用 ^{252}Cf 源对器件（HM628128）进行预备试验中，检测到了 MBU，全部为两位翻转，其中一个"0→1"和一个"1→0"最容易发生，"00→11"次之，而没有发现"11→00"的。采用锎源，结合对裂变碎片能谱的精确测量和 LET 值的改变，对某些器件可以实现翻转截面曲线的测量。

利用锎源裂变碎片开展单粒子效应模拟试验时，一般将放射源和待测器件放置在真空装置中，这样可以避免大气对裂变碎片造成的衰减。图 4–47 为放射性锎（^{252}Cf）源单粒子效应试验装置结构示意图。

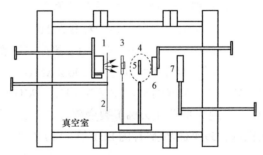

图 4–47　放射性锎（^{252}Cf）源单粒子效应试验装置结构示意图
1—放射源；2—衰减器；3—IRIS；4—导光管（照明装置）；5—闪烁体测试仪；
6—表面势垒探测仪；7—待测器件（DUT）

放射性锎（^{252}Cf）源单粒子效应试验装置主要由真空室、锎（^{252}Cf）源、衰变器及碎片特性测量仪及待测器件支架等主要部件构成。其中衰变器主要是通过对裂变碎片的衰减而实现其 LET 值的改变，闪烁体主要实现对裂变碎片强度和能谱的测量和校对，表面势垒探测器（SSD）也实现对裂变碎片能谱的测量及与闪烁体测量结果的校对。在放射性锎（^{252}Cf）源单粒子效应试验装置中，测试器件和表面势垒探测器（SSD）等通过电磁屏蔽和真空耦合的多芯电缆与外部测试设备相连。

放射性锎（^{252}Cf）源放置于真空室中，通过遥控支架，可以改变和精确确定源与样品之间的距离，1.0 微居里（μCi）^{252}Cf 源表面的中子剂量率小于等于 0.5 mrem/h，真空靶室外表面的 β 和 γ 总剂量率小于等于 0.2 mrem/h，基本上可以安全使用。

虽然利用放射性锎（^{252}Cf）源单粒子效应试验装置可以开展相关单粒子效应试验测试研究工作，但其存在一定的不足之处。第一，由于裂变碎片的射程很短，可能小于器件的灵敏区深度，将会导致模拟试验结果低估了电子器件和集成电路单粒子效应的敏感性；第二，裂变碎片的 LET 值随穿透深度急剧减小，必须经过仔细分析才能获得正确的结论。而裂变碎片包括许多不同类型和较宽能谱的离子，其模拟试验测试数据的分析比加速器试验结果的分析要复杂得多；第三，为了仔细分析裂变碎片模拟试验测试数据，必须精确测定裂变碎片的能谱、LET 谱和射程谱，试验测试过程变得比较繁杂。

4.8.3　激光单粒子效应模拟试验系统

激光器的物理基础是光的受激发射放大。激光的基本特征是激光是亮度极高的相干波，而激光器则是以发射高亮度光波为特征。如第 2 章所述，由于光子和离子与半导体材料相互作用都可以产生电荷，利用激光模拟研究单粒子效应是一种有效的方法，另外激光模拟对器件不具有破坏性。激光单粒子模拟系统是一种简便、经济安全可靠的实验室模拟单粒子效应试验设备。

激光单粒子效应模拟系统可以用于单粒子效应机理研究、单粒子效应导致的错误在逻辑电路中的传递规律研究、集成电路单粒子效应的分析和测试、星用元器件及电子线路加固性能的无损伤评估，以及集成电路的单粒子翻转敏感区的确定。可以代替高能离子模拟单粒子软错误和进行单粒子电离径迹电荷收集机制研究。另外，同加速器及放射性同位素锎源相比，激光模拟试验简便、经济、安全。

图 4-48 为脉冲激光束单粒子模拟试验系统组成部分示意图。激光单粒子

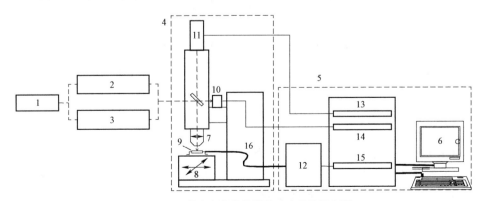

图 4-48　激光束单粒子模拟试验系统示意图

效应模拟试验系统主要包括：半导体激光器（1），纳秒级激光仿真器 Radon-5E（2），皮秒级激光器 EKSMA PL2143（3），聚焦单元（4），拥有 X-Y 移动平台（8）和 DUT 固定插板（9）的显微镜装置 Biolam M（7），激光能量仪（10），彩色 CCD 相机（11），控制和测试单元（5），CCD 相机 PC 接口板（13），激光能量仪 PC 接口板（14），DUT 功能测试 PC 接口板（15），缓冲单元（12），包括柔性多芯电缆线，奔腾计算机（6）及相关硬件接口和软件。

表 4-7 列出了实验室单粒子效应模拟装置的优缺点及用途。

表 4-7　实验室单粒子效应模拟装置

名称	优点	缺点	用途
脉冲激光	不损伤器件；入射能量可调；束斑小，定位精确	临界能量与离子的临界 LET 值难以对应，不能得到饱和截面，所得的结果不能用常用软件（CREAM）进行 SEE 预估	加固指标验证；位图（Bit Map）的获得；逻辑电路中错误地传递 SEE 与时钟的关系
聚焦离子微束	不损伤器件定位精确	束斑较大	电荷收集机理研究单粒子效应研究
锎源	模拟重离子方便	在硅中射程较短（6~15.5 μm）	用于敏感区较浅的器件的单粒子效应研究；加速器试验前的摸底

4.9　单粒子效应试验标准简介

基于单粒子效应研究和工程设计过程取得的研究成果，人们经总结提出了许多单粒子效应试验测试标准，诸如美国材料测试协会 ASTM F1192 标准，该标准提出了半导体器件重离子单粒子效应测试指南；美国电子行业协会 EIA/JEDEC 标准 EIA/JESD57，该标准规定了半导体器件重离子单粒子效应试验的过程与要求；美国电子行业协会 EIA/JEDEC 标准 EIA/JESD89，该标准规定了半导体器件 α 离子和宇宙射线离子诱发软错误试验的过程与要求；美军标 MIL-STD-750E 方法 1080，该标准具体规定了单粒子烧毁（SEB）和栅击穿（SEGR）的试验测试要求与过程；欧空局（ESA）标准 SCC-25100（ESA-SCC），该标准为半导体器件重离子和质子单粒子效应试验标准；中国国军标 GJB 7242—2011，该标准规定了重离子产生单粒子翻转与锁定的一般试验方法和过程；中华人民共和国航天行业标准 QJ 10005—2008，该标准给出了重离子辐照引起的单粒子效应的试验指南，包括试验要求、试验方法和试验程序。下面对几个典型标准的特点作一概要介绍，供读者参考，如果读者对相关内容感兴趣或工程设计上有需求，具体可以进一步详细参阅有关试验标准的内容。

1. ASTM F1192—2000 标准指南

在单粒子效应试验测试方面，美国材料测试协会（ASTM）提出了一个测试指南 ASTM F1192—2000，即《半导体器件重离子单粒子效应试验》指南。指南主要规定了利用重离子来分析和测试微电子器件和集成电路的单粒子现象。该指南对辐射领域，特别是单粒子效应方面使用的主要术语进行了简要描述，该标准实际上也遵循了美军标 MIL–STD–750D 的针对功率器件的试验测试要求，该标准指出了在单粒子效应试验测试中离子射程的重要作用，标准中强调："因为传统器件的相关敏感节点常常埋在有源芯片的下方，足够的离子射程在检测单粒子锁定时尤其重要。"然而，指南中并没有明确解释什么是"足够的离子射程"。

2. EIA/JEDC57 标准指南

该单粒子效应试验标准指南由 EIA/JEDC 提出，是一个专门针对单粒子烧毁（SEB）和栅击穿（SEGR）的试验测试标准。该标准清楚地解释了 SEB 和 SEGR 的测试要求，以及如何选择加速器提供的离子进行照射测试。在本标准的相关章节中特别指出，"必须注意确保离子的穿透深度大于器件电荷收集区域的深度，这也进一步要求确保离子在穿越晶体管电荷收集区时，其 LET 值保持不变"。但应当指出的是，几乎所有高压功率 MOSFET 器件都有一个很深的衬底，典型加速器离子在穿越该区域时，其 LET 值不会保持不变。对于 SEGR 测试，EIA/JEDC57 标准指南建议在两次辐照之间，使用 $0.1\,BV_{DC}$（10%击穿电压）的电压增量，从 $V_{DS}=0\,V$ 开始一直增加电压，直至器件失效。但这种规定电压增长步长的问题太僵化了，而 10%击穿电压的步长增量也是一种比较粗略的方法，容易给试验数据带来较大误差。而相关测试试验研究工作表明，对于给定的重离子照射来说，采用较小的电压增量，在确定功率 MOSFET 器件安全工作区域时，可以给出更细致的分辨水平。该标准指南也提出了如何在两次辐照之间老炼器件，这一点很重要，因为在辐照过程中，DUT 可能已经超出了规范指标规定的要求，但仍然在电性能功能方面保持正常。在 EIA 指南中也指出，大多数的微栅击穿（局部栅击穿 SEGR）会在低电压下诱发不合格规范的故障。该指南还规定使用示波器进行 SEGR 测试，但是，由于现代 MOSFET 器件具有电流控制能力和电压阻断特性，所以采用示波器的方法被认为是不适当的；尽管使用示波器能够实现快速 SEGR 事件的捕获，但是对于高压功率 MOSFET 器件来说，采用示波器进行 SEGR 测试时，面临着许多技术问题需要克服。

3. 国内相关标准指南

国内在单粒子效应研究和工程设计实践中，总结形成了中国国军标 GJB 7242—2011 及中华人民共和国航天行业标准 QJ 10005—2008，两个标准主要结合国内大型加速器设备的特点（如注量率在 $10^2 \sim 10^8$ particle/（cm² •s）连续可调），具体给出了开展单粒子翻转、单粒子锁定及单粒子扰动试验的目的、要求、方法和程序，两个标准不包括功率 MOS 器件的单粒子烧毁和栅击穿。应当指出的是，航天行业标准 QJ 10005—2008 规定的内容更具体一些，如规定了对试验结果不确定度分析的要求等。

4. 试验标准的主要内容

一般单粒子效应试验测试标准的主要内容包含标准主题、术语及定义、设备及一般过程、试验计划及过程等。具体标准在内容规定上也有不同，具体内容读者可以参阅相关标准。在这里，我们简要介绍一下单粒子效应试验测试中应当特别关注的有关内容。第一，一般情况下需要将待测器件揭盖，重离子在真空条件下做试验测试，如前面模拟源部分内容所述，DUT 一般放置于真空装置中；而质子单粒子效应试验一般在大气条件下做试验。第二，主要的几个标准都强调了重离子要有足够射程（大于 30 μm）（但在 JEDEC57 中无规定），另外，JEDEC 标准规定了使用有效 LET 值（SEB 测试除外）。第三，所有标准都规定了离子照射时的最小注量数值或发生单粒子事件数的最小数目，重离子最小注量分别为 10^6 ion/cm²（软错误）及 10^7 ion/cm²（硬错误），质子最小注量为 10^{10} proton/cm²，或至少产生 100 个事件的注量大小。第四，在翻转截面测量时，至少有 5 个 LET 值数据点或能量值数据点。第五，需要评估器件接收的总剂量大小。最后，一些标准也规定了一些其他具体的要求，诸如 ESA SCC–25100 标准规定了试验样品数（＞3），JEDEC 规定了 SEB 试验的一些特殊要求等。在下面章节中，主要介绍基于试验标准和指南开展的单粒子效应评估和加固保障测试内容，具体内容涉及了相关标准实施的具体过程和要求，读者可以进一步参阅。

|4.10 加固保障测试|

4.10.1 质子 SEE 加固保障测试

　　与重离子加固保障试验相比，质子加固保障试验要相对容易且成本较低。试验的最优流程是与任务需求和具体应用有关。例如，如果一个航天器应用系统，要求控制器件在空间不能发生单粒子锁定，但是能够容忍相对较高的单粒子翻转率，那么 SEL 试验就应该在 SEU 试验之前进行。在这样的试验顺序下，如果检测到 SEL，就说明器件不满足应用需求，无须再进行后续的试验，这样可以节省相应的试验时间。但是，如果系统能够容忍一些单粒子锁定事件的发生，那么在加固保障评估过程中，推荐在质子单粒子锁定试验之前先进行质子单粒子翻转试验。从前几章的相关知识介绍我们知道，在进行单粒子锁定试验时，一般需要在高温下进行辐照（满足最坏情况的要求），而单粒子翻转试验通常不需要在高温条件下开展。由于器件冷却至室温需要一定的时间，因此简单的办法是先在室温下进行辐照试验，然后再进行高温下的辐照试验。另外，单粒子锁定试验也有可能造成试验样品器件损坏，给后续单粒子翻转试验带来不便。

　　质子单粒子效应试验中需要注意的一个重点问题是质子辐照会对器件产生明显的电离总剂量效应（TID），造成器件性能衰减。TID 引起的性能衰减能导致器件 SEU 截面增大和器件永久性失效。正因为如此，在试验中有必要准备更多可用的试验样品，被测器件的具体数量要依据器件的 SEU 或者 SEL 敏感性以及 TID 加固特性而定。对 SEU 敏感的器件可以用低通量的粒子（TID 水平较低）进行表征，而具有 TID 加固设计特性的器件就可以用高通量的粒子进行表征，这样一来，质子的 TID 不会造成器件性能衰减或者衰减程度很小。对于这两种情况中的任何一种，需要进行试验测试的器件数量都可能较少。另外，对 SEU 不太敏感但对 TID 比较敏感的器件，试验中就需要更多的样品器件进行辐照，以得到足够的统计数据。因此，试验前要特别注意被测器件数量的选择。如果试验中没有足够的被测器件会导致试验数据品质低，而且重复循环试验会增加测试成本。如果只有少数可用于试验的器件或者是要限制被测器件的数量，那么质子 SEU 试验应在质子能量高（最低 TID 影响）的条件下开始。大多数器件的 SEU 截面在质子能量降低到低能量时才会发生明显变化。这一事实也可以用来限制用于表征该器件的质子能量（即 TID）的数量。

（一）测试准备

1. 辐射源设备

辐射源必须能提供 20～180 MeV 能量范围的质子。理想情况下，辐射源应能产生系统应用环境中存在的最大能量的质子。对于空间辐射带的俘获高能质子，其最大能量约为 400 MeV。对任何给定能量的质子，束流歧散（能量的变化）的半宽高（FWHM）应该小于目标能量的 25%。束流歧散主要是由于束流线上使用的降能材料导致质子能量降低而引起的。对于大多数高能质子加速器设备来说，这是一种改变质子能量的唯一实用方法。对于能够提供多个单能质子的设备，都是通过降能材料获得相应试验所需的质子能量。例如，美国 TRIUMF 质子回旋加速器能够提供 70 MeV、116 MeV、220 MeV、350 MeV、480 MeV 的单能质子，如果试验需要能量为 85 MeV 的质子，就可以利用塑料衰减材料对 116 MeV 质子进行降能而得到，但这个能量具有一定的歧散特性。图 4-49 给出了 TRIUMF 质子回旋加速器的低能束流线出口，塑料降能器用于降低质子能量，放置在中心位置。需注意的是有些设备在降低质子能量时会导致质子通量也降低，这可能会使得试验时间极大增加。

图 4-49　TRIUMF 的低能粒子束流线（利用塑料降能器（中心位置）改变质子能量）

综上所述，通过降能材料或者改变不同能量的质子的方式可以降低质子能量，但对质子加速器设备而言，改变不同能量质子的方式通常需要更多的时间，因此，在单粒子效应加固保障测试中，通过改变束流线来频繁改变质子能量的办法往往是不切实际的。如果需要测试其他同类型的器件或者不同类型的器件，可取的办法是在改变束流线之前，完成给定能量下所有器件的测试，这其中也包括单粒子锁定的测试。但是，单粒子锁定的测试应该从试验设备能提供的最高质子能量（最高 500 MeV）条件开始。如果不是这种情形，即使在质子能量较低的情况下没有检测到单粒子锁定，器件单粒子锁定试验也仍旧需在较高质子能量的情形下测试。此外，在进行单粒子锁定试验时，必须要考虑的是器件将暴露在更多的辐射剂量下。如果总剂量会影响 SEU 截面，则试验中应该用多个器件进行测试。如果是通过在束流线上放置材料的方式进行衰减质子能量，这样操作的试验时间通常会比更换器件要短些。（有些试验设备在束流线上放置降能材料时会增加束流线和被测器件放射性，这种情况下为了减小对人体的辐射危害，建议在改变质子能量前先更换器件）

2. 试验人员

大多数远程操作试验是 24 h 全天候进行的，如果试验人员有限，会导致每个人的工作时间非常长，且不能高效地使用试验设备，因此，在试验期间需要足够的人员进行数据获取以及数据初步分析，以达到试验设备的优化利用，确保获得高质量的试验数据。

3. 剂量测定

几乎所有的试验设备都会提供辐射剂量的测定。了解辐射剂量的测量方法能更好地分析辐射剂量测试结果的准确性。但是，为了确认剂量测定的准确与否，应该提供一种方法来复查其准确性。注量（总剂量）可以用热释光探测器（TLD）测量。另一种方法是通过测量对电离总剂量不敏感的器件的 SEU 截面来实现测量。只要器件 SEU 或者 SEL 截面不受总剂量影响，则在不同的质子条件下（如不同能量或通量），器件的 SEU 或者 SEL 截面不会发生非常明显的变化，这和重离子试验过程也是类似的，在 SEU 或 SEL 截面饱和区内，其截面不会随着离子种类或者能量等条件的改变而变化。因此，如果试验中观测到 SEU 或 SEL 截面发生明显的变化，这足以表明辐射剂量出现了错误或者是辐射剂量测量系统出现了问题。此时，在继续进行试验前应该先解决剂量问题带来的差异。对于 SEU 和 SEL 试验，剂量测定要必须确保离子注量的精确度在±10%范围内。另外，离子通量要足够高，才能保证在合理的时间段内到达辐照目标。典型地，SEU 和 SEL 试验中质子通量范围是 $10^7 \sim 10^9$ protons/（$cm^2 \cdot s$）。

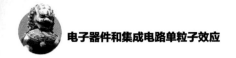

4. 测试电路板

在辐照试验期间或者原位测试中，被辐照器件应该安装在测试电路板中或者与其相连接，测试电路板还应该包括其他外围电路。除非另有规定，所有器件输入端和其他任何可能影响辐射响应的输入端，均应在辐照期间内实现电性连接，而不是悬浮状态。测试电路板的尺寸和材料应该保证质子束流能均匀辐照待测器件 DUT。试验方案设计中，对测试电路板应进行良好设计和架构布局，以防止振动，减小漏电流，防止电损坏，并获得准确测量结果。安装器件或者连接测试电路板相关电路的插座，只能使用有抗辐照性能的，且漏电流不能太大。例如，在暴露电离辐射下或者温度升高引起漏电流增加的情形下，有些插座的电阻会发生改变。辐射试验现场所有重复使用的设备都要定期进行检定，以防止其物理或电学特性衰退。测试电路板上的器件（除了被测器件 DUT），应该对质子累积总剂量不敏感。除非有绝对必要将测试电路放置在 DUT 临近位置，否则测试电路要距 DUT 约束流直径 2 倍以上的距离，以降低质子辐照过程中累积总剂量引起的性能衰减程度。对不同质子加速器设备，质子束斑直径随设备不同而不同，而且除了束斑直径不同之外，质子通量的大小通常与束斑半径有关。试验测试者（用户）必须确认能容忍的束流通量变化程度，尤其在对多个器件进行辐照时要着重考虑这个问题。例如，在 TRIUMF 设备上，束流直径的变化范围是 2～10 cm，对于大多数试验，整个测试电路没有必要和DUT 的测试电路放置在同一个电路板上。

由于质子撞击束流线上的材料会产生次级粒子（如中子和 γ 射线），因此所有的试验设备（包括偏置电源等）都应该尽可能远离束流线放置。如果相关设备距离束流线太近，将会造成性能退化或者引起单粒子效应，导致设备出现功能故障或者测试结果不准确。常用聚乙烯或者铅块进行屏蔽以减小次级粒子对设备的辐照。但是，考虑到试验系统的整体性，测试设备也不必距离 DUT 太远。长电缆线的阻抗可能会影响 DUT 的偏置电压、高频测试等，所以，在辐照试验前应该确认 DUT 的偏置电压施加是否准确。在 TRIUMF 试验设备上，典型距离是 5～15 英尺（1 英尺=30.48 厘米）。如图 4-50 是 TRIUMF 设备低能束流线上测试设备放置位置示意图。在设计测试电路板时应该减少使用具有长放射性的材料，避免使用高 Z 材料（如钨）和高危险的材料（如铅）。通常，在束流线上要尽量减少屏蔽材料的数量。

需注意的是，束流线上的线缆和其他组件受高能质子照射后会变得活化，不能长距离长时间装配运输。因此，对于连接 DUT 或者测试板的长距离线缆，推荐采用长度较短的连接线缆。

图 4-50　试验设备放置位置

5. 测试线缆

良好的线缆对于测试试验是非常重要的，在试验前要确认线缆正确使用方法。试验过程中常常遇到的问题都与电缆故障有关，如短路、开路或者是短时间内短路或开路。合理恰当处理线缆是试验的基础，也是必需的。连接试验设备和测试电路板的线缆必须尽可能短，且应该具有低容抗、低漏电流的特性。长线缆可用于连接试验设备和计算机系统，以控制设备并采集和分析数据。对于大多数远程操作的试验设备，连接其与控制计算机的线缆一般都大于 50 英尺。在试验前，用户需要联系设备操作员确认试验线缆的最小长度。应当注意的是，对于所有的质子试验设备，试验人员都必须处于单独的具有屏蔽效果的控制室或者操作间内，实现对试验测试过程的操作与控制。

6. 试验运行环境

大多数质子设备的试验都是在大气环境下进行的（不是真空罐环境）。如果试验设备间要控制器件的温度，设备间、试验测试电路板、插座等所有部件都要能忍受试验所需的最高温度。如果质子束流是通过屏蔽墙才入射到 DUT，则屏蔽墙的材料核和厚度必须要减小到最小程度，以防止质子能量的衰减。这尤其在低能质子试验中显得非常重要。

7. 温度控制

温度控制可以通过多种方式实现，例如为了对被测器件进行加热处理，可在 DUT 和插座之间用电阻加热带。通过改变电阻加热带的电源就能改变温度。改变温度的另一个方法是利用环境试验炉实现，如图 4-51 所示。图中所示的试验，利用一个空气加热枪将热空气强制注入环境炉内，通过控制加热枪的温度和空气流，很容易远程改变温度。这种加热方法特别适用于电阻加热带不能在 DUT 和测试板/测试插座间稳定放置的试验情形，也可用于需要加热较大试验子系统的情形。

商用的温度冷却系统可用于器件冷却。为了防止器件在结冰温度以下出现累积的霜冻，器件必须放置在真空环境下。在确定质子能量和通量大小时，必须考虑温度控制系统外壳的厚度。

在高温环境下，准确测量温度对重复进行 SEE 试验非常关键。无论是加热还是冷却，都可将热电偶连接到器件以监测温度变化情况。

图 4-51　用于测试器件的便携式环境试验装置（DUT 放置其内）

通过控制加热或者冷却系统的偏置电源的输出实现温度的自动控制，热电偶放置在 DUT 附近，且与 DUT 保持良好的热接触是准确测量温度的关键。理想条件下，热电偶应该设置多个位置连接点以准确确定温度变化情况。

监测温度的另一个方法是在给定电流下利用二极管正向电压与温度变化的函数关系来实现。这个技术可用来准确测试被测器件的温度变化。二极管可用于多种器件上（如：输入保护二极管、漏极-衬底间二极管等），这些二极管在用于控制试验装置的温度之前要准确标定，例如将二极管放在准确标定了温度的试验装置内，测量二极管正向电荷和装置温度变化之间的关系。由于二极管电压和温度密切相关，利用这个方法可以实现器件温度的高灵敏测量，且应该在试验前进行温度和电压相互关系的标定工作。图 4-52 给出了二极管作为温度监测器的实际应用情况。

监测温度的第三个方法是热成像方法（这个仅适用于已加热的器件）。无论使用何种方法监测温度，温度的精确度也不能确定是否在 ±5 ℃。因此，为

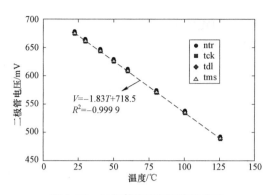

图 4-52 二极管电压与温度的关系

了确保温度能够满足系统需求，温度应该设定在系统或者器件正常运行温度高5 ℃的某个值。

8. 试验电路板的布局

DUT 必须放置在束流照射区域的中心位置。束斑大小和均匀性分布特性会对单次试验中的器件数目有一定的限制。器件被辐照的芯片面积最大一维尺寸要小于束流直径。束流直径大小小于器件被辐照面积几何尺寸时应该进行多次辐照。但是，如果多次辐照才完成整个器件的辐照试验时，试验测试很难准确确定出 SEU 截面大小。辐照试验中，束流通量会发生变化，但是器件被辐照面积内的束流通量变化不应该超过 20%。大多数试验设备上，用激光来对被测器件进行定位，如图 4-53 所示。在一般加速器试验设备（TRIUMF 试验设备）上，DUT 后方的一束激光用来将束流定位在 DUT 的 X–Y 中心，另一束与 DUT

图 4-53 利用激光束的器件定位

平行的激光用于准确定位 DUT 与束流出口处的距离，这也用于确认器件表面是否正对束流入射方向。一旦 DUT 正对束流，束流入射角度可利用电控制位移设备或者手动位移设备或者其他试验设备来改变，但必须确保在改变入射角度时被测器件 DUT 的试验平面 X–Y 保持不变。

9. 单粒子翻转表征

通常，SEU 截面的单位有每器件的 SEU 敏感区域大小（cm²/device）和每比特位的 SEU 敏感区域大小（存储器件，cm²/bit）。单粒子翻转截面大小应该在最坏条件下进行测试表征得到，一般来说，推荐试验在多个条件（如：静态和动态试验）和不同数据模式下进行。例如，SRAM 存储器的质子 SEU 截面可以在静态模式下测试获得。在静态模式下，被测器件写入具体数据模式，然后在一定注量下进行辐照试验，辐照结束后关闭束流，再读取存储器的数据并统计错误数。对于这类试验，应该用多个数据模式进行 SEU 截面特性表征，典型的数据模式包括"棋盘图案"（"1"和"0"的逻辑序列）和"毯状图案"（全"1"或者全"0"），以及更复杂的数据模式，如"行走图案"（依据毯状背景在地址空间中移动一个补充位）和随机图案。虽然常规的"毯状图案"和"棋盘图案"很容易实现，但是推荐试验中必须要识别确认复杂翻转模式，如地址错误或者多个比特位的翻转敏感性。通常，对于串行访问的存储器，有些数据模式也是不能选择的，如果 SEU 与数据模式有关，则推荐试验中要首先利用多种数据模式（理论上包括复杂的数据模式）比较 SEU 的敏感性。如果已知 SRAM 的逻辑地址和物理位置的关系图，应该得到矢量图以便区分出 SEU 和 MBU，并确认翻转不是由于单粒子锁定引起。即使逻辑–物理关系图无法得知，也可利用低通量试验找出 MBU。当然，由于经费预算和试验时间的限制，在不同可能试验条件下完全表征 IC 是不可能的，例如，SDRAM 和微处理器就有很多不同的运行模式。因此，重要的是试验方案设计要制定出接近系统实际应用情形下的试验条件，例如，"即飞即测"的试验测试要求。

10. 质子直接电离效应

质子直接电离过程会使低能质子（<2 MeV）照射试验条件下获得的 SEU 截面增加，目前还没有可适用于针对这种过程的常规加固验证的可行试验方法。理想情况下，在质子能量歧散最小的条件下，最好是将质子的布拉格（Bragg）峰值定位于器件敏感层内。实现的一种方法是可以利用低能的（如 6 MeV）单能质子束流，由于质子穿透覆盖层到达敏感层时，能量会发生衰减。考虑到束流线上的材料性能和质子能量，敏感层内的质子能量需最优化到在低能时观测

到 SEU 截面明显增大的现象。即使束流线材料非常薄，撞击器件的质子也是单能的，但质子在到达敏感层时能量也会发生明显的歧散。虽然如此，但采用这种试验方法也能观测到 SEU 截面明显增大的现象。

第二种方法是，可以采用另一种替换的试验方法，试验采用重离子，首先从高能段开始试验，这个方法可能得到与质子类似的阻止本领，但能量歧散相对很小。同时利用上述两个试验方法，可以合理确定质子直接电离引起的 SEU 截面增大程度。但是，这两种方法都要计算粒子穿透材料时的能量损失，且需要覆盖层的具体特性参数，通常不能直接获得试验用的束流条件。因此，这些试验方法都需要有辐射效应分析和测试试验方面的专家协助进行，这是一种不易于控制操作的、可行的加固验证试验流程。

第三种方法是，试验从更高能量的单能质子束流开始（如 60～70 MeV），然后利用恰当合适的阻挡材料（如铝或者塑料）对束流进行衰减。这种方法与前述的方法相比将产生相当大的能量歧散，使得它没有能量分辨能力，导致不能合理评估质子直接电离引起 SEU 截面增加的程度。但是，这能作为一种可行的方法用于辨别确认对质子直接电离效应敏感的器件。实际上，试验从高能质子开始，然后用阻挡材料进行能量衰减的过程可直接比拟卫星内部入射在电子器件上的低能质子产生的过程。

11. 单粒子瞬态

质子撞击器件内部敏感逻辑节点，会产生瞬态信号，信号会沿着逻辑开路传播到达锁存电路或者其他存储单元。如果瞬态信号幅度足够大，持续时间足够长，就能改变存储单元的状态，这就是单粒子瞬态效应。单粒子瞬态的测试试验和表征（如瞬态信号的宽度）要比质子 SEU 试验复杂得多。有关 SET 的详细测试技术及表征可参考本章 4.3 节的相关介绍说明。例如，SET 的测试表征通常可以采用特殊的逻辑电路或者内建的测试电路来实现。应该注意的是，随着新工艺技术不断发展，SET 已成为 CMOS 数字电路普遍关注的重点。

12. 单粒子锁定表征

理论上，单粒子锁定试验允许进行逻辑功能测试和电流监测。试验测试中发现，有些器件仅表现出很小的电流增加，如果没有器件的功能测试试验，这种"微锁定"现象就很难被检测到。对 SOI 器件来说，照射中其静态供电电流增加得非常小，功能测试的方法也可用于检测其"单粒子急返"现象。在测试方法和试验流程设计中，通过检查测试矢量图和对器件实现循环重复供电的方法，可将单粒子锁定、单粒子翻转以及单粒子功能中断等效应区分开来。如果功能测试试验不可行，器件可以在其首选的电源逻辑状态下表征，即在辐照试验前不必写入具体的数据模式。在这种情况下，在辐照过程中必须持续对电源电流实施监测。当电源电流增加到预先设定的阈值以上时，就记录一次单粒子锁定。众所周知，试验过程中为了获得单粒子锁定截面，必须记录一定辐照注量下发生的多次单粒子锁定现象数目。为了实现多次单粒子锁定的测量，在首次记录单粒子锁定后，必须快速地在极短时间内去除电源电压（如 0.5 s 以内），而要消除单粒子锁定，必须重新施加电源电压，然后继续进行辐照测试。（注意：在确定给定能量下的质子 SEL 有效截面时，必须考虑这个掉电与加电过程形成的死时间，通常，为了保证死时间的正确性，两个锁定之间的时间要比移除偏置电压所用的时间要长得多）。依据相关试验结果的总结分析，目前采用的限定条件是电流阈值设定为超过器件静态电流的 10%。这里需要注意的是，供电电流会随着温度和总剂量而改变，因此，在试验中要随着试验的进行而不断调整电流设定阈值。为了防止重复单粒子锁定试验引起器件破坏性失效，器件电流必须在限定的安全运行范围内。

13. 总剂量对 SEU 截面的影响

由于一些器件的单粒子翻转截面对总剂量效应很敏感，因此除非已有试验证明器件对总剂量不敏感，否则都应该假设 SEU 截面对质子总剂量效应是非常敏感的。试验测试中应当注意的是，器件对总剂量效应敏感与否取决于器件的具体制作工艺和电路设计。因此，同一厂商利用相同工艺技术制作的器件或许对总剂量有不同的敏感性。卫星系统用的器件在进行单粒子效应试验前，要先利用 Co-60 伽马射线源，依据卫星在轨运行的飞行时间进行长时间辐照，以确定其对总剂量的响应特性。器件应该在最严重总剂量损伤的试验条件下进行辐照，对于大多数器件来说，就是在最大供电电压下进行。为了确定器件对总剂量效应是否敏感，要在系统需要的总剂量的 80% 的条件下对一系列器件进行辐照试验。器件必须在辐照后要完全地达到功能正常的要求，然后器件在偏置条件下进行室温退火，相对于器件在系统中运行时间来说，退火时间要短。这实际上也提供了器件在卫星飞行环境下辐照诱发衰退的过程。需注意的是，器件在质子辐照试验过程中也会遭受总剂量，但是，由于器件没有退火的时间，通常这种总剂量试验是个相对保守的试验过程。另外，质子辐照器件时，总剂量辐照试验应在器件所需的偏置条件下进行，且要减少被测器件的个数。试验结束后，应该将器件在有总剂量辐照条件下的单粒子翻转截面与没有总剂量辐照条件下的单粒子翻转截面进行对比分析，如果总剂量辐照条件下的最大截面超过没有总剂量辐照条件下的 10 倍多，就应该认为器件对总剂量敏感。需注意的是，这个 10 倍的差异只是估计，具体超过的数值取决于系统对单粒子翻转的敏感度。如果已确定器件对总剂量敏感，那么所有的单粒子效应试验就必须至少针对总剂量辐照过的样品器件进行。如果时间允许，且有足够多可用的样品器件，试验也同样应该在没有总剂量辐照的器件上进行，以确定在空间飞行中器件的翻转率差异。现有针对 SRAM 的试验数据表明，仅有总剂量辐照下呈现出静态供电漏电流增加的器件，才表现出翻转截面对总剂量的敏感性。因此，如果器件的静态供电漏电流不随着总剂量增加，就不必对比有无总剂量辐照器件的单粒子翻转截面，所有的试验都可以在没有总剂量辐照的器件上进行。

（二）质子诱发单粒子翻转测试流程

质子单粒子翻转试验的一般流程如图 4-54 所示。试验第一步是让质子加速器设备操作者将束流能量调至最大质子能量，随后将束流通量（注量率）调节到试验所需的近似通量（注量率）大小，通过对束流的测试与标定，确认束流达到了试验用束流的特性参数要求，即质子束流能量和通量等参数的数值大小。

在质子加速器试验终端进行测试设备安装和调试中，将测试仪器、测试板与 DUT，以及测试控制系统（通常为测控计算机系统）通过线缆连接。线缆连接好以后，对 DUT 施加偏置电压，并在 DUT 端用万用表或者伏特表进行确认；利用试验过程中需要的最小试验模式和最小偏置电压对 DUT 进行测试确认，确保 DUT 功能正常。DUT 放置在距离束流出口所需的位置并对准束流中心，随后，如果需要，可将 DUT 封装在试验装置舱内。如果需要加热就对器件进行加热设置及控制，等待温度达到稳定状态（通常是温度达到需要的温度后等待 5~10 min）。注意这些都要在关闭束流终端室门之前完成。只有 DUT 确认功能正常，温度设置正确后，试验才能开始。

利用最小偏置电压对器件施加偏压，用与总剂量辐照试验相同的试验模式对器件进行编程。试验中设置质子的总通量时，由于试验前无法准确确定试验用束流的总通量大小，所以一般在静态测试模式下，通常初始总通量设定为最大试验通量的百分之一。一般来说，试验最大总通量与系统相关，也与试验过程对可信度的设置有关，在进行单粒子翻转加固保障测试中，最大总通量典型值是 10^{10} proton/cm²@SEU，而在进行单粒子锁定加固保障测试中，最大总通量典型值为 10^{11} proton/cm²@SEL。在动态测试模式下，翻转数应该在试验过程中确定，粒子通量设定为最大试验通量，当统计到足够的错误数后（大于 100 个错误数）停止辐照，具体过程介绍如下。

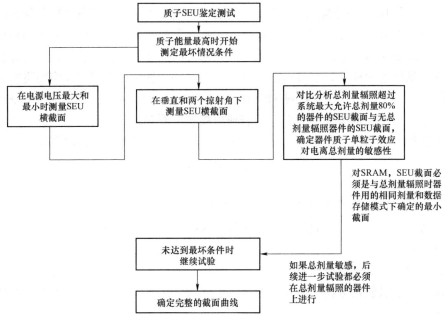

图 4-54 质子加固保障测试流程

1. 常规表征测试试验

束流照射器件的过程中，在动态测试方式下，当试验过程中测试获得的翻转数目满足要求或者入射质子达到最大注量时就要停止质子束流的照射（取决于哪个条件先达到）。就试验数据的最大统计可信度而言，试验测试过程获得的翻转数目应该尽可能地多（大于 100），但是如果被测的是 SRAM 或者相似的器件，总翻转数不应超过总存储容量的 1%。如果翻转位数比总容量的 1%多得多，则单个比特位发生两次翻转或者已处于翻转状态的敏感节点撞击后恢复原状态的可能性将会变得非常大，会影响到测量的精确性。对于静态测试，当总注量达到试验要求时，则读取器件并记录统计翻转位个数。如果翻转数比预期数值大得多，则停止试验。否则继续试验。试验中拟选取的粒子总注量可依据第一次测试试验的结果得到。如果对 SRAM 或者类似的器件进行试验，翻转数比总存储容量的 1%还多时，这时候，应该降低总注量，然后重新开始试验测试，以得到期望的翻转数。注意，在每次试验后，要采用上次辐照过程中相同的数据模式对 DUT 重新刷新和编程，如果没有检测到错误，试验持续进行，直到满足加固保障要求为止。如果对 DUT 重新刷新和编程后检测到错误，则应该切断偏置电压约 0.5 s，然后重新加载偏压再重新刷新和编程。如果依旧检测到错误，则说明器件功能异常，需要更换无辐照的器件再开展试验测试。如果循环供电后器件功能完全正常，则可能是辐照过程中发生了单粒子锁定。如果器件确实发生了锁定，则测试记录到的翻转数就是错误的，包含有单粒子锁定诱发的错误计数，不能用于计算器件的空间单粒子翻转率大小。在试验过程中，DUT 没有发生单粒子锁定时的翻转错误数是有效的，如果在试验过程中单粒子锁定连续发生的频次高，则不能测试器件的单粒子翻转截面，器件是否可用将取决于系统应用的要求和发生单粒子锁定时的质子能量大小。应当注意的是，大量试验测试表明，SEU 试验的最坏情形下所对应的偏置电压，通常是 SEL 试验中最不敏感的偏置电压。

2. 确定总剂量敏感性

为了确定器件质子单粒子效应对电离总剂量的敏感性，一般是对比分析总剂量辐照超过系统最大允许总剂量80%的器件的单粒子翻转截面和无总剂量辐照器件的单粒子翻转截面。假如对 SRAM 或者类似器件进行测试试验，单粒子翻转截面必须是与总剂量辐照时器件用的相同剂量和数据存储模式下确定的最小截面。如果单粒子翻转截面对总剂量敏感，那么后续进一步试验都必须在总剂量辐照的器件上进行，同样，到达器件的总注量要必须确保是最小的。例如，在 SEU 表征试验中，器件可被辐照的总剂量为 2 krad（Si），随着试验的进行，器件遭受的总剂量会持续增加，一旦照射过程中接收到的总剂量达到了系统可接受总剂量的一部分时（如达到 10%），则试验必须更换新的器件后继续进行。

3. 确定角度敏感性

在上述基础上，试验过程的下一步应该是确定单粒子翻转截面是否与质子束流入射角度有关。注意，如果试验用的器件是之前所用的同一厂商相同工艺的器件，已经确定了质子入射角度对翻转截面的影响，则这一步试验就不必再重复进行。调整质子入射角度为 90°（水平擦过），最小偏置电压驱动器件，并且用上述试验以确定的最坏情形下的试验模式（包括数据模式和编程模式）对器件进行编程写入。将束流调整至能得到预期单粒子翻转数对应的注量。然后辐照器件，分别测量在入射角度为 0°、90°、180° 下的单粒子翻转数。如果 90° 或者 180° 入射下的单粒子翻转截面要比 0° 入射下的高两倍多，则后续所有的试验需要在翻转截面最大对应的入射角度和垂直入射角度下进行，直到垂直入射下的翻转截面比最坏入射情形下翻转截面大为止。但是需注意的是，90° 和 180° 入射时，入射束流线上的材料会衰减质子束流能量和强度。

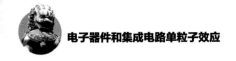

4. 确定最坏情形的偏置电压

大多数情形下，SEU 的最坏情形的偏置电压是最小供电电压。但是对于有些器件，其最坏情形的偏置电压可能是最大供电电压，如 SOI 器件在最大供电电压下"浮体效应"最严重，这可能在最大供电电压下 SEU 截面较大。通过在最大供电电压和最小供电电压下表征的 SEU 截面就能很容易确定最坏情形下的偏置电压。用最大供电电压偏置器件，并用上文提到的最坏情形试验模式对器件进行编程，调整束流入射角度至最坏情形，设置质子总注量至预期翻转数对应的注量，然后辐照器件并测量翻转数，比较分析最大偏置电压和最小偏置电压的翻转截面，进而确定最坏情形下的偏置电压。如果这两个截面没有明显的差异，则以后试验就用最小的偏置电压。

5. 单粒子翻转截面与质子能量关系

基于上面的初步试验结果，就能确定试验过程所应当设置的最坏情形条件。下一步就是测量并给出单粒子翻转截面与质子能量的关系曲线，这个测试曲线数据主要用于确定空间辐射环境下的软错误率计算与分析。试验测试过程中，减小质子能量，如果翻转截面随着总剂量增加而改变，则安装一个总剂量辐照至系统忍受总剂量 80% 的试验器件，如果翻转截面不会随着累积总剂量改变，则可以安装一个已经辐照过的器件，也可以安装一个没有辐照过的器件。用最坏情形的偏置电压对器件施加电压，并用最坏情形试验模式对器件进行编程，调整质子入射角度至最坏情形的条件下。对于静态测试，设置质子总注量至预期翻转数对应的注量，然后辐照器件。一旦注量达到要求，就立即停止试验并记录翻转数。如果翻转数接近或者大于预期的翻转数，则试验停止，否则，试验继续直至注量达到最大水平。如果是动态测试，翻转数则是在辐照过程中确定，质子注量要设定为最大水平。当记录到预期的翻转数后停止试验。重复进行上述的试验过程，直到在最大注量水平下没有检测到更多翻转或者束流能量 FWHM 歧散数值大于靶能量的 25%，试验停止，从而得到 SEU 截面与质子能量的关系曲线。

（三）质子诱发单粒子锁定测试流程

质子诱发单粒子锁定测试的一般试验过程流程图如图 4-55 所示。

1. 质子能量大于 400 MeV 的试验流程

与质子 SEU 试验过程类似，单粒子锁定试验首先应从选取最大能量质子开

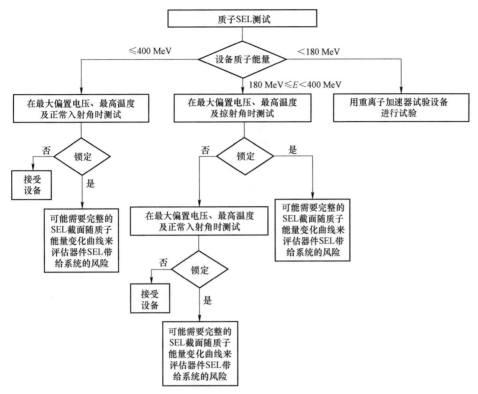

图 4-55　质子诱发单粒子锁定测试流程

始。一般情况下，质子通量率要尽可能大一些，这样可以减少试验照射时间；但同时也要求通量率足够低，以确保发生两次锁定之间的时间比重启电源消除锁定的时间要长。例如，假如检测到单粒子锁定时移除电源需要 0.5 s，则选择的通量率大小要低到一定程度，以防止发生单粒子锁定的频次比每 10 s 一次还高。另外，质子通量率又要足够高，以保证在合适的时间周期内完成试验。注意，对于大多数质子加速器试验设备来说，通量率不可能降低到相当低，以满足一些商用工艺器件的单粒子锁定试验要求；假如是这种情形，实际的 SEL 截面要比试验测到的高得多。为了解释其中的差别，就必须从辐照时间中减去移除偏置电压所用的死时间，以确定器件在偏置状态时到达器件的有效通量（注量）。

　　如前面关于质子 SEU 试验所述，在束流照射室内准备好试验器件，包括束流线上正确、合理放置器件，确认器件功能完全正常，设定器件温度值及系统运行的最高温度等。然后利用最大偏置供电电压对器件施加电压，如果需要进行功能性测试时，并对器件编程。最后设定试验所要求的最大质子注量，该最大注量与测试系统相关，同时，也应该考虑同类型多个器件照射时所需的总的累计注量。在单粒子锁定记录方面，器件电流超过静态偏置电流的 10%时，设定该电流数值为判断单粒子锁定发生的电流阈值。

辐照器件过程中，如果应用系统不能容忍单粒子锁定，记录到单粒子锁定后就应该停止辐照，判定器件试验测试不通过。如果在最大通量水平下没有记录到单粒子锁定，器件通过试验验证，无须再进行后续相关的试验测试过程。

如果总体要求或系统设计中对单粒子锁定发生的概率是可以接受的，则需要测试获取完整的 SEL 截面随质子能量变化曲线来评估器件 SEL 带给系统的风险。在确定单粒子锁定截面的试验过程中，单粒子锁定次数超过 100 次或者辐照至最大注量水平时停止辐照（无论哪个条件先到）。在测试过程中，当每次记录单粒子锁定后，偏置电压必须移除 0.5 s 的时间，然后重新上电并对器件进行编程写入。如果进行器件功能测试试验的某些点上出现功能异常，是锁定过程引起器件永久性失效，则停止试验。如果没有测量到单粒子锁定，应该对器件重新进行功能验证；如果功能测试不能在加速器试验终端设备上进行，则应该撤离试验现场后再继续进行。

试验中需降低质子能量，在新的能量点重复上述试验，确定该能量下的单粒子锁定截面；在降低质子能量的试验过程中，持续降低质子能量，直到在最大注量水平，或者束流能量的 FWHM 歧散超过目标能量的 25%时，仍没有检测到单粒子锁定为止。

单粒子锁定试验需额外关注的一点是：SEL 可以是破坏性或者非破坏性的。通常通过限制电源供电电流（如限定在超过正常值 100 mA）以防止发生破坏性的 SEL 事件。但是，有时需要确定系统应用中是否会发生破坏性的 SEL。评估 SEL 是否是破坏性的一个方法是将限制电流增加到较高值（例如超过正常值的 1~2 A，注意最大限定电流要考虑系统的能力），且使器件在锁定状态下保持较长时间（例如几分钟长的时间）；如果器件对破坏性锁定敏感，这个方法将提高破坏性锁定发生的概率。

2. 质子能量 180 MeV＜E＜400 MeV 的试验流程

一些质子加速器能够提供的质子束流能量范围在 180~400 MeV，对于这个能量范围内的质子，试验时同样也要将质子能量调节至最大后开始测试。按照上述的方法放置 DUT，然后分别在 0° 和 85° 入射角的情况下辐照器件（考虑到束流线上器件可能未对准，选择 85° 是一个实际可行的选择。如果选择 90° 入射角，器件稍微未对准就会导入入射角超过 90°，则试验电路板接收的质子会严重衰减）。在较高能量段，如果系统不能容忍单粒子锁定，且记录到单粒子锁定现象，则器件试验测试失败。如果在最大注量水平下，0°和 85°入射时都没有记录到单粒子锁定，则器件通过测试，无须再进行后续试验。降低能量重复进行试验就可得到 0°和 85°入射下的 SEL 截面。

需注意的是，在航天器系统所处环境中的质子最大能量以下的能量点进行 SEL 试验将能得到符合 SEL 加固要求的评估验证。例如，如果质子能量为 200 MeV 时没有检测到 SEL，可通过假设在最大试验通量水平下有一次单粒子锁定发生，就可以确定出质子能量达到 200 MeV 时的最大 SEL 率。对于能量在 200 MeV 到 400 MeV 的质子，假设每 10^4 proton/cm^2 的注量发生一次单粒子锁定，并计算最大 SEL 率（基于质子与器件标准材料相互作用的上限反应速率）。如果应用环境中能量超过 200 MeV 的质子非常少，这将产生非常低的 SEL 率。如果质子能量为 200 MeV 及质子能量在 200～400 MeV 范围的综合 SEL 率比可接受的锁定率低，则无须进行进一步的验证试验，可以认为器件通过了 SEL 值加固保障测试要求。

3. 质子能量小于 180 MeV 的试验流程

不应该利用最大质子能量小于 180 MeV 的试验设备进行单粒子锁定的质子试验。这是因为用低能质子进行试验时，会明显低估 SEL 发生的概率。如果不能使用可产生能量大于 180 MeV 的质子加速器试验设备，则应该用重离子加速器试验设备进行试验。如果重离子试验结果表明器件发生 SEL 的 LET 阈值大于 40 MeV·cm^2/mg，则认为器件几乎不可能由于质子照射引起单粒子锁定。如果 SEL 的 LET 阈值小于 40 MeV·cm^2/mg，则认为器件可能会由于质子照射引起单粒子锁定。如果是这种情形，用户想要得到完整的 SEL 截面与离子 LET 值的相互关系来评估器件，则依据重离子 SEL 验证指导方法进行试验。

（四）质子诱发单粒子烧毁和栅击穿测试流程

质子和重离子都能引起单粒子栅击穿和单粒子烧毁，其两者的试验流程也类似。应当注意的是，在进行质子单粒子栅击穿和单粒子烧毁试验时，质子束流都是垂直入射被照射器件芯片。

4.10.2　重离子 SEE 加固保障测试

一般来说，在采用重离子开展单粒子效应加固保障测试过程中，在重离子单粒子锁定试验之前，通常最好是完成重离子单粒子翻转试验。这是由于单粒子锁定试验需要在加热条件下进行辐照，而单粒子翻转试验通常不需要加热。更简单的方法是首先在室温下完成辐照试验，然后再进行加热条件下的辐照试验，这是由于冷却器件至室温时一般需要一定的时间。另外，对测试器件来说，单粒子锁定试验可能具有潜在的破坏特性，为了能够在试验过程中最大限度地获得有效和准确的试验测试数据，在选择离子进行照射时，推荐从具有最大LET离子条件下开始进行重离子单粒子效应敏感型评估试验。

（一）测试准备

1. 辐射源

重离子辐射源通常能够提供单能的某元素高能离子。对于一些输出重离子能量非常高的离子源，可以通过金属箔的阻挡作用对离子能量衰减后，实现利用单个高能粒子源来产生一定范围的LET离子。从第3章讨论可知，当离子能量足够高时，离子穿透半导体敏感区域时将有足够的能量沉积（LET）以产生诱发SEU或者SEL的机制发生，如果能量不够高，则可能会导致试验结果的不充分或错误的结论。试验中必须考虑器件芯片表面覆盖层对离子能量和LET值的影响。应当注意的是，假如不能观察到SEU或者SEL发生的机制，即使辐照到非常高的注量水平也不能确保器件在空间应用功能正常。对于一些高SEU阈值或SEL阈值的器件，高能离子（其LET值低于LET阈值）也可能会诱发核反应产生次级粒子引起SEU或者SEL，但是，低能离子本身的电离过程不会诱发SEU或者SEL。因此，对于给定LET值的离子，其最坏情形的能量就是最大能量。在加固保障测试中，所有的加速器重离子辐射源可为用户提供各种能量离子在材料中的射程分布范围，但在确定器件敏感区深度以及覆盖层厚度时，最简单的方法是联系生产厂家获取相关器件结构工艺数据，但是，由于厂家一般都不会提供关于器件结构工艺参数的任何具体信息，因此关于器件的敏感区深度和覆盖层厚度等参数的获取，常常都是对器件进行破坏性物理分析而得到，并且一般都需在选择重离子加速器试验设备前完成。这里应该注意的是，有些加速器设备（串列加速器）提供的离子能量范围不足以确保所有的单粒子效应能观察到，尤其是对具有较厚的氧化物覆盖层和包含有金属层的先进工艺制造的集成电路，这种现象将表现得更加明显。

这里应当指出的是，重离子源设备的合理利用会提高单粒子效应加固保障测试的有效性。有些重离子源设备（重离子加速器），改变离子种类与能量通常和改变器件一样能快速实现；我们知道，试验测试中反复变换试验样品会增大样品器件、试验固定装置和连接线缆损坏的风险，所以，对于这样的重离子源设备，最好的利用就是用来测量单个试验样品（或者在单个测试板上安装的系列样品器件）的SEU或者SEL截面与LET值的关系，而不是更换器件去测试样品之间的不同单粒子效应特性。但对于其他的一些重离子加速器设备，改变离子能量和种类不容易实现，最好的利用方法是在改变离子能量和种类之前实现对多个器件的试验测试表征。

2. 辐射剂量测定

质子试验中关注的基本问题同样适用于重离子试验。对于 SEU 和 SEL 试验，必须测量剂量以确保离子注量的精确度在 ±10% 以内，离子注量率必须选择在比较合适的数值范围内，使得在合理的时间周期内，可以实现试验所要求的总注量（10^7 ion/cm²）。对于一般器件的 SEU 和 SEL 加固保障测试试验，重离子注量率的典型范围是 $10^4 \sim 10^6$ ion/（cm²·s）。

设备使用用户应该咨询设备操作者以确定如何明确器件钝化层的试验流程，以及确定器件敏感表面的离子 LET 的组合使用流程。我们知道，在照射离子能量一定的情况下，集成电路敏感层内重离子 LET 值主要取决于器件内部覆盖层的类型和厚度，以及敏感层在器件内的深度。离子穿过不同材料的 LET 值可以通过计算得到，而且大多数重离子 SEE 设备的操作者或试验终端平台都提供相关的计算结果。但是，如果器件覆盖层的成分和厚度不能准确知道，在进行重离子表征试验时，最好不要使离子入射进入一定厚度的覆盖层，如果不能精确地实现这一点，那么加固保障测试就不能只是简单地记录入射到器件表面的 LET 值，但在假设覆盖层材料类型及厚度的情况下，可以计算得出入射到器件表面的 LET 值，但实现起来比较困难。

3. 器件准备

在全世界范围内，除了少数几个离子源（重离子加速器），大多数用于器件重离子表征的离子源都是相对低能的，离子射程在数十到数百微米范围内变化，这个射程不足以穿透商用器件的封装层，因此，所有器件在试验前都要进行去封装处理。对于有些类型的器件，需要去除封装材料而暴露出背面的衬底，由于衬底的厚度是数百微米，一般离子源提供的重粒子难以穿越器件内部的功能区域，必须对衬底进行减薄处理。如果减薄刻蚀的过程不能实现完全均匀，这个过程将会导致离子穿过器件背面衬底时引起能量和 LET 值的改变，在试验前，用户需要确定这种减薄背面衬底的方法和工艺实现过程，使得其对离子特性的影响降到最低。

4. 试验电路板

重离子试验用的电路板同样必须有良好的设计和结构布局。质子试验中有关器件安装、对准、设备放置等的描述同样适用于重离子试验，图 4–56 给出了一个加固保障测试中采用的一般试验电路板示意。在试验电路板方面，性能良好的线缆非常重要，在进行远程操控前应该确认线缆的正确操作方式，除非有另外的特殊要求，否则所有器件的输入终端以及其他可能影响辐射响应的任何接口在辐照试验中都应该进行电性连接，比如不能处于悬浮状态。重离子束流的束斑直径随设备不同而不同，常常可由用户提出控制要求，其典型尺寸是束斑直径为 2～5 cm。器件温度的控制同样可以用质子试验方法中提到的措施进行控制。

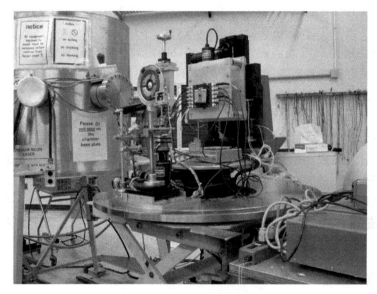

图 4–56　重离子试验典型电路板

5. 试验环境装置

对于低能重离子（＜10 MeV/nuc）试验设备，通常都要提供真空装置（如真空罐），且离子照射试验样品器件必须在真空环境装置中进行，以防止重离子在空气中产生额外的能损。对于高能重离子试验设备，可在空气中进行试验，这会大大简化试验装置和连接线缆。同质子试验一样，器件要在真空室里冷却。冷却装置必须合理设计以兼容重离子真空装置。

6. 试验电路板对准

DUT 必须在要求的角度上对准束流中心，除了同质子试验一样的对准要求外，如果重离子试验是在大气条件下进行，在计算器件表面的 LET 值时，必须将重离子在空气中传播的距离考虑在内。所有重离子设备都有调整入射角度的机构，在大角度入射时必须注意器件的封装或者连接插座不能阻挡束流，保证束流的 X、Y、Z 位置仍旧能够实现对准；由于大角度入射时会增加离子束流被遮挡的可能性，降低了有效 LET 值，加固保障测试中，推荐离子入射角最大限制在约 45°，特别是对体硅工艺制造的器件和集成电路来说，更要提出如此要求。

7. 单粒子翻转、单粒子锁定和总剂量表征

表征器件单粒子翻转和单粒子锁定敏感性的重离子加固保障试验流程通常与质子试验基本流程相似。对于单粒子翻转截面的表征测试，必须在多个试验条件下完成。理论上，单粒子锁定试验允许进行功能测试和电流监测。有些器件的单粒子翻转截面同样对总剂量敏感，除非已知其敏感性，否则应该假设器件的重离子 SEU 截面是对总剂量效应敏感的。重离子表征试验的典型最大离子注量范围为 $10^6 \sim 10^8 \, \text{ion/cm}^2$。

8. 单粒子瞬态效应

和质子类似，重离子撞击敏感逻辑节点，也会产生瞬态信号。在数字电路中，单粒子瞬态信号会沿着开路传播，到达锁存器或者其他存储单元，如果瞬态信号的幅度和脉宽足够大，就能改变存储单元的状态。在模拟电路中，瞬态信号会直接影响电路的模拟输出，影响系统运行。关于数字电路和模拟电路的单粒子瞬态效应分析和试验指导可参考本章节中相关说明。但是，和质子试验一样，用户应该注意 SET 已成为新型工艺技术下 CMOS 数字电路逐步关心的热点问题，在模拟电路中也在持续关注。

（二）重离子诱发单粒子翻转测试流程

重离子单粒子翻转试验基本流程如图 4–57 所示。最初试验应该在没有经总剂量辐照的器件上进行（最初试验中常常会发生不可预期的问题，最初用无累积总剂量辐照的器件，可将总剂量辐照的器件数保持在最少）。试验设备与 DUT 以及与控制试验的系统用线缆连接，对器件施加偏置电压，用万用表或者伏特计确认 DUT 的偏置电压。用最小试验模式和偏置电压对器件进行试验前的测试，确保器件功能完全正常。DUT 上被照射器件的芯片对准照射束流中心，束流对准 DUT 后，如果有需求时将其封闭安装在试验真空环境装置内。如需加热则对器件进行加热，并在温度达到要求后静置 5～10 min 待其稳定。以上这些都应该在关闭束流室之前完成。一旦确认 DUT 功能正常，温度设置正确，则可以进行束流照射试验。

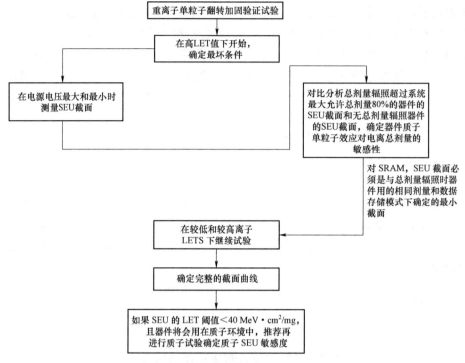

图 4-57　重离子单粒子翻转加固验证试验流程

调整试验设备，提出试验要求的离子种类和 LET 值，以及初步试验需要的离子通量；确认试验设备的束流通量等条件。初步试验应该选择 LET 值高于预期 LET 阈值（是在器件未经总剂量辐照下的 LET 阈值）的条件下进行。LET 阈值的近似值可从相关技术文献或者试验经验中得到，对于大多数商用器件来说，LET 值大于 30 MeV·cm²/mg 即可满足要求。

用最小偏置电压对器件施加电压，并用与总剂量辐照试验中采用的试验模式对器件进行编程写入，离子注量设定为系统运行要求的最大注量。

1. 基本表征试验

在辐照器件过程中，在动态测试情况下，当获得的预期翻转数达到标准规定要求或者辐照注量达到最大时（无论哪个先满足）就停止试验。考虑到获取的试验数据的最大统计可信度，获得的翻转数应该尽可能多（＞100），但如果是 SRAM 或者类似的器件，其翻转数不应该超过总存储量的 1%。对于静态测试，一旦注量达到试验要求，就读取器件并记录翻转数。如果翻转数比预期值大，则停止试验，相反则试验继续进行。试验需要的离子注量大小依据最初测量试验而定。如果是对 SRAM 或者类似器件进行试验，且翻转数占总存储量的比例明显（大于 1%），则试验应该用较小注量水平开始。注意每次试验后，对 DUT 用试验过程中所用的数据模式进行重新编程写入，若没有测量到错误，则试验可按照要求继续进行；若重新编程写入后测量到错误，则移除偏置电源约 0.5 s 后再重新加电，再对器件进行重新编程写入。如果仍检测到错误，则器件可能出现功能异常，或者器件对微剂量效应或者单粒子诱发的粘位效应敏感，则样品用新器件替代后试验继续进行，但是如果这些失效在新器件上仍能观测到，则应该对微剂量效应或者粘位效应进行表征分析。如果器件在重新循环供电后功能正常，这有可能是辐照过程中出现了单粒子锁定现象，如器件确实发生了单粒子锁定，则记录的翻转数不准确或者是错误的，数据不能用于计算软错误率。对于有效的错误数，应该是 DUT 在试验过程中无单粒子锁定发生情况下测试获得的数据。如果单粒子锁定连续高频发生，则不能测量器件的单粒子翻转截面，器件是否可用将取决于系统应用以及发生 SEL 时的重离子 LET 值。注意，通常 SEU 试验最坏情形下对应的偏置电压是 SEL 试验的最不敏感偏置条件。

2. 确定总剂量敏感性

对比分析辐照累积总剂量达到系统最大总剂量 80% 的器件的单粒子翻转截面与无总剂量辐照器件的单粒子翻转截面。如果对 SRAM 或者类似器件进行测试，必须用最少数量的器件进行确定。如果确定单粒子翻转截面是对总剂量敏感的，那么后续所有的试验都必须用总剂量辐照了的器件进行。

3. 确定最坏情形的偏置电压

下一步试验应该是确定器件的最坏情形的偏置电压。这个试验不仅仅是在标准体硅器件上进行，其他器件也是必需的，如 SOI 等其他类型的器件。用最大偏置电压对器件进行加电，并用最坏情形的数据（试验）模式对器件编程，设定注量至预期能获得翻转数的值，辐照器件，测量翻转数。对比分析最大偏置电压和最小偏置电压下的翻转截面，如果没有明显的差异，则最坏情形的偏置电压是器件最小偏置电压。

4. 单粒子翻转截面与重离子 LET 值的关系

利用上述试验的结果，即可知道最坏情形的试验条件，下一步就是确定单粒子翻转截面与重离子 LET 值之间的关系，可用于确定空间环境下的软错误率。不改变入射离子的种类或者能量，增大入射角能增大离子有效 LET 值，典型入射角是 0°、30° 和 45°。对于体硅器件，由于大角度会使得有效 LET 值变得不准确，且器件的封装或者引脚很有可能会影响束流，因此一般推荐入射角度不超过 45°。试验中必须确保器件封装面不会阻挡束流。如果 SEU 截面会随着总剂量而变化，则需要安装一个被辐照了系统总剂量 80% 的器件进行测试。另外，也有近似有效 LET 值方法不能使用的情形，此时表征试验应该至少包括 5 个不同 LET 值的数据点。

如果 SEU 截面不随着总剂量而变化，则可以随意安装一个已经经过总剂量辐照的器件，也可安装一个没有辐照的器件。用最坏情形的供电电压偏置器件，用最坏情形的试验数据模式对器件进行编程。对于静态测试，设定粒子注量至预期要得到的翻转数对应的注量，然后辐照器件，在静态测试中，一旦离子注量达到要求则停止试验，记录翻转数，如果翻转数接近或者超过了预期值，则停止试验，相反地，则试验应该继续直至离子注量达到最大值。注意：随着离子 LET 值的增大，截面也会呈现增大趋势，因此，逐步增大的注量将会导致更多的翻转；反之，随着离子 LET 值的减小，截面呈现减小的趋势，要想得到预期的翻转数就必须要更高的离子注量。对于动态测试，翻转数应该在试验过程中确定，离子注量应设定为最大注量水平。当记录到预期的翻转数后停止试验。一旦完成此步骤，则改变不同离子，重复上述试验直至 LET 值足够减小到确定了 LET 阈值为止。建议确定不再发生单粒子翻转的 LET 阈值的最小注量是 $5×10^7$ ion/s。类似地，增大 LET 值直到 SEU 截面饱和或者达到试验设备的最大 LET 值。由此就可得到 SEU 截面和 LET 值的对数曲线。如果 SEU 的 LET 阈值＜40 MeV·cm²/mg，且器件将会用在质子环境中，推荐再进行质子试验确定质子 SEU 敏感度。相反地，如果器件 SEU 的 LET 阈值＞40 MeV·cm²/mg，则没必要进行质子试验。因此，比较有效的方法是在进行质子试验前先进行重离子试验，可利用重离子的试验结果判定是否需要进行质子试验。

（三）重离子诱发单粒子锁定测试流程

重离子单粒子锁定加固验证试验基本流程如图 4-58 所示。

试验第一步是与设备操作员联系沟通调整束流的离子种类和能量至输出最大 LET 值，离子注量调节至初步试验需要的大概通量。通过咨询有经验者确定试验所需通量的设备条件。通常，要求离子通量尽可能大，除非单粒子锁定截面已经确定了。在试验中，一方面，离子注量要足够低以确保两次单粒子锁定之间的时间足够长，能有足够的时间移除电源消除单粒子锁定。例如，当检测到单粒子锁定而移除电源需要 0.5 s，则离子通量应该设定足够小，以防止单粒子锁定发生的平均频次超过 10 s 一次。另一方面，离子通量也必须足够大以

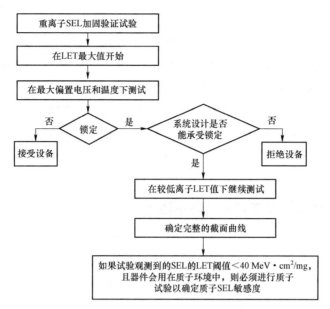

图 4-58　重离子单粒子锁定加固验证试验基本流程

在合理的时间段内完成试验。注意：对于大多数试验设备，离子通量不能足够低到满足商用器件的试验要求，如果遇到这种情形，真正的 SEL 截面要比测量值大得多，则处理数据时必须将移除供电电源的死时间从辐照时间内减去，以确定辐照器件的有效通量（注量）。

　　重离子单粒子翻转试验的准备流程同样适用于重离子单粒子锁定试验。设定离子注量至最大注量（具体注量值依据系统而定，还要考虑系统中如果使用多个同类型器件时的累积总注量），设定单粒子锁定检测电流为超过静态偏置电流的 10%。

　　如果系统对单粒子锁定不免疫，当记录到单粒子锁定时就停止辐照，器件没有通过测试；如果在最大注量下没有检测到单粒子锁定，则器件通过测试，无须再进行后续试验。

　　如果发生单粒子锁定的概率可以接受，则需要完整的 SEL 截面以评估系统所用器件的危害风险。如要确定 SEL 截面，则当记录 SEL 的次数超过 100 或者辐照注量达到最大值时（二者具备其一，无论哪个条件先达到）停止辐照。注意每次记录单粒子锁定后，偏置电压必须移除 0.5 s 的时间，然后再重新加电，器件必须重新编程（如果进行功能测试试验时）。如果单粒子锁定数超过了 100，试验停止，如果进行的是功能测试，且在一些试验点功能不再正常，则单粒子锁定试验引起了器件永久性失效，则需要停止试验。如果没有检测到单粒子锁定，则应该重新测试其功能。如果不可能在设备上进行功能测试，则应该在试

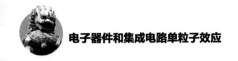

验后带回实验室进行功能测试。

改变离子种类前先改变离子入射角度，然后再衰减束流或者改变离子。重复试验直至在最大注量下没有检测到单粒子锁定。如果试验观测到的 SEL 的 LET 阈值＜40 MeV·cm²/mg，且器件会用在质子环境中，则必须进行质子试验以确定质子 SEL 敏感度。相反地，如果在 LET 值低于 40 MeV·cm²/mg 时没有观测到单粒子翻转，则不必进行质子试验。因此在质子试验前先进行重离子试验是更有效的试验流程，可以根据重离子的试验结果判定是否需要后续的质子试验。

（四）重离子诱发单粒子烧毁试验流程

重离子单粒子翻转试验流程中重离子束流和器件等的准备过程同样适用于重离子单粒子烧毁试验。对于单粒子烧毁试验，重要的是选择能量足够高能穿透器件顶部的离子，能在器件敏感层具有有效的 LET 值。对于功率 MOSFET，敏感层非常深，不能认为 LET 值在敏感内保持常数不变，通常，给出的 LET 值是器件表面的 LET 值，其与穿透敏感层的 LET 值略有不同，因此有可能要计算有效 LET 值，即穿过敏感层的平均 LET 值。在任何情况下，试验设备不能提供能量不足以表征 SEB 特性的离子，对于功率 MOSFET，经研究表明单粒子烧毁和单粒子栅击穿除了与离子 LET 值有关外，可能与离子种类有关。

重离子单粒子烧毁试验的偏置电压在标准 MIL–STD–750 E 的方法 1080 中给出。将 DUT 对准束流垂直入射的中心位置，并放置在距离出束口预期的位置。测试 DUT 的功能，测试其功能完全正常后开始试验。用最大漏极偏置电压对 DUT 加电，设定最大注量（这与系统有关，而且如果系统用了多个相同类型器件时还应该考虑累积离子注量），设定记录重离子 SEB 的电流阈值为器件静态漏极偏置电流的 10%。如果是进行非破坏性 SEB 试验，要限定最大漏极电流，例如，通过在 DUT 漏极的测试电路上加入一个限流电阻。SEB 的敏感性随着入射角度增加而减小（也就是说垂直入射时 SEB 敏感性最大），SEB 的敏感性也会随着温度的升高而降低，因此，SEB 试验的最坏情形条件是室温下的垂直入射，SEB 的验证试验就应该在这样的条件下进行。在 SEB 试验中不允许通过改变离子入射角度的方式来改变有效 LET 值，如果系统应用对 SEB 事件不能容忍，辐照至最大注量水平，如记录到 SEB 即停止试验，器件没有通过测试。如果在最大注量水平下没有记录到 SEB，对器件重新进行功能测试（例如分析电流–电压曲线），若器件功能仍然正常，则器件通过测试，无须进行后续试验。如果能接受 SEB 的危害或者当器件的电压降低时，建议得出了 SEB 截面和/或 SEB 电压阈值与离子 LET 值的相互关系。

假如要确定 SEB 截面，当 SEB 次数超过 100 或者辐照总注量超过最大注量时（二者具备其一，无论哪个先达到），停止辐照。注意每次记录 SEB 事件后，必须移除偏置电压约 0.5 s，然后再重新加电。如果 SEB 事件数超过 100，则停止试验。

通过改变离子种类或者它的能量来改变离子 LET 值，重复试验直至在最大注量水平下没有记录到 SEB。如果观测到 SEB 的 LET 阈值低于 40 MeV·cm²/mg，且器件会用在质子环境中，则必须进行质子试验以确定器件的质子 SEB 敏感性，相反地，如果在 40 MeV·cm²/mg 以下没有观测到单粒子翻转，则不必进行质子试验。

（五）重离子单粒子栅击穿试验流程

重离子单粒子栅击穿试验的基本流程与单粒子翻转和单粒子锁定的试验流程基本一致，其束流准备和器件准备的流程与要求和重离子翻转试验类似。

重离子栅击穿 SEGR 的偏置电压配置要求在标准 MIL–STD–750 E 的方法 1080 中给出，对于晶体管用最大栅极偏置电压对器件进行加电，对于非易失性存储器用最大偏置电压会使得写入电压最大，而对于其他类型的器件应该用最大功率的偏置电压对其进行加电。非易失性存储器应该在写操作下进行测试。设定注量至最大注量水平。对于晶体管，设定记录 SEGR 的栅极电流阈值至一个适当的值（要高于系统噪声，但是也要足够低，能检测到栅极电流明显增大即可，其值在 1 nA～1 μA 即可满足要求）。SEGR 的发生概率与温度关系不明显，但随着入射角度的增加而减小。因此，SEGR 的最坏情形试验条件是室温环境下的垂直入射。SEGR 试验中不允许通过改变入射角度的方法改变有效 LET 值。对于晶体管或者分立器件，当电流显著增大时停止辐照。如有可能，可通过测量伏安特性来确认是否发生 SEGR。如果确认是发生了 SEGR，则在此 LET 值下器件没有通过测试。对于非易失性存储器或者其他 IC，辐照至最大注量水平，测试 IC 的功能以及静态偏置漏电流的增加值。如果 IC 功能不再正常或者出现永久性的大电流，则器件在此 LET 值下没有通过测试。如果在最大注量水平下没有检测到 SEGR，则器件通过测试，无须再进行后续试验。如果系统应用能接受一定程度的 SEGR，则建议得到了 SEGR 截面和/或 SEGR 电压阈值与离子 LET 值之间的关系。对高压器件降额是功率 MOSFET 常用的处理方法，因为其能降低氧化物电场，降低 SEGR 的敏感性。

进一步试验是确定 SEGR 的 LET 阈值。通过改变离子种类或者改变离子 LET 值，重复进行试验直至在最大注量和预期电压下没有观测到 SEGR。类似地，在给定 LET 值下，通过降低器件的栅极电压进行试验直至没有观测到

SEGR，从而确定 SEGR 阈值电压。如果观测到 SEGR 的 LET 阈值低于 40 MeV·cm²/mg，且器件在质子环境下应用，则还必须进行质子试验，相反地，如果在 LET 值低于 40 MeV·cm²/mg 时没有观测到单粒子翻转，则不必进行质子试验。

应该注意的是，上述描述的重离子 SEGR 试验并不能总是表明离子撞击破坏了氧化物的整体性，但可以在辐照后通过栅极压力试验（Post-irradiation Gate Stress Test，PGST）进行分析。对于 PGST 试验，是利用栅极电压的变化来测试氧化物的完整性，其具体方法在 MIL–STD–750F（1080.1）中给出。PGST 已经证明重离子辐照能导致栅极氧化物失效，因此，SEGR 试验应该包括 PGST 测试。

| 4.11   在轨测试数据举例 |

日本研究工作者利用安装在工程试验卫星（ETS–V）上的 CMOS SRAM 器件获得了单粒子效应的在轨实测数据，ETS–V 运行于地球静止轨道。该在轨测试获得了 3 年左右的单粒子锁定和单粒子翻转数据，也观测到了太阳耀斑对单粒子效应敏感性的影响，同时，对测定的单粒子翻转数据与海洋观测卫星 1 号（MOS–1，一颗中高轨道卫星）上携带的 TIL SRAM 的测试数据进行了比对分析。在对测试数据的处理中，利用泊松分布和极值理论（双指数分布）来进行分析，结果发现，在太阳最大年期间，单粒子事件数目会随之减少。

针对单粒子翻转 SEU 和单粒子锁定 SEL，日本工程试验卫星 ETS–V 开展了在轨测量试验研究。1987 年 8 月 27 日，日本国家空间开发局（NASDA）发射成功工程试验卫星 ETS–V，在航天器上搭载有"技术数据采集设备"（TEDA），该设备主要用来获得研制航天器所必需的技术数据。TEDA 包括有一个单粒子软错误监测器（RSM），该监测器主要针对 64 Kbit CMOS 静态存储器（NEC，jJPD4464D–20）开展单粒子翻转和单粒子锁定的检测。器件周围的屏蔽厚度等效于 21.5 mm 的铝材料厚度，仪器由日本开发局 NASDA 联合日本 NIT 研制成功，其实现的主要测试功能如下：① 静态存储器中发生单粒子翻转的频度；② 通过监测器件电流状态，实现单粒子锁定发生频度的测量；③ 测量硬错误引起的丧失存储功能的位数目；④ 电离总剂量效应的监测；⑤ 测量数据的遥测功能。

图 4–59 为采用工程试验卫星 ETS–V 搭载的单粒子软错误监测器测量的单粒子锁定数据，图中横坐标为时间（已过去的天数），纵坐标为发生单粒子锁定的次数。数据获取周期大约为 180 周的时间，从 1987 年 11 月 22 日开始，到 1991 年 6 月 13 日结束。值得提及的是，在此期间，发生了著名 1989 太阳耀斑爆发，时间跨度为 1989 年 9 月 29 日到 10 月 19 日。从测试数据图中可以看出，在太阳耀斑爆发期间，发生单粒子锁定的次数急剧增加。图 4–60 为在轨测试记录的翻转率随时间的变化情况（ETS–V），其坐标标示与图 4–59 类似。从图中可以看出，平时状态下，发生单粒子翻转的频度比发生单粒子锁定的频度低一些，单粒子翻转次数在太阳耀斑爆发期间也急剧增大。图 4–61 和图 4–62 分别给出了太阳耀斑爆发期间测量记录的累计 SEL 和 SEU 数目。从图中可以看出，在 10 月 20 日这一天，单粒子锁定增加的数目最多。

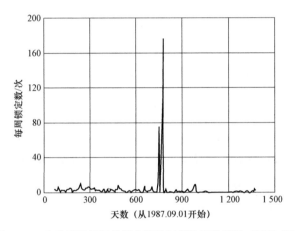

图 4–59　在轨测试记录的锁定率随时间的变化情况（ETS–V）

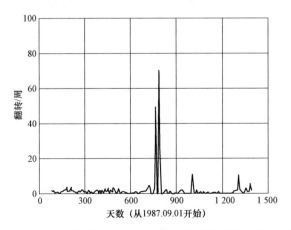

图 4–60　在轨测试记录的翻转率随时间的变化情况（ETS–V）

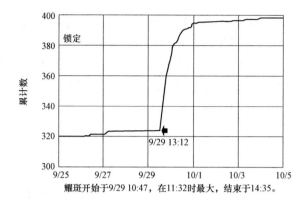

耀斑开始于9/29 10:47，在11:32时最大，结束于14:35。

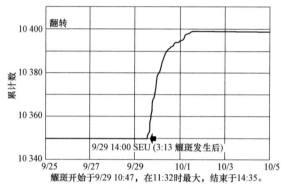

耀斑开始于9/29 10:47，在11:32时最大，结束于14:35。

图 4-61 测量记录的累计 SEL 和 SEU 数目（Sep.29，1989）

大量在轨测试数据表明，单粒子效应与轨道环境有着密切的关系。表 4-8
给出了单粒子效应敏感性与轨道的关系。

表 4-8 单粒子效应敏感性与轨道的关系

轨道	环境	效应
低轨道，小倾角	俘获质子	南大西洋地磁异常区发生 SEE
极地轨道	太阳质子 宇宙线 俘获质子	SEE SEE（主要在极区） SEE
大倾角椭圆轨道	俘获质子 太阳质子 宇宙线	SEE（近地点） SEE SEE
GPS 轨道	太阳质子 宇宙线	SEE（太阳事件期间） SEE（极区）
地球同步轨道	太阳质子 宇宙线	SEE（太阳事件期间） SEE

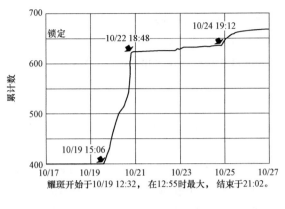

耀斑开始于10/19 12:32，在12:55时最大，结束于21:02。

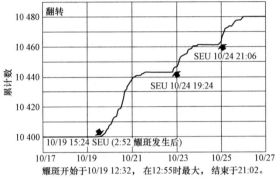

耀斑开始于10/19 12:32，在12:55时最大，结束于21:02。

图 4-62 测量记录的累计 SEL 和 SEU 数目（Sep.29，1989）

|参 考 文 献|

[1] Holmes-Siedle A and Adams L. Handbook of Radiation Effects[M]. Oxford University Press, 2001.

[2] Messenger G C and Ash M S. The Effects of Radiation on Electronic Systems[M]. Van Nostrand Reinhold, 1986.

[3] Messenger G C and Ash M S. Single Event Phenomena[M]. Chapman&Hall, 1997.

[4] Nicolaidis M. Soft Errors in Modern Electronic Systems[M]. Springer, 2011.

[5] Petersen E. Single Event Effects in Aerospace[M]. Wiley-IEEE Press, 2011.

[6] Axness C L, Weaver H T, Fu J S, et al. Mechanisms Leading to Single Event

Upset[J]. IEEE Trans. Nucl. Sci., 1986, 33: 1577–1580.

[7] Koga R and Kolasinski A. Effects of Heavy Ions on Microcircuits in Space: Recently Investigated Upset Mechanisms[J]. IEEE Trans. Nucl. Sci., 1987, 34(1): 46–51.

[8] Koga R, Kolasinski W A, Marra M T, et al. Techniques of Microprocessor Testing and SEU-rate Prediction[J]. IEEE Trans. Nucl. Sci., 1985, 32(6): 4219–4224.

[9] Harboe-Sørensen R, Adams L, Daly E J, et al. The SEU Risk Assessment of Z80A, 8086 and 80C86 Microprocessors Intended for Use in a Low Altitude Polar Orbit[J]. IEEE Trans. Nucl. Sci., 1986, 33(6): 1626–1631.

[10] Nicolaidis M and Perez R. Measuring the Width of Transient Pulses Induced by Ionizing Radiation[C]. in Proc. IEEE 41st Int. Rel. Phys. Symp., 2003: 56–59.

[11] Narasimham B, Ramachandran V, Bhuva B L, et al. On-chip Characterization of Single-event Transient Pulsewidths[J]. IEEE Trans. Dev. Mat. Rel., 2006, 6(4): 542–549.

[12] Yanagawa Y, Hirose K, Saito H, et al. Direct Measurement of SET Pulse Widths in 0.2– m SOI Logic Cells Irradiated by Heavy Ions[J]. IEEE Trans. Nucl. Sci., 2006, 53(6): 3575–3578.

[13] Loveless T D, Kauppila J S, Jagannathan S, et al. On-chip Measurement of Single-event Transients in a 45nm Silicon-on-insulator Technology[J]. IEEE Trans. Nucl. Sci., 2012, 59(6): 2748–2755.

[14] Makino T, Kobayashi D, Hirose K, et al. LET Dependence of Single Event Transient Pulse-width in SOI Logic Cell[J]. IEEE Trans. Nucl. Sci., 2009, 56(1): 202–207.

[15] Makino T, Kobayashi D, Hirose K, et al. Soft-error Rate in a Logic LSI Estimated from SET Pulse-width Measurements[J]. IEEE Trans. Nucl. Sci., 2009, 56(6): 3180–3184.

[16] Balasubramanian A, Narasimham B, Bhuva B L, et al. Implications of Total Dose on Single-event Transient (SET) Pulse Width Measurement Techniques [J]. IEEE Trans. Nucl. Sci., 2008, 55(6): 3336–3341.

[17] Hofbauer M, Schweiger K, Dietrich H, et al. Pulse Shape Measurements by On-chip Sense Amplifiers of Single Event Transients Propagating Through a 90 nm Bulk CMOS Inverter Chain[J]. IEEE Trans. Nucl. Sci., 2012, 59(6):

2778–2784.

[18] Harada R, Mitsuyama Y, Hashimoto M, et al. Measurement Circuits for Acquiring Set Pulse Width Distribution with Sub-FO1-inverter-delay Resolution [C]. in Proc. Int. Symp. on Quality Electronic Design, 2010: 839–844.

[19] Harada R, Mitsuyama Y, Hashimoto M, et al. Measurement Circuits for Acquiring SET Pulse Width Distribution with Sub-FO1-inverter-delay Resolution [J]. IEEE Transactions on Fundamentals of Electronics, 2013, 60(2): 786–791.

[20] Harada R, Mitsuyama Y, Hashimoto M, et al. SET Pulse Width Measurement Eliminating Pulse-width Modulation and Within-die Process Variation Effects [C]. in Proc. IEEE Int. Rel. Phys. Symp. (IRPS), 2012: SE 1.1–SE 1.6.

[21] Kobayashi D, Hirose K, Yanagawa Y, et al. Waveform Observation of Digital Single-event Transients Employing Monitoring Transistor Technique[J]. IEEE Trans. Nucl. Sci., 2008, 55(6): 2872–2879.

[22] Ferlet-Cavrois V, McMorrow D, Kobayashi D, et al. A New Technique for SET Pulse Width Measurement in Chains of Inverters Using Pulsed Laser Irradiation[J]. IEEE Trans. Nucl. Sci., 2009, 56(4): 2014–2020.

[23] Poivey C, Howard J W, Jr., Buchner S, et al. Development of a Test Methodology for Single-event Ransients (SETs) in Linear Devices[J]. IEEE Trans. on Nuc. Sci., 2001, 48(6): 2180–2186.

[24] Melinger J S and Buchner S. Critical Evaluation of the Pulsed Lase Method for Single Event Effects Testing and Fundamental Studies[J]. IEEE Trans. Nucl. Sci., 1994, NS–34(6): 2574–2584.

[25] Melinger J S and McMorrow D. Puled Laser-induced Single Event Upset and Charge Collection Measurements as a Function of Optical Penetration Depth[J]. J. Appl. Phys, 1998, 84(2): 690–703.

[26] Waskiewicz A E, Groninger J W, Strahan V H, et al. Burnout of Power Mos-transistors with Heavy Ions of Californium–252[J]. IEEE Trans. Nucl. Sci., 1986, NS–33: 1710–1713.

[27] Thomas A F. Heavy-ion Induced Gate-rupture in Power MOSFET's[J]. IEEE Trans. Nucl. Sci., 1987, NS–34(6): 1786–1791.

[28] Nichols D K, McCarty K P, Coss J R, et al. Observations of Singleevent Failure in Power MOSFET's[C]. IEEE Radiation Effects Data Workshop Rec., 1994: 41–54.

[29] Label K, Gates M, Moran A, et al. Radiation Effect Characterization and Test

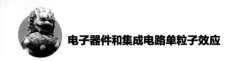

Methods of Single-chip and Multi-chip Stacked 16 Mbit DRAMs[J]. IEEE Trans. Nuc. Sci., 1996, 43(6): 2974–2979.

[30] Nichols D K, Coss J R, Miyahira T F, et al. Device SEE Susceptibility from Heavy Ions (1995–1996)[C]. IEEE NSREC Data Workshop, 1997: 1–13.

[31] Koga R. Single Event Functional Interrupt (SEFI) Sensitivity in Microcircuits [C]. Proceedings of RADECS97, 1997: 311–318.

[32] Schwank J R, Shaneyfelt M R and Dodd P E. Radiation Hardness Assurance Testing of Microelectronic Devices and Integrated Circuits: Radiation Environments, Physical Mechanisms, and Foundations for Hardness Assurance[J]. IEEE Trans. Nucl. Sci., 2013, 60(3): 2074–2100.

[33] Schwank J R, Shaneyfelt M R and Dodd P E. Radiation Hardness Assurance Testing of Microelectronic Devices and Integrated Circuits: Test Guideline for Proton and Heavy Ion Single-event Effects[J]. IEEE Trans. Nucl. Sci., 2013, 60(3): 2101–2117.

[34] Goka T, Kuboyama S, Shimano Y, et al. The On-orbit Measurements of Single Event Phenomena by ETS-V Spacecraft[J]. IEEE Trans. Nucl. Sci., 1991, 38(6): 1693–1699.

[35] Blake J B and Mandel R. On-orbit Observations of Single Event Upset in Harris HB–6508 1K RAMs[J]. IEEE Trans. Nucl. Sci., 1986, 33(6): 1616–1619.

第 5 章

单粒子效应对器件及系统特性的影响

空间中存在着各种诱发单粒子效应的辐射环境因素，在讨论单粒子效应对航天器系统的影响时，一般都开展辐射因素对航天器性能和工作状态影响的分析预估。人们通过航天器在轨运行工作及维护的工程实践活动，观测到了许多与单粒子效应相关的航天器故障，这些故障主要表现在电子设备和系统方面。

本章主要借鉴可靠性的概念和方法，对已公开发表的有关技术文献进行总结分析，主要目的不仅仅是将相关的实际观测与预示分析相联系，以便从系统级设计层面提高对空间辐射效应知识的认知程度；也希望为从事航天器电子设备的设计师们，设计出具有更好耐辐射能力的电子仪器和设备而提供一些设计参考依据。从相关研究工作的分析和技术资料报道来看，就单粒子效应对电子器件及系统特性的影响方面来说，其可以分为两大类，即单粒子软错误和单粒子硬错误，其在电子设备或系统上造成的故障现象多种多样，具体从器件的失效，到设备及部件功能的丧失，甚至造成整个航天器任务的失败。单粒子软错误通常会造成卫星各种电子系统发生逻辑错误或功能异常，而硬错误则直接导致卫星电子器件永久性损伤或破坏。如微处理器中发生的单粒子翻转可能造成系统正常工作紊乱，而 CMOS 集成电路的单粒子锁定和单粒子烧毁可能造成电子系统直接损坏等。

一般来说，并非所有的电子系统或设备对所有种类的单粒子效应都具有一定的敏感性。所以在电子系统设计时，应当了解单粒子效应诱发电子系统故障的特点，如什么样的系统，何种装置及哪类器件和集成电路对哪种类型的单粒子效应比较敏感，主要的故障特征是什么？有鉴于此，本章节结合一般故障分类的方法和单粒子诱发过程的特征，将单粒子效应诱发航天器电子设备和系统的故障从存储器数据出错、重要数据表改写、微处理器挂起和中断、软件出错、硬件损伤到任务失败等多个方面进行叙述和说明。

针对航天器使用的电子部件和子系统，研究工作主要是针对辐射效应影响及危害性评估开展的地面模拟试验，所以大部分技术文献也是关于采用地面模拟试验源开展的试验测试工作的报道。本章主要结合具体电子系统，特别是典型的电子器件和集成电路，结合地面试验测试和验证结果，介绍单粒子软错误造成的系统故障模式和单粒子硬错误造成的系统故障模式。

5.1　单粒子效应造成的系统故障

我们知道，集成电路向更小特征工艺尺寸发展是一种必然趋势。随着集成电路设计和制造进入纳米时代，CMOS 电路系统中硬错误发生的概率现已降至很低了，而软错误造成电子系统故障变得更为凸显，成为辐射环境下电子系统出错失效的主要原因。

需要指出的是外延生长的 CMOS 器件对 SEL 的抵抗能力有所提高，近年来，SOI 工艺的 CMOS 已经发展成熟，这种工艺的器件由于不存在 PNPN 结构的电流再生放大结构，对于 SEL 有种天然的抵抗能力。因此，随着集成电路设计和制造工艺水平的不断发展，SEL 将不是 VLSI 空间应用的主要威胁，相反，SEU、SET 和 SEFI 等单粒子软错误的威胁将会变得更加显著。

不同的器件类型和电路结构的单粒子效应不同，因此，对航天器电子设备和系统来说，其面临的单粒子效应包括很多种类，主要有：单粒子翻转（SEU）、多位翻转（MBU）、单粒子锁定（SEL）、单粒子瞬态脉冲（SET）、单粒子功能中断（SEFI）、单粒子烧毁（SEB）、单粒子栅击穿（SEGR）、单粒子介质击穿（SEDR）等。对这些效应敏感的主要电子器件和集成电路类型如表 5-1 所示。

表 5-1　主要单粒子效应的含义及发生器件

效应	含义	易发生器件或电路
SEU	单个粒子入射导致数字逻辑状态发生翻转	存储单元、锁存器、寄存器
MBU	单个粒子入射导致多位逻辑状态发生翻转	存储单元、锁存器、寄存器
SEL	单个粒子入射触发 PNPN 结构从而产生大电流	体硅互补金属氧化物半导体（CMOS）电路
SET	单个粒子入射引起瞬态电流变化进而引起电压瞬态变化	超深亚微米 CMOS 电路、双极性器件与电路
SEFI	单个粒子入射引起关键控制寄存器发生翻转从而导致功能中断	CMOS 集成电路
SEB	单个粒子入射引起功率器件二次击穿，电流增加并最终烧毁	功率 MOS 器件、功率双极性器件
SEGR/SEDR	单个粒子入射导致（栅）介质击穿	功率 MOS 器件、线性电路、动态随机存取存储器（DRAM）、反熔丝器件

本节内容针对航天器电子学系统中的核心器件与系统的单粒子效应故障模式开展叙述和说明分析，主要包括现阶段已认识到的微处理器系统、FPGA系统、DSP 数字信号处理系统、SOC 系统、二次电源系统的单粒子效应故障模式。

5.1.1　单粒子效应对微处理器系统的影响

微处理器（CPU）是卫星电子系统和设备的核心器件，应用于数管计算机、姿轨控计算机以及有效载荷数据处理设备等。其应用在电路开发板的嵌入式实时计算机系统，能够满足多种航天应用的功能及性能指标要求，只要加上存储器及与应用相关的外围电路，就可以构成完整的单板计算机系统。

（一）航天器常用微处理器及典型结构

美国 NASA 和欧洲 ESA 选用的航天微处理器主要有 1750、X86、PowerPC、MIPS、ARM、SPARC。在航天器电子设备设计中，美国 NASA 以 RAD750 处理器为主，ESA 以基于 SPARC 架构的 LEON 处理器为主。

8051 系列、X86 系列和 Pentium 系列是由 NASA 和 Sandia 国家实验室研究和支持开发的，采用普通的体系结构和抗辐射加固设计进行微处理器可靠性加固处理。Sandia 国家实验室主导研究的 Pentium 系列处理器的抗辐照设计，主要通过改变电子器件制造工艺和对电路进行加固设计来提高处理器的可靠性。

SPARC V7 系列（ERC32）的研究和支持机构主要是 ESA 和下属研究机构，主要路线是采用高可靠设计的体系结构（与 Pentium 系列不同）和抗辐射结合的方式，主要产品包括 ERC32 的 695 系列等。ESA 使用基于 SPARC V7 体系结构的 TSC695 系列微处理器和基于 SPARC V8 体系结构的 LEON 系列微处理器。Atmel 公司于 2004 年推出性能达到 100MIPS 以上的基于 LEON2 内核的处理器。已经完成基于 LEON2 的多处理器系统设计，可以实现将多个 LEON2 内核在一个芯片中集成，研发出哈佛结构的 LEON3 微处理器支持七级流水，可以在一个芯片中集成 4 个内核。ESA 在设计高可靠高性能处理器过程中采用容错设计体系结构和抗辐射设计相结合手段。

　　PowerPC 系列主要是指 BAE 公司的 RAD6000 和 RAD750 处理器，采用 IBM 的 RISC 体系结构进行设计和抗辐射加固设计。这两种微处理器都是 32 位精简指令处理器，采取了必要的抗辐射加固措施，技术成熟，可应用于各类航天器。

　　GD-AIS 公司的 ISC 嵌入一个定制的 ASIC 芯片，用于检测和纠正故障，该系统可以集成 6 块 CPU，所有的 CPU 采用冗余 VME 总线。

　　Astrium 空间技术公司提出了基于可重构计算单元的 XPP 结构，通过编译器和可重构调度器将任务分配到计算单元上。XPP 在体系结构上具有可重构计算的特点，通过软件重配置和切割计算单元实现计算单元间相互冷热备份，来检测和消除 SEU 引起的故障。

　　国内有关高可靠处理器的设计的研究处于起步阶段，近年来在抗辐射加固方面加大芯片高可靠性的研究，已经能制造出应用于航天的 CPU，如适应宽温的基于 SOI 工艺的 386EX，也研制出 SPARC V8 体系结构的处理器和 PowerPC 体系结构的微处理器。

　　典型的微处理器内部包括 CPU 寄存器、数据存储器、程序存储器、计数器、串行通信口等多个功能单元。例如，SPARC V8 LEON3 微处理器是欧洲 ESA 主导开发的 32 位基于 SPARC V8 结构的微处理器，应用于航空局的嵌入式应用开发，具有高性能、低功耗、结构简单的优点。

　　LEON3 处理器的技术特点主要有：哈佛结构的七级流水线，独立的指令 Cache 和数据 Cache，支持硬件乘法器和除法器，内嵌在线调试模块，支持多核扩展，支持所有 SPARC V8 指令集，包括乘法、除法指令。LEON3 的软核结构如图 5-1 所示。

　　整数部件：LEON3 的整数单元可以执行 SPARC V8 指令集定义的所有指令，包括硬件乘法和硬件除法指令。寄存器窗口可以配置 2~32 个，默认配置为 8 个。

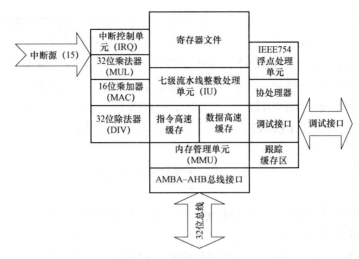

图 5-1　LEON3 软核结构图

Cache 系统：LEON3 的 Cache 系统包括分离的指令 Cache 和数据 Cache，可灵活配置其结构。指令 Cache 和数据 Cache 支持 1~4 路相连，每路有 1~256 KB，每行有 16 或 32 字节。子块中每 32 位就有一个有效位。指令 Cache 使用流方式在线回填来最小化回填延迟。

浮点部件和协处理器：LEON3 的整数单元为 FPU 和协处理器提供了接口，用户可根据需要选择性配置。有两种 FPU 控制器可供选择：Gaisler 研究机构的高性能 GRFPU 和 SUN 微系统公司的 Meiko FPU。协处理器、浮点运算单元与整数运算单元并行执行，除非三者之间存在数据或资源依赖。

内存管理单元(Memory Management Unit)：管理虚拟存储器和物理存储器，实现 32 位虚拟地址和 36 位物理存储器的映射。

片上调试（On-Chip Debug Support）：LEON3 的流水线支持非入侵的硬件调试，调试单元有多达 4 个观察点寄存器在任意的指令或数据地址产生断点，从断点处进入调试模式。

中断接口：LEON3 支持 SPARC V8 总共 15 个异步中断方式，中断接口的功能主要就是产生中断和应答中断。

AMBA 接口：Cache 系统可以作为 AMBA 的主设备，能够通过 AHB 总线将主存中数据存储到 Cache 中，也能将 Cache 中数据存储到主存中。

（二）微处理器单粒子效应故障表现形式

微处理器工作在空间环境时，受高能粒子和带电粒子的影响可能改变电路节点的正常电压和电流，这种现象称为单粒子效应（Single Event Effect, SEE）。

单粒子效应的主要表现有：

（1）单粒子翻转（SEU）：存储单元的数据翻转；

（2）单粒子瞬变（SET）：组合逻辑中出现的瞬时脉冲；

（3）单粒子锁定（SEL）：由单粒子引起的锁定效应；

（4）单粒子栅击穿（SEGR）：高能粒子击穿晶体管栅极。

SET 和 SEU 是可恢复的故障，称为软错误；SEL 和 SEGR 是导致微处理器不可恢复的故障，称为硬错误，一般采用特殊工艺的方法加固，如采用 SOI 工艺。

微处理器中各种存储单元（数据存储器、指令存储器、寄存器文件等）占芯片面积的 40%～70%，更易受单粒子翻转的干扰。资料表明，在微处理器发生的各种故障中，绝大部分是由存储单元发生故障引起的。

单粒子翻转对微处理器的影响主要是对指令（非法指令）、操作数和状态控制寄存器的影响，任意一种情况都有可能导致程序运算错误，出现数据异常和程序紊乱，严重的将导致系统死机，造成空间系统无法正常运行。

微处理器的单粒子效应测试过程中主要观测以下几种情况：

（a）数据完整性错误：处理器输出错误结果，但是仍然正常运行。

（b）可恢复的数据路径错误：处理器连续输出错误结果，必须复位处理器才能正常工作。

（c）可恢复的超时错误：处理器停止工作，但是对外部看门狗电路触发的复位操作指令响应。

（d）不可恢复的错误：处理器复位操作后并没有恢复，但是在重新上电后恢复运行。

（e）破坏性错误：处理器在重新上电后，仍然不能恢复正常运行。

微处理器单粒子效应试验时，主要也是通过测试软件观测并记录以上几种情况。其中，错误类型（a）对应的是单粒子翻转率测试需要关注的情况；错误类型（b）～（d）对应的是功能中断测试需要关注的情况；错误类型（d）～（e）对应的是单粒子锁定测试需要关注的情况。因此，微处理器单粒子效应测试涵盖了 DUT、测试硬件电路与测试软件的设计，需要仔细调整以便快速获取所需数据。

（三）微处理器系统单粒子软错误故障模式

1. 微处理器 SEU 故障模式

微处理器的时序电路主要由各种锁存器、寄存器和各种触发器组成，所以单粒子翻转效应对时序电路的干扰主要就是对各种存储单元的干扰。存储单元受到高能粒子的干扰后存储的内容会发生改变，由"0"变为"1"或"1"变成"0"。错误的值将在存储单元下次被改写前一直保存。如果这个时刻读取这个存储单元的内容进行运算处理，其结果就会发生错误。

微处理器程序都是由顺序执行的每个指令构成的指令块的集合，程序块定义为一段顺序执行的指令集合，在块中间没有转移指令，也不允许块外程序直接转移到块中间，在一个指令块中，都为顺序执行的指令，只有在块结束时才有转移指令。在指令块中，指令在正常情况下都顺序执行，但如果块中的某条指令出现 SEU 故障，指令类型可能发生变化，对于可变长度指令集和固定长度指令集，SEU 对指令的影响不完全相同。可变长度的指令集，一条指令发生 SEU 故障后，其后续的指令的自身含义都可能改变，如原来的单字节指令可能变成双字节指令或多字节指令，也有可能有顺序执行指令改编为转移指令；对于固定长度指令，改变的只是故障指令的自身，对于其后续的指令含义则没有任何影响。但是如果该指令的计算结果是块尾转移指令的转移条件，或者故障指令直接成为一条新的转移指令，程序的控制流程就必然会发生改变。

SEU 引起的计算机系统行为故障假定可以归为三类。第一类，操作数的错误，包含指令的一个操作数，如立即数、寄存器、地址模式的不同。如 inc cx→inc bi（见图 5-2（a））；第二类，单个指令的错误，指令自身的改变，指令长度不变，如 clc→stc（见图 5-2（b））；第三类，指令序列改变，SEU 影响了指令的类型和长度，指令长度改变，后续的指令也发生变化，原有的指令序列改变成新的指令序列，如图 5-2（c）所示。

以上三种类型故障模式对于计算机系统可能造成的后果也分为三类：第一类，SEU 所造成的指令含义或指令序列发生改变，成为非法指令序列，即所取的指令或指令的顺序不合法，程序由非法指令异常终止；第二类，SEU 造成指令块中指令序列变成另外的合法解释，程序的执行不会产生非法指令异常，但是所形成的新指令序列试图执行非法的操作，例如除零，程序会由系统异常退出；第三类，SEU 所造成的指令块中的指令为新的合法指令，指令执行顺序也都合法，程序可以正常结束，但执行过程中有计算错误，输出结果不正确。在三种 SEU 故障结果中，前两种都引起了异常，程序的执行会因为有异常而中止，不会引起故障在系统中的扩散，对整个系统的危害度不会太大；但第三类故障由于不引起任何异常，系统根本没有任何手段感知，同时也没有任何措施保证运算结果的正确性，错误的计算结果会输出，从而引起故障在系统扩散，造成不可预计的后果，尤其对于卫星控制系统，错误的姿态控制信号可以导致卫星姿态变得完全不可控制，严重的可以造成卫星寿命终止。

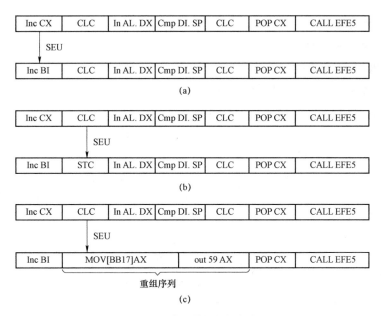

图 5-2　指令一位错的执行序列

（a）某指令操作错误；（b）单个指令错误；（c）指令序列改变

微处理器的单粒子效应不仅与微处理器硬件设计有关，而且还与运行的软件程序有关。中断处理程序对单粒子效应试验结果有很大的影响。当微处理器运行程序正确执行为最高优先级时，中断处理程序一旦探测到无法纠正的存储错误，将会立即复位微处理器；其他情况，例如图像处理过程中，中断处理程序可能会忽略无法纠正的错误，从而保证图像处理的连续性，这就可能在图像数据中引入错误。

微处理器内部包括 CPU 寄存器、数据存储器、程序存储器、计数器、串行通信口等多个功能单元，不同的应用程序执行过程中，这些功能单元的工作状态均存在差异，一般仅使用部分寄存器和存储器，资源使用率小于 100%，未使用到的寄存器和存储器发生单粒子翻转不会对微处理器的正常工作产生影响。因此，模拟试验过程中微处理器执行应用程序时，获得的翻转率即为动态单粒子翻转率。

为预估抗单粒子翻转能力，一般对微处理器内部所有寄存器和存储器的每个存储字节均写入"55H"或"AAH"等测试数据，提高资源使用率，保证程序占空比接近 100%；标准检测程序统计不同 LET 值的重离子或质子辐照下寄存器和存储器存储数据逻辑状态发生翻转的位数，获得σ-LET 曲线；根据空间轨道环境和σ-LET 曲线计算空间单粒子翻转率。由于程序占空比很高，得到的是静态单粒子翻转率。

卫星在轨飞行监测数据表明，星用微处理器（包括相关外围器件 SRAM、FLASH、FPGA、DSP 等器件）的动态单粒子翻转率低于 CRÈME、SPACE RADIATION 等标准软件计算得到的静态单粒子翻转率。这主要是程序占空比的影响，即星用微处理器执行应用程序时，其内部寄存器和存储器占用数据总线的时间与执行程序所需全部时间的比值。

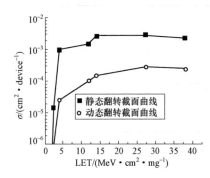

图 5–3 Intel 80C31 微处理器静态翻转截面和动态翻转截面与 LET 值之间的关系

图 5–3 给出了 Intel 80C31 微处理器单粒子效应试验的静态翻转截面和动态翻转截面与重离子 LET 值之间的关系（中国原子能科学研究院的 HI–13 串列加速器）。由图 5–3 可得出 80C31 微处理器动态和静态条件下的单粒子翻转阈值及翻转饱和截面分别为：（a）动态条件下：$LET_r = \sim 3$ MeV·cm²/mg，$\sigma_r = 3 \times 10^{-4}$ cm²/device；（b）静态条件下：$LET_0 = \sim 2$ MeV·cm²/mg，$\sigma_0 = 3 \times 10^{-3}$ cm²/device。

2. 微处理器 SET 故障模式

辐射粒子轰击组合逻辑电路的敏感节点区域，会导致逻辑节点产生电压的变化出现瞬时脉冲，这称为单粒子瞬态（SET），如果产生的脉冲足够宽，将会沿着组合逻辑通路向下传播，一旦被链路终端的时序单元捕获将会产生电路的软错误。

SET 在数字电路中表现为传播中的信号脉冲，它能扰乱有限状态机的正确状态。

（1）单粒子必须产生一个可持续的电压脉冲，从受影响的门开始传播，进入逻辑信号通道，其他未产生可持续电压脉冲的 SET 则会被电气屏蔽所过滤。

（2）瞬态信号必须找到一条开启从组合逻辑通道到寄存器的传播通道（如果瞬态信号无法到达寄存器，则不会对电路系统产生影响，即会被逻辑屏蔽所过滤）。

（3）锁存必须到达寄存器内部，符合建立时间和保持时间的特性（其他未能符合建立保持时间特性的 SET 将被时间屏蔽所过滤）。

（4）一旦锁存，这个错误必须以某种形式影响系统的输出（即该错误结果不会被随后的系统操作忽略，称其为操作屏蔽）。

随着晶体管尺寸的减小，运行频率加快、电源电压减小，逻辑电路对 SET 的敏感度明显增加。事实上，由单粒子效应引起的错误被认为已经成为主要的可靠性问题。随着 IC 频率加快，轰击组合逻辑电路造成的软错误已超过了对存储单元的软错误。纠错码设计可用于消除存储单元的 SEU，但是不能用于消除组合电路的 SET。描述 SET 轰击组合电路的一个重要参数是 SET 脉冲宽度。时间冗余技术能够消除大于预定宽度阈值的 SET 脉冲。然而 SET 脉冲宽度从几百皮秒到几纳秒不等，限制了诸如时间冗余这样的技术效果。此外，当脉冲宽度大于时钟周期时，还可能会出现多个错误被锁存。目前，纳米工艺的集成电路时钟频率往往大于 1 GHz，在此类微处理器中，宽度大于 1 ns 的 SET 脉冲就会产生多个软错误。

大量的试验研究表明，随着工艺尺寸的不断缩减，组合逻辑电路中的 SET 对于系统软错误的贡献将超过存储节点的 SEU 在系统软错误中的作用。到了 65 nm 工艺，组合单元中的 SET 已经成了系统软错误的主要来源。

瞬时故障对于组合电路的影响表现为电路中的信号会出现毛刺，即瞬时脉冲，该毛刺将沿着电路路径传播并最终传播至时序电路，被时序电路捕获，这个现象叫作单粒子瞬态效应（SET）。带电粒子撞击时序电路的敏感节点，产生瞬时电流脉冲，导致存储值倒置，这个效应叫作单粒子翻转（SEU），如图 5–4 所示。瞬态故障的发生是没有规律的，且持续时间短。

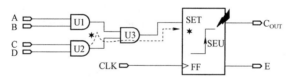

图 5–4　单粒子瞬态诱发的故障

组合电路受到 SET 的干扰，电路状态会发生变化。组合电路只对输入信号的变化敏感。如果组合电路中产生 SET 干扰，电路中的信号会出现毛刺（瞬时脉冲），毛刺会沿着电路路径传播到电路输出端，只有这个瞬时脉冲传播时序电路，并且被时序电路捕获，导致时序电路产生瞬态脉冲，才会对电路的最终运行结果产生影响。很多时候，瞬态脉冲不会被时序电路锁存，或者锁存的数据可能并不影响处理器的工作，组合电路的实际故障率会大大降低。

随着集成电路工艺的改进，组合电路对于单粒子翻转效应的敏感程度也逐渐加强。特征尺寸、供电电压和阈值电压的减少会降低电路对 SEU 的容忍能力。尺寸的减少导致电路节点的平均电容变小，相同能量的粒子将会产生更多的电荷，电路 SEU 敏感性增加。主频的增加也将导致组合电路对 SEU 的敏感性增加。时钟频率提高，增加了组合电路毛刺被时序电路捕获的机会。

微处理器错误可以由存储单元的 SEU 引起，也可以由数字逻辑门和模拟电路的 SET 引起。并不是所有 SEU 或 SET 都会造成微处理器错误。例如，影响整个时钟树的锁相环电路中的 SET，将很可能会引起微处理器错误；而发生在触发器之间的 NAND 门上的 SET，在其到达该路径上的下一个触发器之前，将可能被逻辑上过滤掉。

3. 微处理器 SEFI 故障模式

SEFI 是数字逻辑器件在单个带电粒子的轰击下丧失原有功能的效应。该效应常发生在 CPU、DSP 和可编程逻辑器件中，使器件处在功能失效的状态，需要重新复位才能恢复正常。大规模集成电路的集成度越来越高，单个晶体管的特征尺寸变得与空间宇宙射线产生的电离径迹量级相上下，当单个重离子撞击集成电路芯片，所沉积的局部剂量能够使一个 MOS 管沟道长度范围的硅区受到损伤，导致位的电状态固定不再产生变化。当运行编制的程序时，这些固定位不能被正确读出，就有可能发生 SEFI 效应。

在超大规模集成电路，SEFI 效应发生的概率在不断增加。很难给出 SEFI 的准确定义，因为引起器件功能中止的任何失效模式都可以看成是 SEFI 效应。通常，器件配置位的 SEU（例如 FPGA），时钟树的 SET，或者复杂器件的不同部位的多个 SET 效应等，都可以引起器件 SEFI 效应。不同 SEFI 现象的共同特征是，系统在发生 SEFI 后，可以通过器件重新加载配置程序、器件复位或断电重启等方式恢复系统运行。

CPU 的 SEFI 与 SEU 密切相关，但是 SEU 发生并不一定导致 SEFI 发生，其发生概率与运行程序有很大关系，也与系统抗 SEU 加固措施等相关，因此其发生概率相对较低。但是在设计之初必须加以考虑，因为一旦发生 SEFI 现象，带来的后果可能是灾难性的。

下面介绍对某同步轨道卫星的服务舱电子设备使用的 80C32 开展单粒子翻转试验结果。在单粒子效应诱发故障试验评估中，首先，通过重离子试验，在三种不同 LET 值条件下，评估了 80C32 的单粒子效应敏感性；其次，比对分析了不同版本星上软件的抗误指令能力；最后，采用辐射环境及效应分析计算软件，对 80C32 的空间翻转率进行了计算分析。

在器件单粒子效应敏感性考核试验过程中，当采用 LET 值为 $15.0\ \mathrm{MeV \cdot cm^2/mg}$ 的 Ar^+ 离子照射时，80C32 均出现了单粒子翻转现象，在 30 min 的照射时间内其翻转次数达到几十次以上。而在 LET 值为 $5.0\ \mathrm{MeV \cdot cm^2/mg}$ 的 Ar^+ 离子照射时，在 30 min 的照射时间内，80C32 只出现了 1 次单粒子翻转。在辐照控制器 80C32 时，由于 80C32 的状态寄存器参数存储在内部 RAM 中，如 PC（程序指针）、IE（中断使能控制器）、ACC（累加器），

PSW（程序状态字）等，这些寄存器和其他用户数据一样存在单粒子翻转诱发数据错误的可能性。一旦这些寄存器参数发生单粒子翻转，会造成系统发生单粒子功能中断（SEFI）现象，80C32便不能正常工作，造成程序跑飞、中断无法响应、通信失败等故障。有关数据记录可参见表5-2和表5-3。

表5-2　80C32芯片抗单粒子翻转的能力试验统计表

LET 值/ （MeV·cm²· mg⁻¹）	束流密度/ （ion·cm⁻²· s⁻¹）	单位面积辐照总离子数（ion·cm⁻²）	功能中断次数	数据翻转次数	字节内的双位翻转
15	232	4.18×10^5	4	39	无
5	259	4.67×10^5	0	1	无

表5-3　抗误指令能力试验统计表

LET 值/ （MeV·cm²· mg⁻¹）	被辐照器件	束流密度/ （ion· cm⁻²·s⁻¹）	单位面积辐照总离子数/ （ion·cm⁻²）	发送指令总数/ 条	功能中断		RAM 区单粒子翻转造成漏指令
					通信失败次数	狗咬次数	
15	80C32	201	2.20×10^6	13 364	28	0	48
15	80C32	182	3.94×10^6	21 906	8	19	1

依据SPACE RADIATION软件包中的Pickel经验计算模型，可以估算出器件在同步轨道的单粒子翻转率大小。80C32在同步轨道环境中的翻转率为9.29×10^{-4}次/（器件·天），即80C32在同步轨道环境中1 076天（2.95年）发生一次翻转。此次试验数据也表明，当80C32发生单粒子翻转时，并不一定诱发单粒子功能中断现象出现，其出现概率约为10%。测控软件的不同，单粒子功能中断概率差别较大。SINOSAT-2在轨数据表明，2片80C32约4.5年未发生单粒子事件造成的功能中断。

SPARC V8体系结构微处理器是一款国产32位精简指令集RISC结构的嵌入式微处理器，该微处理器经过加固设计的0.18 μm CMOS工艺的处理器电路。

待测器件工作在最低工作电压（I/O端口：2.97 V，内核1.62 V），分别进行了Cache打开和关闭两种单粒子功能中断试验，其中F离子下没有发生单粒子功能中断，其他四种离子下均出现了功能中断。

从图5-5中可以得到单粒子功能中断饱和截面σ_{sat}，根据美军标，取σ_{sat}的10%对应的LET值作为中断阈值LET_{th}，代入在轨错误率预估软件中进行GEO轨道的在轨错误率估计，3 mm等效Al屏蔽，具体两种模式的单粒子评估结果汇总如表 5-4 所示。

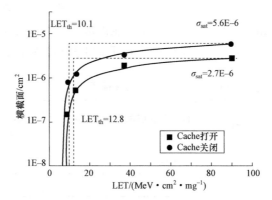

图 5-5 单粒子功能错误截面图

表 5-4 单粒子效应评估结果表

模式	LET 阈值/ (MeV·cm²·mg⁻¹)	饱和截面 σ_{sat}/cm²	在轨错误率/〔次· （器件·天）⁻¹〕
Cache ON	12.8	2.7E-6	9E-6
Cache OFF	10.1	5.6E-6	3E-5

在运行相同程序的条件下，处理器工作在关 Cache 模式下比开 Cache 模式发生单粒子功能中断的概率要高 3 倍左右。经过对微处理器芯片电路结构进行分析，产生这种结果的主要原因有三个：

（1）微处理器中本身自带容错机制。微处理器中寄存器组（REG）采用了纠一检二的 EDAC 容错机制，向寄存器组中写入数据时，将数据和校验位一并写入。读取数据时，如果检测到可以纠正的错误，流水线暂停，将正确的数据写入发生错误的寄存器，因此可以纠正寄存器中发生的单个位单粒子翻转；高速缓存（Cache）中利用奇偶校验技术，数据 Cache 和指令 Cache 由数据和校验码组成，发生奇位错时可以直接从存储器中该地址处读取数据送往 IU/FPU，并重新写入 Cache。因此当单粒子翻转发生较少、较慢时，微处理器本身的容错机制可以自动纠正，不会发生系统死机。

（2）高速模式下刷新快，错误累积少。当微处理器中单粒子翻转发生较快时，寄存器组和高速缓存中积累了多位错，无法被自动纠正，特别是在指令 Cache 和 REG 中发生的错误被错误执行或者无法执行时，系统发生单粒子功能中断死机。试验中，开 Cache 模式下微处理器高速运行，快速访问 Cache 和 REG，实现了不停刷新和更正发生的单粒子翻转错误，减少了功能中断情况的发生；

反之，关 Cache 模式下微处理器运行较慢（为开 Cache 模式下的五分之一），单粒子翻转容易积累并导致功能中断。

（3）注量率较高，单粒子翻转发生快。试验在 10^4 Hz 的注量率，远高于实际太空中辐射环境的粒子通量率，因此发生累积多位错概率高，容易发生单粒子功能中断。作为对比，在较低离子注量率（10^3 Hz）下，功能中断错误截面约为高注量率下的 1/5。

（四）微处理器系统单粒子硬错误故障模式

单粒子闩锁（SEL）效应是体硅 CMOS 电路中的寄生 4 层 PNPN 结构的可控硅被触发导通，在电源与地之间形成低阻抗大电流通路，导致器件无法正常工作，甚至烧毁器件的现象。由于体硅 CMOS 工艺自身的缺陷，会寄生双极性 BJT 管，比如 N 阱结构中，就构成了由 NMOS 源、P 衬底、N 阱及 PMOS 源构成的 NPN-PNP 结构，形成了两个三极管，当其中一个三极管正偏时，就形成了正反馈，产生闩锁。在空间辐射环境中，当有带电粒子入射到器件中时，由于电离的电子-空穴对产生的瞬时电流就可能产生闩锁效应。

CMOS 器件和电路具有功耗低、噪声容限大、温度稳定性高等优点，在现代卫星中有着不可替代的地位，而随着微电子特征尺寸的不断缩小，其中很多 CMOS 电路（特别是大规模和超大规模 CMOS 电路）的 SEL 敏感性也会随之显著增加，因此 SEL 效应的防护显得尤为重要。在空间飞行任务实施时常会遇到没有抗辐射加固产品供选用或条件不允许选用的情况，此时必须采取一定的 SEL 效应防护设计实现空间抗辐射加固的需求。

发生 SEL 可能会对飞行器系统造成三方面的危害：一是器件及设备可能被 SEL 产生的大电流烧毁，二是设备上使用的二次电源可能被突然骤增的负载电流所损坏，三是当该器件所用二次电源受 SEL 影响导致输出电压变化后，使用相同二次电源的其他设备工作可能将受到影响。

目前解决闩锁的方法有很多，其中采用 SOI 工艺的器件就能完全避免闩锁现象的发生。SOI 技术的特点是把电路制作在置于绝缘衬底的硅膜上，替代了体硅器件的硅衬底。

SOI 与体硅器件相比较，SOI 独特的绝缘埋氧层把器件与衬底隔开，减轻了衬底对器件的影响，消除了 SEL 效应，并在很大程度上抑制了体硅器件的寄生效应，充分发挥了硅集成技术的潜力，大大提高了电路的性能，工作性能接近于理想器件，被认为是制造 MOS 晶体管的理想衬底材料。

在对 80C32 进行重离子考核试验中，发现外部供电电源的电流读数上升，单片机电流增大了约 200 mA，但是功能并未完全丧失，仍可以实现 1553B 总线通信。但在此期间内，遥测数据出错频度较高，测控单元向地检设备输出了非预期的离散指令。对深圳国微和 Intel 生产的 80486CPU 开展重离子单粒子效应辐照试验，深圳国微和 Intel 生产的 80486CPU 都会发生单粒子锁定现象，两者锁定阈值均约为 5.96 MeV·cm²/mg。对 Intel 公司生产的商用 80C31 微处理器和上海复旦微电子公司生产的 80C31 微处理器开展重离子辐照试验，发现 Intel 80C31 对重离子诱发的单粒子翻转和单粒子锁定比较敏感，而上海复旦 80C31 发生单粒子翻转的 LET 阈值大于 58.96 MeV·cm²/mg，该器件对单粒子翻转不敏感，但是对锁定敏感，单粒子锁定 LET 阈值在 5.02～13.90 MeV·cm²/mg。

深圳国微公司研制的 16 位 1750 A 微处理器，由于采用 CMOS/SOI 工艺，SEL 阈值超过 96 MeV·cm²/mg，并且单粒子翻转 LET 阈值也很高，超过了 60 MeV·cm²/mg，属于单粒子翻转与锁定不敏感器件，体现了 SOI 工艺的抗辐射能力。

静态随机存储器（SRAM）作为程序与数据存储介质，是星载计算机的核心器件。静态随机存储器（SRAM）的单粒子锁定现象可能引起星载计算机运行崩溃，威胁整星运行安全。

单粒子闩锁（SEL）引发的寄生电流会造成芯片失效或烧毁，这是 COTS SRAM 在空间应用的主要障碍。随着特征尺寸的降低，新型辐射损伤机制与效应不断出现，经地面辐照试验证明，大部分 COTS SRAM 器件的实测闩锁能量阈值低于 40 MeV·cm²/mg，对空间辐射环境普遍敏感，且 COTS SRAM 经测大量存在单粒子微闩锁（micro-SEL，mSEL）现象。

mSEL 是一种不会造成芯片毁坏且掉电可修复的闩锁效应，是由空间高能粒子触发的寄生电流被限制于器件内部结构中的微闩锁现象。试验证明，发生 mSEL 效应的 SRAM 具备三类特征：电流 mA 级微增；存储单元发生几十至上百字节的簇型数据错误；器件局部失效。已知 mSEL 效应可使芯片发生局部失效，破坏数据完整性，在无 mSEL 检测措施的条件下，存在两种可能：① 数据错误被 SRAM EDAC 算法屏蔽，未来空间任务的执行将伴随重大安全隐患，且局部寄生电流可影响 SRAM 芯片使用寿命；② 数据错误超过 EDAC 纠错能力，必然引发整星功能失常，可带来巨大损失。故执行快速有效的 mSEL 检测以及时掉电恢复，是保证低等级 SRAM 器件可靠性乃至整星可靠性的必要手段。

5.1.2 单粒子效应对 FPGA 系统的影响

（一）航天器常用 FPGA 及典型结构

现场可编程门阵列 FPGA 内部包括可配置逻辑模块、输入/输出模块 IOB

（Input Output Block）和内部连线等，核心部分是可编程逻辑模块，并且随着技术的发展逐步加入了锁相环、微处理器、查找表等结构。根据 FPGA 结构的实现原理，FPGA 芯片可以分为三种，分别是基于 SRAM 技术的 FPGA、基于 Flash/E²PROM 技术的 FPGA 和反熔丝 FPGA。在上述三种 FPGA 中，反熔丝 FPGA 功耗很低、抗辐射特性良好，非常适合应用于航空航天等有高辐照、高可靠性要求的领域。在星载信号处理平台应用领域，由于对信号处理速度与综合性能的要求很高，越来越多地采用了高密度的 SRAM 型 FPGA，其中以 Xilinx 公司的 FPGA 应用最多。

反熔丝是一次性可编程互联单元，编程后其物理结构较编程前发生改变，编程后的状态无法翻转，因此以反熔丝为编程基础的反熔丝 FPGA 芯片具有可靠性高、保密性良好、抗辐照特性优良等特点。构成反熔丝 FPGA 的结构有：逻辑模块 LB（Logic Block）、布线资源、I/O 模块、时钟网络、控制模块、测试和编程电路、安全/识别验证电路和电荷泵等。

SRAM 型 FPGA 种类繁多，结构不尽相同，但以 Xilinx 等厂商主导的基于查找表结构的 FPGA 成为市场的主流，SRAM 型 FPGA 的主要组成为：配置存储器（Configurable Memory）、可编程逻辑单元（Configurable Logic Block，CLB）、可编程输入/输出口（Programmable IOB）、块存储器（BlockRAM）、布线资源（Routing Resource）、乘法器（Multiplier）、数字时钟管理模块（Digital Clock Manager，DCM）、配置状态机（Configuration State Machine，CSM）、上电复位状态机（Power On Reset，POR）等。

Flash 型 FPGA 是近几年才出现的一种新型 FPGA，它集成了 SRAM 型 FPGA 可在线编程和反熔丝型 FPGA 非易失性的优点，摒弃了 SRAM 型 FPGA 大启动电流和反熔丝 FPGA 只可一次编程的缺点。但是由于和 CMOS 工艺的兼容问题等，使得 Flash 型 FPGA 的集成密度不高及成本过高，导致其应用范围受到限制，主要应用在航天、医疗等需要高可靠性领域。从底层结构来看，Flash 型 FPGA 与 SRAM 型 FPGA 最大的区别在于控制互联等用到的开关。相比于 SRAM 型 FPGA 采用的六管 SRAM 控制传输门作为开关结构，典型的 Flash 型 FPGA 使用了一对浮栅晶体管作为开关，其中一个浮栅晶体管用来写入和读出信息，另一个浮栅晶体管用作开关，大大节省了芯片面积。

（二）FPGA 单粒子效应故障表现形式

FPGA 的单粒子效应故障模式可以归为四大类：① 由配置存储器、用户存储器/触发器发生单粒子翻转引起的故障；② 由上电复位状态机、配置状态机、硬件乘法器等发生单粒子功能中断和单粒子瞬态脉冲引起的故障；③ 由 CMOS

工艺 FPGA 器件中寄生的 PNPN 结构导致的单粒子锁定故障；④ 发生在反熔丝结构的单粒子介质击穿（SEDR）。其中，①和②属于单粒子软错误故障，③和④属于单粒子硬错误故障。在各类故障中，单粒子翻转是最主要的表现形式；配置存储器的单粒子翻转在 FPGA 整个单粒子翻转事件中占 90%以上，并且配置存储器的单粒子翻转主要引起布线资源的错误。

（三）FPGA 单粒子软错误故障模式

1. SRAM 型 FPGA 单粒子软错误故障

（1）配置存储器 SEU 引起的故障。

配置存储器 SEU 并不能直接导致用户逻辑的输出错误，它往往通过配置位影响用户逻辑的描述方式，进而产生错误输出，主要表现形式有：

- 查找表故障。

查找表（Look up Table，LUT）在 FPGA 设计中主要用于各类函数的生成或者状态机的状态编码，一般是四选一输出逻辑，输出是输入的函数。查找表的内容即输出和输入的函数关系决定于 FPGA 配置存储器的内容。如果查找表发生了单粒子翻转，函数输出将会出错，同时还将引起后面的逻辑或时序电路的错误。LUT 的故障只能通过 FPGA 的（局部）重配置修复。

- 可配置控制位故障。

FPGA 通过可配置控制位（Control bit）对 CLB 和 IOB 的配置状态进行控制。控制位故障和 LUT 故障类似，但是控制位故障影响的范围往往更大。如果这些控制位发生了单粒子翻转，其信号输入极性就会发生变化，可配置控制位的单粒子翻转将严重影响 FPGA 的功能。

- 开关矩阵和可编程互连点故障。

FPGA 的布线资源可以看作是二维的互连网络，由相互独立的开关矩阵（Switch Matrix，SM）和其间的互连线（Line Segments）组成。每一个开关矩阵四周都分布有若干个可编程互连点（Programmable Interconnect Point，PIP），这些 PIP 按照用户的设计意图，将 FPGA 内的布线资源连接在一起，完成特定的逻辑功能。开关矩阵存在三种失效模式：开路（Stuck-Open）、短路（Stuck-Closed）和桥接（Bridging）。这三种故障都是由配置存储器的内容发生单粒子翻转引起的。PIP 的状态决定了开关矩阵和其他线型资源连接形式，其故障是布线资源错误的重要组成部分。PIP 故障将会引起 FPGA 时序/组合逻辑的输出紊乱，造成后端功能模块布线资源的桥接或者信号传输延迟的变化（开路/短路），是引起 FPGA 单粒子效应故障的主要原因；PIP 短路或桥接还可能引起工作电流的增加和功耗的增大，造成电源的瞬时过载。

● 缓冲器故障。

缓冲器（Buffer）主要存在于互连线和开关矩阵互连的地方，这些缓冲器使得布线资源具有不同的类型：单向、双向互连线，带和不带缓冲的互连线等。缓冲器为 FPGA 内部用户逻辑中的输入输出信号提供同步缓冲和驱动。缓冲器配置位的单粒子翻转将影响输入或输出信号的时序特性。时序逻辑电路中对信号的缓冲特性比较敏感，缓冲器的故障可能会造成时序电路的紊乱。

● 多路切换器故障。

多路切换器（Multiplexer）是 FPGA 布线网络的重要组成部分，布线网络中几乎所有的输入输出线都会经过 Multiplexer。Multiplexer 配置位发生的单粒子翻转将直接影响 FPGA 的布线网络和数据流向，从而导致 FPGA 逻辑输出的错误。

（2）单粒子多单元翻转（MCU）引起的故障。

随着晶体管尺寸减小，单粒子多单元翻转（Multiple-Cell Upsets，MCU）和多位翻转（MBU）越来越普遍。图 5-6 给出的是 Xilinx 公司几种 SRAM 型 FPGA 的 MCU 发生次数占 FPGA 全部单粒子效应的百分比情况。可以看出，MCU 发生比例随着 LET 值的增加而增大。Kintex-7 系列发生 MCU 的 LET 阈值很低。尽管 MCU 发生概率要低于 SEU，但是大多数单粒子效应防护措施是针对 SEU 开展的，例如针对 SEU 的三模冗余技术，对 MCU 几乎没有效果。针对 MCU 的加固技术很复杂，而且成本很高。广泛使用的方法是最小化 MCU 传播到校验节点的机会。通常是在配置存储器和块存储器之间交叉使用。从

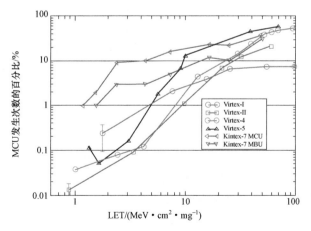

图 5-6 MCU 发生次数占 FPGA 全部单粒子效应的百分比

（Xilinx 公司几种 SRAM 型 FPGA）

图 5-6 可以看出 Kintex-7 系列在高 LET 值区域，MBU 效应比老一代的技术表现得更好，主要原因是交叉技术的使用。

（3）SET 故障。

时序和组合电路以及时钟的单粒子瞬态脉冲（SET）将会在数据传输链路上产生短时间的干扰脉冲，造成数据的抖动或者触发器的误触发，最终造成输出数据的错误，如图 5-7 所示。

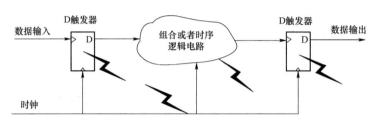

图 5-7 时序和组合逻辑电路的 SET 故障

SET 对高速信号处理模块的影响更加严重，是单粒子效应对 FPGA 逻辑功能的主要危害之一。

（4）SEFI 引起的故障。

FPGA 中的上电复位电路（Power on Reset，POR）、JTAG 配置接口、electMAP 接口，受高通量的高能粒子轰击后会产生单粒子功能中断 SEFI。POR 的 SEFI 将会导致 FPGA 内部的存储单元复位，用户逻辑电路状态丢失，使整个 FPGA 恢复到上电复位状态。JTAG 配置接口发生功能中断时，通过 JTAG 接口对 FPGA 配置存储器的读写功能可能失效，此时如果对配置存储器进行回读操作，就会得到一个常值。SelectMAP 是 FPGA 并行配置接口，发生 SEFI 时外部控制器将不能从该接口获得正确数据，甚至造成配置状态机中控制寄存器的错误而无法写入数据。星载 FPGA 在轨运行时，由于 SEFI 截面较小（每个器件约为 10^{-6} cm²），极少出现 SEFI，但是由于其影响极大，在设计过程中仍需充分考虑 SEFI 的影响。

2. 反熔丝型 FPGA 单粒子软错误故障

应用于 FPGA 中的反熔丝主要有两种，即氧-氮-氧（Oxide-Nitride-Oxide，ONO）技术反熔丝和金属-金属（Metal to Metal，MTM）反熔丝。其中，MTM 反熔丝是应用最广泛的一种反熔丝。反熔丝型 FPGA 与 SRAM 型 FPGA 最大的差别在于编程方式上，反熔丝型 FPGA 是靠在反熔丝开关的两端加较高的编程电压（一般为 7～20 V）产生电流来永久性改变反熔丝的电阻没达到连线导通的目的。

反熔丝器件 FPGA 相比 SRAM 型 FPGA，不存在 SRAM 型的配置存储器，器件的配置由反熔丝型一次编程开关决定，不存在配置位翻转。反熔丝的 SEE 也可以分为两类：一是片上存储器（可以被配置为 SRAM 或者 FIFO）由于 SEU 造成的存储器故障，二是由于 SET 扰动以及逻辑电路中寄存器翻转造成的逻辑故障。

　　AX2000 是 Actel 公司推出的 Axcelerator 系列反熔丝 FPGA，是 SX–A 架构的扩展，是高性能、高速度系列 FPGA，其最大容量为 200 万等效系统门。Axcelerator 系列采用 AX 架构，提供诸如寄存器、嵌入式 RAM（BlockRAM）、时钟锁相环、可分割时钟区域、芯片级高速路由和高速 I/O 等。

　　重离子单粒子效应试验结果表明，AX2000 内部寄存器资源在 LET 值为 4.4 MeV·cm²/mg 时，开始出现翻转错误，随着 LET 值增高（达到 42 MeV·cm²/mg），寄存器资源翻转错误增多。根据原始数据拟合出的单粒子翻转横截面曲线如图 5–8 所示。测试 BlockRAM 资源时，发现在 5 种不同 LET 值（0.46～42 MeV·cm²/mg）辐照试验过程中，测量数据始终正常，没有发生翻转错误，说明采用的 EDAC 和数据刷新设计起到了一定的抗单粒子翻转作用。

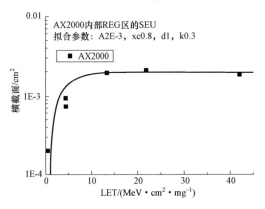

图 5–8　AX2000 寄存器单粒子翻转横截面曲线

　　RTAX2000S 是 Actel 公司在 AX 系列的基础上推出的一款抗辐射器件，此款与 AX 系列的最大不同是，内部结构中增加了抗辐加固的设计，主要针对单粒子敏感资源，即寄存器和 BlockRAM 资源，在重离子束下测试器件 RTAX2000S 的寄存器和嵌入式存储器资源的单粒子试验。图 5–9 给出的是寄存器单元与 BlockRAM 的加固设计后单粒子翻转效应横截面曲线图。

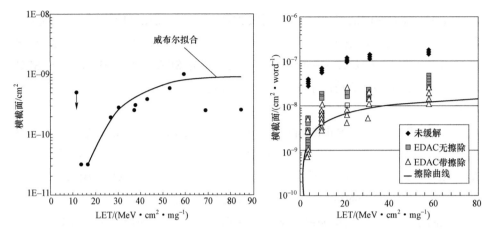

图 5-9 寄存器单元与 BlockRAM 的加固设计后单粒子翻转效应横截面曲线

试验结果表明针对寄存器的三模冗余和针对 BlockRAM 的 EDAC 和后台刷新设计，可以有效减少芯片单粒子翻转错误。

3. Flash 型 FPGA 单粒子软错误故障

Flash 型 FPGA 和 SRAM 型 FPGA、反熔丝 FPGA 一样，也是基于 CMOS 工艺制造，同时芯片内也集成了 SRAM、触发器等结构，具有这些结构普遍存在的 SET、SEU、SEL 等单粒子效应，在芯片关键节点被高能粒子击中时，也可能发生 SEFI。由于遍布整个 FPGA 芯片的布线资源中大量采用了浮栅晶体管作为开关，有别于前面两种 FPGA 采用的 SRAM 和反熔丝结构，Flash 型 FPGA 在高能粒子的辐射下表现出不同于 SRAM 型 FPGA 和反熔丝 FPGA 的特点。由于 Flash 型 FPGA 出现得较晚，在宇航领域应用得较少。

Microsemi 公司 Flash 型 FPGA 具有高性能、低功耗、低成本和固件错误免疫等优点，应用于多颗卫星和航天器中。采用 130 nm 工艺的 ProASIC3 系列的 A3P250 和 A3P1000，逻辑容量最大 300 万门，504 Kbit 双端口 SRAM，616 个用户 I/O 口。主要包括以下几部分：输入/输出端（I/O 端）、可编程逻辑资源（VersaTile）、存储单元（RAM Block）、FlashROM 和时钟调节电路（Clock Conditioning Circuits，CCC）。其中，VersaTile 是该类型 FPGA 的核心单元，在 FPGA 中的分布最广；RAM Block 是对单粒子效应敏感的单元，极易发生单粒子翻转。

美国空军研究实验室（the Air Force Research Laboratory）对 ProASIC3 系列（A3P250 和 A3P1000）FPGA 的单粒子效应开展了详细研究。为了测试 VersaTile 单粒子效应设计了三种测试方案：① 带有移位寄存器 SR 的非加固测试方案（D1）；② 三模冗余设计的 SR，使用单个全局时钟、表决器与 I/O 端口进行三模冗余设计（D2）；③ 三模冗余设计的 SR，全局时钟、表决器与 I/O 端口进行三模冗余设计（D3）。这三种测试设计方案框图如图 5-10 所示。

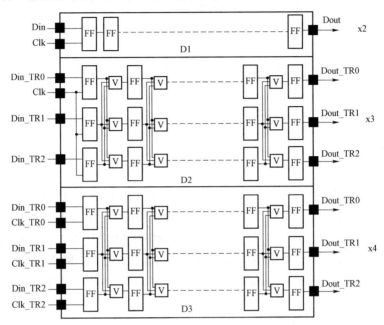

图 5-10　ProASIC3 系列单粒子效应测试方案

图 5-11、图 5-12 给出的测试结果表明，随着加固措施等级的提升，SEE 截面逐渐减小。在 D3 设计中，FPGA 的所有资源都进行了三模冗余设计，其 SEU 都来源于 I/O 端口的 SET。因此，为了获得完整的 SEE 免疫能力，所有三模 I/O 端口必须被隔离在三个不同的 I/O 区块。

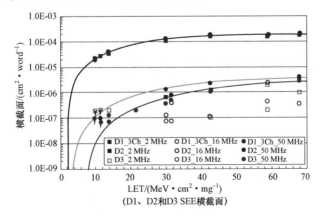

图 5-11　单粒子效应测试结果（一）

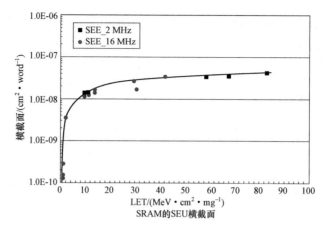

SRAM的SEU横截面

图 5-12　单粒子效应测试结果（二）

ProASIC3 系列（A3P250 and A3P1000）器件在其南北侧嵌入了 SRAM 存储模块。图 5-12 给出的是 SRAM 的 SEU 截面,饱和截面近似的 4.22×10⁻⁸ cm²/bit。结果表明嵌入式 SRAM 的单粒子翻转截面与器件时钟频率无关,表明在其周边组合逻辑电路发生的大多数 SET 效应被过滤,从而没有对 SRAM 的单粒子翻转造成影响,只有发生在 SRAM 的 SEU 事件被记录。同样也没有观测到 SRAM 的 MBU 事件。

RTG4 系列是 Microsemi 公司的第 4 代 Flash 型 FPGA。与前一代使用的 VersaTile 逻辑单元的 ProASIC 系列 FPGA 不同,RTG4 系列使用 4 输入 LUT。触发器利用三模冗余 TMR 进行单粒子翻转加固,并且集成了优化的 SET 过滤器。BRAM 存储器内建了 EDAC 校验纠错功能和 SET 过滤功能。RTG4 包含了大量的逻辑、存储和数学资源,还有 PLL 和高速接口用于复杂应用场景。利用 Flash 技术的优点,RTG4 包含了 374 Kbit 的非易失 Flash 存储单元,可以用于 RAM 和嵌入式 IP 的供电开关。从表 5-5 可以看出,Microsemi 公司的 RTG4 系列 FPGA 具有极低的翻转率,在 GEO 轨道的翻转率达到 10⁻¹²/（bit·day）。

（四）FPGA 的单粒子硬错误故障模式

1. SRAM 型 FPGA 单粒子硬错误故障

空间等级的 FPGA 一般不会出现 SEL 现象,因为抗 SEL 功能是器件设计与制造必须加以考虑的问题。然而,商业级 FPGA 会出现辐射诱发的 SEL 效应,并且 SEL 效应的出现与 FPGA 阵列规模并没有直接的关系。例如,Xilinx Virtex-Ⅱ系列 FPGA 会出现 SEL 效应,这一现象是与器件的半闩锁（half-latches）有关,在 Virtex-5 系列中这一现象得以解决,SEL 问题似乎得到了解决。然而，这一现象又在 Virtex–7 系列 FPGA 的辅助电源轨中出现，而在随后发布的 Ultrascale 系列 FPGA 中并没有观测到闩锁现象。又有研究者在 Ultrascale+系列中观测到类似 SEL 的现象，这一结果还有待于进一步研究验证；而最近的单粒子试验并没有发现 Ultrascale+存在 SEL 现象。Altera（现在属于 Intel 公司）的 SRAM 型 FPGA 过去一直属于 SEL 敏感器件，但是最新型的 FPGA 产品对 SEL 免疫。总之，SEL 免疫是 FPGA 空间应用的基本要求，必须对所采用的 FPGA 开展测试评估，以确定采用特定技术的 FPGA 是否对 SEL 免疫。

表 5–5 给出的是主要抗辐射 FPGA 器件生产商及其抗辐射指标。

表 5–5　主要抗辐射 FPGA 器件生产商及其抗辐射指标

FPGA	公司	Microsemi	Microsemi	Xilinx	Nano Xplore
	器件	RTAX-S/SL4000	RTG4	Virtex-5QV FX130	NG medium
工艺技术	编程技术	Antifuse	Flash	SRAM	SRAM
	工艺	150 nm	65 nm	65 nm	65 nm
逻辑	逻辑块类型	C-Cell	LUT4	LUT6	LUT4
	逻辑块	40 320	151 824	81 920	34 272
	触发器	20 160	151 824	81 920	32 256
SRAM	大容量 SRAM/Kbit	120×4.6	209×24.5	596×36	56×48
	小容量 SRAM/Kbit		210	1 500	168
	总容量/Kbit	540	5 200	12 308	2 856
架构	DSP	120（RTAX-DSP）	462	320	112
时钟	MMCM-PLL	0	8	18	4
接口	SERDES/（Gbit·s^{-1}）		24×3.125	18×4.25	
	SpaceWire 总线接口		16		1
	DDR 接口	DDR	DDR3	DDR	DDR2
抗辐射性能	TID/krad（Si）	300	100	1 000	300
	SEL LET 阈值/（MeV·cm^2·mg^{-1}）	117	103	100	60
	GEO 轨道的 SER 率/（errors·bit^{-1}·day^{-1}）	1.00E-10	1.00E-12	3.80E-10	2.05E-10
	SET 过滤带宽/ps	—	600	800	

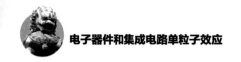
2. 反熔丝型 FPGA 单粒子硬错误故障

由于占 FPGA 资源比例相当大的布线资源在反熔丝型 FPGA 和 SRAM 型 FPGA 中有本质区别，反熔丝 FPGA 在高能粒子辐照下也具有不同于 SRAM 型 FPGA 的特点，主要表现为单粒子介质击穿 SEDR（Single Event Dielectric Rupture），这是一种硬损伤，即使断电重启也不能克服，这也是 SEE 对该型器件最严重的影响，所幸的是发生该类错误的概率极小。

当编程完的反熔丝 FPGA 工作在正常电压时，未编程的反熔丝两端有可能存在一相当于电源电压的偏压。反熔丝厚度通常为 8～9 nm，当电源电压为 5.5 V 时，反熔丝中的电场强度约为 6 MV/cm。这是一个相当强的电场，但还不至于对反熔丝造成影响。这时若有一高能粒子恰好击中存在偏压的反熔丝，在高能粒子经过反熔丝材料的径迹周围产生电荷，电荷在强电场的作用下被加速，有可能产生以下问题：

（a）使电流小幅度增大。

（b）暂时性的电平跳变边沿变缓，导致电路时序性能劣化。

（c）电荷在强电场的作用下产生雪崩效应，使反熔丝层击穿，形成较低的导通电阻。

其中（a）和（b）对电路的影响是暂时性的，（c）是一种硬损伤，即单粒子介质击穿（SEDR），机理类似于功率 MOSFET 在单粒子作用下的单粒子栅击穿（SEGR）。SEDR 对反熔丝 FPGA 芯片能否造成影响以及造成多大影响取决于反熔丝开关在电路中所处的位置。若反熔丝开关所处的位置和下载到 FPGA 芯片中的电路无关联或者反熔丝开关的通断对电路的功能无影响，则该 SEDR 对反熔丝 FPGA 芯片的正常工作无影响；若发生 SEDR 的反熔丝开关位于电路的关键部位，则有可能使芯片完全丧失功能。

反熔丝 FPGA 芯片完成编程后，被熔通的反熔丝开关只占整个芯片反熔丝开关中的极小一部分，也就意味着很大一部分反熔丝开关面临着 SEDR 风险。由于以往的应用以及试验都证明反熔丝 FPGA 发生 SEDR 的概率极低，其在辐射环境中的可靠性还是明显好于 SRAM 型 FPGA。

3. Flash 型 FPGA 单粒子硬错误故障

从表 5-5 中可以看出，Microsemi 公司的 RTG4 系列 FPGA 锁定阈值达到了 103 MeV · cm²/mg，在空间应用可以认为无锁定发生。

5.1.3　单粒子效应对数字信号处理系统的影响

（一）航天器常用数字信号处理器及典型结构

在星载信号处理系统中已经多次成功地用到了数字信号处理器（Digital Signal Processor，DSP），如 PoSat–1 中用到的 TI 公司的 TMS320 C30/25，MightySat–Ⅱ 中用到的 TI 公司的 TMS320 C40 等，波音公司的 Thuraya–1 将一种超级 DSP 用于通信信号的处理，而且该 DSP 目前仍运行良好。然而，高运算能力的数字信号处理器在空间环境中的可靠性设计仍然是一个难题。随着处理器运算速度的提高（如 TI 公司 600 MHz 主频的 6000 系列 DSP，运算能力甚至高达 4 800 MIPS），辐射效应的影响越来越严重，需要有针对性地对更高性能 DSP 进行辐射效应研究和可靠性设计。

为克服空间高能粒子辐照造成的影响，应用于航天系统中的 DSP 芯片通常利用抗辐照器件对其硬件进行特殊保护。抗辐照器件加固的 DSP 芯片能够有效屏蔽瞬态故障，但由于其应用范围有限，需求量小，所以发展缓慢，其性能远落后于商用芯片（Commercial Off-the-Shelf，COTS）。此外，抗辐照 DSP 设计复杂、造价昂贵，冗余的硬件设计使得其面积和功耗都成倍增加。随着芯片集成度的增加，单纯通过抗辐照芯片已不能完全消除瞬态故障造成的影响。

COTS DSP 芯片相比于抗辐照 DSP 而言，应用范围更加广泛、需求量大、产品更新换代快，其性能和价格以及功耗方面相较于抗辐照芯片都具有明显优势，因此在航天系统中利用 COTS DSP 代替抗辐照 DSP 成为研究热点。然而，由于 COTS DSP 的集成度远高于抗辐照 DSP，且在芯片设计过程中并未考虑 SEU 故障影响，其可靠性无法达到航天标准，要提高 COTS 芯片在空间系统中的可靠性，必须采用其他方式对其进行加固。因此，研究人员提出利用软件容错的方式加固 COTS 芯片，具体而言，就是利用 COTS 丰富的计算资源，对运行在芯片上的程序进行冗余复算，以达到或接近抗辐照器件硬件冗余的效果。这种基于软件冗余复算的技术也被称为软加固技术。相较于硬件抗辐照器件而言，利用软加固技术提高 COTS DSP 芯片具有低成本、高性能、高可靠性、高灵活度等特点，而且其开发的周期短，效率高。因此，通过软加固提高 COTS 芯片可靠性，已经在航天领域得到广泛运用。

（二）数字信号处理器单粒子效应故障表现形式

由于 DSP 是基于 SRAM 工艺，因此内部存储区和寄存器极易受到单粒子效应的影响。根据 DSP 电路单元对单粒子效应的敏感性和故障类型研究，将单粒子效应对 DSP 的影响主要分为三类：存储型模块的单粒子翻转故障、功能型模块的单粒子瞬态脉冲故障和单粒子功能中断故障。其中，存储型模块主要包括程序存储器（P–RAM）和数据存储器（D–RAM）、程序缓存区（L1P Cache）和数据缓存区（L1D Cache）、通用寄存器和控制寄存器；功能型模块主要包括：算术逻辑单元、指令管理、外设控制器、中断控制器、接口电路和上电复位电路等。

1. 存储型模块的单粒子翻转故障

由于期间制作工艺的不断提高，特征尺寸和工作电压的减小，以及实际系统设计过程中占用资源的增多，DSP 的内部 RAM 对单粒子的敏感性不断增加。程序存储区单粒子翻转故障，会导致执行指令顺序错误和程序流程的停滞。数据存储区单粒子翻转故障会极大影响 DSP 的设计功能，尤其是关键变量位翻转会造成程序执行时间、逻辑功能和执行流程的紊乱。

程序缓存区和数据缓存区作为 DSP 运行时 CPU 访问最频繁的区域，类似于存储器发生单粒子翻转，但由于用户不可访问缓存区，难以检测缓存区发生单粒子翻转，发生翻转错误对系统结果影响更为严重。通用寄存器作为数据、地址、指令等传输和缓存的存储器，发生单粒子翻转主要表现在程序地址错误或运算结果错误。控制寄存器作为控制和确定 CPU 的操作模式及当前执行任务特性，发生单粒子翻转会影响 DSP 的功能及外围设备配置状态的变化。

2. 功能型模块的单粒子瞬态脉冲故障和单粒子功能中断故障

功能型模块发生单粒子瞬态脉冲故障的主要形式有：算术逻辑单元数据运算结果错误，造成后续运算累积错误；指令管理器指令存取地址错误，程序运行时破坏其流水线时序造成程序流程紊乱；EDMA 控制器总线访问错误造成意外中断，中断控制器产生意外中断造成程序指令流程紊乱。功能型模块的单粒子功能中断故障主要表现形式有：EMIF 接口电路访问片外存储器时超时等待导致系统死机；上电复位电路对器件复位，造成功能暂时失效；无法通过 JTAG接口访问 DSP，并干扰正常程序流程；外设控制器的电路受到破坏，造成外设状态长时间异常。

（三）数字信号处理器单粒子软错误故障模式

TI 公司的 TMS320C6713 数字信号处理器，是一款商用高性能器件，由程序/数据存储器（L2 Memory）、L1 程序/数据 Cache（L1P/L1D）、通用寄存器（General Register）、算术逻辑运算单元、外设及其控制器组成。

针对 TMS320C6713 器件主要功能单元开展单粒子效应试验评估，使用能量为 65～120 MeV 的高能质子开展试验，最大注量为 2×10^{10} proton/cm²。根据单粒子效应试验数据、太阳同步轨道辐射环境和 4.3 mm 铝屏蔽厚度计算获得 DSP 器件的翻转率数据，结果如表 5-6 所示。

表 5-6　TMS320C6713 主要功能单元单粒子效应试验结果

功能单元	总注量/ （proton·cm⁻²）	翻转次数	翻转截面/cm²	太阳同步轨道翻转率/（次·天⁻¹）
内部寄存器（IR）	2.0×10^{10}	0	$<5.0 \times 10^{-11}$	$<5.3 \times 10^{-5}$
整型算术逻辑单元（ALU）	2.0×10^{10}	0	$<5.0 \times 10^{-11}$	$<5.3 \times 10^{-5}$
浮点算术逻辑单元（FPU）	2.0×10^{10}	0	$<5.0 \times 10^{-11}$	$<5.3 \times 10^{-5}$
EDMA 控制器	2.0×10^{10}	0	$<5.0 \times 10^{-11}$	$<5.3 \times 10^{-5}$
SRAM 存储器	0.92×10^{9}	24	2.6×10^{-8}	3.4×10^{-2}
L1 Cache	2.0×10^{10}	0	$<5.0 \times 10^{-11}$	$<5.3 \times 10^{-5}$
L2 Cache	1.9×10^{9}	8	4.2×10^{-9}	5.2×10^{-3}

高能质子辐照试验结果表明：DSP 器件在整个试验期间没有出现单粒子锁定或功能永久失效或供电电流增大现象。从单粒子效应试验结果来看，该型号 DSP 器件单粒子效应主要发生在内部存储型模块，尤其是 DSP 内部 SRAM 存储器，翻转率达到了 3.4×10^{-2} 次/天，因此需要采取抗单粒子翻转加固措施。

TI 公司的军品级信号处理器 SMJ320C6701 开创了空间高性能浮点运算 DSP 应用的新纪元。SMJ320C6701 处理器基于高性能超长指令（VLIW）架构，具有浮点和定点数学逻辑单元。包含 128 KB 内部 SRAM，其中 64 KB 可配置为 L1 程序缓存（L1P），其余可配置位数据存储；包含 32 位外部存储接口（EMIF）和四通道直接存储访问控制器（DMA）。

针对 DSP 的 IR、ALU、FPU、DMA 和 SRAM 开展质子单粒子效应试验，内部 SRAM 试验采用动态和静态测试方案，质子试验参数与 TMS320C6713 基本一致，结果如表 5-7 所示。在整个试验过程中没有出现 SEFI 和 SEL 现象。

所有功能模块 IR、ALU、FPU 和 DMA 在质子总注量为 2.0×10^{10} proton/cm² 条件下，没有出现 SEU 现象，翻转截面小于 5.0×10^{-11} cm²/block。对于典型 SS 轨道（57°，555.6 km）高度，3.75 mm 厚的铝屏蔽的航天器，SMJ320C6701 处理器的功能模块翻转率小于 5.3×10^{-5} 次/天。

内部 SRAM 在动态模式下的翻转率为 2.1×10^{-8} cm²/block，静态模式下的翻转率为 2.8×10^{-8} cm²/block，与微处理器在静态与动态模式下的翻转率趋势一致。

其在上述 SS 轨道与屏蔽条件下的静态翻转率约为 3.0×10^{-2} 次/天,与商用级 TMS320C6713 翻转率接近。因此,SMJ320C6701 处理器单粒子故障主要是内部 SRAM 的单粒子翻转效应,必须采取 EDAC 措施进行加固设计。

表 5-7   TMS320C6713 主要功能单元单粒子效应试验结果

功能模块	总注量/ (proton · cm^{-2})	翻转数	横截面/ (cm^2 · block^{-1})	太阳同步轨道翻转率/ (次·天$^{-1}$)
IR	2.0×10^{10}	—	$< 5.0 \times 10^{-11}$	$< 5.3 \times 10^{-5}$
Int.ALU	2.0×10^{10}	—	$< 5.0 \times 10^{-11}$	$< 5.3 \times 10^{-5}$
FP ALU	2.0×10^{10}	—	$< 5.0 \times 10^{-11}$	$< 5.3 \times 10^{-5}$
DMA	2.0×10^{10}	—	$< 5.0 \times 10^{-11}$	$< 5.3 \times 10^{-5}$
DPwF	1.0×10^{9}	15	1.4×10^{-8}	1.5×10^{-2}
DPw/oF	4.0×10^{10}	846	2.1×10^{-8}	2.2×10^{-2}
SPwF	7.1×10^{8}	13	1.8×10^{-8}	1.9×10^{-2}
SPw/oF	6.0×10^{10}	1 658	2.8×10^{-8}	2.9×10^{-2}

(四)数字信号处理器单粒子硬错误故障模式

前述的军品级 SMJ320C6701 重离子辐照试验与 ^{60}Co-γ 总剂量辐照试验,表明 SEL 阈值超过 89 MeV · cm^2/mg,抗总剂量能力超过 100 krad (Si),空间应用发生单粒子闩锁的风险极低,这也是该型号器件优于商用器件的一大特点。

图 5-13 给出了 TI 公司的 SMJ320F240 数字信号处理器的重离子单粒子锁定试验的 SEL 截面与 LET 值关系曲线。SMJ320F240 在 2.8 MeV · cm^2/mg 即

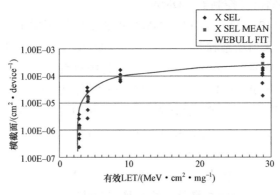

图 5-13   数字信号处理器 SEL 截面曲线

出现 SEL 现象。发生锁定后，I_{DD} 电流增大到 700 mA，而正常工作电流为 70 mA，增大了 10 倍。

5.1.4　单粒子效应对 SOC 系统的影响

（一）航天器常用 SOC 系统及典型结构

系统级芯片（System-on-Chip，SOC）是在一个芯片上集成 CPU、DSP、存储器、模拟电路和各类 I/O，以实现一个完整系统功能的芯片。SOC 可显著提高电子系统集成度和性能，减小系统的重量和体积，降低系统的功耗。因此，使用 SOC 是满足航天电子产品集成化、小型化、高性能、低功耗要求的重要措施。国外开展 SOC 辐射效应和抗辐射加固技术的研究较早，20 世纪 90 年代，就已经开展了相关研究，已有针对不同的 SOC 架构和基于不同微处理器的 SOC 辐射效应研究的相关报道。例如，NASA 研制了 RAD6000 和 RAD750 抗辐射加固芯片，Boeing 公司研制了 49 核抗辐射加固处理器 Maestro，以及 Aeroflex Gaisler 公司研制了 UT699、P2020 和 P5020 SOC 芯片，并且分别开展了重离子单粒子效应试验，获得了 L1 Cache 和 L2 Cache 的单粒子效应截面随 LET 值变化的关系曲线。2010 年，美国 NEPP（NASA Electronic Parts and Packaging）已经提出了 SOC 测试方法、SOC 辐射效应和 SOC 抗辐射加固技术的主要任务和目的。

北京微电子技术研究所研发的飞行器测控 SOC，采用三模冗余、EDAC 等多层次容错机制来提高 SOC 的可靠性。同时，对 SOC 进行抗辐射加固设计，抗总剂量效果在 300 krad（Si）以上，错误翻转率能达到 10^{-5} error/（bit·day）。

Xilinx Zynq-7000 SOC 是基于 Xilinx 全可编程的可扩展处理平台结构，该结构在单个芯片内集成了 32 位 ARM Cortex-A9 双核处理器系统（Processing System，PS）和 Xilinx 可编程逻辑系统（Programmable Logic，PL）。该芯片基于最新的高性能、低功耗、28 nm 高 K 金属栅极工艺，采用软件（C 语言）和硬件（Verilog HDL）相结合的全可编程方法。处理器系统（PS）包括应用处理单元、存储器接口、I/O 外设和复杂互连结构。可编程逻辑系统（PL）采用 Xilinx Artix-7 FPGA，包括可编程逻辑块（Configurable Logic Block，CLB）、36 Kbit BRAM、数字信号处理 DSP48E1 切片、时钟管理、可配置 I/O、模拟/数字转换器（XADC）等。Xilinx Zynq-7000 SOC 框架结构如图 5-14 所示。

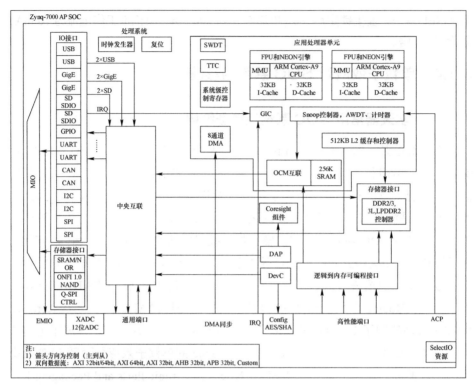

图 5-14 Xilinx Zynq-7000 SOC 框架结构

（二）SOC 系统单粒子效应故障表现形式

大规模片上系统 SOC 作为可编程计算载荷的处理器及数据加速处理单元的实现平台，其芯片内部的片上存储器、硬 IP 外设的配置寄存器以及双核 ARM 处理器和 FPGA 的存储单元对单粒子翻转敏感，容易发生瞬态且可恢复的软错误，体现在软件上会导致软件的运行发生控制流错误和数据流错误，使软件的运行轨迹发生混乱或产生错误的计算结果。具体单粒子效应故障表现形式如下：

（1）数据错误。由 SEU 造成的数据计算结果出错或者内存数据出错。

（2）功能中断。测试程序出现中断，经软复位后，程序恢复正常。

（3）运行超时。测试程序运行时间，超过程序正常运行所需要的时间。

（4）系统停止。辐射造成系统崩溃，程序中止，软复位无效，需要断电重启。

（三）SOC 系统单粒子软错误故障模式

28 nm Xilinx Zynq-7000 SOC 单粒子效应故障具有典型的代表性。利用

²⁴¹Am 源发出的能量为 5.486 MeV 的 α 粒子辐照器件，结果表明，由单粒子翻转导致的数据错误和单粒子功能中断是 SOC 单粒子效应主要的错误类型，占总错误数的 90.74%，严重影响了系统可靠性。因此，对于纳米级 SOC，由于 CMOS 工艺尺寸的减小、集成度及结构复杂度的增加，所导致的翻转错误和功能中断将越来越多，产生的机理也更加复杂。

对于 SOC，如何防护单粒子功能中断将成为一个严峻的问题。试验结果也表明，对于 28 nm Xilinx Zynq-7000 SOC 而言，PL、直接内存访问控制器（Direct Memory Access，DMA）和高速数据缓存（D-Cache）出现的错误较多，并且错误类型丰富，说明这几个模块对单粒子效应比较敏感，在试验过程中，未检测到电流增大的现象。单粒子效应试验结果如表 5-8 所示。

表 5-8　Xilinx Zynq-7000 SOC 单粒子效应试验结果

块区	数据错误	功能中断	时间溢出	系统挂起	注量/ $(\times 10^8 cm^{-2})$	横截面/ $(\times 10^{-8} cm^2)$
PL	30	6	0	4	2.700	14.8
ALU	0	4	0	0	7.991	0.50
DMA	6	7	6	0	3.068	6.19
D-Cache	5	13	0	0	9.923	1.81
Register	0	11	0	0	7.991	1.38
QSPI	2	0	0	0	1.534	0.13
FPU	3	11	0	0	7.991	1.75

利用 SOC 软件故障注入系统，开展了 Zynq-7000 SOC 寄存器、存储器和 DMA 控制器的故障注入试验。注入结果表明：① 寄存器：不同的测试程序，敏感寄存器不同，敏感寄存器与测试程序的功能紧密相关；在多种测试程序下，R15 和 R11 寄存器都非常敏感，故障率超过了 80%；不同的寄存器注入故障后，导致系统的错误类型不同，这与寄存器自身的作用相关。② 存储器：不同的存储区域，系统的错误类型不同，其中，代码存储区更容易出现系统控制运行异常，例如，程序中止和运行超时，而数据存储区更容易导致数据错误，导致运行结果的不一致。③ DMA 控制器：确定了源地址寄存器、目的地址寄存器和控制寄存器为 DMA 的敏感寄存器，其中，源地址寄存器和目的地址寄存器非常敏感，导致系统出错率达到 90%以上，并且源地址寄存器和控制寄存器主要导致数据错误，而目的地址寄存器还可以导致程序中止和运行超时等错误。

Xilinx 的 Zynq® UltraScale+™ MPSOC 是一款基于 16 nm FinFET 工艺的 SOC 器件，包含主频为 1.5 GHz 的四核 ARM® Cortex-A53 处理器、双核 Cortex-

R5 实时处理器、Mali–400 MP2 图形处理器和可编程逻辑器件。可编程逻辑资源包括：可配置逻辑块（CLB）和触发器（FF）。此外还有专用乘法器（Dedicated Multipliers）、双口块存储器（BRAM）、可编程 I/O、时钟管理电路和扩展路径资源等。

加拿大 MDA 公司开展了该器件的高能质子辐照试验，质子能量范围为 65～520 MeV，最大 LET 值约为 10 MeV·cm²/mg，将该器件的质子试验结果与其他 Xilinx 产品的质子辐照试验结果进行了对比。其他 Xilinx 产品工艺结构特征如表 5–9 所示，器件功能模块质子单粒子翻转截面如表 5–9 所示。

表 5–9　Xilinx SOC 单粒子效应试验结果

型谱	器件序号	特征尺寸/nm	内核电压/V
Virtex-Ⅱ	XC2V1000	150/120	1.5
Virtex-4	XC4VLX25	90	1.2
Virtex-5	XC5VLX50T	65	1.0
Virtex-6	XC6VLX240T	40	1.0
Kintex-7	XC7K325T	25	1.0
UltraScale	XCKU040	20	0.95
UltraScale+	XCZU9EG	16	0.9

器件型谱	SRAM 逻辑配置/ ($cm^2 \cdot bit^{-1}$)	触发器/ ($cm^2 \cdot bit^{-1}$)	DSP 块/ ($cm^2 \cdot DSP^{-1}$)	BRAM/ ($cm^2 \cdot bit^{-1}$)
Virtex-Ⅱ	33.6×10^{-15}	88.0×10^{-15}	78.0×10^{-12}	4.70×10^{-15}
Virtex-4	15.6×10^{-15}	66.0×10^{-15}	10.0×10^{-12}	4.20×10^{-15}
Virtex-5	19.5×10^{-15}	24.0×10^{-15}	10.0×10^{-12}	2.44×10^{-15}
Virtex-6	9.75×10^{-15}	7.40×10^{-15}	5.40×10^{-12}	1.74×10^{-15}
Kintex-7	5.20×10^{-15}	5.34×10^{-15}	0.98×10^{-12}	1.31×10^{-15}
UltraScale	1.89×10^{-15}	2.05×10^{-15}	0.94×10^{-12}	2.52×10^{-15}
UltraScale+	0.12×10^{-15}	0.30×10^{-15}	$<0.20\times10^{-12}$	0.59×10^{-15}

从表中可以看出，随着器件特征尺寸的减小，其功能模块的质子单粒子翻转截面呈下降趋势，尤其是这款 16 nm FinFET 工艺的 SOC 系统，其存储单元翻转截面下降了近一个数量级。

（四）SOC 系统单粒子硬错误故障模式

SOC 系统的 SEL 效应研究工作相对较少，在前述 α 粒子辐照 Xilinx Zynq–7000 SOC 试验中，并未观察到 SEL 现象；而 Zynq® UltraScale+™ MPSOC 质子辐照条件下，也未观测到 SEL 现象。SOC 系统抗单粒子闩锁特征还有待进一步研究。

5.1.5　单粒子效应对二次电源系统的影响

（一）航天器二次电源系统

　　DC-DC 二次电源是直流-直流转换的开关电源，由占空比控制的开关电路构成的电能变换装置，是卫星、航天设备电源系统的关键组成部分，将系统总线电压转换为一定大小的输出，为子系统数/模电路提供工作电压。卫星上各个分系统对 DC-DC 电源模块的一个核心要求就是在各种不同输出负载、不同输入电压下都能保证输出电压的稳定。然而，空间带电粒子引起的电离辐照效应会造成这些卫星用 DC-DC 电源模块的参数特性发生退化，甚至会造成分系统出现断电等严重后果。

　　开关电源根据开关管、电感和电容的不同拓扑结构，商用开关电源主要有三种基本结构：降压型转换器（Buck Converter）、升压型转换器（Boost Converter）和降压-升压型转换器（Buck-Boost Converter）。

　　开关管控制信号的产生是根据电源稳压或稳流特性要求，利用增加反馈控制电路，采用占空比控制方法来实现的。通常根据控制方式有下面几种分类：第一种控制方式为脉冲宽度调制（Pulse Width Modulation，PWM），即开关周期恒定，通过改变脉冲宽度来改变占空比的方式；第二种控制方式为脉冲频率调制（Pulse Frequency Modulation，PFM）；第三种是混合调制，可以理解为是以上两种方式的混合。在实际设计中由于采用频率调节时工作频率随时都在变化，对其他设备的干扰较大，且不容易消除，而多方式结合的控制电路分析很复杂，因而大多采用 PWM 控制方式，目前以 PWM 方式的控制 IC 较多。

　　图 5-15 给出了 DC-DC 电源模块的典型内部结构示意图，主要包括电压输入端、脉宽调制器（PWM）、VDMOS 功率开关 Q_1、变压器 T_1、磁反馈结构（Magnetic Feedback）、二极管 D_1、电压输出端等。其中功率开关 VDMOS 和脉冲调制器 PWM 是核心器件，PWM 是 DC-DC 转换器中的开关信号产生器件；VDMOS 是理想的开关器件和线性放大器件。

（二）功率 MOSFET 单粒子效应故障

　　随着半导体材料、器件制造工艺的发展和电子设备对器件的需求牵引，不断研制出各种结构的功率器件，目前应用的第二代功率器件主要有 SiMOS、SiBJT、GaAsHBT、GaAsPHEMT、GaAsMOSFET 等。宽禁带半导体材料的出

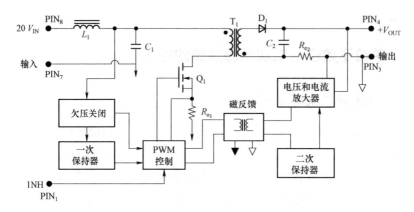

图 5-15　DC-DC 电源模块典型内部结构示意图

现推动了功率器件的发展，已经出现了第三代功率器件 SiC MOSFET、GaN-HEMT。

功率 MOSFET 器件类型主要有 VDMOS、LDMOS 和 Trench MOSFET 三类功率 MOSFET 器件，其中，应用最为广泛的是具有双沟道垂直结构的 VDMOS 器件，主要作为功率开关使用，以其高开关速度、高耐压、低导通电阻、宽安全工作区以及很好的热稳定性等特点，广泛地应用于开关电源等功率集成电路和功率集成系统中；而具有水平结构的功率 LDMOS 器件具有开关速度快、增益高、热稳定性好、输出功率较大、具有动态范围大并呈一定的线性度和性价比高等优点，作为微波大功率器件的主流，主要应用在通信与雷达系统中。沟槽型功率场效应管（Trench Power MOSFET）器件作为一种新型垂直结构器件，是在 VDMOS 的基础上发展起来的，该结构拥有更低的导通电阻、低栅漏电荷密度，从而有低的导通和开关损耗及快的开关速度。

目前，功率 MOS 晶体管的芯片加工工艺已进入亚微米，甚至向深亚微米晶体管的尺度发展，数量也从几十万发展到上千万乃至上亿个，比如 IR 公司的第八代（0.5 μm）HEXFET 元胞密度为每平方英寸 1.12 亿个元胞；另外，在低压大电流（$V_{BR} \leqslant 200$ V、$I_D \leqslant 30$ A 以上）情况下应用的 Trench MOS 使用 0.35 μm 及更细线条的工艺生产，其单元密度高达每平方英寸 287×10^6 个元胞。

功率 MOSFET 器件在空间使用时，单粒子效应表现为单粒子烧毁 SEB 和单粒子栅击穿 SEGR。SEB 和 SEGR 都会造成功率器件硬损伤，会引起卫星电源电压和功耗剧烈波动，对卫星产生灾难性的后果。

1. 功率 MOSFET 器件的 SEB 效应

功率 MOSFET 器件工作于高电压大电流状态。当粒子入射到器件时，在器件内部产生电子–空穴对，电子–空穴对在电场作用下发生复合、漂移、跃迁等，最终导致器件发生 SEB 效应或 SEGR 效应。VDMOS 的 SEB 效应是重离子辐照产生大量电子–空穴对，在漏极高压作用下，形成大电流，当横向流过 P⁺ 区的电流足够大时，就会在寄生三极管的基区电阻上产生压降，使寄生三极管开启，形成电流放大效应。漏极高压维持一段时间后不断增大电流促使寄生三极管进入二次击穿，击穿电压下降。局部高电流密度最终导致器件烧毁。与 VDMOS 器件的效应机理相比，LDMOS 器件中的横向空穴电流不但包括了扩散电流，而且还包含有横向的漂移电流，因此在相同的掺杂浓度与相同的高能粒子轰击下，LDMOS 器件在 P⁺ 区的分布电阻上产生的压降更大，SEB 敏感性更高。Trench MOSFET 由于 P⁺ 区横向较 VDMOS 器件宽，相对应的 P⁺ 区宽度变小，分布电阻小，因此与 VDMOS 器件相比，它的 SEB 效应敏感性更低。

2. 功率 MOSFET 器件的 SEGR 效应

VDMOS 的 SEGR 效应是入射粒子在器件漂移区产生大量的电子–空穴对，在电场作用下空穴跃迁到 JFET 区的 Si/SiO$_2$ 界面处，空穴在界面处的累积导致氧化层上形成一个瞬态电场，使得氧化层内的电场超过临界击穿电场，导致栅氧化层被击穿，最终失去栅控能力。LDMOS 器件由于横向电场的缘故，空穴向栅氧化层底部扩散的概率很小，因此，LDMOS 器件对 SEGR 效应敏感性很低。Trench 器件的 SEGR 效应的机理与 VDMOS 器件相同，但是由于在栅的底部两个直角部位产生尖角效应，降低了栅漏之间的击穿电压，因此该类器件的 SEGR 效应敏感性很低。

图 5–16（a）给出的是国产 N 沟道 VDMOS 器件不同 LET 值的重离子单粒子效应试验（最大 LET 值为 92 MeV·cm²/mg）得出的器件安全工作电压范围。从图 5–16（a）结果可以看出，在安全工作区下方，功率 VDMOS 器件没有发生单粒子效应，因此，器件在空间使用时，选用安全工作区下方的工作区域可以尽可能地避免单粒子现象发生。栅源电压的绝对值越大，其器件发生单粒子效应的漏源电压越小。粒子 LET 值越大，穿透深度越深，则器件损伤越大，安全工作电压越低。图 5–16（b）给出的是不同总注量条件下（低注量 1E5 ion/cm² 和高注量 5E6 ion/cm²）的安全工作电压变化情况。可以看出，总注量越大，安全工作电压越低，在评估试验时，需综合考虑辐照注量与在轨实际注量的关系。

（三）脉宽调制器 PWM 单粒子效应故障

脉宽调制控制器（PWM）是开关型稳压电源反馈控制电路的重要组成部分，它通过对开关电源输出电压进行采样、误差放大，调整控制器输出脉冲的宽度，

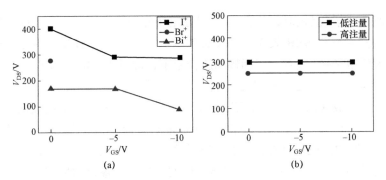

图 5-16　I⁺、Br⁺、Bi⁺离子辐照下的 VDMOS 安全工作区和 Kr⁺离子在
不同注量辐照下的 VDMOS 安全电压范围
（a）I⁺、Br⁺、Bi⁺离子辐照下的 VDMOS 安全工作区；
（b）Kr⁺离子在不同注量辐照下的 VDMOS 安全电压范围

改变脉冲的占空比，控制功率开关元件的开启与关闭，从而实现开关电源的稳压。然而同时，PWM 控制器也是 DC-DC 转换器中主要的单粒子效应敏感单元之一。PWM 控制器在空间带电粒子辐射环境中很容易导致参数退化甚至功能失效，不能提供电源稳压需要的脉冲循环，致使电源系统不稳定甚至失效。

　　PWM 控制器有 BiCMOS 和 Bipolar 两种生产工艺。BiCMOS 工艺器件对总剂量辐射效应敏感，在较低的累积剂量下就发生性能退化，而双极工艺器件对总剂量的损伤阈值较高，但会限制达到兆赫兹（高频）工作的能力。最初的开关转换器采用电压控制模式，对输出电压采样作为反馈信号，利用比较器实现对占空比调制，以调节输出电压。针对电压控制的缺点发展起来的双环控制系统，它在电压控制基础上，增加了一个电感电流负反馈环节，从而提高了转换器的性能。与电压控制相比，电流控制具有优良的瞬态响应及抗干扰、过流保护能力，且回路稳定性好，负载响应快。典型的硅双极功率 IC 工艺制造的电流型 PWM 控制器内部主要功能单元有基准电压源、振荡器、误差放大器、过流检测电压比较器、PWM 锁存器、欠压锁定电路、门电路、输出级等。

　　由于 PWM 控制器集成了一些逻辑器件，因此对单粒子效应敏感。研究表明，PWM 控制器的单粒子效应主要包括单粒子翻转（SEU）、单粒子扰动（SED）和单粒子瞬态（SET）。这几种效应对 PWM 控制器的影响主要表现为输出脉冲漏失、时钟控制闩锁和控制回路瞬变等。由于 DC-DC 转换器自身具备输出反馈调节功能，某一个周期内 PWM 控制器的脉冲漏失或控制闩锁不会对 DC-DC 转换器输出产生严重影响，如果持续发生，则会导致 DC-C 转换器功能彻底丧失。

　　SET 对电压基准和放大器的影响，该类影响主要表现为在电路输出端产生一定宽度的瞬态脉冲，这种瞬态影响可能会叠加在调制脉冲之上，出现脉冲漏失或出现超长脉冲，在一段时间内改变调制脉冲的占空比，进而改变功率开关器件的导通状态，产生非正常的导通和关闭。对于电压调节器的影响表现为输出电压的幅度波动，如果瞬态脉冲足够宽，可能引起电压调节器输出掉电或者输出电压增大。

触发控制电路是一个典型的双稳态单元，采用体硅 CMOS 工艺，SEE 对其的影响主要表现为 SEU 和单粒子锁定 SEL。当触发器发生 SEU 时，触发器的输出状态固定，导致功率开关管的控制状态固定，可能导致功率开关管一段时间内持续导通或者持续关闭，对于 PWM 电压调节器的影响，表现为电压调节器一段时间内输出掉电或者是输出电压持续增大，直到器件进入限压保护状态。上述影响只有在对触发器进行重写或者进行状态刷新后才能克服；SEL 对于 PWM 电压调节器的影响，主要表现为调节器的控制状态进入一种"固定"状态，导致器件不能正常工作。表现为器件一直掉电，或者器件电流持续增大，这种影响只有通过及时对器件断电重启才能消除。

（四）IGBT 单粒子效应故障

在常见大功率开关器件中，绝缘栅双极性晶体管（Insulated Gate Bipolar Transistor，IGBT）以其卓越的导通特性和开关特性占据了广泛的市场。IGBT 是一种由 MOS 结构和 BJT 结构组成的复合型电压控制型功率器件。通过正面的 MOS 结构对沟道的控制来实现对整个器件的开启和关断，在栅极上外加正偏压时，MOS 结构沟道开启，为 BJT 结构提供基极驱动电流，使得 IGBT 工作。这样的结构使得 IGBT 一方面具有 MOSFET 的高输入阻抗的特点，另一方面具有 BJT、GTR 的低导通压降的特点，且具有易于控制的特点。纵向结构更是使得 IGBT 器件的阻断能力、正向电流能力得到了质的飞跃。

图 5-17 给出了 IGBT 的基本结构示意图。

IGBT 在结构上是三端器件，包含源极（Anode）、漏极（Cathode）、栅极（Gate），其与 MOS 管的最大区别在于 IGBT 的源极处具有 P 型掺杂的背面源极，因而具有 PNPN 四重复合结构。尽管其拥有 PNPN 的类晶闸管结构，但其工作模式与晶闸管完全不同，通常认为 IGBT 具有正向阻断、反向阻断、导通三种状态。

对于 IGBT 的导通态：当 IGBT 的栅极所加偏压大于栅极下方 MOS 结构的开启阈值 V_{th} 时，

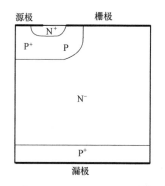

图 5-17　IGBT 基本结构示意图

P-Well 靠近表面的部分开始出现反型，形成连接 N⁺区域和漂移区的电子流动通道，电子从 N⁺区域向漂移区流动，阳极加上正偏压，此时 P-Anode/N-Drift 结正偏，空穴开始注入，为 N 漂移区提供少子，随着源极电压的增加，空穴的注入量也随之增大，促使 P-Anode/N-Drift/P-Well 三极管工作。大量的空穴注入导致漂移区载流子浓度提高，产生电导调制效应，使得整个器件导通电阻下降。这也是 IGBT 不同于纯 MOS 器件的最主要地方，外加源极偏压下空穴的注入促使纵向 PNP 晶体管导通。

对于 IGBT 的阻断态：在栅极所加偏压小于阈值电压使其不足以让 MOS 结构中沟道开启，此时，IGBT 处于阻断状态，其中若源极偏压相对于漏极为正，则为正向阻断；若源极偏压相对于漏极为负，则为反向阻断。当正向阻断时，P-Well/N-Drift 结反偏，而当反向阻断时，N⁺/P-Well 和 N-Drift/P-Anode 两个结反偏。

空间辐射环境带电粒子可能引起的 IGBT 器件单粒子效应失效故障理论上有五种方式，其中四种失效方式发生在阻断态：① 空穴向栅极聚集时期，栅氧化层电场不断上升，可能大于栅氧本征击穿电场，发生栅击穿；② 漏极电流抽取时期，此时耗尽线尚未抵达源极，电荷分离伴随的碰撞电离使抽取量小于产生量，漏极可能在电流增加中局部烧毁；③ 晶闸管通路形成后，可能发生闩锁或发生从漏极到源极的贯通烧毁；④ 含背面缓冲层的情况下，耗尽区转移到缓冲层时，可能在漂移区/缓冲层高低结上产生高电场，引发动态雪崩，形成难以转移的电流丝，出现背面局部烧毁。⑤ 失效发生在导通态。单粒子入射产生瞬态电流，使正向电流增大，超出器件稳定工作范围。

失效故障发生在阻断模式下，器件的体区出现针眼大小的从漏极到源极的熔化通孔，即阻断态的贯通烧毁。IGBT 存在单粒子烧毁效应的阈值 V_{Fth}，当漏源偏置低于该阈值电压时，就不会发生 SEB 现象。

通常情况下，IGBT 中的 PNPN 结构并不会像晶闸管一样导通，而是按照 MOS 开关和 BJT 晶体管这一组合分别工作。IGBT 在导通状态时，IGBT 等效电路中在 NPN 晶体管的基极和发射极之间相当于并联了一个等效体电阻，电流流过该电阻会产生压降，即对于 NPN 晶体管基极而言相当于外加正偏电压，当电流增大并导致在 NPN 晶体管导通时，会使得其余 PNP 相互激励，最终导致闩锁；另一种可能是，当 IGBT 经历瞬时开关过程时，较大的 dV/dt 使得源极–漏极之间电压增加过快，使得 NPN 晶体管因位移电流而导通。

当空间高能带电粒子入射时，随着粒子 LET 数值上的增大，电子–空穴对的产生率也相应增大，当 LET 值增大到一定程度时，器件中所产生的电子–空穴对将足以引起较大的复合电流，从而触发 PNPN 结构闩锁。图 5–18 展示了当 LET 值超过发生闩锁的阈值和未达到发生闩锁的阈值时对应的源极电流变化曲线。可以看出，单粒子入射前器件中便有一定的电流，为 $10^{-4}A$ 左右量级，而在单粒子入射后这个电流迅速提升，其后在 200 ps 处出现一个较小的峰值，这个峰值主要来源于刚入射时引起的电离量的高斯分布，然而随后空穴被漏极快速抽取导致总电流降低，之后随着电离出来的电子和空穴的再分布而增大，当 LET 值足够大时则触发了闩锁的发生，导致整体的电流进一步增加。

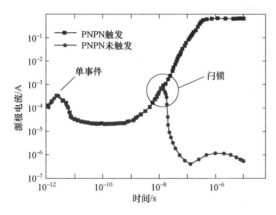

图 5-18　NPT-IGBT 中源极电流随时间变化曲线

| 5.2　系统故障模拟注入分析 |

故障（Fault）通常是指系统在规定条件下不能完成其规定功能的一种状态。这种状态往往是由不正确的技术条件、运算逻辑错误、零部件损坏、环境变化等引起的。

故障注入技术是通过人为地产生故障，并将其引入目标电子设备与系统中，实施加速电子设备与系统发生故障和失效的过程。故障注入是一种基于试验的可靠性评测技术，它可以很好地应用于系统可靠性验证和预测，并且可以在不需要任何关于待测原型系统设计情况的前提下评价该原型系统，并具有较好的评测效果。在单粒子效应试验测试及验证评估中，对防护措施的有效性也可以通过系统故障模拟注入的方法来测试验证及改进优化；另外，通过对注入故障后电子设备与系统的反应信息进行监测和分析，可实现测试和评价，获得对目标系统可靠性和单粒子效应减缓特性的评测结果，也是测试验证单粒子效应防护措施和机制有效性的一种有效方法。除此之外，它还可以用于测试验证目标电子系统硬件对单粒子诱发故障的敏感程度、目标电子系统软件中的单粒子翻转（数据错误）错误传播途径及影响情况等。

故障注入技术应用的范围很广，能够实现的功能也很多，采用故障注入技术主要能完成以下几个功能：

（1）找到系统可靠性的瓶颈所在。

（2）判断错误检测机制和错误恢复机制的覆盖率。

（3）评价容错机制的效率和运行时候的效率。

当采用故障注入方法进行可靠性评测时，故障可以注入硬件中的逻辑级别、芯片管脚级别，或者注入软件级别，例如代码或数据寄存器等，注入故障时，需要监测注入后的系统行为，收集注入后的结果。故障注入方法评价的系统可以是原型系统，也可是完整的工作系统。和前面两种方法相比，故障注入技术方法可以不需要精确的系统参数，不需要长时间的等待数据采集，具有方便、快捷、实时等优点。目前，故障注入技术已经成为评价系统可靠性的一种重要手段。同时，故障注入技术可以应用于其他可信性属性的测试和评估，如可用性、安全性、可维护性等。

5.2.1 故障模型

故障模型是对电路的物理缺陷对电路功能和行为的影响的抽象，由于某些物理缺陷对于电路的影响过于复杂，分析难度较大，故根据其在电路行为上的表现进行抽象化的故障建模可以有效地回避对物理缺陷分析的复杂度。

在数字逻辑中，按逻辑值分类常用的故障模型包括：

（1）固定型故障（SAF，Stuck at Fault），具体分为 SA0（Stuck at 0）和 SA1（Stuck at 1），表现为电路系统中某一信号永久地固定为逻辑"0"或者逻辑"1"。

（2）晶体管固定开/短路故障，一般包含两种故障模型——固定开路和固定短路。

（3）桥接故障，指的是节点间电路的短路故障，通常假象为电阻很小的通路，主要包括逻辑电路和逻辑电路直接的桥接故障，节点间无反馈桥接故障和节点间反馈桥接故障。

（4）跳变延迟故障，指的是电路无法在规定时间内完成"0"与"1"之间的相互跳变的故障。

（5）传输延迟故障，指的是信号在某特定路径上的传输延迟，通常与该路径的 AC 参数相关。

按故障的出现频率和持续时间，常见的故障模型包括：

（1）永久性故障（Permanent），是指永远持续下去直至修复为止的故障。永久性故障对于硬件来说是不可逆的物理变化，如电路的断路、零部件的物理损坏等。而永久性故障对于软件来说，它是系统运行时一个错误状态，并且这个错误状态不能通过系统的恢复功能来消除其对系统的影响。

（2）间歇性故障（Intermitent），是指连续而短暂地出现同样的一个故障，它的出现时间是偶然的但是又会不定期地重复。

（3）瞬时性故障（Transient），是指在系统运行时电子器件电路内出现干扰而导致短暂出现的故障，且它有可能是非重复的。系统工作环境变化、元件性能扰动、电源干扰、电磁辐射等因素常常会产生这类故障。虽然瞬时性故障很长时间才出现，但是很可能仅出现一次故障就会造成系统错误，甚至导致灾难性的系统瘫痪。

对于计算机系统的单粒子效应故障注入试验，通常希望选择最具代表性的故障类型，即这些故障是经常遇到的故障类型。对于按逻辑值分类的四种故障类型：不确定值，固定 0、1，位翻转，延迟，图 5-19 给出了产生它们所对应的物理故障。

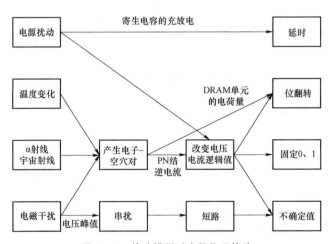

图 5-19　故障模型对应的物理故障

可以看出，不确定值和固定 0、1，位翻转三种故障类型可以反应大部分的物理故障，比如电源扰动、电磁辐射、宇宙射线对电路的影响。

5.2.2　故障注入流程

故障注入的流程主要包括四个部分：故障模型的选择，执行故障注入，系统行为监测和试验结果分析。

首先在确立故障注入目标之后，需要根据具体的试验目的对故障模型进行选择，如测试电路系统对存储单元 SEU 效应的敏感性，对各个节点上 SET 效应的敏感性，或者为了测试某一特定加固电路系统的可靠性等。

其次，在选择了故障模型和确立相关参数之后，由故障注入工具控制，对故障注入目标自动地进行若干次的故障注入试验，对于基于仿真的故障注入，其故障注入执行主要通过两种方法实现：一是基于仿真器命令对电路状态进行修改以实现故障注入，二是对通过修改电路的硬件模型，从内部自动地产生故障。两种方法在对 Verilog 描述的设计目标进行故障注入时，都可以自动化实现，而前者相对而言较为简单并且能够满足故障模型的要求，故本试验中选择基于仿真器命令的方式实现故障注入。

最后是试验结果的检测和分析，对于电路系统可靠性评价的表征参数较多，如 MTTF/MTBF、覆盖率、潜伏期等，在本试验设计的故障注入工具中，检测以下系统行为：故障注入后电路状态是否发生变化，监测信号是否发生变化，监测信号是否恢复正常等，这些检测主要通过与正常运行状态进行比较而得出。

目前有多种处理器故障注入方法，不同的注入方法在可观察性、可控性、对处理器正常行为的干扰程度以及时间费用开销方面都不相同，常用的故障注入方法分为硬件故障模拟注入方法、软件故障模拟注入方法、模拟仿真故障注入方法、混合故障注入方法以及电路模拟故障注入方法等若干种。

5.2.3　硬件故障模拟注入

基于硬件实现的故障注入技术就是通过特殊设计的故障注入器向目标系统硬件层中引入故障。根据故障注入的不同方式，可分为两类：一是非接触式故障注入，该技术采用电磁辐射、重离子等高能粒子照射、激光注入等手段对目标系统进行干扰，扰乱电路内部的逻辑电压、电流值，或者破坏系统内部结构等；二是接触式故障注入，是指在物理上故障注入器和目标系统有着直接的连接。重离子、质子、激光等非接触故障注入手段已在其他章节给出，不再赘述，本章只讨论接触式故障注入。

最常用的接触式故障注入是管脚级注入（Pin-level Injection），主要通过附加一些硬件设备，例如活动探头、金属夹、芯片插座或专用电路板等直接连接到目标系统上实施故障注入，注入的故障类型主要有开路故障、桥接故障、位翻转、突发性电流、电源干扰、固定型故障等，但是由于硬件条件的限制，这种方式也仅仅存在于管脚级。与电路管脚有直接接触的硬件故障注入通常称为管脚级故障注入，这是硬件故障注入中最常使用的方法。主要有以下两类技术可以改变管脚的电压与电流值。

1. 主动探针

这种技术通过附着于管脚的探针来增加电流值，改变探针电流大小方法通常只能注入固定型（stuck-at）故障，但用一个探针连接两个或多个管脚也可能引起短路故障。使用探针方法一定要注意附加电流的大小，否则较大的电流将损坏目标硬件。

2. 插入式故障注入

这种技术在目标硬件与其电路板之间插入一层插座。插入的插座可以向目标硬件注入 stuck-at、open 或更复杂的逻辑故障。注入方式是将代表逻辑值的模拟信号注入目标硬件的管脚级。

这两种方式的好处是在对目标系统作出较小扰动的情况下，控制故障注入的时间和位置。由于是在管脚级对故障模型化，注入的故障与芯片内部传统的 stuck-at 或短路故障不同，但也可以取得类似的效果。

硬件故障注入方法可以在实际的处理器芯片中触发瞬态故障，最为接近实际的故障环境。但是硬件故障注入方法也存在几个明显的缺点：

（1）通常需要昂贵的硬件设备，并且故障注入器都是专为特定的系统设计，不具有通用性，同时可能对目标芯片造成损伤，增加了设计风险并提高了设计成本。

（2）可控性和可观察性不好，难以精确控制故障注入的位置与时间，不利于故障分析。当今处理器的高复杂性和高速度使设计具体的硬件注入器十分困难，甚至不可能。主要的问题不是注入故障自身，而是来自控制和观察处理器内部的故障效果，往往激活故障的检测就是十分复杂的任务。例如，向处理器注入管脚级故障，就需要复杂的监控设备监控是否注入的故障已经引起处理器的内部错误。

（3）注入对象必须是实际的处理器芯片，增加了故障注入与分析的成本，同时也不可避免地延长了容错处理器的设计与制造周期。

（4）难以将故障注入过程自动化，为了注入相当数量的故障以便使分析结果具有统计意义，需要耗费大量的时间（由于上述不利因素），限制了硬件故障注入方法的普遍应用。

图 5-20 是典型的硬件嵌入式故障注入方法。硬件注入技术一般采用接插件的方式，用 FPGA 组成的隔离板将目标系统某个芯片或者管脚隔离开，并在 FPGA 中执行故障的注入逻辑。这种方式的优点是注入简单，工具可靠性高。

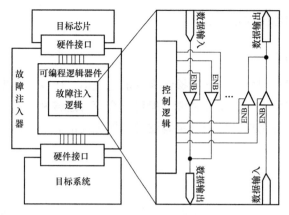

图 5–20　硬件嵌入式故障注入方法

西班牙瓦伦西亚理工大学开发的 AFIT、葡萄牙 Coimbra 大学开发的 RIFLE、法国国家科学研究院开发的 MESSALINE、瑞典 Chalmers 工业大学开发的 FIST 故障注入系统等都是管脚级故障注入工具。

国外对故障注入的研究较早，目前成熟的硬件故障注入工具有 MESSALINE、FIST、FOCUS、RIFLE 和 MARS 等。在国内，哈尔滨工业大学是第一家对硬件故障注入研究的科研单位，其在 1998 年开发的硬件故障注入工具 FTT–1 填补了国内空白，其后又开发了 HFI，HFI 可以用于指导容错处理器的开发、调试，进行可靠性评估，其故障注入电流能根据芯片的不同进行调节。

5.2.4　软件故障模拟注入

软件实现的故障注入（SWIFI）是通过系统的调试器或者某些系统特权接口，编译时或者运行时动态修改执行程序，修改寄存器、存储器的值，从而达到改变系统状态的目的，使系统触发软件甚至硬件故障。软件故障模拟注入不需要任何硬件设施就可以实现故障的软件模拟，是一种低开销的故障注入方法，而且具有较好的灵活性。

软件实现的故障注入方法通常采用程序或者脚本来控制故障注入全过程，以避免额外的硬件开销，并且具有更大的灵活性，这种方法主要用于评估应用程序和操作系统。评估应用程序一般需要在操作系统上构造故障注入层或者直接在应用程序上实施注入；而评估操作系统则要将故障注入机制内嵌到操作系统当中或者虚拟机之中，需要模拟的故障类型既包括部分硬件故障，也包括软件缺陷。

软件故障注入过程可以看作是向目标程序（源代码或二进制代码）引入变

异的过程。该技术的目的在于通过制造软件层的错误来产生软件或硬件上的故障。它包括许多不同的注入方式，比如修改内存数据，或突变应用软件等。几乎所有类型的故障它都可以注入，从寄存器和内存故障，到网络丢包，再到不正确的错误标志位和错误条件。软件故障注入更倾向于实现细节，通过通信和交互函数，它可以访问到程序的各种状态。

目前有两种主流的软件故障注入技术。

（一）编译时软件实现的故障注入（Compile-Time Software Implemented Fault Injection，CTSIFI）

这种注入技术是通过修改目标程序的执行映像来模拟系统的软、硬件故障。在目标程序的编译阶段，通过将故障写入目标程序的源代码或汇编代码中去，然后被系统生成目标程序执行映像，系统一旦加载和执行带有故障的执行映像就会产生故障，这样就达到了故障注入的目的。这种方法实施起来很简单，只需要对要评测的程序进行修改，同时也由于注入代码是被固定在镜像中，所以它不需要额外的控制软件来控制故障的执行，故障代码的固定也使得它通常被用来模拟永久型故障。而且，这种方法对于运行状态的目标程序并不影响。

CTSIFI 方法通常在程序源代码级上实施，但对于基于 COTS 系统一般无法获取其源代码，因此很难通过 CTSIFI 方法进行故障仿真，该缺点严重影响了 CTSIFI 的使用。

（二）运行时软件实现的故障注入（Run-Time Software Implemented Fault Injection，RTSIFI）

这种技术可以在目标程序的运行阶段注入故障，但是，完成故障注入要依靠触发机制。按照触发机制分为超时、异常/陷阱、代码插入三种，下面分别对它们进行简单的介绍。

1. 超时

超时触发是最简单的触发机制。实现原理就是依靠定时器的超时来进行触发。当定时器超出提前设定的时间阈值时，就会通知系统调用故障处理中断子程序。对于定时器的实现，并没有特殊要求，软、硬件均可以实现。并且它不需要去改变目标程序或工作负载。由于该触发机制是依照时间而不是特殊的事件来触发的，因此，在进行故障注入时，它极有可能对目标程序及其行为产生一些不可预估的影响。超时触发机制通常被用来进行瞬时故障和间歇故障的注入。

2. 异常/陷阱

异常/陷阱触发机制是以某个特殊的事件或者系统状态为触发条件，比如硬件异常，或者软件陷阱等。当硬件设备检测到了某事件的发生或者目标程序执行到插入的软件陷阱时，会产生一个中断，调用中断处理程序执行故障注入。对于异常/陷阱的触发机制，要求每一个设定的特殊事件或者系统状态要有与之相对应的中断服务。

3. 代码插入

对于选定的目标程序，在进行故障注入时，在某条代码的前面插入故障注入代码，从而达到引入故障的目的。与编译时注入故障不同的是，代码插入机制是在程序运行时插入的故障代码，它是增加而不是修改。代码插入和异常/陷阱一样实现故障注入，但是它们所处的系统层级不一样，代码插入是在用户态的工作，而异常/陷阱则是在内核态执行。

由于 RTSIFI 方法通常在机器代码级对软件进行故障注入，因而可以有效地克服源代码级故障注入的缺点，特别是对无法提供源代码的第三方程序更适用。由于 RTSIFI 方法不需要对修改后的源程序文件进行编译，因而配置和执行开销要比 CTSIFI 低很多。但是，在二进制代码级对目标程序进行故障注入也面临一些问题：首先是故障代表性问题，很难保证对机器代码的变异一定能代表特定的缺陷；其次对于高级语言，不同的编译器产生的二进制代码可能会存在一定的差异性。

软件注入技术近年来逐渐成为注入领域的热门方向，其不依赖于硬件的注入方式，可选择在应用层、操作系统层、协议层等多位置注入的灵活性，使其拥有广泛应用前景。

软件故障注入方法也存在若干缺点，一是软件只能修改体系结构可见的寄存器等硬件资源，无法对软件不可访问位置进行故障注入，只能够部分模拟实际的故障情况；二是软件故障注入一般在 RTL 级以上进行，注入类型及故障覆盖率都很高，但依赖于机器指令周期，对时间敏感的参数估计精度过低，对于总线和 CPU 这种潜伏期较短的故障很可能难以捕捉；注入模块本身作为目标系统的负载，也会使注入结果出现偏差。因此，对时序要求严苛的系统均不宜采用软件故障注入的方式。

意大利都灵理工大学开发的 BOND 就是一个基于软件的故障注入工具，它可以模拟在 WindowsNT4.0/2000 操作系统上的系统异常。葡萄牙 Coimbra 大学的 Xception 利用系统的特权模式，在调试接口对正在运行系统进行修改；Doctor 采用超时中断与代码修改来进行故障注入，注入目标包括处理器、随机只读存储器和网络中的数据包；还有利用软件陷阱进行故障注入的 Ferrari。

在国外典型的软件故障注入工具有 FERRARI、FIAT、FINE 和 Xception。在国内主要有哈工大和航天科技集团 771 所共同开发的 SFIOS 和 SFIS，其中 SFIOS 专用于星载系统，通过指令系统来注入故障，并采用包括时间、位置、事件在内的多种触发方式。

5.2.5 模拟仿真故障注入方法

模拟仿真故障注入不同于以上两种故障注入方法，不再需要目标系统的物理原型，而必须建立一个硬件仿真模型。通常仿真模型是利用硬件描述语言（VHDL 或 Verilog）开发的。把故障注入仿真模型中，可观察性和可控制性在几种故障注入方法中是最佳的。由于硬件描述语言 VHDL/Verilog HDL 具有良好的建模与抽象功能，结合仿真工具，仿真故障注入方法可以实现在不同抽象级别上进行仿真故障注入，并精确控制故障注入的时间和位置，方便监控故障行为。

模拟仿真注入方法可以实现从门级、RTL 级以及到行为级的各个级别的故障注入，结合仿真工具，能够精确地控制注入时间和注入位置，并实时监控系统运行行为，所以这种方法具有较强覆盖性与随机性以及良好的可观测性与可操控性；另外，由于 RTL 级的设计已十分接近实际的电路，它还具有很强的真实性，可以取代实际的器件芯片进行故障注入与分析，因而降低了设计成本，加快了设计流程。基于以上原因，仿真故障注入方法成为目前最为常用的故障注入方法。

当今主流的基于 VHDL 故障注入技术总体上分为两类，分别为仿真命令技术和 VHDL 代码修改技术。

（一）仿真命令技术

仿真命令技术是指通过硬件模拟器内建的仿真命令来修改目标系统模型中的信号与变量的逻辑值，从而实现故障的注入。仿真命令通过修改模型的 VHDL 代码中定义信号值可以注入瞬态故障、间歇性故障和永久故障。目前较为常见的硬件模拟器是 Mentor 公司发布的 Modelsim 仿真工具。Modelsim 仿真命令集中包含了可以强制改变 signal 类型逻辑值的 Force 命令和可以改变 variable 类型逻辑值的 Change 命令。这些命令不会被综合到目标系统的 VHDL

逻辑电路中，只是被模拟器所识别，从而作用于仿真过程中。其中 Change 命令没有对故障持续时间设置的参数，意味着随着内部逻辑电路的工作运行，此变量当被驱动接收新的值时会覆盖之前注入的故障值，即不能实现永久故障的注入，只可模拟瞬时故障。而对于 Force 命令则具有多种参数，不仅能够模拟瞬时故障还能够模拟永久故障。

仿真命令容易实施，并且它的时间代价（完成仿真）到目前为止是最低的。然而，与代码修改技术相比，所能注入的故障模型较少。代码修改技术则需要更复杂的模块设计、更多的仿真时间和更多的逻辑空间，但是能够注入更多的故障模式。

（二）VHDL 代码修改技术

VHDL 代码修改技术需要修改目标对象的仿真模型，包含"破坏"技术、"突变"技术和其他技术。"破坏"就是在原对象的模块中相关联的驱动信号和被驱动信号之间加入"破坏"模块，改变这两者之间原有的信号关系；"突变"则是设计与模型中原有功能模块具有相同接口的"突变"模块，在需要注入故障时激活"突变"模块，用其替换掉原始模块从而注入故障。其他技术则是通过扩展 VHDL 语言如增加新的数据类型和信号或修改 VHDL 的决断函数来实现。新定义的数据类型和信号包含了故障的行为描述。然而，这些技术需要引进 Ad Hoc 编译器和控制算法来管理语言的扩展，实现过程复杂。

1. 基于"破坏"的故障注入技术

"破坏"是加入目标模型中的一个特殊的 VHDL 组件模块。它的任务是在故障注入时改变目标模型中各个功能模块之间连接信号的值或时序特征；在不注入故障时，这些模块不起作用。"破坏"分为串行破坏技术和并行破坏技术。串行破坏又分为简单串行破坏和复杂串行破坏两种，前者是在单一对应的驱动信号和被驱动信号之间加入一个破坏模块来改变原先两个信号之间的关系；后者则是改变一系列驱动信号与被驱动信号之间的关系，这样可以注入更多的故障。并行破坏就是在原来的驱动信号源上再加上一个由破坏模块产生的驱动信号，而被驱动信号最终由哪个驱动信号来驱动，则由一个决断函数来裁定。"破坏"模型如图 5-21 所示。

并行破坏相对于串行破坏来说有两个很大的缺陷：① 实现非常复杂，因为需要转换所要影响的信号的数据类型为决策函数支持的类型，这样才能用决策函数来进行决策；② 能注入的故障类型更少，因此，其应用价值不大。串行破坏技术是一种有效的故障注入方法。

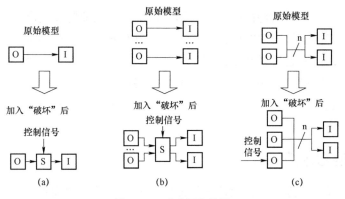

图 5–21　"破坏"模型

（a）简单串行破坏；（b）复杂串行破坏；（c）并行破坏

2. 基于"突变"的故障注入技术

"突变"技术就是设计与模型中原始的功能模块具有相同接口的"突变"模块，在需要注入故障时激活"突变"模块，用其直接替换掉原始模块从而注入故障。"突变"的实现方式有 3 种：VHDL 的配置机制、守护模块和 case 语句。

早期的"突变"技术一般都是通过 VHDL 的配置机制来实现。在这种情况下，构造体和组件的绑定是静态的。也就是说，一个特定的配置编译后，在仿真期间，构造体和组件的关系是不能改变的。因此，这种方法只能注入永久故障。

守护模块（Guarded Blocks）的方法是仿真过程中在需要注入故障时暂停仿真，把当前的仿真信息（仿真时间、所有信号和变量的值）保存到特定文件中，然后使用故障配置代替原来的状态，继续仿真。同样可以使用这种方法来结束故障注入，恢复无故障仿真。这样可以注入永久、暂态和间歇故障。但是这种方法存在一个很大的缺陷：两次仿真时间的时间开销（保存和恢复仿真状态）很大。

用 case 语句来设计"突变"模块，通过改变目标对象中各功能模块的设计结构，将模块正常的功能和进行故障注入的功能集中于一个组件中实现。具体方法是："突变"模块实体对应的结构体使用 if 和 case 结构来设计，每个功能（包括目标模型自身正常的功能和能注入一定故障的功能）各自对应一个 case 部分。出于这种目的，在实体的接口中，要加入一个新的输入端口（selection），用于选择激活哪一个 case 对应的功能。另一个需要进行相应改动的地方，是在更高层次的模型上声明一个故障选择信号（fault-selection），这个信号将被映射到"突变"组件的 selection 端口。进行仿真时，通过仿真命令，可以改变 fault-selection 的值，从而控制"突变"模块的行为。这种方法可以像使用仿真命令一样注入相同时间特征的故障：瞬态故障、永久故障和间歇故障。

国外具有典型代表性的模拟故障注入工具有基于 VHDL 建立的 MEFISTO、VERIFY 等，前者是最早开发的模拟故障注入工具，不支持故障模型，后者通过引入新的故障描述方法，对故障模型的支持很好。国内在模拟故障注入方面的典型代表是中科院，为"龙芯一号"处理器建立 RTL 级模型，可以实现连续快速的故障注入。

5.2.6　混合故障注入方法

混合故障注入方法则将上述 3 种故障注入方法的两种或者多种进行组合，可以结合不同故障注入方法的优点，避免相应的缺点。例如将软件故障注入方法与仿真故障注入方法相结合，可以在目标系统上同时获得软件故障注入的速度与仿真故障注入的精确性。混合故障注入方法的优点似乎是显而易见的，然而不同故障注入方法能够结合的程度以及有效性似乎并没有得到验证，因此实际中应用并不多。

5.2.7　电路模拟故障注入方法

电路模拟故障注入方法是一种与前述方法都不相同的故障注入方法，主要是通过电路模拟软件（例如 PSPICE 仿真软件）对电路故障行为进行模拟，用于从电路结构角度提高电子系统的可靠性。

电路故障仿真的一般过程是：在电路正常功能仿真的基础上，对电路中各元器件的主要失效模式及影响因素建立仿真模型，并将这些仿真模型注入 EDA 环境下的电路正常模型中，得到电路的故障模型，对注入故障后的电路进行仿真，获取电路注入故障后的响应结果。然后根据电路输出特性要求，对仿真结果进行判定，确定上述故障对电路性能的影响。

故障仿真模型建立就是将元器件在真实电路中表现出来的故障模式进行量化处理，建立仿真模型，并保证该模型在仿真环境下能够准确反映故障模式的内涵且符合实际。电路的故障建模根据考虑对象的不同可以分为系统级、板级、元器件级故障建模。

基于 PSPICE 仿真软件的故障注入是按照电路中指定的元器件的故障信息，通过对 PSPICE 正常状态电路仿真模式的修改，将故障模式仿真模型融入其中，自动生成电路的故障状态仿真模型，其实现步骤如下：

（1）确定故障元器件的类型，选择故障模式；

（2）确定元器件故障模型的仿真模型；

（3）根据故障模式仿真模型对电路正常仿真模型进行修改，生成电路故障状态仿真模型。

|5.3　航天器单粒子故障事例|

随着卫星在各领域的广泛应用，卫星数量不断增加，高性能新型电子器件和集成电路在星载电子设备和系统上得到应用，使得空间辐射效应，特别是单粒子效应诱发故障的可能性明显增加，复杂多变的空间辐射环境及效应严重威胁到卫星电子设备与系统在空间轨道上的安全运行。

辐射效应是导致航天器失效的主要原因，而在辐射效应中，单粒子翻转（SEU）和单粒子瞬态（SET）最可能导致航天器失效，如图 5-22 和图 5-23 所示。SEU 和 SET 是数字集成电路中最常见的两种单粒子效应，前者发生在时序元件中，后者发生在组合逻辑和时钟电路中。有时研究学者对二者不予区分，统一表述为单粒子翻转。如图 5-22 所示，辐射导致航天器异常的百分比为 45%，等离子体为 29%，地球磁场、空间碎片等其他因素总和为 26%。如图 5-23 所示，在所有辐射导致的失效中，归咎于 SEU 和 SET 的失效占到 80%，闩锁、总剂量等其他因素只占 20%。

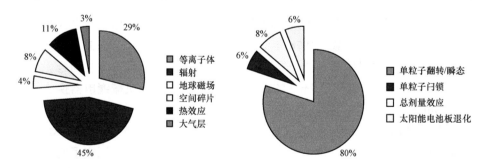

图 5-22　引发航天器失效的因素　　图 5-23　辐射效应中引发航天器失效的因素

美国国家地球物理数据中心针对 1971 年至 1986 年美国发射的 39 颗同步卫星，进行了卫星异常情况的统计。数据表明，辐射效应导致的卫星异常占到总数的 71.05%，单粒子翻转（此处包括 SEU 和 SET）导致的卫星异常占主导地位，占到总数的 39.08%，如表 5-10 所示。同样，中国空间科学技术研究院也针对我国发射的 6 颗同步卫星进行了异常统计，发现空间辐射环境引起的卫星失效所占比例最大，达到 40%，如表 5-11 所示。以上的数据统计均表明辐射效应，尤其是 SEU 和 SET 两种单粒子效应是造成航天器失效的主要原因，是应用于航天领域的集成电路所面临的可靠性问题。

表 5-10　美国 39 颗同步卫星异常情况统计

卫星异常的原因		出现次数	百分比/%
辐射效应	单粒子翻转	621	39.08
	静电放电	215	13.53
	电子诱发电磁脉冲	293	18.44
其他	—	460	28.95
总计	—	1 589	100.00

表 5-11　我国 6 颗同步卫星失效原因统计

卫星失效的原因	发生的次数	所占百分比/%
空间辐射环境	12	40.0
设计与工艺原因	5	16.7
元器件质量	5	16.7
其他未确定因素	8	26.6
总计	30	100.0

　　除了空间辐射环境会引发集成电路的可靠性问题，在地球表面也存在粒子辐射影响集成电路的现象。1978 年 Intel 的研究人员 May 和 Woods 发表文章，首次报告了封装材料中的 α 粒子导致地面应用集成电路出现可靠性问题。当时 AT&T 公司已经签约欲使用 Intel 的芯片，将远途输电站的机械继电器换成集成电路。Intel 发现生产的芯片一直出现问题，以至于不能交付 AT&T 公司使用。与此同时，Intel 引入新一代存储器，发现它们出现数据翻转的问题。May 和 Woods 怀疑是封装材料里的 α 粒子会导致翻转，他们通过试验证实了他们的猜想，原来这些芯片的封装模块已被附近的一个废弃的铀矿污染。1986 年至 1987 年，IBM 公司生产的芯片也出现了类似的问题。原因是他们在生产集成电路的过程中使用了放射性污染的化学试剂，是辐射效应导致的芯片异常。2000 年，Sun Microsystems 公司的互联网服务器因为辐射粒子的干扰，导致一些使用其服务器的网站出现故障。此外，从 20 世纪 80 年代开始，欧洲航天局和欧洲航天研究与技术中心就着手地面的集成电路辐照试验，进行了单粒子效应的研究。他们使用放射性物质或者回旋加速器加速粒子来模拟宇宙射线，对存储器

或者微处理器进行测试，取得了相当丰富的成果。

5.3.1　国外航天器单粒子故障

以下是一些典型的国外卫星在轨单粒子效应造成的故障事例。

1. 化学释放/辐射效应卫星（CRRES）

CRRES 卫星是美国 DOD 和 NASA 联合研制的一颗化学释放/辐射效应卫星，其主要目的是进行空间飞行试验，飞行试验包括化学释放和空间辐射两大部分，于 1990 年 7 月 25 日发射深空。

CRRES 卫星包括 18 个试验装置，并搭载一套特殊微电子器件装置包（Microelectronics Package，MEP），该装置中包括 700 多个半导体器件和集成电路用来验证总电离剂量效应（TID）和单粒子效应（SEE）。由于该卫星设计的主要目标是对空间辐射效应科学现象的观测，除了设计上考虑的对单粒子效应的测量要求以外，卫星任务目标并没有过多关注卫星上有关辐射环境和辐射效应测试的电子设备与测量仪器出现的故障特征，但飞行试验期间，在搭载的某些试验装置上观测到了单粒子翻转诱发设备与测量仪器的故障现象，故障总数目达到 764 次之多，表 5-12 列出了 CRRES 卫星上发生故障的电子设备仪器及发生故障的次数。

表 5-12　CRRES 卫星上发生故障的电子设备仪器及发生故障次数

编号	仪器名称	故障数目/例
1	朗谬尔探针（LPMA）	100
2	电子与质子谱仪	122
3	VTCW（Vehicle Time Code Work Jumps）	200
4	内部放电监测仪（IDM）	203
5	剂量监测仪（DOS）	27
6	望远镜式质子测量仪	9
7	等离子体波测量仪	12
8	离子质谱仪（IMS）高压电源模块	1

为了鉴别空间辐射环境诱发卫星故障的主要因素，在卫星上携带如表 5-12 所列的各种电子设备及仪器，用以监测各种辐射环境因素的发生情况，基于这样的测试和记录手段，确定出 CRRES 卫星在其工作寿命期间，携带的特殊微电子器件装置包发生的单粒子翻转总数达到 30 000 次之多，而且也明确了如此

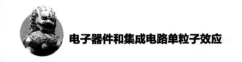

之多的单粒子翻转主要由空间高能质子所引起。

2. TOPEX/Poseidon 卫星

TOPEX/Poseidon 卫星所处轨道的高度约 1 336 km，轨道倾角为 66°，在轨道上，卫星要经受内辐射带捕集质子较长时间的照射，应当提及的是，在 1992 年 8 月，发射了两颗小卫星处于类似于 TOPEX/Poseidon 卫星轨道上。

在 TOPEX/Poseidon 卫星在轨观测海洋表面期间，卫星上携带的 5 个主要设备均发生单粒子翻转，NASA 高度计（包括微处理器、存储器等）发生单粒子翻转，在南大西洋异常区发生 SEU 的频度要比在其他区域高，地面验证评估后预示的单粒子翻转率为 4～14 天才发生一次单粒子翻转，而在轨实际观测到的为 6 天就发生一次单粒子翻转。地球敏感器中发生的两类故障现象被确认是单粒子翻转所引起，在 6 个月中，发生了 400 次故障，发生故障区主要仍在南大西洋地磁异常区（SAA），对故障的分析表明，该设备运算放大器中发生的瞬时 SEU 是故障的主要原因，这是因为在敏感器中采用的信号处理器的第一级如果有杂散脉冲信号输入会造成该故障。

微处理器单元中也发生单粒子翻转现象，处理单元中的计数寄存器被无故刷新，在观测的第 8 天，所有设置值返回到初值。分析表明，该现象是由单粒子多位翻转所造成。当卫星工作到第 331 天时，星敏感器噪声增大，使其不能正常工作，而采用 EDAC 程序触发复位控制信号时无效，A/D 转换器处在一个反常工作模式，并且锁定滞留在该模式下。当时怀疑是单粒子锁定（SEL），但切掉电源重新启动后，星敏感器仍一直不能工作。在 TOPEX/Poseidon 卫星工作期间，是雷达高度计中采用的 80C86 微处理器发生翻转造成工作指令混乱。

3. 地球静止轨道卫星（GOES）

在由 4 个地球静止轨道卫星 GOES 4、GOES 5、GOES 6、GOES 7 组成的跟踪和数据中继卫星系统（TDRS）中，观察到了单粒子效应引起的卫星系统故障现象，经分析后确认是 93L422 SRAM 发生单粒子翻转。当卫星在轨运行时，在 1989 年的 8 月 12—17 日内，记录到 23 次单粒子翻转，在 9 月 29 日—10 月 1 日的 3 天内，记录到 91 次单粒子翻转，在 10 月 19 日—25 日的时间内，记录到 249 次单粒子翻转。以上的单粒子翻转是由 93L422 组成的存储器中观察到的。在后来 TDRS 卫星系统设计中，用 CMM5114 存储器替代 93L422 存储器后，单粒子翻转明显减少。

4. 太阳日光层观测卫星（SOHO）

SOHO 卫星是一颗由以欧洲空间局为主与美国宇航局（NASA）合作研制的科学探测与研究卫星，SOHO 卫星 1995 年由美国航天航空局负责发射成功并运行，主要目标是研究太阳活动及日光层变化。SOHO 卫星工作在日地线上，距地球 150 万千米的拉格朗日绕日地第一引力平衡点（L1）运动，卫星轨道运行的六个月时间内，可以覆盖运行轨道椭平面面积达到 200 000 km×650 000 km 的区域，而且可以穿出椭平面到达 120 000 km 处位置，从而可以实现 24 h 全天候观测太阳活动及日光层变化。

由于 SOHO 卫星脱离地球磁场的影响而运行于深空辐射环境中，其遭遇到的主要是银河宇宙射线和太阳喷发的能量带电离子。在 SOHO 卫星成功运行的几年时间内（1996—2001），卫星系统的平台和有效载荷经历了多次单粒子效应诱发的部件及设备级故障，诸如，系统平台的各种供电单元（PSU）、数据记录设备（SSR）、姿态控制单元及数据管理单元等；各种有效载荷也不同程度地发生了单粒子效应诱发的设备级故障，诸如，太阳红外辐射亮度与引力振荡观测仪（VIRGO）、大角度日冕光谱仪（LASCO）、低频球形振荡器（GOLF）等。值得一提的是，在 SOHO 卫星运行期间，由于各种供电单元频繁发生电源掉电的故障，欧洲空间局在地面组织了相关的验证分析试验，试验采用了与卫星设备采用器件为相同批次的电子器件与集成电路作为试验测试样品，结果分析认为，SOHO 卫星电源掉电故障主要来自线性器件中产生的单粒子翻转和单粒子瞬态所引起。

5. 其他卫星

1986 年发射的法国地球资源卫星 SPOT-1，其星载计算机存储器在轨工作的前 3～5 年共发生 11 次单粒子翻转事件，平均每年 3～5 次，通常每次翻转会影响卫星工作 1～3 天。

1994 年 1 月 20 日，Anik-E1 和 Anik-E2 通信卫星在 8 h 内先后发生故障，原因是陀螺定向系统的控制电路受单粒子事件影响，导致卫星在轨道上翻滚。

2010 年 4 月，国际通信卫星公司在轨运行 5 年的 Galaxy-15 卫星与地面失去联系，后经分析认为可能是由于太阳风暴影响导致卫星在轨故障。

2003 年 10 月底至 11 月初太阳活动频繁，许多在轨航天器都受到了影响。在 2003 年 10 月 24 日，由于太阳活动而发生在轨故障航天器包括：

美国 X 射线观测卫星 Chandra：由于辐射量值过高迫使观测中止，25 日恢复；

美国星尘彗星监测器 Stardust：由于读数错误进入安全模式，后恢复；

日本先进地球观测卫星 Adeos 2：进入安全模式，电源中断导致完全报废（该卫星价值约 6 亿美元，设计寿命三年，只工作了 10 个月）；

美国静止环境业务卫星 GOES 9、GOES 10：出现高误码率；

美国静止环境业务卫星 GOES12：磁力矩器停止工作。

表 5-13 列出了国外不同航天器记录的单粒子翻转情况数据，包括 GPS、NDS（Navigation Data Satellites）、SMM（Solar Maximum Mission）、HST（Hubble Space Telescope）、TOMSIMETEOR-3（Total Ozone Mapping Spectrometer）、SAMPEX（Solar Anomalous，Magnetospheric，Particle Explorer）、SHUTTLE 等卫星。

表 5-13 辐射诱发航天器故障情况

航天器	单粒子翻转次数	单粒子翻转率/（次·天$^{-1}$）
CRRES	30 000	
CRUX	＞250 000	
ERBS	2	
EUVE	2	
TOPEX/Poseidon	858（May 93）	
PIONEER IVENUS Ⅰ & Ⅱ	36	
GPS		1
NDS		1
MMSISMM		1
HST		1-2
TOMSIMETEOR-3		350
TORS		3
SAMPEX		10
SHUTTLE（STS-SO）		2
UOSAT-2		0.5

表 5-14 给出的是处于质子辐射带的低轨卫星由高能质子引起的单粒子效应故障情况，包括单粒子翻转与多位翻转现象，并且这些翻转现象主要集中在南大西洋异常区域。

表 5-14　质子辐射引起的卫星单粒子效应

卫星	轨道特征	故障现象	原由
UOSAT-2	极轨道，300～800 km	SEU、MBU	主要来源于辐射带质子，以及可能的少量宇宙线造成
SUPER BIRD（通信卫星）	同步轨道	发动机异常点火	SEU 导致整个卫星失效
UARS（上层大气研究卫星）	28.5°，600 km	ISAMS 设备失效	MOSFET 器件的单粒子效应导致设备失效
ROSAT Roentgen 卫星	53°，580 km	姿态控制单元 CPU 失控 14 h	单粒子翻转导致
GRO（伽马射线观测卫星）	29°，450 km	板载记录仪故障	单粒子翻转导致

5.3.2　国内航天器单粒子故障

在我国的风云一号气象卫星 A、B 两颗星在轨情况和几次地面单粒子试验中观测到多次翻转，概率最大、危害最大的是 80C86 的段地址寄存器，导致程序跳入错误的模块区或数据区，甚至是空闲区，造成死循环，大范围销毁重要数据，使系统陷于瘫痪。1988 年 9 月和 1990 年 9 月先后发射的风云 A、B 两颗试验星，A 星在卫星正常运行 39 天后，因姿轨控分系统失控而失效，没有达到预定的工作寿命要求。B 星在卫星正常运行 165 天后，由于星载计算机突发故障造成姿态失控，后经抢救恢复正常工作。但星载计算机受到空间环境的影响，工作不稳定，卫星断续工作，没有达到设计寿命要求。而 1999 年 5 月发射的 C 星，由于采取了一系列有效的技术措施，产品质量、对空间环境影响的适应性和系统可靠性都得到较大提高，稳定工作多年。

从 2004 年到 2011 年，我国在轨卫星由于空间环境造成的故障案例共有 7 起，详见表 5-15。

表 5-15　空间环境造成的卫星在轨故障案例

序号	单机名称	在轨问题描述	故障定位	措施落实
1	GPS 接收机	遥测 GPS 定位数据全"0"。单机重启后，恢复正常工作	在轨单粒子翻转造成软件通道选星工作异常	（1）关键数据进行三备份处理和三取二判读。（2）修改 GPS 软件，在接收机出现 0.5 h 以上非定位现象时，自主复位

序号	单机名称	在轨问题描述	故障定位	措施落实
2	消旋组件	多次消旋短暂失锁导致不能对地定向，与地面的通信中断	高能电子造成卫星表面高负电位充电或星内深层充电，从而引发卫星静电放电，造成地球敏感器"地"中脉冲信号异常，并导致天线消旋短暂失锁	对后续星的电缆设计、加工工艺和接地状态进行了充放电防护设计，电缆插头尾罩根部采取密封屏蔽处理
3	遥测机A	卫星遥测机A机遥测采集速度加快，导致一级分频失效	经地面分析、试验，认为很可能是由于FPGA单粒子翻转	切换至B机，遥测机B机工作正常
4	数传综合处理器	地面遥测收到数传综合处理器若干次异常数据，影响了图像数据的正常获取	由于空间环境导致FPGA发生单粒子翻转，使得FPGA功能异常，引起在轨的异常现象	（1）每次数据回放完毕后关机，首次成像任务前开机。（2）后续02星对存储介质、FPGA等芯片进行防护设计
5	数传下位机	数传下位机在轨双总线无应答，分系统的遥测全部为"0xaa"	SRAM受单粒子效应影响是最有可能导致数传下位机在轨指令无应答的原因	通过对数传分系统关机后再加电，使下位机和分系统工作恢复正常
6	太阳辐射监测仪	太阳辐射监测仪热电遥测出现超差	根据遥感数据中采样次数被改为C8H，可以认为故障为单粒子翻转造成的	太阳辐射监测仪关机后再加电，使单机工作恢复正常
7	姿轨控计算机	姿轨控计算机与太阳电池阵驱动器通信出现异常，驱动机构已自主归至零位	姿轨控计算机通信板FPGA（Xilinx公司，30万门）受单粒子效应影响所致	（1）对于在轨01星，姿轨控计算机先由A机切换到B机工作，然后由B机切换为A机工作。（2）对于在轨02星，增加程序重载功能

统计结果表明，故障定位由于单粒子翻转造成的在轨故障有 6 个，占故障总数的 **85.7%**。分析单粒子翻转故障占比较高的原因为：一方面由于缺乏在轨数据支撑，当含单粒子翻转阈值较低元器件的单机在开关机后能恢复正常工作，且没有找到其他故障原因的，一般认为是单粒子翻转导致故障发生；另一方面，大规模集成元器件的广泛使用，提高了单粒子翻转造成在轨故障的概率。

表 5-15 统计结果和相关文献表明，基于 SRAM 的 FPGA 由于翻转阈值较低、翻转截面较大，容易发生单粒子翻转事件，进而造成在轨故障。单粒子翻转来源包括 CPU、DSP、FPGA、RAM 等芯片。RAM 一般用于存储数据，发生单粒子翻转后，会影响相关的数据（如数传下行数据），一般不会影响系统功能。而对于程序存储器，发生单粒子翻转后，将影响程序运行，可能会导致不可预

料的后果。

2010—2012 年间，中国 10 颗地球同步轨道卫星共发生与空间环境相关的故障 46 次，这些在轨故障均得到有效纠正，并没有影响卫星的长期任务和使用寿命。在这 46 次卫星故障中，发生于 2012 年 3 月 9 日 02:50 UTC 的某地球同步轨道卫星（以下用 GEO–X 代替）测控应答机故障案例最为典型，该次卫星故障期间，国外 SkyTerra–1、Venus Express、Spaceway 3 等卫星均出现不同程度的异常，在排除工程问题的前提下，考虑卫星故障时的位置和空间天气状态，初步诊断空间天气是引起 GEO–X 卫星异常的主要原因。

我国北斗卫星导航系统已于 2012 年 12 月 27 日开始提供区域卫星导航服务，在轨卫星的健康状况直接影响到用户导航定位的性能。经过初步统计发现，在轨卫星已发生数次导航任务单元和扩频接收机故障，而 2011 年至 2013 年为太阳活动第 24 周高峰年，在轨卫星故障情况与该时段的空间辐射环境密切相关。

|参 考 文 献|

[1] Holmes-Siedle A and Adams L. Handbook of Radiation Effects [M]. Oxford University Press, 2001.

[2] Messenger G C and Ash M S. The Effects of Radiation on Electronic Systems[M]. van Nostrand Reinhold, 1986.

[3] Messenger G C and Ash M S. Single Event Phenomena [M]. Chapman & Hall, 1997.

[4] Nicolaidis M. Soft Errors in Modern Electronic Systems [M]. Springer, 2011.

[5] Petersen E. Single Event Effects in Aerospace[M]. Wiley-IEEE Press, 2011.

[6] O'Brien T P. SEAES-GEO: A Spacecraft Environmental Anomalies Expert System for Geosynchronous Orbit [J]. Space Weather, 2009, 7(9): 509003–509034.

[7] Choi H S, Lee J, Cho K S, et a1. Analysis of GEO Spacecraft Anomalies: Space Weather Relationships [J]. Space Weather, 2011, 9(6): 506001–506006.

[8] 郑宏超，岳素格，董攀，等. 微处理器高低速模式下的单粒子功能错误分析 [J]. 微电子学与计算机，2014，31（7）：18–21.

[9] 高洁，李强. 星用微处理器在轨单粒子翻转率预估方法研究[J]. 核技术，

2012，35(3): 201–205.

[10] 李强，高洁，刘伟鑫. 星用微处理器抗单粒子翻转可靠性预示方法研究 [J]. 核技术，2010，33（11）：832–835.

[11] Cabanas-Holmen M, Cannon E H, Amort T, et al. Predicting the Single-event Error Rate of a Radiation Hardened by Design Microprocessor[J]. IEEE Trans. Nucl. Sci., 2011, 58(6): 2726–2733.

[12] Rezgui S, Louris P and Sharmin R. SEE Characterization of the New RTAX-DSP (RTAX-D) Antifuse-based FPGA [J]. IEEE Trans. Nucl. Sci., 2010, 57(6): 3537–3546.

[13] 宋凝芳，朱明达，潘雄. SRAM 型 FPGA 单粒子效应试验研究[J]. 宇航学报，2012，33（6）：836–842.

[14] 张洪伟，于庆奎，张大宇，等. 大容量 Flash 存储器空间辐射效应试验研究[J]. 航天器工程，2011，20（6）：130–134.

[15] 邢克飞，杨俊，周永彬，等. 星载高性能 DSP 加固设计方法研究[J]. 电子器件，2007，30（1）：206–209.

[16] 黄海林，唐志敏，许彤. 龙芯 1 号处理器的故障注入方法与软错误敏感性分析[J]. 计算机研究与进展，2006，43（10）：1820–1827.

[17] Hiemstra D M, Miladinovic B and Chayab F. Single Event Upset Characterization of the SMJ320C6701 Digital Signal Processor Using Proton Irradiation [C]. IEEE Radiation Effects Data Workshop, 2005.

[18] Hiemstra D M. Single Event Upset Characterization of the TMS320C6713 Digital Signal Processor Using Proton Irradiation [C]. IEEE Radiation Effects Data Workshop, 2009.

[19] 杜雪成，贺朝会，刘书焕，等. 28 nm Xilinx Zynq–7000 系统芯片单粒子效应研究进展[J]. 现代应用物理，2017，8（2）：1–6.

[20] Hiemstra D M, Kirischian V and Brelski J. Single Event Upset Characterization of the Zynq UltraScale+ MPSOC Using Proton Irradiation [C]. Radiation Effects Data Workshop (REDW), IEEE. New Orleans, LA, USA, 2017.

[21] 高博，王立新，刘刚，等. 功率 VDMOS 器件单粒子辐射损伤效应[C]. 第一届全国辐射物理学术交流会（CRPS'2014），2014.

[22] 贺兴华，张开锋，卢焕章，等. PWM 型电压调节器单粒子效应及加固技术研究[J]. 宇航学报，2010，31（11）：2571–2577.

[23] 王珣阳，潘建华，陈万军，等. IGBT 单粒子烧毁效应的二维仿真[J]. 电子

与封装，2015，15（5）：28–32.

[24] 曾宪炼，马捷中，任向隆，等. 基于 VHDL 的故障注入技术[J]. 计算机工程，2010，36（11）：244–249.

[25] 周大卫，张飞，董亦凡，等. 新型模拟 SEL 故障注入模块设计[J]. 核电子学与探测技术，2015，35（5）：439–447.

[26] 王晶，荣金叶，周继，等. 软硬件协同设计的 SEU 故障注入技术研究[J]. 电子学报，2018，46（10）：2534–2538.

[27] 王青麾，王魁. 基于 PSPICE 的电路故障注入仿真分析方法研究[J]. 计算机科学与技术，29（2）：57–60.

[28] 薛玉雄，杨生胜，把得东，等. 空间辐射环境诱发航天器故障或异常分析[J]. 真空与低温，2012，18（2）：63–70.

[29] 周飞，李强，信太林，等. 空间辐射环境引起在轨卫星故障分析与加固对策[J]. 航天器环境工程，2012，29（4）：392–396.

[30] Brien T P. SEAES—GEO: A Spacecraft Environmental Anomalies Expert System for Geosynchronous Orbit [J]. Space Weather, 2009, 7, 509003, doi1029/2009SW–000473.

[31] Choi H S, Lee J, Cho K S, et a1. Analysis of GEO Spacecraft Anomalies: Space Weather Relationships[J]. Space Weather, 2011, 9(6): 506001, doil029/2010SW000—597.

[32] 杨兆铭. 单粒子效应对航天器的威胁及空间飞行试验评论（一）[J]. 真空与低温，1995，1（1）：46–58.

[33] 杨兆铭. 单粒子效应对航天器的威胁及空间飞行试验评论（二）[J]. 真空与低温，1995，1（2）：101–108.

第 6 章

单粒子效应减缓设计

在航天器电子系统设计中，虽然说采用具有一定加固性能或对单粒子效应不敏感的电子器件或集成电路是设计师们最为期望之事，但在许多具体的工程情况下，有时由于器件获取和费用限制的困难，这一设计期望在航天器电子系统或设备的工程实施中难以实现，所以采用单粒子效应减缓设计方法去克服单粒子效应对系统的影响是航天电子设备设计师们常常面临的主要问题之一，也是航天器在轨可靠工作及维护的主要保证之一；同样，在电子器件或集成电路设计与制造中，期望有比较经济有效的工艺改进和结构优化设计方法，来降低集成电路单粒子效应的敏感性。

从前面几个章节的叙述我们知道，除了在工艺制造和结构设计上采用了加固设计技术的所谓加固器件以外，航天电子设备设计中可能采用到的关键电子器件和集成电路（如 SRAM、DDRAM、Flash、CPU、线性电路、DC/DC、ADC/DAC 等）几乎都对单粒子效应具有不同程度的敏感性；在航天器电子设备的设计中，最好的选择是采用对单粒子效应不敏感的电子器件和集成电路，但从设计的效费比角度来说，这种期望在工程设计上是难以解决的；即使是这样，在许多电子设备具体应用条件的限制下，仍然需要采取合理有效的单粒子效应防护设计措施，来降低单粒子效应对系统的危害性和带来的可靠性风险。在单粒子效应防护或减缓设计中，相比较通常所谓单粒子效应不敏感器件而言，单粒子效应敏感性器件的敏感程度可能要高出好几个数量级，所以采用有效的减缓设计措施，是提高系统在空间辐射环境中安全可靠运行的保证，也是航天器完成既定任务和目标的重要支撑。在国内外航天器研制的设计实践和在轨运行维护及维修的需求下，航天器设备研制生产单位和机构均要求对单粒子效应敏感的电子设备具有一定的防护设计，以提高其寿命和可靠性。针对航天器电子设备来说，特别是计算机系统，二次电源系统等核心关键电子设备，一般在需求中都有针对单粒子效应的防护设计说明，有时具体到对电子器件和集成电路提出防护级别的分类和分析方法，例如，由于存储电路几乎是现代电子系统构成的基础单元之一，存储器类是首先必须考虑 SEE 防护的基础电路之一，而微处理器和微控制器类是 SEE 防护的核心电路。另外，随着电路逻辑网络结构越来越复杂，单粒子效应，尤其是单粒子瞬态对电子系统的威胁方式也变得五花八门，危害性程度也变得轻重不一，电路逻辑网络的 SEE 防护也日渐成为关注重点。

常见的单粒子效应防护设计方法主要有三个方面：第一，工艺设计技术；第二，检错纠错技术；第三，部件级或系统级设计技术。在半导体器件和集成电路制造工艺设计防护层面上，例如，可以采用工艺方法来增加敏感区的水平间距，从而降低单个粒子撞击敏感区的可能性。采用这种防护设计可以实现对单粒子翻转（SEU）、单粒子瞬态（SET）、多单元翻转（MCU）及单粒子锁定（SEL）敏感性的减缓效果。如在器件水平方向的工艺设计中，可以通过插入保护环，增大 P 阱间的距离，在触发器或锁存器之间插入阱接触阵列，在锥形单元（Tap Cell）邻近设置时钟反相器，在动态随机存取存储器单元中插入沟道电容器和传输门电路等，来实现对单粒子效应的减缓作用；同样，在垂直方向的工艺设计中，可以通过在半导体垂直结构中插入防护材料而实现对单粒子效应敏感性的降低。例如，在外延层中插入一定厚度的硅层可以有效降低单粒子锁定敏感性。

在检错纠错技术层面，主要是针对单粒子翻转及多位翻转实现的设计方法；最常见的检错方法就是奇偶校验位方法，我们知道，奇偶校验位的方法可以对单粒子翻转错误进行检测，但不能对单粒子翻转进行纠正。在奇偶校验中，一旦检测到翻转错误，该区域可能不再使用，因此，奇偶校验位的方法可能会与一种重复复制的机制相关联，该机制引入了延迟过程，但恢复了可用性。纠错码方法可以实现错误检测和纠错的功能，在现代电子器件和集成电路中，几乎绝大部分器件都内建了纠错码功能，例如在存储器中这种方法被广泛使用。在检错纠错代码中，那些纠错码所能处理的错误数量也被称为 ECC 的指令阶代码。一个单指令代码可以防止单个位翻转（SEU），而较高阶指令代码可以防止多位翻转（MBU）。显然，多位翻转（MBU）和多单元翻转（MCU）的显著增加将会倾向于高阶 ECC 的应用，虽说如此，但是随后复杂度的增加可能会达到这样一种情况，即检错纠错代码不再适用于存储器快速存取的需求。

在部件级或系统级设计技术层面，可以采用空间冗余和时间冗余的方法实现单粒子效应的减缓设计。如在空间冗余设计方面，由于运算的重复性、结果的可比较性及被淘汰的可能性，在计算和指令的执行过程中，使用空间冗余技术可以提供一定的可靠性。这种缓解技术主要用于保护基于计算的应用不受 SEU、MCU 及 SEL 的影响。在空间冗余技术实现中，有具有多个表决器选择的三模冗余（TMR）、双模冗余（DMR）、近似逻辑电路、特殊单元结构设计（如内置软错误恢复单元（BISER）、双联锁存储单元（DICE）、重离子瞬态单元（HIT））等。相比空间冗余设计技术，时间冗余设计的主要优点表现在其可以提供一个可以忽略不计的或者较少的时间花费。这种缓解方法主要用于保护基于通信的应用程序免受单粒子瞬态（SET）和单粒子翻转（SEU）的攻击，最为广知的时间冗余设计就是针对时钟或异步通信管道（异步通信相当于网络或时钟逻辑的 DMR）的故障过滤方法，另外，具有移位输出的内置软错误恢复单元（BISER）也是一种时间冗余设计的实现。

在部件级或系统级设计技术层面上，也可以采用其他设计方法来减缓单粒子效应的影响，诸如重新擦写、交织交错、复位/循环、设计余量等设计方法的应用等。重新擦写通常与 ECC 或 TMR 方法一起使用，用于防止单粒子翻转（SEU）和多位翻转（MBU），擦写方法旨在避免（或延迟）超出主要缓解技术能力的错误累积；交织交错是指修改电路中的逻辑路径，以防止诸如 MBU 和 MCU 之类的多重干扰，由于这种设计引入了电路的复杂性和延迟特征，因此它的实现需要根据访问和执行速度的要求来验证。单粒子锁定（SEL）和单粒子功能中断（SEFI）通常会在复位和电源循环后消失，所以电源复位/循环设计方法对电路或集成电路的 SEL 和 SEFI 具有一定的减缓作用，但这种设计方法会对电路功能的可用性有直接影响，并且与设计的循环频率密切相关；另外，这种设计方法也可能造成电路过早出现老化。在电子器件和集成电路应用中，对一定的关键参数保留设计余度，也可以提高其抗单粒子效应的能力，在减缓单粒子烧毁和单粒子栅击穿的设计中，对关键参数的降额使用是防护设计的主要措施之一。例如，在航天电子系统设计中，一般的规范性文件中都规定了设计余度，以防止 MOSFET 器件、绝缘栅双极性晶体管（IGBT）及二极管等部件出现单粒子烧毁（SEB）和单粒子栅击穿（SEGR），这些器件的设计余度一般规定在 50%～75% 范围。

| 6.1　系统设计时面临的问题 |

在设计一个航天器电子设备系统时，首先要明确航天器在什么轨道环境下工作，即设备中的电子器件与集成电路在什么辐射环境下工作。它们对辐射环境的响应需要评估吗？其次就是要考虑单粒子效应对系统的干扰和影响，或者说，单粒子效应对系统的可靠运行有什么影响，那么如何评估电子器件与集成电路或部件在辐射环境中的单粒子效应敏感性呢？如何预示分析给出电子器件与集成电路的单粒子效应特性及对电子设备系统正常运行的危害性？最后，在设计电子设备或系统上采用什么样的防护设计措施，如何减缓单粒子效应对系统的危害，保证电子设备或系统在空间辐射环境中运行的可靠性？实际上，这些问题已成为现代航天电子设备设计师们所面临的主要挑战之一。图 6-1 给出了设计一个航天器电子设备系统时，一般应考虑的单粒子效应减缓设计流程示意图。从图中可以看出，单粒子效应减缓设计流程主要有两条主线，一条是以与任务相关轨道环境分析及单粒子效应翻转率计算分析为主，另一条线路涉及设计过程中，从对 SEE 危害性分析、系统功能对 SEE 防护需求分析及决策树分析，到减缓防护优化设计，最后为对器件 SEE 性能的要求。

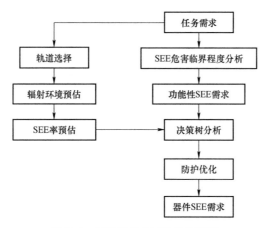

图 6-1 单粒子效应减缓设计流程

6.1.1 任务需求分析

在一个航天器任务所处的空间辐射环境中，其电子系统如果采用了一种对单粒子效应具有潜在敏感性的电子器件或集成电路时，那么存在单粒子效应的危害性是可信的。在这样的辐射环境中，单粒子效应造成的威胁可能存在，其后果就是可能损害器件的功能，造成电子系统工作反常或失效。这样一来，就需要基于对航天器任务需求、所处轨道环境以及预定使用器件工艺技术等方面的分析而作出 SEE 危害性评估，给出初步的 SEE 风险识别。在某种程度上，这种分析是主观的，因为它取决于设计技术人员在确定任务时所掌握和了解的知识体系。例如，在 2012 年以前，肖特基二极管不太可能被认为容易受到破坏性 SEE 的影响；然而，在观察到它们在 DC–DC 转换器的重离子测试试验中发生故障之后，现在建议将它们的使用电压降低到额定电压的 50%，或者在更高电压下使用时，需完成必要的单粒子效应试验测试。同样，如果任务中使用了包括深亚微米商用 CMOS 等新型器件，我们如果不知道低能质子对这样的先进器件将有何影响，就难以对这类深亚微米器件空间应用风险作出明确的需求说明。

对一个具体任务而言，其最顶层的需求就是任务的周期、性能及为实现任务目标所必须满足的其他条件。通常，顶层需求一般是一个处于一级层次上的高级别说明，甚至不会提及辐射效应的影响。而我们知道，在航天器研制工程中，相关的顶层需求将产生与特定 SEE 风险有关的二级或三级层次上的需求说明。例如，在任务寿命和可靠性需求说明这个层次上，将会给出对付破坏性 SEE 和非破坏性 SEE 导致的灾难性系统级故障的相关需求说明。就现阶段航天器针对单粒子效应减缓的设计需求来说，最基本需求包括对可以恢复的非破坏性

SEE 的减缓设计，例如单粒子功能中断（SEFI）；在数据精度需求中，必须涵盖 SEE 破坏的数据［例如，单粒子瞬态（SET）、单粒子翻转（SEU）、块错误等］的处理措施。在某些情况下，可能没有直接提及 SEE 的要求，这时候，SEE 分析将依赖于 SEE 分析员、责任工程师及可靠性专家的判断能力。

最终，需求必须与任务目标相关，与其上一级的需求相一致，并且是可以达到和可以实现验证的。一般来说，工程设计上，针对单粒子防护的这些需求不应该、也没必要造成对设计人员的约束和限制。这通常意味着最好将需求保持在一般目标上，并容许设计人员决定如何满足需求。由于 SEE 测试常常具有破坏性，SEE 减缓设计需求通常是通过分析来进行验证的；即使是有可以应用的 SEE 测试数据，也必须使用基于 SEE 机理的模型分析进行解释说明，以推断可能的在轨性能。另外，需求的可实现性也是重要的一个方面，如果一个特别需求需要推迟设计和增加费用，谨慎做法就是与任务计划者讨论，商讨在要求方面是否有进一步的灵活性，是否可以提供援助、降低费用或其他便利，以完成任务需求的其余部分。

6.1.2 单粒子效应危害性分析

在单粒子效应的分析中，其危害性评估通常需要花费较多的时间和费用。对航天器电子设备和系统中采用的大部分电子器件和集成电路而言，单粒子效应的危害性是显而易见的；如基于 CMOS 工艺制造的集成电路在空间辐射环境中可能存在着诱发单粒子锁定发生的危险性，存储器类（SRAM 和 DDRAM）器件极易发生单粒子翻转现象等。一般来讲，针对危害性的减缓设计方法在原则上有标准化的一般方法（至少存在这样一个概念化的要求，但实际实施过程仍存在许多挑战，比如费用昂贵等），如为减缓单粒子锁定发生的风险，原则上需在应用 CMOS 器件时附加必要的限流电阻，对易发生单粒子翻转的器件采用检错纠错（EDAC）技术等要求。而严格来说，危害性评估阶段就需要采取一种有效方式，保证将有限的减缓设计资源扩展到可以降低单粒子效应带来的风险上。单粒子效应危害性评估分析过程就是收集那些可能改变初始危害性评估状态的信息收集过程。这里所指的信息主要包括待使用部件特性、应用状态、任务需求、工作辐射环境，以及任何给任务目标实现带来风险的其他相关因素。信息的收集可以通过几种方式实现，如针对部件进行试验测试获取相关数据，与设计工程师及其他相关设计师们的分析讨论，与部件制造商及供应商的分析讨论等；在信息收集过程中，如果部件的相关测试数据已经存在，则对数据的可应用性必须进行分析；另外，如果仅存在相似部件的相关试验测试数据，则对该数据进行相关分析，明确该数据能否起到对器件 SEE 特性界定有一定程度的参考作用。在工程设计上，所有这些信息收集的努力过程都需要一定费用的支持，其目标就是在降低成本的方式下，同时实现单粒子效应危害性风险的降低。通常情况下，收集信息的第一努力就是尽可能收集来自相关应用工程师、部件供应商及工程师提供的器件或部件的使用信息。这些工作实施起来不仅相当简单，而且对随后开展的单粒子效应危害性评估和减缓设计可以提供有用信息。我们知道，开展一项单粒子效应的测试试验工作烦琐而且费用高昂，所以，当对一个部件的应用状态有一个全面理解以后，接下来就是搜集以前有关应用部件或相似部件的测试数据，开展应用分析研究工作。由于电子器件和集成电路辐射效应的试验测试和研究工作是专业性比较强的领域，所以相关信息的收集只有在相关会议及专门机构的网站上可以搜集到，如 IEEE 协会出版发行的空间辐射效应会议文集（http://ieeexplore.ieee.org/），辐射效应试验测试数据也可以从国内外航天相关机构提供的开放数据库数据中查阅，如美国国家航空航天局喷气推进实验室（NASA，JPL）网址（https://radcentral.jpl.nasa.gov/）提供的相关器件的测试试验报告，美国航空航天局歌达德空间飞行中心网址（https://radhome.gsfc.nasa.gov/）等。如果在工程设计中，你的生活是很幸运的，可能你会发现已有人替你测试了系统及设备中拟选择飞行的那种器件或部件。而生活常常是公平的，这时你就不得不自己去完成相关试验测试工作了。但令人遗憾的是，随着集成电路越来越复杂，有些单粒子效应的测试是针对具体应用而进行的试验测试，数据的应用带来一定挑战，当然，如果设计师对测试有着深入研究，了解怎样扩展测试数据的应用，那么测试数据仅可以在设计指导中作为参考。

|6.2　SEU 减缓设计|

在单粒子效应减缓设计中，针对单粒子翻转（SEU/MBU）的防护设计开展了许多研究工作，也取得了卓有成效的研究成果，在国内外电子器件和集成电路加固设计及电子设备系统的防护设计中被广泛应用。本章节主要介绍一些成熟应用在电子器件和集成电路单粒子翻转防护设计上的部分方法，这些加固和防护设计方法可以粗略地分成两大类型，第一类型是与工艺和材料相关的加固设计方法，主要特征是其针对单粒子效应设计了一定的"免疫"机制和作用，例如在存储器单元设计中附加去耦电阻可以降低电离电荷的收集效率，对单粒子翻转具有一定的"免疫"功能，这一类方法主要用以提高和改进电子器件和集成电路的单粒子翻转加固性能；第二类型为电路设计及布局等相关的防护设计方法，主要特征是降低单粒子效应的敏感性，以及单粒子效应发生后不对器件性能和系统功能造成影响，这一类方法既可以用来降低电子器件和集成电路单粒子效应敏感性，也可以提高和改进航天器电子设备或系统的抗单粒子效应诱发故障的能力。

6.2.1　屏蔽防护方法

SEU 屏蔽防护设计方法通常是基于在航天器中使用屏蔽材料及附加结构的方法来缓解 SEU 带来的影响。SEU 屏蔽方法的实施是基于不受航天器质量等因素的严格限制条件下而考虑的。SEU 屏蔽设计技术和其他相应的辐射环境屏蔽设计有很多共同之处，如高能质子、电子及伽马射线的屏蔽设计等；特别是在实际应用方面，对航天器的屏蔽设计是一种需要重点考虑的关键技术。本节主要讨论针对减缓 SEU，在航天器屏蔽设计中特有的技术和方法。

值得指出的是，在航天器运行轨道环境中，如地球同步轨道的宇宙射线高能重离子环境，即使使用和航天器质量相等效的屏蔽材料，都几乎无法直接屏蔽衰减掉这些宇宙射线高能粒子。这些离子是带电的（电离度达到"10+"或以上），且每核子的能量达数百兆电子伏（MeV），而且部分粒子是重核，它们的质量数最高能到铀元素。

通过将重要部组件放置在航天器中心位置的方法，利用航天器及部组件自身质量的屏蔽进行防护的方法，是一种粗略的屏蔽方法，已在许多航天器设计中使用过。但是航天器所有的电子系统都是关键的，不可能将所有部组件都布置在航天器内部中心位置。

另一个应当引起注意的方面是，对于经过地球内辐射带（质子）和/或地球外辐射带（电子）的大部分航天器，通过直接质量屏蔽的方法是可以衰减辐射粒子的，但不是完全可行的，由于屏蔽材料的韧质辐射过程，屏蔽质量每增加一倍，其对辐射的屏蔽效果反而会下降。

从第 1 章节内容知道，在低地球轨道（LEO）上，大多数航天器基本上一直处于范艾伦辐射带内带之中，屏蔽并不是必须考虑的紧迫之事，这是因为这个轨道高度上的大多数带电粒子能量及其分布相对较低，它们没有足够能量去影响器件、组件和系统等。即使是在南大西洋异常区（SAA），航天器也仅是在该轨道区域内飞行几分钟时间，辐射带来的影响较小。

对于太阳耀斑等异常事件，来自太阳的太阳风粒子（主要是质子）增强了辐射环境的粒子平均通量。常常耀斑可持续数小时至数天的时间。质子撞击屏蔽材料时会适当阻止其传播，减小航天器遭受危害。另外，太阳风在一定程度上也提供了自然屏蔽，特别是在太阳黑子处于极大期时，粒子通量达到高水平时，太阳风带电粒子能将一些粒子带到银河空间中。

航天器内部是一个复杂的电磁和电气系统，相互连接的电缆和金属外壳，所有这些都包装在一个铝球形壳中，外壳由太阳能电池板、传感器和其他重要部件组成。所有这些部件因几何结构的不同使得屏蔽问题非常困难。

对于一个组件，如安装在航天器内部印制电路板上的一个微电子芯片，在其周围有很多不同质量密度的其他组件。芯片本身的封装也是由不同密度的材料制成，也能提供一定程度的屏蔽。微电子芯片及其电路板与其他电路板一起封装在一个金属外壳中，构成一个屏蔽的组件。通常，器件的屏蔽是在电路板上用类似"胶囊"的方法（RAD-PAK）提供一个单独的屏蔽材料，屏蔽"胶囊"的材料、密度、厚度和尺寸大小等参数取决于诱发 SEU 的入射粒子的类型。航天器内部电子器件在有/无屏蔽下入射粒子的通量/注量计算是一个重要问题，可利用 SRIM 等径迹计算程序得到。这个计算程序将器件周围的体积分割成立体角增量，其与器件所在坐标的航天器的质量相对应。该程序"赋予"器件数千条"射线"，每条射线对应一个立体角增量，射线撞击器件并沿电离路径穿透经过。质点由几何结构确定，然后计算并求和由于质量屏蔽而引起的入射辐射的衰减，从而得到衰减后的入射到器件上的诱发 SEU 的总注入量，进而得到 SEU 错误率。上述方法也可以通过现代的便携式计算机近似地实现，其他复杂的蒙特卡罗代码也可以用来进行计算，其方法也是适用的。

射线径迹追踪计算程序的输出还可以用来分析其他很多有用的重要信息，图 6-2 为针对几颗卫星，采用径迹追踪计算程序的计算结果。它是从器件参考点得到等效铝屏蔽路径上的累积分布，图中的器件是 LEASAT 和 TDRS 航天器以及 CRRES 航天器中采用的两个器件。相应的统计输出结果如表 6-1 所示。

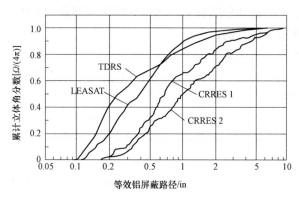

图 6-2 采用径迹追踪计算程序的计算结果

表 6-1　航天器屏蔽路径分布计算数据

序号	卫星	径迹数目	立体角增量	分布最小路径/in	分布介质路径/in	分布平均路径/in
1	TDRS-1	6 000	450	0.07	0.25	0.55
2	LEASAT-1	1 000	43	0.14	0.40	0.53
3	CRRES-1	240	240	0.17	0.68	1.21
4	CRRES-2	240	240	0.20	1.02	1.81

从图 6-2 中给出的计算结果可以看出，对于 TDRS 航天器上使用的电子器件来说，射程小于或等于 0.125 in 的带电离子，只有 10%或者更少的数目通过传输而到达器件上。而这个射程路径（0.125 in）是能量分别为 25 MeV/AMU 的质子、54 MeV/AMU 的氧离子、99 MeV/AMU 的铁离子在铝材料中的射程大小。从这点可以看出，在一定屏蔽材料的作用下，只有能量相对更高的带电离子才能对诱发单粒子翻转（SEU）有贡献。

在设计过程中，重要的是何时以及在何种程度上考虑 SEU 的辐射屏蔽问题。例如，地球同步轨道中对银河宇宙射线的屏蔽，分别采用半无限平板和环形球体进行屏蔽，屏蔽效果对比分析表明，在一定程度的屏蔽处理后，SEU 错误率由带电离子在屏蔽材料中的弦长分布函数（见第 7 章）$f(s)$确定。假设航天器屏蔽结构等效为半无限平板形状，其厚度为 c，对于半无限平板的情况下，其分布函数为 $f(s)=2c^2/s^3$，其中 s 为平板中带电粒子的弦长，按照单粒子翻转率的计算方法（见第 7 章），SEU 错误率可以表示为：

$$E_r = \overline{A_p} \int_{s_{min}}^{s_{max}} \Phi(L(s))f(s)ds \qquad (6.2-1)$$

用 $c/s=L/L_c$（其中 L_c 为临界 LET 值），将积分变量 s 转换为 LET(L)，得到 $f(s)ds=-2LdL/L_c^2$。则有：

$$\overline{A_p} = s/4 \approx A/2 \qquad (6.2-2)$$

式中，A 是平板一侧的面积。代入式（6.2-1）可以得到单粒子翻转错误率，则有平板单位面积上的 SEU 错误率定义为：

$$R_A = \lim_{A \to \infty} \frac{E_r}{A} = \left(\frac{4\pi}{L_c^2}\right)_{L_{min}}^{L_{max}} \Phi(L)LdL = \left(\frac{4\pi}{L_c^2}\right)_{0.1L_c}^{L_{cmax}} \Phi(L)LdL \qquad (6.2-3)$$

式中，$L_{min} \approx 0.1L_c$，是合理的下限，4π 代表整个立体角。由第 1 章可知，空间积分通量随 LET 值增大而快速减小，使得 L 与 L_{max} 之间的积分部分分量被忽略。

可以看出，射线径迹跟踪计算程序的输出产物是平板屏蔽厚度 c 的对数函数。由于有积分通量 $\Phi(L) \approx \int \varphi(L)\mathrm{d}L$ ，对 $\varphi(L)$ 近似等于 c_1/L^3 （ $c_1=5.8\times10^8$ ），则式（6.2–3）近似等于：

$$R_A \cong \left(\frac{4\pi}{L_c^2}\right) c_1 \ln\left(\frac{L_c}{L_{\min}}\right) = \left(\frac{4\pi}{L_c^2}\right) c_1 \ln\left[\left(\frac{L_c}{s_{\max}}\right)c\right] \qquad （6.2–4）$$

式中， $L_{\min} \approx s_{\max}/c \approx 0.1L_c$ 。

利用射线径迹跟踪计算程序可计算四种不同屏蔽结构方式情形下的错误率，如果将计算结果利用 0.1 in 厚的半无限平板屏蔽结构的计算结果进行归一化处理，可得到归一化的错误率。几种情况下的错误率相对归一化错误率的比值（即归一化比率）与 L_c 的相关性如图 6–3 所示。

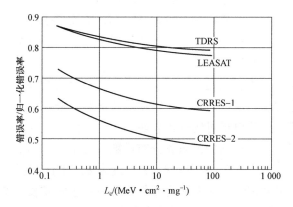

图 6-3 采用射线径迹跟踪计算得出的错误率分布

从图 6–3 中可以看出，该比率仅缓慢依赖于 L_c 。与更精确的射线径迹跟踪结果相比，式（6.2–4）的近似计算结果不会产生较大的误差。从系统的角度来看，当 SEU 错误率相差一个数量级或者更多时，其通常被认为是很重要的，尤其是在分析计算地球同步轨道和行星际轨道的辐射屏蔽问题。

质子是质量最轻且电荷量最小的离子，是太阳耀斑和地球内辐射带的主要辐射粒子，其不像银河宇宙射线的重离子那样难以防护。航天器的质子屏蔽方法要比重离子屏蔽方法简单得多。质子引起的 SEU 错误率 E_{rp} 为：

$$E_{rp} \approx \int \sigma_{seu}(E^{(i)}) \varphi(E^{(i)}) \mathrm{d}E^{(i)} = -\int \sigma_{seu}(E^{(i)}) \mathrm{d}\Phi(E^{(i)}) \qquad （6.2–5）$$

式中， $\sigma_{seu}(E^{(i)})$ 是 SEU 截面（ cm^2 ）； $\varphi(E^{(i)})$ 是屏蔽后的质子微分通量能谱； $E^{(i)}$ 是屏蔽内的质子能量； $\Phi(E^{(i)}) = \int_{E^{(i)}}^{\infty} \varphi(E^{(i)}) \mathrm{d}E^{(i)}$ 是屏蔽内相应的积分通量；上标 i 表示屏蔽材料的内部。

屏蔽路径，也就是屏蔽厚度 x ，定义为 R ，是射程–能量的函数关系。即

$$R(E^{(o)}) = x + R(E^{(i)}) \tag{6.2-6}$$

式中，$R(E^{(o)})$ 是屏蔽材料外部入射粒子能量为 $E^{(o)}$ 的射程；上标 o 表示屏蔽材料的外部。粒子在穿透屏蔽材料时损失能量，能量变为 $E^{(i)} < E^{(o)}$，对应的射程为 $R(E^{(i)})$。式（6.2-6）的所有变量的单位通常是面密度的形式，$g \cdot cm^{-2}$。由于屏蔽材料中质子吸收的主要过程是非弹性核反应，因此屏蔽层内外的质子通量是近似相等的。非弹性散射能够吸收入射粒子，然后粒子释放出能量较小的粒子，但是对通量没有任何损失。将式（6.2-6）带入式（6.2-5）的 SEU 截面，得到：

$$E_{rp} \approx \int \sigma_{seu}(E^{(i)}, E^{(o)}; x) \mathrm{d}\Phi(E^{(i)}) \tag{6.2-7}$$

即通过射程-能量关系得到单粒子翻转截面 σ_{seu} 与 x 的关系。

对于屏蔽路径结束在微电子电路中的路径分布来说，依据屏蔽路径延伸的航天器质量大小，用 w_k 度量第 k 个路径，计算平均 SEU 错误率为：

$$E_{rp} = \sum_k w_k \int \sigma_{seu}^k(E^{(i)}, E^{(o)}; x) \mathrm{d}\Phi(E^{(i)}), \quad \sum_k w_k = 1 \tag{6.2-8}$$

积分通量 $\Phi(E)$ 定义为 $\Phi(E) = A\Psi(E)$，其中 A 是几何因子（cm^{-2}），$\Psi(E)$ 是无量纲的积分能谱，则上式变为：

$$\bar{\sigma} = \frac{E_{rp}}{A} = \sum_k w_k \int \sigma_{seu}^k(E^{(i)}, E^{(o)}; x) \mathrm{d}\Psi(E^{(i)}) \tag{6.2-9}$$

屏蔽后的截面认为是平均截面。

当出现太阳耀斑事件时，$\Psi(E)$ 可以用归一化的不完全 Γ 函数表示。

$$\Psi(E) = 4Ka^{11/8}\Gamma_n(11/2, (E/a)^{1/4}) \tag{6.2-10}$$

$$\Gamma_n(11/2, (E/a)^{1/4}) = \frac{\int_0^{(E/a)^{1/2}} x^{9/2} \exp(-x) \mathrm{d}x}{\int_0^{\infty} x^{9/2} \exp(-x) \mathrm{d}x} \tag{6.2-11}$$

式中，K 和 a 是常数，可从太阳粒子通量谱数据得到。

基于质子的射程-能量 Burrell 经验关系，采用射线径迹计算程序计算太阳耀斑和航天器屏蔽后的平均截面 $\bar{\sigma}$，得到：

$$R(E) = 300\ln(1 + 3.76 \times 10^{-6} E^{1.75}) \tag{6.2-12}$$

式中，E 的单位是 MeV。

归一化为 0.1 in 厚的球壳结构的屏蔽材料后的比率如图 6-4 所示，计算结果如表 6-2 所示。表中给出了 1989 年两个最大太阳耀斑事件的计算结果。

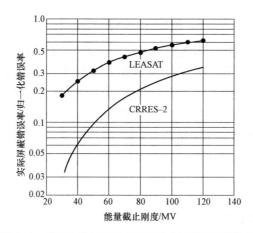

图 6-4 采用射线径迹跟踪计算程序计算的屏蔽效果

表 6-2 1989 年两个最大太阳耀斑事件的计算结果

太阳耀斑事件	计算 SEU/个	观测 SEU/个	观测值/计算值	铝等效球体厚度/in
1989.9	75	91	1.21	0.32
1989.10	217	253	1.17	0.29

从图 6-4 中可以看出，归一化结果与实际屏蔽的错误率出现了明显差异，实际屏蔽后的错误率要比归一化的小得多。SEU 计算值与实际观测值出现不同，是由于计算中没有考虑重离子诱发的 SEU。

研究发现，对于归一化为 0.1 in 厚的屏蔽，无论是平板型屏蔽结构还是球形屏蔽结构，产生的 SEU 错误率都比实际观测到的要大很多。如果考虑到更高精确性，更厚尺寸的归一化屏蔽模型能给出更准确的错误率。例如，在上文提到的航天器质量分布和辐射环境下，归一化屏蔽厚度应该大于 0.3 in（Al：2.1 g/cm²）。正如前文提到的，质子诱发 SEU 错误率对屏蔽处理要比重离子的敏感得多。

6.2.2 加固存储单元设计

在基本单元电路设计中，缓解单粒子翻转（SEU）敏感程度的一种方法就是在单元结构中增加反馈电阻或者晶体管等额外元件，当晶体管处于"关闭"状态时，如果带电粒子击中其中一个晶体管的漏极，并不容易造成状态翻转，其能够恢复到原始存储状态。这些存储单元被称为加固存储单元，在具体设计中，甚至可以根据粒子通量的大小和临界电荷来设计具体参数，从而避免发生SEU。

为了更好地理解这些加固存储单元是如何工作的，先从分析一个由 6 个晶体管组成的标准存储单元开始，如图 6-5 所示。从图中可以看出，当一个存储单元处于存有状态值时，它有两个晶体管处于"开"状态，两个晶体管处于"关"状态。因此，在存储单元中总是有两个 SEU 敏感节点。当一个粒子撞击这些节点中的其中一个时，粒子传递的能量可以激发晶体管"开启"或"关闭"，这就改变了存储器存储状态值。如果在其中一个反相器的输出端和另一个反相器的输入端之间附加一个反馈电阻，则电离带来的瞬间信号就会被延迟一段时间，从而可以降低发生位翻转的风险。

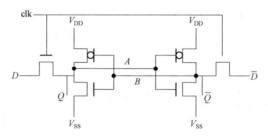

图 6-5　标准存储器单元构成示意图

由附加反馈电阻来防护 SEU 的加固存储单元的最早解决方案如图 6-6 所示。从图中可以看出，去耦电阻 R 减缓了存储单元的反馈响应，因此能够区分因电压瞬态脉冲信号诱发的翻转和真实的写入信号。但存储器单元增加反馈电阻的这种方式将会增加硅条的分布密度，例如在栅极的电阻可以用两层多晶硅构成；增加反馈电阻这种方式主要不足之处是对温度敏感，低温下器件性能弱；同时栅极电阻在制作过程中需要额外的掩膜防护。然而，为了避免制作工艺工程中的额外掩膜防护的缺点，也可以利用体硅晶体管实现反馈电阻的功能。在这种情况下，栅极电阻的布置对电路密度的影响就变小。

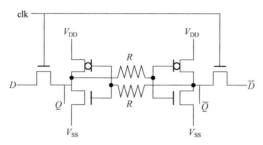

图 6-6　阻性加固存储器单元构成示意图

当粒子撞击存储单元发生数据变化时，可以通过适当的反馈来恢复数据，从而保护存储单元。这其中的主要问题是在反馈中如何放置晶体管以恢复发生

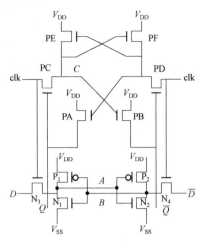

图 6-7 IBM 公司设计的加固存储单元构成示意图

的单粒子翻转和对新敏感节点的影响,例如图 6-7 为 IBM 公司设计的加固存储单元,图 6-8 是 HIT 公司设计的加固存储单元,图 6-9 和图 6-10 是 Canaris 公司设计的加固存储单元。这种缓解方案的主要优点是温度、供电电压和技术工艺独立,而且也具有良好的 SEU 免疫性。主要缺点是增加了区域面积和存储单元的尺寸大小。

IBM 公司设计的加固存储单元多了 6 个晶体管,如图 6-7 所示,图中 PA 和 PB 称为数据状态控制晶体管,PC 和 PD 称为通态晶体管,PE 和 PF 称为交叉耦合晶体管。敏感节点是 A、B、C。当带电粒子撞击敏感节点 A 时,它会迅速拉低,由于节点 A 和 B 的电位都相对比较低,它们会立即出现状态不稳定。此时,晶体管 PD 会暂时打开,但还没有充足电,由于晶体管 PF 一直处于打开状态,此时 PD 因充电不充分还不足以完全打开晶体管 PB。然而,由于晶体管 PA 出现完全开启,会牵制节点 A 的数据状态不发生翻转。

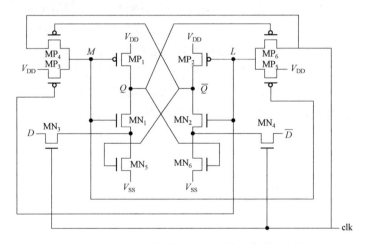

图 6-8 HIT 公司设计的加固存储单元构成示意图

若粒子撞击敏感节点 B,被撞击的节点 B 会将晶体管 PC 关闭,暂时隔离处于相对低电位的节点 C。由于晶体管 P_1 和 N_1 的栅极连接到节点 B,得到的数据反馈响应会导致节点 A 的电位降低。但是,处于导通状态的晶体管 PA 会

加强节点 A 先前保持的高电位，使其保持高逻辑状态。因此，节点 B 的状态经过瞬时扰动后，最终恢复到被撞击前的低电位，晶体管 N_2 再次拉低节点 B，这样节点 B 恢复其逻辑状态。

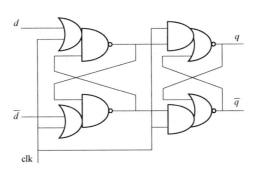

图 6-9　Canaris 公司的 SEU 加固存储单元

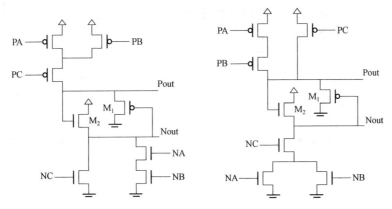

图 6-10　Canaris 公司的 SEU 加固存储器的详细设计

若粒子撞击敏感节点 C，晶体管 PA 和 PF 会瞬间关闭。对于存储在数据单元中的数据信号来说，不会造成任何改变。然后通过处于开状态的 PC 晶体管对节点 C 进行低充电，节点 C 恢复其数据信息，不对数据造成任何改变。

HIT 公司设计的加固存储单元也有 6 个额外的晶体管放置在主存储单元周围的反馈回路中，如图 6-8 所示。正常工作时，如果读/写信号是低电平，则 MP_1、MP_4、MN_2、MN_6、MP_5 晶体管处于导通状态，而其他晶体管处于关闭状态。这样，Q 和 $\bar{Q}$ 的状态很容易被保持。而且，从 V_{DD} 到 V_{SS} 没有直通的路径，进一步保证了存储单元功能的稳定。

读取操作是通过对 V_{DD} 数据线 D 和 $\bar{D}$ 预充电完成的。当读/写信号变高时，节点 Q 因通过 MN_1 和 MN_3 晶体管连接到数据线 D 上，其将保持"1"状态。而节点 $\bar{Q}$ 将保持"0"状态，因为 MN_4 和 MN_6 都处于开状态，且都连接到放电

数据线 $\bar{D}$ 上。

HIT 公司设计的存储单元有 3 个敏感节点，分别是 Q、$\bar{Q}$ 和 M。如果一个粒子撞击晶体管 MN_1 的漏极，节点 Q 的状态将被拉低。晶体管 MN_6 和 MP_6 将分别关闭和打开。然后，节点 $\bar{Q}$ 没有偏置电压，而是通过电容效应来保持其低状态。晶体管 MP_6 和 MP_5 都处于开状态，但是当 MP_5 的宽度大于 MP_6 时，节点 L 将保持状态 "1"。由于晶体管 MP_1 还处于开状态，节点 Q 将被恢复到状态 "1"，恢复了翻转。

如果一个粒子撞击晶体管 MP_2 的漏极，节点 $\bar{Q}$ 将变为 "1"，将分别打开和关闭晶体管 MN_5 和 MP_4，节点 M 变为高状态，保持其原始的 "0" 状态。由于 MN_2 和 MN_6 仍处于打开状态，节点 $\bar{Q}$ 恢复到最初的 "0" 状态。

如果晶体管 MP_3 的漏极被一个粒子撞击，节点 M 的电位将被拉高，分别打开和关闭晶体管 MN_1 和 MP_1。当晶体管 MN_5 和 MP_5 关闭时，节点 Q 和 L 变为高阻抗，保持它们的状态。当 $\bar{Q}$ 节点仍处于低电位时，晶体管 MP_4 将保持开状态，恢复节点 M 为 "0" 的状态。

当存储单元发生多位翻转时，HIT 的存储单元无法处理这种错误。例如，如果一个粒子撞击节点 M 时，将导致关闭晶体管 MP_1 和 MP_5，且又有另一个粒子撞击了节点 Q，这导致分别关闭和打开晶体管 MN_6 和 MP_6。然后，节点 L 的电位将被拉低，分别打开和关闭晶体管 MP_2 和 MN_2，$\bar{Q}$ 的电位将升高，分别打开和关闭晶体管 MN_5 和 MP_5。此时，节点 M 的状态改变为 "1"，节点 Q 的状态改变为 "0"，存储单元的数据状态被改变。类似地也证明，粒子同时撞击节点 $\bar{Q}$ 和 M 时，会导致存储在内存单元中的数据发生改变。试验结果表明，HIT 公司设计的加固存储单元的 SEU 敏感度只有未加固时的十分之一左右。

Canaris 公司设计的加固存储单元由与–异或门和或–与非门组成的存储单元构成，如图 6–9 所示，这些门电路都对 SEU 免疫。每个逻辑门电路有两个输出，一个是 N 沟道的晶体管，另一个是 P 沟道的晶体管，如图 6–10 所示。

这个单粒子翻转缓解方法的特点在于，当使用 SEU 免疫组合逻辑门实现存储单元时，这种缓解方法可用于组合逻辑电路和时序逻辑电路。在使用时，电路的所有组成部分可以组合成复杂的逻辑函数，每个函数有两个额外的晶体管输出数据。对于大型复杂逻辑门电路，两个额外的晶体管可能不会带来很大的附件面积，但是，由于输出信号的重复，内部链接就会相应增加。Canaris 公司设计的加固存储单元的主要缺点是发生单粒子翻转后数据恢复时间长。

另一个针对 SEU 的缓解方法是将数据存储在单元中两个不同的位置，这样一来，当一个点存储数据被改写后，以便参照另一个点的数据就可以恢复被改变的部分。例如，图 6–11 所示的 DICE 公司设计的抗单粒子翻转加固单元（Canaris and Whitaker，1995），及其 NASA 设计的两种抗单粒子翻转加固单元（Whitaker et al，1991；Liu and Whitaker，1992）分别如图 6–12 和图 6–13 所示。这两种针对 SEU 的加固单元设计方法的主要优点也是温度、供电电压和工艺过程的独立性，同时还具有良好的抗 SEU 能力和高性能（读/写时间）等特性。

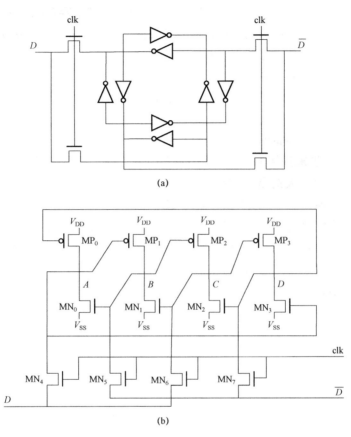

图 6–11 DICE 加固存储单元
（a）用反相器表示的 DICE 单元；（b）DICE 单元的具体构成

　　DICE 单元由 4 个 CMOS 反相器组成的对称结构构成，其中每个反相器都有 N 沟道晶体管和 P 沟道晶体管，分别由两个存储相同状态的相邻节点控制，如图 6–11（b）所示。DICE 的 4 个节点形成两对锁存门电路，并可依据存储的逻辑值相互交替。其中一个相邻节点控制晶体管的导通状态，该晶体管将当前节点连接到电源线路，而另一个节点则闭合反相器的互补晶体管，并将其与相反的电源线路隔离。

　　在图 6–11（b）中，相邻节点对 *A–B* 和 *C–D* 通过导通及晶体管交叉反馈连接，形成双晶体管、状态相互关联的锁存器结构。另外两个相邻的节点对 *B–C* 和 *D–A*，通过关闭的晶体管反馈连接，进而隔离这两对锁存器。因此，两个不相邻的节点在逻辑上是隔离的。若要发生翻转，锁存器就必须同时都出现错误。如果一个带电粒子击中一个敏感节点，它就会翻转状态逻辑，并关闭控制相邻锁存节点的有源反馈晶体管。锁存结构的第二节点通过电容效应来保持其状态。

连接相邻隔离节点的无源反馈晶体管被打开，产生一个逻辑扰动，该逻辑扰动被传播到第二个锁存节点。两个未受影响节点的有源反馈连接在扰动节点上开始恢复初始状态，并随后消除第二个扰动节点的状态冲突。需要在 DICE 单元中执行写操作，以便将相同的逻辑状态存储在两个不相邻的单元节点上，以恢复存储单元的逻辑状态。

NASA 设计的存储单元也将信息存储在两个不同的地方，这提供了冗余并在 SEU 之后维护未损坏的数据。恢复路径基于使用弱电晶体管和强电晶体管。弱电晶体管的尺寸大约是正常晶体管尺寸的 1/3，弱电反馈晶体管的大小决定了恢复时间。原则上，DICE 锁存器对 SEU 免疫，因为两个节点必须同时驱动时，才能改变锁存器的状态。然而，如果单个宇宙射线带电粒子以极小的入射角穿过芯片时，它可以同时击中两个关键节点。发生这种情况的概率取决于漏扩散区域所对应的立体角和宇宙射线的积分通量，其 LET 值（线性能量转移）大于某个阈值，该阈值取决于电路响应快慢和电离电荷的收集体积大小。

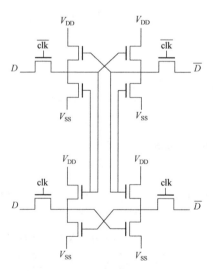

图 6–12 NASA I 型加固存储单元

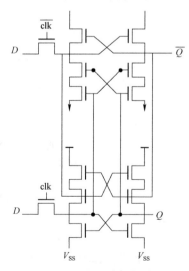

图 6–13 NASA II 型加固存储单元

在 2000 年，Mavis 和 Eaton 等人提出了另一种 SEU 加固存储单元的设计方案，如图 6–14 所示。加固的存储单元包含 9 个敏感的锁存器（$U_1 \sim U_9$），另外可以附加 1 个多数逻辑门电路（U_{10}）和 3 个反相器（$U_{11} \sim U_{13}$，图中未标出）。每个敏感锁存器在其时钟输入高时是易感的（采样模式），在其时钟输入低时是闭合的（保持模式）。在采样模式下，输入 D 处出现的数据也出现在输出 Q 处。在保持模式下，锁存器中存储的数据出现在输出 Q 处，输入 D 处的任何数据更改都被阻止。两个灵敏的锁存器串联在一起，由互补的时钟信号（如 U_1 和 U_2）进行计时，形成一个边缘触发 D 触发器。使用时钟反转，由（U_1，U_2）、（U_3，U_4）和（U_5，U_6）组成的 D 触发器分别在时钟 CLKA、CLKB 和 CLKC 的下降边缘触发。

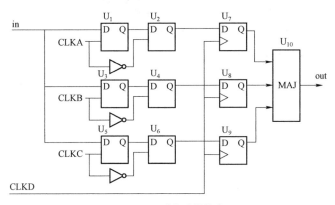

图 6-14　时序采样锁存

这四个时钟每一个都以 25%的占空比工作，每一个都延迟到主时钟。在主时钟第一个周期的前半部分时，CLKA 是高电平；主时钟第一个周期的下半部分时，CLKB 是高电平；主时钟第二周期的上、下两部分时，CLKC 和 CLKD 分别是高电平。因此，一个 A、B、C 和 D 时钟的完整周期要占用主时钟的两个周期。这些时钟实际上很容易由简单电路得到。控制四个时钟的保真度不是一个问题，因为电平敏感锁存器即使在有歪斜或重叠的情况下也能正常工作。

图 6-14 所示电路具有一定的抗 SEU 特性，其由两种截然不同的并行电路特性所实现：① 由三个并行电路分支产生的空间并行性；② 由独特的时钟方案产生的时间并行性。此外，当使用基于 DICE 的锁存器实现时，时间锁存器可以实现宇宙射线带电离子撞击下的多节点防护。与任何其他 SEU 防护技术不同的是，这种电路对 SEU 产生的二级与三级效应也具有一定减缓作用。

显然，通过分析 SEU 加固单元对多位翻转 MBU 的缓解效果可以看出，时间锁存器能缓解单个粒子撞击单个电路节点引起的 SEU（一种一级效应）。同样，基于 TMR 和 DICE 的锁存器也具有同样效果。我们从第 1 章环境特点的分析讨论知道，多个电路节点同时被撞击的可能性虽然非常小，但是在真正空间辐射环境下也可能是真实发生的。表 6–3 总结对比了加固存储单元方法、汉明码方式以及 TMR 方法的异同点。

表 6–3　SEU 缓解技术对比分析

SEU 缓解技术	SEU 加固存储单元方法	汉明码	TMR
面积开销	通常比单个存储单元的面积增加一倍，与晶体管的布局以及尺寸大小密切相关	取决于要防护的比特位数，需要额外的时序逻辑和组合逻辑电路	通常是单个存储单元面积的 3 倍
性能	如果额外的晶体管或电阻（路径延迟）仅工作在单元处于保持状态时，才会影响特性	编码器和解码器块影响性能	特性不会受到较大影响，唯一延迟来源为表决器
纠错能力	避免内存循环中延迟错误（冗余和恢复）	正常情况下纠正字节中的单位翻转，但是刷新存储器数值时需要设置额外通道（刷新速率）	不能纠正翻转错误，如果无额外逻辑刷新，翻转数目将会累积
多位翻转	当每个单元保护自身时，对多位翻转的第三级具有鲁棒性	对同一编码字节中的多位翻转无效，对电路不同部分的多位翻转有效	可以对电路不同部分的多位翻转具有鲁棒性，但对同一 TMR 信号中的多位翻转却没有
工艺技术	由于晶体管对称性和多晶硅中大电阻的要求，需增加额外区域面积	完全兼容 CMOS 工艺	

6.2.3　冗余和刷新

从一般角度来说，冗余技术主要通过增加关键及重要的部分，来确保系统能更可靠持续地正常运行。在电子系统设计中，为了保证其工作的可靠性，采用的主要设计技术之一就是系统冗余设计，系统冗余就是使两个以上同样的系统工作在相同数据条件下，如果系统数据不一致，系统重启。另外，在系统的某个关键部位都采用两个以上的模块，避免出现单一的故障发生点，否则该处如果发生故障将会导致整个系统崩溃。比如采用多个 CPU、多种通信方式，同时对数据进行备份以免发生数据丢失等。这样即使某一个节点发生故障，系统只是降低了鲁棒性，但仍然可以正常工作。对航天器电子系统或设备来说，针对单粒子效应防护的冗余技术常分为软件冗余和硬件冗余两个主要方面，硬件又采用热备份或冷备份的办法以达到所需的信息协同和主备转换等工作；软件则用程序对系统必须实现的功能进行完成。

冗余技术的另一个特点是当系统无故障时取消这些冗余措施不会影响系

统正常运行。冗余技术就是为克服其他单粒子效应防护设计无法解决高可靠要求的困难而发展起来的，其设计思想是允许单粒子效应诱发故障存在，并能自动地消除其对电子设备和系统的影响。应用冗余技术对电子设备和系统进行冗余设计，固然是提高系统和设备可靠性的一种有效措施，特别是对于控制和导航电子设备和系统，用其他方法难以达到可靠性指标要求时，冗余设计往往能够达到目的。但是，冗余设计要求增加设备的体积、重量、功耗和费用，增大程序的规模，增加资源的消耗，因此，冗余技术也不是普遍采用的，只能有选择地用于失效后果非常严重的航天器电子设备和系统中。冗余技术在系统设计中要实现的功能主要有以下几个方面：系统的核对，统一性检查；系统的切换功能；运行模式的变更；热备传送功能；在线程序写入的冗余跟踪功能；从工作向备份系统的信息进行存储、拷贝；在线主备切换等。

冗余设计具体包含下面几个技术点：

第一，信息同步技术。信息同步是运行和备份之间完成无扰（Bumpless）切换的必备条件，要按系统需求实现快速、有用的数据沟通，保证设备运行控制能够同步地工作，就可使冗余系统的无扰切换得以完成。

第二，故障检测技术。为确保在发生异常时能快速地将备份设备转变为运行状态中，就需要有高度精准的在线故障的检测手段。保证能察觉故障、锁定、隔离并对故障进行保修及报警处理。故障检测有电源、处理器、数据总线及输入/输出状态等不同的方面，均可分为自检和互检。

第三，故障仲裁和切换技术。快速准确地察觉系统异常后，还要精准定位失效的部分，并且了解其程度是否严重，对运行及备份部件状态判断比较、进行仲裁，用以确定要不要把正在运行的部件与备份实现状态的互换。控制权的转变，还要尽可能及时、完好以及无扰。这里的及时，要求为 ms 级、μm 级以上的动作时间，这样一来，可保障因部分失效而给控制对象带来失控等现象的情况尽量不发生。除此之外，还要对失效位置如地址等进行上报，让与系统相关联的其他电子设备或航天员等知晓关于本次系统故障的具体细节，方便分析，方便快速地得到维修及更换。

第四，热插拔技术。为了保障高的可靠性，就要使 MTBR 尽可能地短，让设备能达到在线养护、维修和更换的地步，这一点也十分有必要。热插拔技术能在不中断控制任务的前提下增多或替换系统的部件，让系统不受影响地工作。

第五，故障隔离技术。设计时一定还需考虑到设备之间故障要尽可能是相互独立的，即此设备发生失效对彼设备也会发生异常影响的概率尽量小（0.01%），大致近似为故障是彼此隔离的，以确保部件故障之间不受影响，使设计的冗余手段有效。

系统冗余措施对减缓单粒子效应的影响具有一定作用，国内外在星载计算机系统设计上就广泛采用系统冗余设计。举例来说，在 20 世纪 90 年代初，在中巴地球资源卫星上应用的星载计算机就采用了双机冷备份的冗余设计，用于完成姿轨控和信息管理等关键任务，计算机系统采用 8086 处理器作为主控制芯片，通过冗余设计，确保在正常当班工作系统出现故障时，可启用备份机工作。又如，在载人航天任务中，为适应载人飞船对主控计算机高安全性、不可间断的特性要求，采用了三模冗余的容错计算机实现方式。该计算机由 3 个独立的、功能完全相同的计算单元组成，常态为 3 个计算单元同时工作，3 个计算单元运行完全一样的程序，通过互连的通信措施在软件的控制下实现 3 取 2 的表决。3 取 2 的表决策略保证了任意一个计算单元故障，不影响三机系统的正常工作，适合在关键任务阶段采用；而当执行非关键任务情况下或某一计算单元故障时，系统降级为 3 备 1 冷备份系统或 2 备 1 冷备份系统，以更好地节约能源。这种三模冗余计算机实现了故障情况的连续工作能力，同时解决了三机同步、故障屏蔽、自动退出等技术难题，满足了可靠性、安全性的要求。

冗余技术中最普遍的问题是电子系统在各种不同类型的辐射情况下，以最小的成本来分配冗余设计，下面具体讨论这个方面的内容。考虑在给定的维护周期内，一台冗余设计的计算机以最低的成本达到可靠性要求。假设冗余是以备用芯片和 EDAC 系统的形式给出，也就是在使用备用芯片时，EDAC 系统将从一个出现 SEU 的芯片切换到另一个芯片。从可靠性基础理论可知，没有冗余设计的计算机可靠性由下式定义：

$$R = \prod_{i=1}^{n} p_i, \ p_i < 1 \qquad (6.2\text{--}13)$$

式中，p_i 表示第 i 个芯片的可靠性。那么，芯片冗余分配的成本是：

$$C = \sum_{i=1}^{n} k_i p_i \qquad (6.2\text{--}14)$$

式中，k_i 是将芯片生存概率转换为芯片成本的系数。因为 $p_i < 1$，从式（6.2–13）中可以看出每个芯片的可靠性必定大于 R。对于与（冗余）备用芯片并行以实现整体可靠性增强（R_c）的第 i 个芯片，需要的冗余芯片的数量可通过 R_c 得到。

$$R_c = 1 - (1 - p_i)^{n_i} \qquad (6.2\text{--}15)$$

显然，$1 - p_i$ 是第 i 个芯片暂时不工作的概率，$(1 - p_i)^n$ 是 n_i 个不工作的概率，则 $1 - (1 - p_i)^n$ 是计算机使用了 n_i 个冗余芯片的可靠性。那么给定 R_c 下的芯片的数量为：

$$n_i = \frac{\ln(1 - R_c)}{\ln(1 - p_i)} \qquad (6.2-16)$$

例如，假设空间飞行的 T_m 个周期内，计算机可靠性目标要设定为：

$$R_c = 1 - \exp(-\lambda_{comp} T_m) = 0.995 \qquad (6.2-17)$$

式中，λ_{comp} 是计算机的平均错误率。所有芯片具有相同的 $p_i = 0.960$，从式（6.2–16）可得到每个芯片的冗余数为：

$$n_i = \frac{\ln(1 - 0.995)}{\ln(1 - 0.960)} = 0.963\,4 \qquad (6.2-18)$$

可以看出，对于具有 1 000 个芯片的计算机，大约需要 963 个冗余芯片才能得到给定的可靠性 R_c。

从最优可靠性的角度出发，也就是如何使式（6.2–13）在满足 $p_i < 1$ 和式（6.2–14）给定成本的要求下得到 R 最大，其结果为：

$$k_i p_i = C / n \qquad (6.2-19)$$

也就是，每个芯片分配了数量为 C/n 的相等成本。因此，必须明确所用的芯片数量，以便将其限制在 $k_i p_i = C/n$ 内。

关于冗余如何增加可靠性的常见例证之一是与错误检测和校正（EDAC）有关的存储器容错。例如，EDAC 可用于缓解航天器计算机系统中存储器的单粒子翻转造成的危害性。我们知道，EDAC 常用于解决每个存储字（Word）的单比特位错误纠正和双比特位错误检测（SEC–DED），这是由于每个存储字出现单个错误的概率比出现多个错误的概率相对要高，而且 EDAC 很容易通过相应的硬件和软件实现。

飞行时间 t_f 可用刷新间隔 t_s 计算。在整个飞行周期内，每个存储字的刷新间隔次数为 $N_s = t_f / t_s$，刷新间隔是指存储阵列中单个字两次刷新的时间间隔，因此，在每个刷新间隔内，存储阵列的每个字都被刷新一次。利用汉明码 SEC–DED 刷新一个字包括周期（刷新间隔）巡检、单个错误的检测和纠正的过程。由于假设多位翻转发生的概率很低，因此将其忽略，实际刷新时间仅仅是刷新间隔周期的一小部分。但是，从存储阵列作为一个整体的角度出发，在飞行时间内，存储阵列的每个字将在刷新间隔内都会被刷新。

另一个故障冗余的方法是存储器的奇偶校验法，它的简单性和高处理速度是其主要的特性，它处理每个字需要的冗余位要比汉明码少。奇偶校验法的缺点是它不能检测到某些周期性的错误，例如在一个字中所有的偶数位发生错误，而且它在任何情况下都不能纠正错误。

假如一个存储阵列有 w 个字，每个字是 n 比特位，由连续的 1 和 0 构成。

其中前 k 位包含具体信息，后 $n-k$ 位是用于 EDAC 的，称作奇偶校验位。存储阵列中的每个字在其位 0 错误的情况下，或者在其内部检测到并纠正了单个位错误的情况下，都被视为正确的。如前所述，多比特位错误是被忽略的。虽然可以使用复杂的译码方案来处理多位错误，但就其存储空间和软件而言，这些方案都很烦琐，而且成本很高。

如果每个比特位发生 0 个错误的概率为 p，则 $q=1-p$ 是每个比特位发生一个或者多个错误的概率，那么具有 n 个比特位的字发生 0 个错误的概率为 p^n。对于这样的一个存储字出现一个错误的情形，其相应概率为 $np^{n-1}q$。这是根据二项概率分布得到的，它的一个性质是：

$$1=(p+q)^n=p^n+np^{n-1}q+\cdots+q^n$$

$$=0 \text{ 个错误的概率}+1 \text{ 个错误的概率}+\cdots+n \text{ 个错误的概率}$$

这样，在每个刷新间隔周期内，无论 SEC–DED 过程是否应用 0 或 1 位错误近似检测方法，从存储器中正确得到每个字的概率是 $p^n+np^{n-1}q$。假设发生错误是随机的，当存储器仅仅发生了 SEU 错误但没有进行擦除操作时可靠性 R 或者正确读取存储阵列 w 个字的概率为：

$$R = (p^n + np^{n-1}q)^w \tag{6.2-20}$$

对于平均错误率 λ_s，即 SEU/(bit·day)，一个比特位在一段时间 t 内只遭受 SEU 时，其值是正确的概率为：

$$p = \exp(-\lambda_s t) \tag{6.2-21}$$

将式（6.2–21）代入式（6.2–20），将得到在飞行时间 t_f 内相应的无擦除操作存储器的可靠性为：

$$R_{ns} = \{n \exp[-(n-1)\lambda_s t_f] - (n-1)\exp(-n\lambda_s t_f)\}^w \tag{6.2-22}$$

可以看出，当飞行时间无限大时，R_{ns} 将趋近于 0，这时 SEU 错误将淹没存储器的 EDAC 系统。

在上面的例子中，如果有刷新操作（刷新间隔周期为 t_s），总的刷新间隔数为 wN_s，则具有刷新操作且有 SEC–DED 的存储器，一个比特位在一段时间 t 内只遭受 SEU 时，其值是正确的概率为 $p=\exp(-\lambda_s t)$ 时，相应的可靠性为：

$$R_s = \{n \exp[-(n-1)\lambda_s t_s] - (n-1)\exp(-n\lambda_s t_s)\}^{wt_f/t_s} \tag{6.2-23}$$

式中，SEU 错误率 λ_s 是随机的，且一次刷新间隔到下次刷新间隔内是不相关的。需注意的是，如果 $t_s=t_f$，即一次飞行中进行一次刷新，那么 $R_s=R_{ns}$，这相当于一次飞行中没有进行刷新，这是因为考虑到其他诸如存储器访问时间、计算机运行频率等时间参数时，必须保持 t_s 远远小于 t_f 的快速敏感刷新操作。

如果存储器既不刷新，也没有 SEC–DED 方法，则上述式（6.2–22）可简化为：

$$R_0 = p^{nw} = \exp(-n\lambda_s w t_f) \qquad (6.2\text{--}24)$$

图 6–15 给出了机载计算机的 4 000 K×32 bit 存储器与 SEU 错误率 λ_s 的关系。图中所示为 6 h 的飞行时间，刷新间隔 t_s 为 10 s；图中曲线分别对应：① 具有刷新操作的 SEC–DED 方法的可靠性 R_s；② 没有刷新操作的 SEC–DED 方法的可靠性 R_{ns}；③ 既没有 SEC–DED 也没有刷新操作的可靠性 R_0。

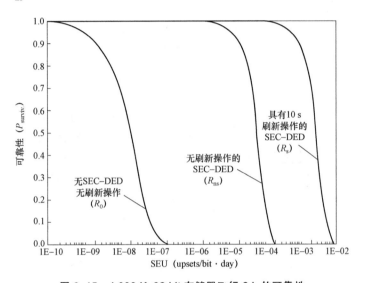

图 6–15　4 000 K×32 bit 存储器飞行 6 h 的可靠性

6.2.4　检错与纠错

（一）纠错与检测代码

错误检测和纠正（EDAC）代码技术（Peterson，1980）也被用来缓解电子器件和集成电路中产生的单粒子翻转（SEU）。这种检错纠错的办法通常应用于存储器件的单粒子翻转防护。有很多种不同类型的编码方式可用于保护系统免受单个和多个 SEU 的危害。例如，汉明码就是最常用的一种形式，它是一个错误检测和错误纠正的二进制代码，可以检测所有的单位和双位错误，并纠正所有的单位错误（SEC–DED）。这个编码适用于单数据结构（一个字节中只有一个错误位）中错误概率较低的系统。该编码满足关系：

$$2^k \geqslant m+k+1$$

式中，$m+k$ 是编码字的总比特位数，m 是原始字的信息比特数，k 是编码字中的校验比特数。

根据这个关系式，汉明码能够纠正 n 个比特字的所有单比特位错误，以及当使用整体奇偶校验位时检测双比特位错误。

汉明码由一个用于编码数据的组合块构成，包括奇偶校验的数据位和解码的数据组合块。编码块计算奇偶校验位，它可由一组二输入的异或门实现。解码块要比编码块更复杂，因为它不仅要检测错误，而且还必须纠正错误。它是由奇偶校验位加上表明发生 SEU 的地址解码数据的相同逻辑门组成的。解码块也可由一组二输入异或门和一些与门和反相门组成。

编码块计算检验位放置在编码字的 1、2、4、…、2（k–1）位置。例如：对于 8 bit 的数据，需要 4 个检验位（p_1、p_2、p_3、p_4），以便汉明码能够检测和纠正单个比特位错误。图 6–16 给出了 12 bit 的编码字结构，检验位 p_1、p_2、p_3、p_4 分别在字位置 1、2、4、8 处。检验位能够给出错误位的位置信息。编码块由一组二输入异或门实现。对于 8 bit 的数据，需要 14 个二输入的异或门产生 4 个奇偶位，检验位 p_1 为位组{1、3、5、7、9、11}产生偶数奇偶校验，检验位 p_2 为位组{2、3、6、7、10、11}产生偶数奇偶校验。类似地，p_3 为位组{4、5、6、7、12}产生偶数校验位，检验位 p_4 为位组{8、9、10、11、12}产生偶数校验位。

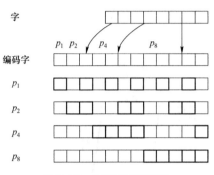

图 6–16　汉明码编码说明

汉明码可以防护寄存器、寄存器文件和存储器等结构。每个受保护的寄存器必须将其输入连接到编码器块，并将其输出连接到解码器块。需注意的是，在一个时钟周期内只能使用一个寄存器。寄存器组的结构的优点仅仅体现在一组寄存器被一个编码器块和一个解码器块多路复用时。

汉明码因需要额外的存储单元（校验位），以及编码器块和解码器块而增加了面积区域。对于一个 n 位的字，将会有约多于 $\log_2^n$ 个存储单元。然而，编码器块和解码器块因需要设置异或门而明显增加了区域面积。考虑性能方面，在关键路径上要增加编码器和解码器的延迟。当编码字的位数增加时，延迟变得更加关键。在串行设计中，异或门的数量与编码字中的位的数目成正比。

表 6–4 给出了汉明码和全硬件三模冗余（TMR）在时序逻辑电路中缓解 SEU 的比对分析。研究结果表明在防护寄存器和小容量存储器方面，TMR 在开销面积和性能方面更有效，而汉明码更适合防护大容量寄存器文件和存储器。

表 6–4　汉明码和 TMR 缓解 SEU 的比对分析总结

项目	汉明码（SEC–DED）	TMR
面积开销	取决于要保护的位数，对存储单元（奇偶单元）的开销较小。在字节编码较短的情况下，需要额外的组合逻辑来实现编码和解码的块功能	需要 3 倍以上的存储单元。表决器需要额外逻辑设计。表决器数目与存储单元的数量成正比
特性	位于关键路径的编码器和解码器块能够影响性能。由于编码器和解码器块中的串行 XOR 门数目的影响，延迟将会与待编码位数成比例地增加	由于唯一的延迟源是表决器，其基本要求是与被保护位数一致，所以性能不会受到较大影响
纠错代码	纠正每个字节中的单个翻转，但是不能纠正已存储于字节中的翻转，如果没有额外的逻辑实现纠正，那么翻转就会累积起来	如果每个翻转位于截然不同的位置，可以实现对 n 位字节的 n 个翻转的纠错。可以对纠正值进行表决，但不能实现纠正。如果没有额外逻辑实现纠正，那么翻转就会累积起来

　　汉明码的缺点是不能对深亚微米技术下的双位翻转进行纠错处理，尤其对于存储密度很大的存储器。为此，必须研究开发其他检测码来处理多位翻转。Reed–Solomon（RS）是一种纠错编码系统，旨在解决纠正多位错误的问题。它在数字通信和存储器领域有着广泛的应用。Reed–Solomon 编码用于纠正许多系统中的错误，包括存储设备、无线或移动通信设备、高速调制解调器等。Reed–Solomon 编码和解码通常在软件中进行，因此，RS 的实现通常没有考虑硬件实现时的面积开销和性能影响等。然而，在 Neuberger 等人的研究中提出的 RS 硬件实现是防护存储器免受多位 SEU 影响的有效解决方案。

　　RS 码定义为 RS（n，k）和 s 位标示位，其中 n 是每个编码器的总数，k 是每个信息数据的位数。奇偶校验位的数目等于 $n-k$，其中 n 等于 $2s-1$。RS 解码器能够纠正 t 个字节的数据，其中 $2t=n-k$，如图 6–17 所示。

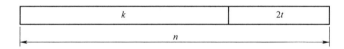

图 6–17　RS 码定义说明

　　数学上，RS 码是基于有限域的算术。存储器件使用 RS 码时，数据字以符号形式划分，每个数据字是一个不同的 RS 码字。例如，在一个 n 行的存储器中，数据字使用整个行，每个数据字根据符号大小和存储数据大小以 m 个符号进行划分。矩阵的任何部分都可能发生多位翻转，如图 6–18 所示。

　　RS 码很容易纠正图 6–18 所示中 a 类型的单粒子翻转，这是由于 RS 码的基本特性就是在同一个数据位实现多位错误纠正。图 6–18 中 b 类型所示的双位翻转也能被纠正，因为每行都是不同的 RS 码，对于不同行上的单个错误来说是具有等同的检测能力。但是，对于图 6-18 所示的 c 类型的单粒子翻转，将不能实现纠正。

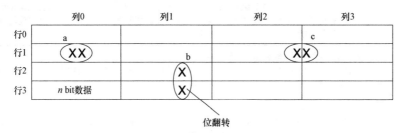

图 6-18   RS 码结构组成说明

（二）错误检测与纠正

首次提出纠错码是为了解决数字信息可靠性通信中的实际问题。信息理论的一个分支叫作错误检测码。很显然，对于 SEU 减缓设计来说，不仅在系统级，而且在部件级（微电子电路），EDAC 在大多数成功实现单粒子翻转缓解的技术方案中都起着非常重要的作用。例如，现在有很多系列化的 EDAC 芯片可用于空间用电子器件以及航天器电子系统中。下面具体介绍纠错码的实现过程。假设有表 6-5 所示的四个 7 bit 码的字。

表 6-5   四个 7 bit 码的字

项目	1	2	3	4	5	6	7
	信息比特位				EDAC 位		
字序号 1	1	0	0	0	0	1	1
字序号 2	0	1	0	0	1	0	1
字序号 3	0	0	1	0	1	1	0
字序号 4	1	0	1	1	0	1	0

一个最典型的错误检测算法是由 4 bit 信息位的字（表 6-5 中的第 4 个字，1011）来证明的。为了适应 7 位字长，添加了 3 个 EDAC 位使其成为 $x=1011010$。假设一个 SEU 错误将 $\bar{x}$ 转换成 $x'=1010010$。定义三个检测向量：$a=0001111$，$b=0110011$，$c=1010101$，然后形成三个内积，$x' \cdot a$、$x' \cdot b$、$x' \cdot c$，要计算内积时，将每个向量对应的分量进行乘积运算，就能得到内积的每个分量，如下所示：

$$x' = 1\ 0\ 1\ 0\ 0\ 1\ 0 \qquad x' = 1\ 0\ 1\ 0\ 0\ 1\ 0$$
$$a = 0\ 0\ 0\ 1\ 1\ 1\ 1 \qquad b = 0\ 1\ 1\ 0\ 0\ 1\ 1$$
$$\overline{x' \cdot a = 0\ 0\ 0\ 0\ 0\ 1\ 0} \qquad \overline{x' \cdot b = 0\ 0\ 1\ 0\ 0\ 1\ 0}$$
$$= 1 \quad \mathrm{mod} \quad 2 = 0 \qquad\qquad = 2 \quad \mathrm{mod} \quad 2 = 0$$

$$x' = 1\ 0\ 1\ 0\ 0\ 1\ 0$$
$$c = 1\ 0\ 1\ 0\ 1\ 0\ 1$$
$$\overline{x' \cdot c = 1\ 0\ 1\ 0\ 0\ 0\ 0}$$
$$= 2 \quad \mathrm{mod} \quad 2 = 0$$

然后将所有 7 个乘积再相加，从和结果中用 2 取模（模为 2），得到余数 1 或 0，这些结果成为奇偶校验位。从数学上，对 $x' \cdot a = \left(\sum_{i=1}^{7} x'_i a_i \right)$ 用 2 进行取模运算，如 5 用 2 模运算结果为 1，6 用 2 模运算结果为 0，0 用 2 模运算结果为 0，则奇偶校验位计算如下：

此时，这三个奇偶校验位依次构成一个 3 位的二进制字 100，也就是 4 的二进制数。然后，该算法认为 x' 中的第 4 位出现错误，也就是说，x'=1010010 应该是 x=1011010，这和运算前的假设 SEU 错误发生位置是一致的。这个过程被称为汉明码（7/4）译码，它可以检测到上述 7 bit 字中的任何单个错误。这个算法在一些小字节（1 Byte=8 bit）的芯片中实现了应用。其他更复杂的 EDAC 算法，如在 23 bit 字中使用到 11 个冗余位（EDAC），能够纠正多达 3 个比特位的错误。但是，如此复杂的冗余纠错，除了占用大量的芯片"空间位置"外，还需要消耗大量系统计算机的时间来实现，特别在大型存储阵列中尤其明显。对于 23 bit 的字（0 和 1 的不同组合将会有 2^{23} 个字），奇偶校验位算法则在 2^{12} 个不同组成中查询 1～3 个翻转错误。其他更复杂的 EDAC 算法方案如表 6-6 所示。

表 6-6 各种字节长度下的 EDAC 参数

字位长度	信息位长度	可校对错误	错误组合数	位组合数	EDAC 字比特率
7	4	1	2^4	2^7	0.571
23	12	3	2^{12}	2^{23}	0.522
47	24	5	2^{24}	2^{47}	0.511

EDAC 字比特率定义为字信息比特位长度相对字比特位总长度的比率，例如，7 bit 的字，字比特率为 4/7=0.571。需注意的是，表 6-6 中的字比特率随着字比特长度的增加而逐渐接近 0.500 0。从信息理论的角度考虑，当字比特率小于系统的信息吞吐量（信道）时，如果 EDAC 编码使用足够长的字比特长度，

则可以以任意小的错误率实现冗余检错纠错。如果字比特位长度包含足够多的 EDAC 位，则位错误纠正算法就可以有效地检测和纠正任意数量的位错误。理论上一个"优秀"EDAC 方法是能够检测和纠正大量错误的，但是，在实际中需要的是一个切实可行的 EDAC 方案。

在芯片级（微电子集成电路）层面，SEU 错误的减小，既可以在其制造工程中通过特定的制版工艺实现，例如高浓度掺杂掩埋层以缩短隧穿漏斗；也可以在芯片设计中实现，如引入反馈电阻后的低通滤波；还可以通过采用片上或者离线的 SEU EDAC 方案实现。正如所见，基于汉明码的 EDAC 系统能够检测单个字中的单个位错误。利用这个检测编码，在芯片中对一个字的位进行物理分离时必须仔细考虑，以使多位翻转错误最小化。早期有关于非保持系统进行低级别可靠性测试的实际应用。片上 EDAC 主要是通过硬件和软件的配合得到节省计算时间的目的。假如一个 256 Kbit×1 的 DRAM，其片上继承了汉明码 ECC 电路。DRAM 的每个字为 12 bit，包括 4 位 EDAC 码和 8 位信息位。若引入片上的错误纠正电路，则 DRAM 的位阵列就必须扩展到 512 bit×512 bit 到 768 bit×512 bit。

在片上 ECC 纠错系统中，重点关注的是评估同一个字中发生两个或多个 SEU 错误的概率。假设 W_2 为发生连续两个或多个翻转错误的 12 bit 字的数量，定义在数据存储时间 T_s 内发生 SEU 错误总数为 n_T，其概率定义为 $P(W_2 > 1, n_T \geq 2)$，由二项分布可得：

$$P(W_2 > 1, n_T \geq 2) = \sum_{i=2}^{n_T} \binom{n_T}{i} p_s^i q_s^{n_T - i} = \sum_{i=2}^{n_T} \binom{n_T}{i} \left(\frac{1}{N}\right)^i \left(1 - \frac{1}{N}\right)^{n_T - i} \quad (6.2\text{–}25)$$

由二项分布的基本特性可知：

（1）$N = 2^{15}$，是 DRAM 的 12 bit 长的字的总数量，$p_s = 1/N$ 是某一个字中遭受一个 SEU 错误的最大似然概率，$(1/N)^i$ 是发生 i 个 SEU 错误的最大似然概率。

（2）$q_s = 1 - p_s = (1 - 1/N)$ 是一个字中不发生一位 SEU 错误的概率，$(1 - 1/N)^{n_T - i}$ 是不发生 $n_T - i$ 个 SEU 错误的概率。

$\binom{n_T}{i} = n_T! / (n_T - i)! i!$ 是二项系数，是 n_T 个位错误中一次发生 i 个的排列数，其中 $2 \leq i \leq n_T$。

（3）因为要查找分析多位翻转的概率，所以计算 DRAM 中多位错误概率的求和系数 i 从 2 到 n_T，如果 $i = 0$（无翻转）和 $i = 1$（一位翻转）也包括在内，则相应的概率 $P = 1$，此时式（6.2–25）可写为：

$$P(W_2 > 1, n_\mathrm{T} \geqslant 2) = 1 - \sum_{i=0}^{1} \binom{n_\mathrm{T}}{i} \left(\frac{1}{N}\right)^i \left(1 - \frac{1}{N}\right)^{n_\mathrm{T}-i} = 1 - \left(1 - \frac{1}{N}\right)^{n_\mathrm{T}} \left(1 + \frac{n_\mathrm{T}}{N-1}\right) \approx \left(\frac{n_\mathrm{T}}{N}\right)^2$$

（6.2-26）

通常，$n_\mathrm{T} \ll N$，且 N 非常大，因此 $N-1 \approx N$，$(1-1/N)^{n_\mathrm{T}} \approx 1-n_\mathrm{T}/N$，则由式（6.2-26）可得 DRAM 发生多位翻转错误的概率期望值 E_av 为：

$$E_\mathrm{av} = PN \approx \frac{n_\mathrm{T}^2}{N}$$

（6.2-27）

DRAM 存储器多位翻转错误的平均错误率 R_2 为：

$$R_2 = \frac{E_\mathrm{av}}{n_\mathrm{T}} \approx \frac{n_\mathrm{T}}{N}$$

（6.2-28）

R_2 称为错误拒绝率，它是在 DRAM 输出检测到的两个或多个错误与在内存单元中引起的总错误位的比值，是表征芯片 ECC 误差函数的主要参数。R_2 与 n_T 的相互关系如图 6-19 所示。

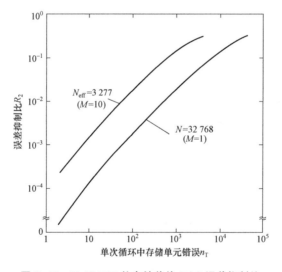

图 6-19　N=32 768 的存储芯片 ECC 误差抑制比

对于由 SEU 导致的相邻多位翻转，如果每 SEU 中有 M 个位翻转，则错误纠正的有效数将缩小到原来的 $\frac{1}{M}$，即 $N_\mathrm{eff}=N/M$。图 6-19 中显示通过将整个芯片划分为大量小 ECC 字的方法提高了 ECC 错误纠正能力。但是，这导致了昂贵的成本，必须扩展芯片存储阵列的容量。在单次循环中，存储阵列中累计的位错误 n_T 为：

$$n_T = A_T T_s \dot{\Phi} \qquad (6.2\text{-}29)$$

式中，A_T 是存储单元的总面积；$\dot{\Phi}$ 是入射离子的通量。则数据存储时间 T_s 为：

$$T_s = C_D \frac{2^B}{f} \qquad (6.2\text{-}30)$$

式中，C_D 是每比特的数据时钟操作数；B 为可寻址比特数的 $\log_2$ 值；f 是器件的时钟频率。将式（6.2–30）的 T_s 代入式（6.2–29）可得：

$$n_T = \frac{A_T \dot{\Phi} C_D 2^B}{f} = \frac{0.463\ 9}{f} \qquad (6.2\text{-}31)$$

上式最右边对应于试验用的 256K ECC DRAM 器件的参数。DRAM 的最大 T_s 受到刷新循环时间的限制，要对应其工作频率设置一个下限。但在 SRAM 器件中，由于不存在数据刷新的问题，因此不需要设置这个下限。图 6–20 给出了两种离子（$M=1$，96 MeV 的 ^{12}C 离子和 $M=10$，200 MeV 的 ^{56}Fe 离子）在时钟频率为 2 MHz 的错误抑制比 R_2。

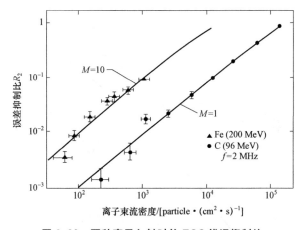

图 6-20　两种离子入射时的 ECC 错误抑制比

从图 6–20 可以看出，要提高器件 ECC SEU 纠错能力，必须提高工作频率 f。

对于有三模冗余 TMR 和多数表决器的 EDAC 系统，实现了对之前 EDAC 方案的改进，其主要用于 SRAM 存储器，但也可以根据具体使用要求与 DRAM 架构的存储器配合使用。TMR 是一个决策单元，信息信号被输入到三个包含三个触发器的模块中，这些触发器的输出提供给多数表决器。三个模块中的每个触发器都位于时钟电路的不同分支，一个分支上的错误就不会传播到另外两个分支上。与之前的系统一样，希望确定在给定的时钟周期内一个 TMR 单元中连续两个或多个错误的概率。SEU 错误会在每个周期循环内被擦除。

在比特位层面，假设 SEU 错误统计由泊松分布确定，这是因为 SEU 时间通常归类为极为罕见发生的事。因此，t 时刻重离子诱发 k 个 SEU 的概率 $P(k, t; \lambda)$ 为：

$$P(k, t; \lambda) = \frac{(\lambda t)^k \exp(-\lambda t)}{k!} \qquad （6.2\text{--}32）$$

式中，λ 为平均 SEU 率。下面简单解释 TMR 的触发器运行时如何受到多位翻转影响的。TMR 系统中的每个触发器代表一个位，在状态 1（逻辑"0"）和状态 2（逻辑"1"）之间转换。当在状态 2 的情况下，如果被触发，可以"翻"回状态 1。对于刷新周期内发生偶数个 SEU 的情形，触发器会在刷新之后"翻"回保持在状态 1，也就是：① 处于状态 1 时，发生第一个 SEU，触发器状态转换为状态 2；② 处于状态 2 时，第二个 SEU 到达，触发器"翻"回状态 1，刷新擦除，依次持续进行。这个过程中触发器的输出在系统中正常传播如同没有发生 SEU，这时偶数个 SEU（即前文说的没有发生 SEU）的概率是：

$$p_s = \sum_{k, \text{even}}^{n_T} \frac{(\lambda t)^k \exp(-\lambda t)}{k!} \approx [\exp(-\lambda t)](\cosh \lambda t) \qquad （6.2\text{--}33）$$

式中，n_T 假设足够大，求和指数 k 接近 n_T，使得 n_T 对概率的影响很小，如式（6.2--33）"近似等于"符号所示。类似地，当发生奇数个 SEU 时，其等效于发生了一个 SEU，概率为：

$$p_f = \sum_{k, \text{odd}}^{n_T} \frac{(\lambda t)^k \exp(-\lambda t)}{k!} \approx [\exp(-\lambda t)](\sinh \lambda t) \qquad （6.2\text{--}34）$$

在字层面，p_s 和 p_f 可看作是弱项分布的参数，用来计算同一个字中两个或多个 SEU 错误概率 $P(W_2, n_T)$。如前所述，

$$P(W_2, n_T) = \sum_{k=2}^{n_T} \binom{n_T}{k} p_f^k p_s^{n_T - k} = 1 - \sum_{k=0}^{1} \binom{n_T}{k} p_f^k p_s^{n_T - k} \qquad （6.2\text{--}35）$$

$$= 1 - [\exp(-\lambda t)][\cosh(\lambda t)^{n_T}][1 + n_T \tanh(\lambda t)]$$

这样，翻转错误的期望值 $\bar{E}$ 为：

$$\bar{E} = P(W_2, n_T)N \qquad （6.2\text{--}36）$$

其相应的错误抑制比 r_2 为：

$$r_2 = \frac{\bar{E}}{n_T} = P(W_2, n_T)\frac{N}{n_T} \qquad （6.2\text{--}37）$$

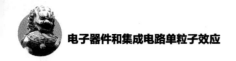
6.2.5　复杂器件的 SEU 缓解技术

（一）微处理器类器件的 SEU 缓解技术

我们知道，许多具有一定程度抗辐射性能的微处理器可以从市场上见到，如英特尔、IBM、摩托罗拉和 Sun 等公司生产的商用微处理器和我国自主生产的微处理器等。但这些具有一定耐辐射性能的微处理器都是由相关的航天工程项目公司和相关研究实验室联合设计制作的。实际上，每一种产品都提供不同等级的抗辐射性能，可适用于不同的空间和军事应用。如前面叙述可知，通常主要用于微处理器的防护技术仍然是基于工艺技术或封装屏蔽、三模容余、SEU 加固存储单元、EDAC 或它们的不同层次相互组合而实现的。

Lima 等人提出了类 8051 微控制器（Intel，1994）的辐射容错版本，主要是测试和研究针对 EDAC 码的容错能力。在微控制器的 VHDL 硬件描述语言中加入抗 SEU 容错结构，代码在指令时序方面是完全兼容的英特尔 8051 微处理器。微处理器分为 6 个主要部分，主要是有限状态机、控制单元、指令单元、数据路径、RAM 和 ROM 存储器。在所有寄存器和内存中应用可实现单粒子翻转纠正的汉明码，微处理器模块结构如图 6-21 所示。

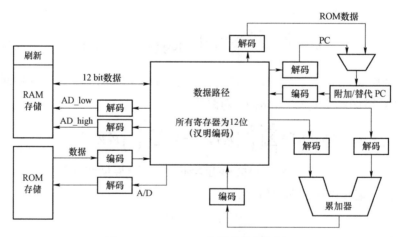

图 6-21　8051 SEU 加固结构基本原理

相比上述几种存储器单元加固设计方法，这项技术具有一定的创新性，因为它不仅在内部存储模块中使用 EDAC 技术，而且在所有寄存器和单个存储单元中都使用 EDAC 技术。另外，在内部存储模块中有一个错误刷新的机制，叫作"scrubbing"，以避免单粒子翻转形成"积累"。图 6-22 和图 6-23 给出了 EDAC 技术汉明码实现的详细方案。

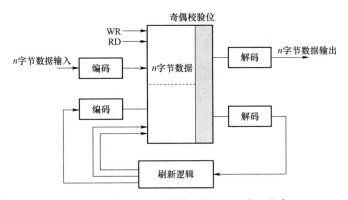

图 6-22　微控制器内存单元的汉明码实现方案

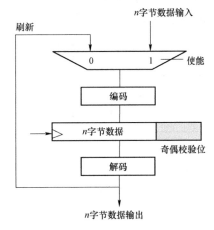

图 6-23　微控制器寄存器单元的汉明码实现方案

实际使用的 SEU 加固的 8051 微控制器如图 6-24 所示。加固后的硬件分为三个可编程逻辑器件，都是基于 EEPROM，分别是一个带有 208 个引脚的 EPM9560 和两个带有 84 个引脚的 EPM9400。为了检验加固措施的有效性，对具有 SEU 加固设计的 8051 微控制器，利用地面回旋加速器产生的重离子进行了测试验证。试验中对两个版本的 8051 微控制器进行了验证，它们分别是：无加固保护设计措施的标准 8051 微控制器版本和内部内存受汉明码保护的 8051 微控制器版本。测试试验证明，没有加固设计的 8051 微控制器在经受一段时间的辐照后出现了多个单粒子翻转，而加固设计的 8051 微控制器具有一定抗单粒子翻转能力。

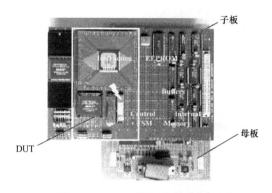

图 6–24　8051 微控制器的测试系统

　　图 6–25 给出了每个测试周期内的单粒子翻转数，试验测试中离子通量率为 700 particle/s。在相同试验条件下对内部存储受汉明码保护的 8051 进行了试验，试验过程中却没有观测到单粒子翻转。试验结果证明了这种针对 8051 微控制器设计的汉明码在 SEU 防护中具有明显作用。

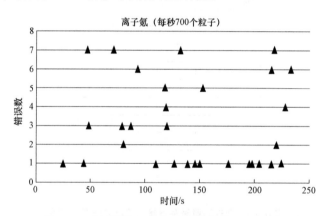

图 6–25　"无保护"8051 的单粒子翻转测试结果

　　表 6–7 给出了 PLD MAX9000 系列 8051 微控制器的测试结果。表中所示的触发器数量是指控制单元、有限状态机和数据路径的内部寄存器。内部内存是在 PLD 之外实现的，8051 的全保护版本不适合 PLD 系列，因为 MAX9000 系列的 CLB 数量减少了。因此，在测试中只实现了数据路径的部分保护。在部分受保护的数据路径中，只有累加器和程序计数器寄存器受汉明码的保护。

　　对于汉明码的纠错效率，Lima 等人利用故障注入的方法进行了验证。试验结果表明，当发生单粒子翻转时，汉明码完全能够进行纠错处理，不会发生错误传播。但是，这种技术在防护多位翻转（MBU）时并不适用，Lima 等人在试验中将 MBU 注入具有抗 SEU 能力的 8051 控制器，试验中没有得到预期的结果。

表 6-7　PLD MAX9000 系列类 8051 微控制器的测试结果

版本类型	控制单元	状态机	内部存储	数据通道	触发器	配置逻辑存储块
A	无防护	无防护	无防护	无防护	130	536
B	全部防护	全部防护	全部防护	无防护	150	692
C	全部防护	全部防护	全部防护	部分防护	158	824
D	全部防护	全部防护	全部防护	全部防护	202	909
E	无防护	无防护	无防护	无防护	138	579
F	全部防护	全部防护	全部防护	无防护	158	728
G	全部防护	全部防护	全部防护	部分防护	170	909
H	全部防护	全部防护	全部防护	全部防护	206	987

　　马克斯韦尔（Maxwell）公司生产的大量抗 SEU 微处理器受抗辐射加固 RAD-PAK 专利技术保护。例如 Intel386、486 和奔腾，以及 Sun 公司的 SPARC，还有摩托罗拉生产的微处理器 PowerPC，其 CPU 由 TMR 模块保护，内存由 EDAC 模块保护。TMR 逐位比较 3 个 CPU 的输出，当发生单粒子翻转时，通过表决检测和分析输出正确的值。

　　霍尼韦尔（Honeywell，2003）公司也提供基于设备冗余和 EDAC 技术的容错微处理器。如具有抗辐射性能的 PowerPC 603，其中数据和程序内存由 SEC-DED 汉明码保护，冗余应用于内部寄存器。Aitech 国防系统公司（Aitech，2001）也提供了一种由 EDAC 保护的耐辐射 PowerPC 750。

　　洛克希德·马丁公司已经为喷气推进实验室（JPL）开发了一种抗 SEU 的 PowerPC 处理器（G3）（JPL 实验室，2001）。它提供了一个模块化的标准产品，允许航天器开发人员在系统配置上具有多样的选择性和良好的灵活性。PowerPC 750（G3）中有超过 800 000 个存储元件，所有这些都被 RAD750 中的 SEU 加固电路所取代。早期的 RAD6000 采用了电阻去耦存储单元，在制造过程中需要特殊的多晶硅电阻。RAD750 的电池和插销都是使用加固设计的，不需要特殊工艺步骤和优化的电路技术，也就是如图 6-13 所示的加固存储单元。控制器上的存储器和 PROM 也已采用 EDAC 技术实施保护。

　　阿特梅尔（Atmel）公司为军事和太空应用提供了 8 位耐辐射微控制器 80C32E、DSP 微处理器和 SPARC 微处理器（Atmel，2001 年）。Atmel 的抗辐射 DSP 微处理器使用 HIT 加固单元（Velazco 等，1994）（见图 6-8），以保护存储单元免受单粒子翻转的影响。Atmel SPARC 微处理器设计了 EDAC 进行保护。Atmel 在静态 RAM 设计中，采用将代表不同数据字位的单元分开以提高抗单粒子翻转能力。设计的此种功能实际上消除了单次位翻转可能引起双比特位翻转（MBU）的风险，而仅留下单个比特翻转（SEU），可以通过 SEC 汉明码进行纠正。与 EDAC 保护的解决方案相关的其他处理是校验位 RAM 的初始化和在受保护的内存上执行读写操作的刷新过程，也称为清理。校验位 RAM 的初始化不会产生开销，因为大多数航天应用程序在复位时都会将其代码从 ROM 移到 RAM 中，并同时自动初始化校验位 RAM。在处理器空闲时间执行的清理对于消除两个单独的影响在同一数据字中产生双比特翻转（MBU）的风险是必要的。但是，如果同一数据字中发生双比特翻转，则仍将由 EDAC、SEC－DED 汉明码检测并发出信号。

Gaisler 等人于 2002 年提出了一种容错处理器：基于 SPARC V8 架构的 Spacelite。该处理器技术旨在检测和容忍任何片上寄存器中的一个错误，以及在任何片上存储器结构（高速缓存和标签）中的两个相邻位中进行一个错误校正和双重错误检测。Spacelite 处理器中实现 SEU 容错的方法是将所有有寄存器分为两组：主成分和冗余备份。主成分寄存器是用于存储信息的寄存器，该信息在系统的任何其他位置（处理器或内存）都不存在，并且这些寄存器中的错误会导致出现系统故障。冗余寄存器定义为包含在系统中其他位置复制的信息的寄存器，并且可以通过重新加载寄存器或执行其他恢复操作来重新创建。冗余寄存器中的错误一定不能改变系统的状态或操作，否则会在其内部有错误的时候造成系统故障。寄存器为了实现抗单粒子翻转，通过复制或使用纠错码将所有主寄存器设计为可容错的。冗余寄存器仅需提供错误检测功能。

单个可容错寄存器是通过 TMR 实现的，即采用三个并行的寄存器和一个由表决器选择多数结果的寄存器来实现。这种方案的好处在于，错误屏蔽和错误消除是隐式的，并且在发生 SEU 时，不会在输出端产生扰动。这个设计是采用寄存器单元提供了 32 位单个错误校正（SEC）和双错误检测（DED）的 EDAC，而不是采用 TMR 单元，这种设计将会很大程度地减少开销，通过奇偶校验生成和检查来检测冗余寄存器中的错误。高速缓存由两个奇偶校验位保护，一个奇数位，一个偶数位，该方案使得有可能在两个相邻位中检测到双重错误。如果发生 EDAC 错误，则在指令到达写入阶段后，将校正后的寄存器值写回到寄存器文件中，然后重新启动指令。高速缓存存储器（指令或数据）中的错误将自动导致高速缓存未被选中，并且将使用来自主存储器的正确数据来更新高速缓存。

另外，Rebaudengo 等人讨论了软件实现的容错（SIFT），以保护微处理器免受时序逻辑（SEU）和组合逻辑（SET）的干扰；已经进行了故障注入试验阶段，以评估 SIFT 技术检测处理器内部存储器元件及其组合逻辑中的瞬态故障的能力。该策略的独创性取决于基于一组简单的转换规则的事实，该规则可以在任何高级代码语言上实现。这减少了工艺设计制造上的加固处理成本。SIFT 系统实现的 8051 微控制器在辐射条件下进行了测试。结果表明，SIFT 能够检测出处理器中观察到的 88.2% 的单粒子翻转现象。但是，软件容错方法的不足之处是，随着程序代码的增加，此技术需要额外的内存开销。

（二）FPGA 的 SEU 缓解技术

现场可编程门阵列（FPGA）器件在航天器电子设计人员中越来越受欢迎。这些器件具有固有的灵活性，可以满足多种要求，并具有显著的成本和速度优势。由于 FPGA 是可重新编程的，因此可以在发射后发送代码程序以纠正错误或提高航天器的性能。

可编程逻辑组件的体系结构基于逻辑块阵列，可以通过互连编程以实现不同的设计。FPGA 逻辑模块可以像一个小型逻辑门一样简单，也可以像由许多门组成的集群一样复杂。当前商用 FPGA 的逻辑块由一对或多对晶体管，小型门电路，多路复用器，查找表和与–或结构组成。路由架构包含各种长度的构成部分，可以通过电可编程开关将它们互连。目前有几种不同的编程技术用于实现可编程开关。当前使用此类可编程开关技术的可编程器件主要有三类：

● SRAM，其中可编程开关是通过由 SRAM 位的状态控制的导通晶体管实现，也就是基于 SRAM 的 FPGA。

● 反熔丝，电可编程开关在两个金属层之间形成低电阻路径，也就是基于反熔丝的 FPGA。

● EPROM、EEPROM 或 Flash 单元，其中的开关是浮栅晶体管，可以通过将电荷注入栅极上来关闭栅极晶体管。这些可编程逻辑电路称为 EPLD 或 EEPLD。

SRAM 型 FPGA 是易失性的，这意味着基于 SRAM 的 FPGA 可以在工作现场根据需要进行多次重新编程。反熔丝定制是非易失性的，它们只能编程一次。每类 FPGA 具有特定的架构。Xilinx 和 Actel 等可编程逻辑器件生产公司提供抗辐射的 FPGA 系列器件。每个公司使用不同的缓解技术，以更好地考虑架构特征。一些面向空间应用市场的公司获得了开发容错 FPGA 的许可，例如获得 QuickLogic 许可的 Aeroflex UTMC 和获得 Atmel 许可的 Honeywell。Actel 和 Xilinx 是当今占据空间 FPGA 市场的主要商业 FPGA 公司，例如军事和航空航天中的可编程设备和技术（MAPLD）、核与空间辐射效应（NSREC）、组件和系统的辐射效应（RADECS）以及现场可编程门阵列专题讨论会（FPGA）等国际会议上都能看到这两个公司的 FPGA 产品。

由于 FPGA 内部有大量的存储元件，因此可编程逻辑器件对 SEU 非常敏感。必须对可编程逻辑器件进行严格保护，以避免在空间环境中出现运行错误。减缓可编程逻辑器件的辐射影响方法主要有两种：高级语言描述或体系结构设计。每种方法都有不同的实现成本，且适用于不同应用场合。例如，通过反熔丝拓扑编程的 FPGA 更像标准单元 ASIC，因为定制单元（反熔丝）不容易受到辐射的影响。因此，可以轻松地将 EDAC 等 ASIC 中使用的技术应用于高级语言描述。在架构体系设计方面，用加固的存储单元很容易实现所有触发器的替换。但是，FPGA 的 SEU 缓解技术并不是很容易实现。例如，对于 SRAM 可定制的 FPGA，应用高级 SEU 缓解技术并不是很简单，因为所有设计模块都对辐射敏感。由于 FPGA 矩阵的复杂性，在应用架构设计技术时也会发生同样的情况。

1. 反熔丝型 FPGA

反熔丝型 FPGA 中的 SEU 问题，更具体而言，是基于 Actel 的体系结构已进行过研究讨论。之前，Actel 开始提供由称为 SX 的反熔丝编程的 SEU 容错 FPGA 系列（Actel，2000 年），该系列架构被称为 "sea-of-modules" 架构，因为该器件的整个内部都覆盖有逻辑模块网格，几乎没有芯片面积浪费在互连元件或布线上。Actel 的 SX 系列在后来的几年中得到了改进。第一个版本提供了两种逻辑模块，与标准 Actel 系列相同：寄存器单元（R 单元）和组合单元（C 单元），如图 6-26 所示。

这些逻辑模块之间的互连是使用金属对金属可编程反熔丝互连元件实现的（这项技术已申请专利），元件嵌入在第二层金属和第三层金属之间。这些反熔丝通常是开路的，并且在编程时会形成永久的低阻抗连接。在最早期的抗 SEU 的 FPGA 系列器件中，提出了三种可用于实现时序逻辑单元避免发生 SEU 的技术：CC、TMR 或 TMR_CC。CC 技术使用具有反馈功能的组合存储单元，而不是触发器或锁存器来实现存储单元。例如，将使用由两个组合模块组成的 DFP1 代替 DF1。此技术可以避免使用大于 0.23 μm 的 CMOS 工艺技术中的 SEU，但不能避免下一代工艺技术中组合逻辑的 SEU 影响。TMR 是一种寄存器实现技术，其中每个寄存器都由三个"投票器"以确定寄存器状态的触发器或锁存器实现。TMR_CC 也是一种三模块冗余技术，其中每个表决寄存器由具有反馈（而不是触发器或锁存器原语）的组合单元组成。CC 触发器（CC–FF）产生的设计具有更高的抵抗力，与使用标准触发器（S–FF）的设计相比，SEU 效果更好。CC–FF 通常要比使用标准触发器（S–FF）的区域面积资源多两倍。三重表决或三重模块冗余（TMR）产生的设计最能有效抵御 SEU 的影响。三重表决使用三

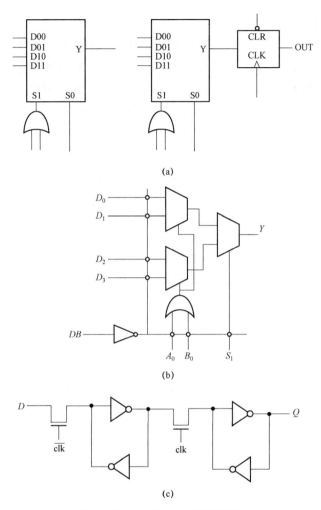

图 6-26　Actel FPGA 的体系架构

（a）组合单元和寄存器单元；（b）组合单元细节；（c）寄存器单元

个触发器而不是单个触发器，这形成了多票表决电路。这样，如果一个触发器被辐照转换到错误状态，其他两个触发器将会覆盖它，并将正确的值传播到电路的其余部分。由于考虑到成本等因素（S-FF 实现所需的面积的 3～4 倍和延迟的两倍），通常使用 S-FF 实现三重投票。当前，Actel 提供 RTFXS 和 RTAXS FPGA 系列（耐辐射的 FX 或 AX 架构"宇航器件"版本），这些器件使用金属对金属反熔丝连接进行配置，并且在所有寄存器中都包含内置的 TMR。这些新的经过 SEU 加固的结构消除了 HDL 中实现的 TMR 触发器设计的需求，这些 FPGA 使用图 6-27 中提出的 D 型触发器。三个 D 型触发器与时钟和数据输入并联连接。MUX 实现了一个表决器（或多数电路），以创建"加固的"输出。两个触发器 A 和 B 的输出进入选择表决器 MUX。如果 A 和 B 都读取逻辑"0"，则选择 MUX 输入 D_0。由于它连接到 GND，因此 MUX 的输出将读取逻辑"0"。同样，如果 A 和 B 读取逻辑"1"，则 MUX 的输出将读取逻辑"1"。如果 A 和 B 由于 SEU（或出于其他原因）不一致，则 MUX 将选择触发器 C。C 要么与 A 的结果一致，要么与 B 的结果一致，这样 MUX "投票"产生与 A、B 一致的数据。

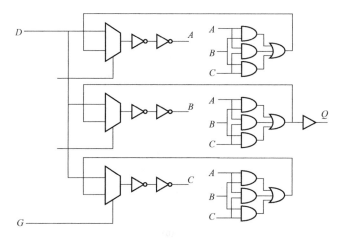

图 6-27　抗辐射 FX 或 AX 架构的 Actel FPGA（内建 TMR 模块的存储单元）

2. SRAM 型 FPGA

SEU 在基于 SRAM 的 FPGA 中具有独特的辐射效应。由于这类 FPGA 的所有模块（逻辑、定制路由）都容易受到单粒子翻转影响，因此，高级语言代码技术应用于这种类型的 FPGA 时并不是很简单。许多解决方案建议使用加固的存储单元和创新的路由结构实现 SRAM 型 FPGA 的 SEU 缓解。由于 SRAM 型 FPGA 在逻辑块、定制模块以及路由模块上的固有缺陷，在使用高级语言技术缓解 SEU 时，必须使用硬件冗余以确保可靠性。

（1）基于高级语言的 SEU 缓解技术。

Xilins 有 Virtex®军用系列 FPGA，该系列也被用于空间系统。Xilinx 提供了许多用于太空应用的 FPGA 系列，称为 QPro，它为航空航天和国防客户提供了商用的现成系统级解决方案。从 Virtex®QPro 系列开始，使用商用掩膜组和 Xilinx 5 层金属 0.22 μm CMOS 工艺在薄外延硅晶片上制造，使得其能够对单粒子锁定免疫［LET_{th}＞120 MeV·cm²/mg，TID=100 krad (Si)］。目前，Xilinx 的 Virtex®IIQPro 系列在空间使用中很流行，它具有与常规 Virtex®IIPro 相同的功能（集成 PowerPC 内核，集成 SERDES 等）。此外，Xilinx 提出了一种高级技术来缓解 SRAM 型 FPGA 中的 SEU：在高级设计语言描述中将 TMR 方法与重新配置（清理）结合起来，以避免单粒子翻转累积。

2002 年，Alderighi 等人针对基于 Xilinx FPGA 的多级设计提出了一种用于未来科学太空任务的多传感器系统的互连网络（MIN），它具有良好的并发故障诊断和故障检测功能。所采用的容错策略是基于网络配置和 FPGA 重新配置。控制单元允许更改实际的配置，而网络控制单元设置新的排列。当检测到故障时，有限状态机将触发并在 LUT 中将实际配置标记为有故障的故障。状态机依次进入活动状态并搜索配置 LUT 的存储配置中可用的等效配置。找到这样的配置后，将其用于解决单粒子翻转故障。为了检测故障，每个控制单元使用奇偶校验器。奇偶校验实际上是可以为控制单元而定义的唯一不变的属性。奇偶校验器具有自我检查功能，因此它可以报告与故障集相关的故障条件。这种方法的局限性在于通过重新配置网络只能恢复很少类型的故障。FPGA 的定制路由中所有具有永久性的故障只能通过 FPGA 重新配置（清理）来纠正。研究结果表明，通过该方法只能恢复注入的单粒子翻转的 10%，这很可能是 LUT 的故障。大多数故障可通过简单的擦除即可回收。

（2）基于架构体系设计的 SEU 缓解技术。

Mavis 等人于 1998 年提出了基于四种技术组合的可用于太空和军事应用的 FPGA。这四种技术分别是：① 辐射加固的非易失性 SONOS（硅氧化氮氧化物半导体）EEPROM 晶体管；② 独特的 SEU 免疫存储电路，既适用于非易失性 SONOS，也适用于易失性 SRAM；③ 高性能、抗辐射、0.8 μm 的三级金属 CMOS 技术；④ 专门开发的新 FPGA 架构以适应良好的防辐射电路设计规范。它的抗电离总剂量最高可达 200 krad(Si)，LET 值大于 100 MeV·cm²/mg。SONOS 晶体管与常规 NMOS 晶体管的不同之处在于 SONOS 晶体管具有可变的阈值电压，而 NMOS 晶体管具有固定的阈值电压。在擦除 SONOS 晶体管（将其编程为负阈值电压）时，需要从栅极向 P 阱施加一个较大的（10 V）负电压。这导致在氮氧化物栅极电介质层中产生双空穴隧道，导致正电荷存储产生耗尽型器件。将数据存储在晶体管中时（将其编程为正阈值电压），需要从栅极向 P 阱施加一个较大的（10 V）正电压，这导致电子隧穿到栅极电介质中，并产生负存储电荷。SRAM 型 FPGA 中，易失性配置存储使用 DICE（双互锁存储单元）锁存器提供的电路来完成。该芯片的编程方式与 SONOS 版本基本相同，使用移位寄存器串行加载行数据，并进行列解码以选择要写入的列。

Actel 于 1999 年设计了 SRAM 型 FPGA 的原型架构，标准的 SRAM 存储单元被电阻去耦存储单元所代替，其效率取决于电阻值；如果只有一个节点被击中，DICE 和 DICE 存储器的 SEU 免疫能力约在 0.25 μm 工艺。图 6–6 给出了电阻去耦存储单元，图 6–11 给出了 DICE 单元。因为在反馈路径中插入了电阻以消除带电粒子激发的瞬态脉冲，因此去耦电阻存储单元能够避免单粒子翻转。DICE 单元可以避免单粒子翻转，因为它将数据存储在两个不同的部分中，如果一个部分损坏了，则另一部分将通过单元构造隔离。但是，研究结论表明，如果不注意结构布局，则多位翻转将会限制这两种解决方案的广泛性。关于翻转率，冗余加固（DICE 存储器）的翻转率比电阻器解决方案低两个数量级。去耦电阻解决方案的缺点是温度工作范围、灵敏度和延迟增加。DICE 在面积开销上也有缺点。与标准存储单元中的 6 个晶体管相比，它具有 12 个晶体管。对于 0.18 μm，两种解决方案的有效性都将受到限制，并且在电路级中将需要更精巧的设计。

Atmel 于 2001 年还发布了基于 SOI 工艺流程的 SRAM 型 FPGA（AT6010）。其对原始逻辑块未进行逻辑修改，仅限于使用 SOI 工艺流程以提高抗 SEU 的可靠性。研究结果表明，仅使用 SOI 技术不能保证针对 SEU 的完全保护。因此，Atmel 的这种解决方案并不完全适合太空环境。

Kumar 于 2003 年提出了一种基于人体免疫系统的新型 SRAM 型 FPGA。该体系结构采用了分布式网络，没有任何集中控制。错误（抗原）检测基于 B 单元的操作原理。一旦在功能单元中检测到错误，预定的备用单元将通过克隆其行为来替换功能单元。这种重新配置技术减少了系统中的冗余。功能单元由一个 10 位控制寄存器，一个 1 位错误寄存器和一个逻辑块组成。

控制寄存器的内容可以视为遗传密码。通过确保生成的输出是互补的，可以在功能单元中模拟 B 单元识别错误的过程。如果输出相同，即存在错误，则结果被强制为高阻抗。通过在出现错误的情况下将功能单元的输出强制为 "00" 或 "11"，可以模拟 B 单元的作用。一旦检测到错误，该单元中的错误寄存器将被设置为 "1"，并且该功能单元的所有输入信息将被加载到相应的单元中。

在路由单元中也会发生同样的情况，该路由单元也具有一个控制寄存器来检测故障的存在。

（3）恢复技术。

在单粒子效应防护设计中，针对基于 SRAM 型 FPGA 提出了许多容错方法，这些方法都与重新布线和备用配置有关，以避免所用 CLB 出现单粒子翻转。在不使用任何冗余的情况下通过运行时重新配置来纠正单粒子翻转时，面临的第一个问题是在矩阵中查找故障的方法。Mitra 等人提出了一种使用伪穷举 BIST 的方法来检测矩阵中的单粒子翻转现象。该技术还有一个额外的优势，即在进行故障定位时，不必使整个系统停机。关键的问题是检测故障的持续时间，因为有一些应用中，不能长时间等待系统的恢复。

基于重配置和重新路由的故障恢复的示例很多，如 Lach 等人提出将物理设计划分为一组图块。这种方法的关键要素是将 FPGA 部分重新配置为备用配置以响应故障。如果新配置实现了与原始配置相同的功能，则在避免出现硬件块故障的同时，可以重新启动系统。这其中的关键步骤是有效地识别备用配置并快速运行故障检测。2000 年，Xu 等人提出了与路由过程相关的容错方法，讨论了关于单粒子翻转的缓解效果。但是在这种情况下，故障将在比特流的下一个加载（重新配置）中得到纠正，并且在搜索新的备用配置或路由时无须进行任何工作。因此，这种方法仅当由于总电离剂量（例如栅极破裂、金属线短路或断路）而在基质中存在真正的永久性断层时，才可以使用。

2001 年，Yu 和 Mccluskey 等人提出了一种永久性故障修复的解决方案，可以通过重新配置芯片来修复有故障的模块，以使设计时不再使用损坏的可配置逻辑块（CLB）或路由资源。目前，已经提出了许多通过重新配置的技术来排除 FPGA 的永久性故障，一种方法是在计算系统中检测到永久性故障后生成新配置；另一种方法是生成预编译的可替代 FPGA 配置，并将配置位图存储在非易失性存储器中。这样，当出现永久性故障时，可以选择新配置而不会延迟重新路由和重新映射。设计中提出了一些等效的设计候选方案，可以在出现永久性故障的情况下替代原始的 TMR 设计，如图 6-28 所示。

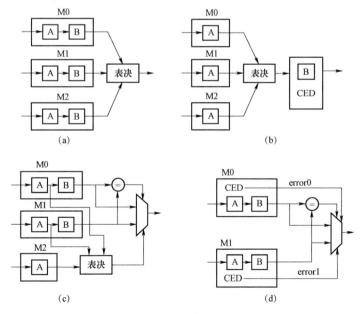

图 6-28　TMR 改进设计

（a）原始 TMR 设计；（b）TMR-CED 混合设计；
（c）带有自检模块的复用系统；（d）带有两个 CED 模块的复用系统

对于系统的瞬态故障，建议使用传统的瞬态错误恢复技术。典型示例包括前滚和回滚恢复技术。基本上，这些方法是在系统级别设计的，因此通常可以恢复专用集成电路（ASIC）和 FPGA 系统的故障。但是，因为在 SRAM 型 FPGA 中，逻辑不仅会受到单粒子翻转的影响，还会受到路由的影响，这会使执行前滚和后滚技术的路径无效。

2001 年，Huang 和 Mccluskey 等人还讨论了部分重配置的方法，以通过检测和纠正片上配置数据中的错误来提高可靠性，但是也提出了另一个问题：部分重配置期间的存储一致性。因为 LUT 还可以为用户应用程序实现存储功能，所以就会出现存储一致性的问题，使得在线配置数据恢复过程可能更改用户应用程序中的存储内容。通过对存储器一致性问题的研究，提出了一种存储器一致性技术，这种技术不会对存储器配置的 LUT 增加任何额外的约束。理论分析和仿真结果表明，该技术可以在用户应用程序中以很小的执行时间开销（约0.1%）保证内存一致性。这项技术可以进一步与 FPGA 擦除操作合并使用，从而也可以避免嵌入式存储器中的 SEU。

总之，在单粒子翻转防护设计中，已经提出了许多基于恢复技术，架构设计和高级设计的 SRAM 型 FPGA 容错技术。这些方法中的大多数与高级设计方法和恢复过程有关的技术都没有考虑到 SRAM 型 FPGA 中 SEU 的所有细节和影响，同时也没有考虑到永久性故障和单粒子翻转之间的差异。

| 6.3   SEL 减缓设计 |

基于现阶段对单粒子锁定防护技术的认知，针对单粒子锁定（SEL）敏感性减缓设计方法主要体现在三个方面：第一个方面是在器件制造工艺上进行改进，第二个方面是对器件结构实现优化设计及调整，第三个方面是在电路板级进行对器件的防护设计。在器件制造工艺方面，通过修正和改进工艺参数，可以在一定程度上降低器件的单粒子锁定敏感性，提高其在空间辐射环境中使用的可靠性；但这种防护设计方法并不是完美的，众所周知，由于器件制造成本的限制，工艺及参数修正所需的费用限制常常成为一种挑战；另外，由于改进制造工艺及参数可能会影响到电路性能（特别对逻辑部件来说），因此在存储器和逻辑电路等 SOC 类器件制造工艺中也难以接受。例如，在对器件结构实现优化设计及调整方面，可以通过在器件 N 型和 P 型区域之间增加保护环（Guard

Ring）的方式，以阻断其内部形成寄生晶体管结构，从而防止锁定发生。这种在器件结构上实现的策略对缓解单粒子锁定非常有效，但其缺点是增加了器件的结构面积，也增大了器件制造工艺过程的复杂化及成本。针对器件和集成电路单粒子锁定防护，也可以在板级设计上实现，具体有两种比较成熟的应用方式，一种是设置限流电阻的办法，通过在器件供电电路上设计合理阻值的电阻，可以降低单粒子锁定发生时造成器件损坏的风险；另一种是利用电流传感器监测器件出现单粒子锁定时在器件供电端诱发的大电流，出现大电流时切断器件的供电电源，然后再重新供电。这两种缓解策略的主要缺点是可能破坏了电路的实际工作状态。

6.3.1　器件工艺与结构的 SEL 防护设计

如第 3、4 章所述，CMOS 电路中的相邻 N 型和 P 型区域之间会形成寄生可控硅结构（由两个寄生晶体管组成），其上出现的杂散电流脉冲会被正反馈电路放大而在 V_{DD} 和电源地之间形成短路，从而引起锁定。当单个电离粒子撞击器件诱发产生杂散电流脉冲时，就会诱发单粒子锁定现象。如果产生的大电流超过了器件的额定电流，就可能造成器件损坏。但有时诱发产生的这种电流并没有明显超过额定电流，而造成了器件的"微锁定"，在这种情况下，器件并没有遭到破坏，但电路状态发生了改变，这种现象在现代先进微电子器件中比较明显。

在器件制造工艺及结构改进设计方面，如前所述，通过增加保护环及增加防护层的方式，以阻断其内部形成寄生晶体管结构的办法在工艺实现上受诸多因素制约，都不是一种非常有效的单粒子锁定缓解策略。具体诸如，这些措施能防止电路破坏但不能避免系统崩溃、工艺繁杂，或者要求增加额外面积，增大成本等。也就是说，既不能对电路结构大小和性能的影响达到最小，又不能将应用的商用器件的成本降到最低；我们知道，随着电子器件特征尺寸不断变小，SEL 甚至将会影响到地面应用的纳米器件。所以，在器件制造工艺及结构改进设计方面，既不影响器件的性能，又不需要较大成本的单粒子锁定防护措施，成为人们关注的重点。2006 年，Michael Nicolaidis 提出了一种比较好的低成本单粒子锁定减缓设计方法，利用这种方法，可以检测和消除单粒子锁定，并纠正其引起的错误。下面主要介绍这种方法的设计原理与实现过程，其他器件制造工艺及结构改进设计方面的单粒子锁定减缓设计方法在本书中不再赘述，有兴趣的读者可以进一步参阅相关参考资料。

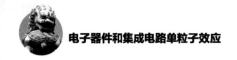

（一）低成本单粒子锁定防护策略原则

防护设计原则主要是对单粒子锁定的检测、单粒子锁定消除及纠正单粒子锁定诱发的错误。一般来说，当发生单粒子锁定时，首要任务是要能及时准确地检测到单粒子锁定；在检测到单粒子锁定后，要限制流经寄生晶体管的电流，防止电路损坏。另外，对于致命的锁定效应和"微锁定"，电流必须限定在能消除锁定的水平，使得电路能恢复到正常的电性能状态下。这个过程可利用放置在电源引线上的限流晶体管的导通和截止来实现。在纠正单粒子锁定诱发的错误时，利用限流晶体管的通断可以使得电路恢复到正常电性能状态，但是，不能恢复锁定诱发的错误。存储器中错误的纠正通常是利用错误纠正码来实现的，但是纠正码的纠错能力有限，例如汉明码只能检测双比特位错误和纠正单个比特位错误。实际中，这样的纠正码并不能保证能纠正单粒子锁定引起的位翻转错误，因为 V_{DD} 和电源地之间的短路可能改变了整个存储块的状态。为了纠正单粒子锁定诱发的错误，提出将诸如汉明码等错误纠正码与存储单元阵列电源线上的限流晶体管相结合的方法，也就是把单粒子锁定诱发的错误控制在汉明码能纠正的存储单元中。总之，提出的低成本单粒子锁定防护策略原则为：限制电流防止器件损坏；消除单粒子锁定状态，使得器件恢复到正常电性状态；将单粒子锁定诱发的错误牵制在能用错误纠正码纠错的存储单元中。

（二）低成本单粒子锁定防护策略和实现过程

图 6-29 给出了针对存储器电路的单粒子锁定防护设计的基本原理示意说明，设计中主要就存储器单元布置了不同地线、电源线的连接方式，附加限流晶体管和内置电流传感器结构。图中存储单元阵列的地线（垂直地线）是垂直的，每个地线由两个相邻的存储单元列共用；这些地线称为二次地线，每个二次地线通过保持在导通状态的 NMOS 晶体管连接到主地线上（水平地线）。

图中存储单元阵列的 V_{DD} 线也是垂直方向的，同样也称为二次 V_{DD} 线，每个线由两个相邻的存储单元列共用，且连接到主 V_{DD} 线上。

当存储单元的寄生晶体管中发生单粒子锁定时，与存储单元相连接的二次地线和二次 V_{DD} 线之间形成短路，从 V_{DD} 线流经二次地线的电流将对二次地线电容实施充电操作，由于限流晶体管的阻值要比单粒子锁定引起的 V_{DD} 和地线之间的"短路电阻"阻值大得多，所以充电电压将达到与 V_{DD} 相等的程度。

当单粒子锁定现象在二次 GND 线和二次 V_{DD} 线之间形成短路时，由于限流 NMOS 晶体管会限制一次地线和 V_{DD} 之间的最大电流，因此一次地线的电压不被影响。但在发生单粒子锁定的短时间内，流经二次 V_{DD} 和二次 GND 的电

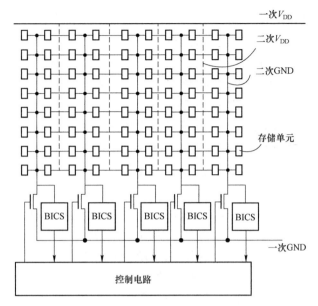

图 6-29 限流晶体管的分布结构

流将超过流经限流晶体管的电流,这样,一次 V_{DD} 线相对于二次 GND 线来说,其扰动更加明显。消除这个扰动的最基本方法就是在每个二次 V_{DD} 线和一次 V_{DD} 线之间增加一个限流 PMOS 晶体管。但是,增加这个晶体管要格外小心谨慎,这是因为一次 V_{DD} 线的大小要能保证它能为二次 GND 线的电容充电提供必需的电流,且不能出现明显的压降。

通过在一次 V_{DD} 和 GND 线之间保持较小压降的方法,确保单粒子锁定仅能够影响相邻两个 V_{DD} 和 GND 线之间的存储单元状态。由于存储器的阵列通常是列复用的,属于同一个字的存储单元的物理位置分布却是相距较远,并不是处于相邻位置。例如,对于 1/16 列复用的存储阵列,同一个字的每两个存储单元间最小间距就是 16 个存储单元的距离。因此,两个相邻列的单元发生错误将会对每个存储字中的单个存储单元造成影响。同样地,即使是当单个粒子同时穿过多个存储单元时,必须将受影响的区域限制到相邻的几个存储单元,同样由于列复用的缘故,此时粒子撞击诱发的错误只影响每个存储字中的单个存储单元。这样,汉明码就能够纠正这些错误,使得系统能避免单粒子锁定带来的影响。

我们来看大电流对电路的损伤问题,当锁定激发后,其产生的流经晶体管的电流,将会对二次地线进行快速充电,充电电流值受到一定限制,大小由 V_{DD}/R_{on} 限定,其中 R_{on} 是限流晶体管处于导通状态时的电阻。我们知道,这个电流非常小,不会威胁器件的完整性。

对于单粒子锁定衰退的过程，需要分析两种可能的情形。首先可以考虑应用小宽度的限流晶体管的情况，根据电路特性，这些限流晶体管的导通电阻 R_{on} 要足够大，才能使得电流（V_{DD}/R_{on}）要比维持锁定所需的临界电流小。在这种情形下，二次地线开始充电之后，锁定电流就会降低到 V_{DD}/R_{on}，由于这个电流要比锁定临界电流小，使得锁定消除。但是，由电路特性可知，使用小宽度的晶体管或许不能将电流减小到比锁定临界电流还小的程度。另外一种情形下也会引起类似的问题，就是当使用限流晶体管时会影响数据存储性能。在这种情况下，不得不使用更大的限流晶体管，但这个方法不能消除单粒子锁定。

在这两种情形下，必须使用更复杂的单粒子锁定消除策略，如图 6-29 所示，图中的内置电流传感器（Built-in Current Sensor，BICS）监测每个二次地线的电流。当发生单粒子锁定时，由 BICS 监测相应二次地线上的电流，流经的大电流将 BICS 激活，控制电路就会切断相应的限流晶体管。然后，经过短时间的单粒子锁定消除过程后，控制电路又重新导通限流晶体管。在这整个时间段内，电路运行不受扰动，错误数据从受影响的存储列中读取，并由错误纠正码进行修正。

使用 BICS 方法可以检测和纠正 SEU，但是，在使用限流晶体管的情形下，BICS 会简单得多，因为单粒子锁定会驱使二次地线的电压升高到 V_{DD}。这样，BICS 就可以利用诸如反相器之类的简单电路进行替代。将反相器的输入端接到二次地线上，其输出信号用于单粒子锁定检测。在没有发生单粒子锁定时，反相器的输入为"0"，其输出为"1"，表明没有检测到错误。当发生单粒子锁定时，反相器的输入被置为"1"，其输出为"0"，表明检测到错误。需注意的是，由于 SEU 引起的瞬态电流非常小，因此需要仔细设计并利用 SPICE 进行仿真分析，以确保用于 SEU 检测的 BICS 电路能正常运行。

同样地，对于 BICS 方法中 SEU 错误的纠正，也可以利用奇偶校验码替代汉明码纠正单粒子锁定引起的错误。

还需要关注的是这种低成本单粒子锁定缓解方案对存储器性能的影响，从上述提出的缓解方案中可以看出，每个二次地线驱动两列存储单元，另外，在读取或者写入的操作期间，仅有一行存储单元被访问。实际上，流经二次地线的电流非常小，还会被两个存储单元分摊。这样，通过使用大于最小宽度数倍的限流晶体管将二次地线和一次地线相连接的方式，对存储器性能影响不严重。同时也注意到，在读取/写入操作过程中，驱动存储单元的初始电流很大部分是由二次地线的电容提供的，这又进一步减小了对存储性能的影响。这个特征已在使用内置电流传感器来监测和纠正 SEU 的研究中得到了验证。

低成本单粒子锁定缓解策略的另一个重要考虑方面是一些组件重复使用

的可能性。使用汉明码纠正 SEU 引起的错误时，会导致存储器设计规模较大。但是，另一个可能会是重复使用的组件是连接二次地线和一次地线的限流晶体管。在一些低功耗系统中，在存储器不被使用和存储的数据不必保存的空闲状态下，限流晶体管适合于消除亚阈值漏电流。在这种低功耗系统中，利用如图 6–29 所示的控制电路，可以切断系统处于空闲状态时的限流晶体管。通过这步操作，可将流经两列存储单元中数百个反相器的亚阈值电流限制在仅仅一个晶体管的亚阈值电流值。这个过程中也可以用高阈值的晶体管来进一步减小流经反相器的电流。这种晶体管运行速度慢，在快速系统中不被使用。但是在先前研究的过程中，都是需要提供非快速的开关特性，因为图 6–29 所示的限流晶体管在正常运行期间都是永久不变的。众所周知，利用晶体管为 GND 或者 V_{DD} 提供电源并将其电流限定在亚阈值范围是一种常见的方法，在低功耗系统中也是一种非常有效的设计技术。

对于低成本单粒子锁定策略的器件面积消耗成本，如果不考虑错误纠正码的面积消耗成本，剩余的电路结构由于每两列存储单元仅用了一个晶体管、一个简单传感器以及简单的控制电路，其面积消耗成本仅仅增加了一小部分。对于大多数平均尺寸大小的存储器来说，这个增加的面积不会超过存储器总面积的百分之几。另外，由于限流晶体管的存在，也能降低器件功耗。

6.3.2 电路板级的 SEL 防护设计

许多先进的商用 CMOS 和双极性电子器件和集成电路对重离子或者质子引起的单粒子效应很敏感，尤其是对单粒子锁定异常敏感，使得它们不适用于直接在卫星电子设备和系统中使用。我们知道，采用固有 SEL 免疫工艺制造集成电路的费用成本非常昂贵，而且技术实现上也存在一定困难，因此在航天电子系统设计中，加入针对单粒子锁定的保护和恢复电路已实现了广泛应用。

针对单粒子锁定，可以设计防护电路用于对锁定敏感器件的保护。一般来说，锁定防护电路应具有以下几个方面的功能：① 为器件提供限流作用；② 发生 SEL 时检测电流是否超过预定阈值；③ 电流超过阈值时，切断电源以保护电路；④ 电路断电并保持一段时间；⑤ 恢复重启器件的供电电源。对大多数单粒子锁定敏感器件来说，可以实现单粒子锁定防护和恢复电路（LPT）的设计及应用，在电路设计中，电流锁定保护阈值和电源断电持续时间由被测敏感器件的特性决定。防护和恢复电路或器件通过将单粒子锁定转换为可恢复事件的方式影响卫星电子系统，利用飞行任务的具体信息和轨道辐射数据，能计算得到可恢复事件率。可恢复事件数和事件率与飞行任务期间器件遭遇的辐射粒子通量、能量和种类有关。

在介绍锁定防护电路设计时，本节主要依据具体被防护电路来介绍设计与试验测试中涉及的具体过程及方法。试验测试表明，某器件（例如，模/数转换器 ADS7805）在低 LET 值情形下就对 SEL 很敏感，对该转换器可利用防护电路进行单粒子锁定防护。具体地说，ADS7805 集成电路的电流从模拟电源引脚和数字电源引脚流过，防护电路（这里称之为 LPT™ 电路）必须要能检测流入电源引脚的电流，当电流超过了锁定电流阈值时能切断供电电源。在器件的供电电源切断期间，电流由 LPT™ 电路唯一提供。经过一定的单粒子锁定消除时间间隔后，LPT™ 电路重新为器件供电，恢复正常工作。

图 6-30 给出了发生单粒子锁定时集成电路有防护电路和无防护电路情况下的电源电流变化的一般特征。从图中可以看出，集成电路在无防护电路情况下发生单粒子锁定后，器件电流持续增大，达到锁定电流保持值，而在有防护电路情况下发生单粒子锁定后，器件电流增大到一定值后，电源断电重新供电后，锁定消除，器件电流恢复正常。如图 6-30（b）所示，设计单粒子锁定防护电路（LPT™ 电路）时，主要的关键参数包括锁定电流阈值 $I_{\text{Threshold}}$、延迟时间 t_D 和恢复时间 t_{REC}。当电源电流超过阈值电流 $I_{\text{Threshold}}$ 时，激活 LPT™ 电路，在时间 t_D 内切断电源电流（与电源地断开），器件断电持续 t_{REC} 时间，随后恢复对集成电路供电。

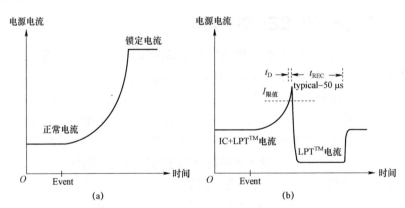

图 6-30　器件发生单粒子锁定时的电源电流变化
（a）未保护；（b）保护电路

如针对 ADS7805 器件，可以设计出两种防护电路用于单粒子锁定缓解。第一种防护电路是基于两个比较器和一个逻辑电平 P 沟道 MOSFET。一个比较器用于检测电流是否超过锁定电流阈值，当电源电流超过锁定电流阈值时，输出一个持续有限时间的控制脉冲。第二个比较器给系统提供一个状态输出以表明检测到锁定，此时切断 ADS7805 的供电电源。逻辑电平 P 沟道 MOSFET 用作

ADS7805 的电源开关。第二种防护电路是利用专用集成电路实现相关功能，如用线性技术（Linear Technologies）公司的自动复位电子电路断路器 LTC1153 和一个 N 沟道的 MOSFET 组成的电路。LTC1153 实现锁定阈值的检测、MOSFET 的栅极驱动，并为系统提供输出状态，而 N 沟道 MOSFET 用于实现对 ADS7805 的供电电源开关功能。在上述的两个 LPT™ 电路设计中，器件的模拟电源输入端和数字电源输入端通过一个低阻值的电流感应电阻连接在一起，由单一的电源提供输入电压。

由于器件的工作电流和锁定电流因器件而不同，因此在设计 LPT™ 电路之前要对这些器件进行相关试验测试，并对关键参数实现数值表征。

一般来说，在防护电路设计初期，应对被保护电路进行单粒子锁定分析与试验验证，或依据相关辐射效应数据库的试验结果进行设计分析。例如，就 ADS7805 器件而言，ADS7805 的模拟电源和数字电源都为 5 V 时，其典型工作电流是 16.3 mA，器件的最大工作电流是 20 mA。但是依据相关辐射效应数据库（例如，NASA JPL 辐射效应数据库）的试验结果，其 SEL 阈值低于 38 MeV·cm²/mg，这个阈值水平在空间环境下发生单粒子锁定的概率非常高，使得该器件不能直接在空间应用。

在防护电路设计过程中，可以利用实验室单粒子效应模拟源（见第 4 章介绍）进行初步的摸底性试验测试；例如，ADS7805 芯片的单粒子锁定可利用脉冲激光源诱发产生，可利用这个特性在辐射试验之前对 ADS7805 进行电学特性试验测试和单粒子锁定防护电路的调试。脉冲激光辐照试验中，设定 ADS7805 裸片的输入电流约为 650 mA，持续时间为 2 ms，然后利用脉冲激光照射 ADS7805 裸片触发单粒子锁定测量典型光电流峰值。激光诱发产生电流消失后，测得 ADS7805 的锁定电流为 110 mA。

在获得了防护设计电路设计时所需关键参数的初步数值以后，应完成单粒子锁定防护电路的重离子表征及验证试验，一般在重离子加速器上进行。例如，针对 ADS7805 器件，在两个加速器试验设备上测试获得了关键参数，并验证了 ADS7805 单粒子锁定防护电路的防护和恢复功能。试验测得锁定电流峰值 $I_{\text{Threshold}}$ 在 146～267 mA，器件断电恢复时间范围 t_{REC} 在 45 μs～2.5 ms。

下面再具体介绍一款 FPGA 电路的单粒子锁定防护分析与试验验证过程。在回旋加速器设备上，针对一款 FPGA 进行了单粒子锁定试验研究，表征了器件加入了单粒子锁定防护电路后的锁定电流特性。试验测试获得的单粒子锁定截面与重离子 LET 值的关系如图 6–31 所示。试验过程中观测到了瞬态电流的明显变化。典型锁定电流在 300～800 mA 范围内，但是有些重离子试验中电流增大到 3.5 A，而在另一些重离子试验中电流仅增大 50 mA。

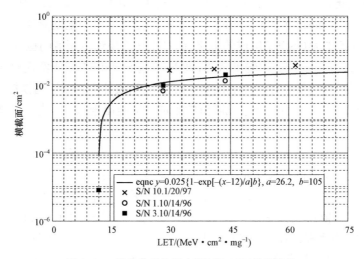

图 6-31　器件单粒子锁定截面随 LET 值的变化

在锁定防护电路设计完成后，应对电路功能极其可靠性进行测试验证，如 ADS7805 的防护电路，可以利用铷源设备验证两种单粒子锁定防护电路的功能实现情况。另外，也有必要对保护电路中的关键器件进行性能分析，如对两个不同的比较器也进行了试验，试验观测到其中一个比较器呈现出更快的速度和更高的功耗，而另一个比较器却呈现出较慢的速度和较低的功耗。测试电路由单粒子锁定防护电路 LPT™、去盖的 ADS7805 和 16 位数/模转换电路组成，其中数/模转换电路实现 ADS7805 并行输出数据的综合检测。状态信号用来触发示波器捕捉供电电流变化和比较器的变化。在整个试验过程中，给 ADS7805 输入一个完整的正弦函数信号，用数字万用表（DMM）连续监测比较器的输出信号。

利用铷源进行试验的结果如表 6-8 所示。铷源产生的碎片的 LET 值约为 42 MeV·cm²/mg。试验证明了两种单粒子锁定防护和恢复电路的功能、延迟时间和恢复时间等。

但在试验中发现，在一种试验条件下单粒子锁定恢复电路没有起作用，这是由于对 ADS7805 数字输入引脚的电压和电流进行了限制。从表 6-8 可以看出，在串联电阻为 91 Ω 时，电路没有恢复，此时 CS、R/C 和 BYTE 信号都是 +5 V。当串联电阻增大到 511 Ω 时才发生锁定恢复。这个试验结果表明不仅要移除供电电源，而且也要仔细考虑被测器件的输入信号以保证输入端的驱动电压不遭受锁定影响。

表 6-8　防护电路效果的验证测试结果

器件	运行状态	串联电阻 R_s/Ω	$t_D/\mu s$	锁定电流/mA	是否恢复	t_{REC}/ms	LET/($MeV \cdot cm^2 \cdot mg^{-1}$)
LTC1153	正常	132	19	159~133	是	2.5	42
慢速比较器	正常	113	15	159~133	是	2.5	42
慢速比较器	所有输入高电平	91	15	159~133	否	2.5	42
慢速比较器	所有输入高电平	1 000	15	159~133	是	2.5	42
快速比较器	所有输入高电平	511	1.5	159~133	是	2.5	42
快速比较器	正常	511	1.5	159~133	是	2.5	42
快速比较器	正常	511	1.5	159~133	是	0.045	42

在回旋加速器上的试验测试进一步验证了基于 LTC1153 的单粒子锁定防护及恢复电路的功能，可实时观测 ADS7805 的单粒子锁定响应变化。试验结果如表 6-9 所示。

表 6-9　防护电路效果的验证测试结果

保护器件	运行状态	串联电阻 $R_s/k\Omega$	$t_D/\mu s$	锁定电流/mA	是否恢复	t_{REC}/ms	LET/($MeV \cdot cm^2 \cdot mg^{-1}$)
LTC1153	正常	1	19	无	n/a	2.5	7
LTC1153	正常	1	19	无	n/a	2.5	9.9
LTC1153	正常	1	19	267	是	2.5	14
LTC1153	正常	1	19	146~267	是	2.5	40
LTC1153	正常	1	19	146~267	是	2.5	56.6
LTC1153	正常	1	19	146~267	是	2.5	80

从表 6-9 所示的试验结果可以看出，在离子 LET 值为 14~80 MeV·cm²/mg 的范围内，都观测到了 ADS7805 的单粒子锁定现象，并且单粒子锁定防护和恢复电路都起到了防护作用。另外，试验确定 ADS7805 的 SEL 阈值在 9.9~14 MeV·cm²/mg。

图 6-32 给出了发生单粒子锁定时防护和恢复电路的响应变化，图中 a 线显示锁定电流。试验中锁定电流循环出现断开和打开，电流尖峰对应 ADS7805 电源引脚连接的去耦电容的充电过程。图中 b 线显示了单粒子锁定防护及恢复电路对 ADS7805 输出端的影响，在发生锁定 70 μs 后被测器件恢复功能。整个试验过程中没有发生破坏性的功能失效现象，这说明针对 ADS7805 的锁定保护

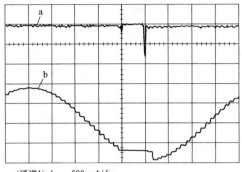

a(通道1): I_{MON}=500 mA/div
b(通道2): V_{OUT}; 5 V/div

图 6-32 被保护器件的单粒子锁定响应特征

电路实现了其功能,并能在重离子照射环境下正常工作。

实际上,这种锁定防护设计方法的适用性和有效性不仅经过了地面模拟试验验证,也经过了航天器的飞行验证。例如,NASA 针对火星探测任务目标实现中,在有效载荷小型侦察成像光谱仪上使用了一个关键集成电路——12 位双数/模转换电路 AD5326,该器件在任务周期的一段时间内(18 个月),总共发生了 5 次单粒子锁定事件,但系统仍正常工作。在进行锁定电路设计中,针对转换电路 AD5326 进行了地面加速器模拟试验测试,通过测试结果分析及预测,在其任务环境中每 70 天大约发生一次锁定事件,或在 18 个月内将会发生 7～8 次单粒子锁定事件。

上面部分主要结合具体电路,介绍了锁定防护电路设计的基本要求和关键参数,以及设计过程涉及的参数获取测试方法和验证要求。最后,介绍单粒子锁定防护及防护电路设计时需要考虑的重点问题。单粒子锁定防护设计中需要重点考虑的事项有:

(1)为了保证锁定防护电路正常工作,被测器件输入端的电流和电压需要一定限制,因此单独的循环供电不足以使器件恢复其锁定状态。

(2)对于每一个被测器件,在重离子辐照下都需合理设置 SEL 电流检测阈值,以正确评估器件的重离子辐照响应以及锁定防护和恢复电路的响应特性。

(3)当器件存在"微锁定"现象时,防护电路设计变得更加复杂且困难。如果微锁定电流接近器件的正常工作电流,则防护和恢复电路就无法消除单粒子微锁定。如果被测器件对微锁定很敏感,就必须利用试验测试,详细表征器件的微锁定电流。

(4)在锁定防护电路设计中,应当注意电离总剂量对防护电路本身的影响问题。例如,针对 ADS7805 的防护电路,在单粒子效应试验中,发现 LPT™ 器件对电离总剂量效应敏感。电离总剂量效应(TID)会导致总剂量水平低的器件出现供电电流增大的现象,因此锁定电流的检测阈值必须设定,且必须考虑 TID 引起的供电电流增加问题。

另外,需要注意的是,锁定的防护设计措施也是与航天器任务的需求密切相关的。我们知道,锁定防护的目标是允许系统在锁定事件发生后能够正常运行。在实现特定电子器件和集成电路的锁定防护措施时，设计者们应该能够了解并明确几个主要问题，第一，在航天器任务期间，单粒子锁定事件发生的概率是多少？第二，如果器件发生了锁定，对系统有影响吗？影响程度如何？第三，系统的功能是否可以与一些附加电路一起使用，以避免锁定发生或产生影响？第四，器件的详细特性是什么？

如果锁定的发生是可能的，但在任务期间发生的可能性不大，那么使用系统中已经设计的冗余来实现缓解也是可行和合适的。如果任务期内，在关键电子设备中可能频繁发生单粒子锁定事件，那么防护设计就应该考虑更全面的方案，如本节所述的方案设计，包括对器件和集成电路可能损坏的完全保护，发生锁定事件后的自主恢复，以及恢复正常的系统运行等。一般来说，在实际的工程设计中，针对单粒子锁定防护设计的解决方案常常处于上述两种极端情况之间。

总之，利用上述的锁定防护电路设计方法，可以实现电子器件和集成电路已处于封装状态下的单粒子锁定防护，也就是说，可以在电路板级下实现对敏感器件的单粒子锁定防护。

|6.4　SEB 和 SEGR 减缓设计|

在开展单粒子烧毁和栅击穿（SEB 和 SEGR）的减缓设计时，不论是选择器件，还是进一步的降额设计，一般情况下都需要对电子器件和集成电路的 SEB 和 SEGR 的敏感性进行测试及评估试验。在 SEB 和 SEGR 的地面试验测试中，为了工程设计的方便性和实用性，有时也采用单能量的离子束辐照电子器件（例如功率 MOSFET 器件）来评估功率器件的 SEB 和 SEGR 敏感性，以确定发生 SEB 和 SEGR 的临界偏置条件；但选择单能离子束的参数时，最好以预期飞行轨道环境的最准确匹配为原则。如第 4 章所述，在美国国防部测试方法标准 MIL–STD–750："半导体器件的测试方法"，方法 1080 中可以查找到用于 SEB 和 SEGR 的测试器件所需的试验程序。该测试方法标准提供了主要的测试要求，例如用于测量栅极电流（I_g）的最低分辨率，芯片上的平均束流均匀度，测试仪器和电路，以及实际测试过程，要收集的试验数据和最终测试报告的内容等。因此，依据标准可促进测试方法的一致性并确保数据的可重复性，可为实现 SEB 和 SEGR 减缓设计提供标准依据。

实际上，针对航天器电子设备中功率器件的 SEB 和 SEGR 的减缓设计，一般情况下有三个主要途径可以实现，首先是采用具有耐 SEB 和 SEGR 的功率器件，或者说满足工程设计对 SEB 和 SEGR 的不敏感性要求的功率器件；其次是在电路设计上采用一定方法降低或防护 SEB 和 SEGR 带来的风险和威胁，如采用限流电阻保护器件，或使功率器件工作在低电压状态（降额使用）；降低 SEB 和 SEGR 发生的敏感程度；最后是对器件或子系统进行备份和冗余，以提高电子系统抗 SEB 和 SEGR 带来风险的能力。在本节主要讨论降额设计（功率 MOSFET 工作在低电压状态）的一般要求和具体方法问题。

6.4.1　降额设计的一般要求

从第 4 章相关章节讨论可知，在电路设计中，通过降低功率器件形成单粒子烧毁和栅击穿响应的偏置电压，可以减轻在轨飞行时的单粒子效应（SEB 和 SEGR）敏感性。我们知道，在电子学电路设计中，所谓降额使用，就是在正常运行限制条件下运行器件以增加其预期工作寿命。如对功率 MOSFET 器件，可在规定的最大 V_{GS} 和 V_{DS} 额定值以下进行加电工作，可增加其预期工作寿命。大量的试验测试表明，在具有给定 LET 值或以下的重离子照射的情况下，利用获取的 SEE 响应曲线，通常会演绎出无 SEB 或 SEGR 现象出现的器件且处于关闭状态的最大偏压，从而为实现 SEB 或 SEGR 减缓设计提供数据。实际设计过程中，有时为了降低功率器件在轨 SEB 或 SEGR 的敏感性，需要进一步降低这些处于关闭状态偏压的额定值，以提供安全余量。该安全余量表征了器件对轨道上更多的高能离子的响应之间的部分可变性和不确定性，在低于 SEB 或 SEGR 产生阈值的离子撞击下，给出的余量限制了该情况下导致的器件电应力。大部分功率 MOSFET 器件的 V_{GS} 和 V_{DS} 的一般电设计降额系数可以在相关技术文献中查阅到，例如美国 NASA 技术文献"EEE 零件选择，筛选，鉴定和降额说明"等。这些降额因子的设置旨在限制器件应用于正常运行极限，以减少电应力和热应力，从而降低器件的退化速度。实际上，在辐射防护设计中，设计师可以将这些相同的降额因数应用于利用试验获得的功率 MOSFET 的 SEB 或 SEGR 响应曲线评估上，因此，电路设计工程师可以接受的 V_{DS} 最大幅度是发生 SEB 或 SEGR 之前最后通过的 V_{DS} 的 0.75 倍。在降额设计方面，有关设计单位（例如 NASA 戈达德空间飞行中心）的惯例是将处于关闭状态的 V_{GS} 限制在标称零伏关闭偏置的二极管压降之内。其他类似器件可能会允许"硬关断"条件，从而允许更高幅度的关断状态 V_{GS} 允许更快的器件关断，或者在商用功率 MOSFET 中考虑器件在任务期间累积电离剂量时的栅极阈值电压偏移。显然，这种缓解策略可能会严重限制功率 MOSFET 的电压开关功能的有效应用。

降额设计也具有一定的局限性。在单粒子效应试验评估中，一旦使用适当射程的离子为特定表面入射测试的要求，定义了单粒子效应响应曲线，就可以按照第 4 章所述，对最后通过的漏源电压施加降额系数。如果功率 MOSFET 的最大静态和瞬态 V_{DS} 胶合电压不超过该降额的偏置指标，则适合该电路应用。可以将最大截止状态 V_{GS} 限制在标称零伏截止状态偏置附近。

　　实际上，针对诸如功率 MOSFET 器件的 SEB 或 SEGR 的降额设计过程，是基于对其在整个航天器任务寿命内对实际空间辐射环境的响应的有限了解而开展的。例如，针对 V_{DS} 的降额因子是为了解决非辐射引起的可靠性问题而给出的；使用这种降额系数的理由是，在离子撞击期间，器件栅极下方的电荷累积会将有效 V_{DS} 提升到一定的电应力水平。另外，在重离子撞击时，栅极氧化物电场随 V_{GS} 的变化也是未知的，因此，在降额设计时，关闭态 V_{GS} 范围通常要受到严格限制。值得指出的是，不正确的降额程序会导致过度的任务成本，要么是由于降额不足导致的意外风险，要么是由于降额过度导致了性能降低和设计成本增高。我们知道，总电离剂量效应会改变栅极阈值电压并降低功率 MOSFET 的漏源击穿电压；另外，导致位移损伤的非电离剂量也将造成硅中的电荷迁移速度降低。通过降低器件单粒子效应响应曲线偏置而产生的设计裕度，也可以缓冲因部件间变化而导致的重离子撞击所引起的额外电应力。但这种降额设计没有考虑整个航天器任务寿命期内接收到的累积剂量与 SEB 或 SEGR 敏感性之间的潜在协和作用过程。在这一方面，人们初步研究调查了这种潜在的协和作用，相关试验结果有限，并且对所涉及的机制也缺乏有效洞悉。

　　图 6-33 为利用功率 MOSFET 器件获得的一组典型试验测试数据，图中给出了器件典型的安全工作区（SOA）。在针对 SEB 或 SEGR 的降额设计中，最常见形式是为指定离子指定工作电压。在图中，对于每种离子类型和 LET 值，都显示了一条响应曲线，虚线表示采用降额系数为 75% 的安全工作区域（SOA）。这意味着器件在空间飞行时，应在图 6-33 中的降额曲线以下的电压下使用。应当指出，这样的减缓设计方法也有一些缺点，首先是它们在合规级别上设置了任意级别的 LET 值，在大多数情况下，选择 LET 限为包括离子拐点以下的所有离子（请参见相关轨道积分 LET 谱图）。针对几种典型轨道辐射环境的计算分析，通常建议离子 LET 值选择范围为 30～40 MeV·cm²/mg。但从第 1 章给出的重离子环境数据可知，较高 LET 值的离子通量率通常会低得多，如果航天器任务周期非常短，这种设计选择可能就过于保守。此外，此降额方法还假设所有 SEGR/SEB 现象在所有功率器件上都是一致的，但实际上，诸如 Selva03、Mulford02、Boden06 或 Coss98 之类的任何器件的测试数据都表明，SEGR/SEB 特性在器件额定电压、制造商、批次等之间都会变化很大。最后，在非常高的

LET 值的重离子照射下，观察到许多非常奇特的和非线性的 SEE 现象，因此，威胁到任务的任何事件都应针对这些现象而降低。例如，高 LET 值时可能存在"微烧毁"的可能性增大，如果是航天器任务周期性更长的任务则面临更大的风险。

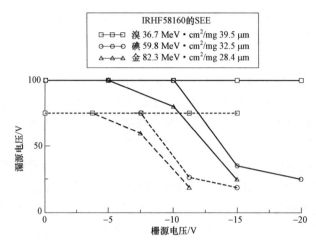

图 6-33　功率 MOSFET 典型安全工作区
（虚线代表了 75% 的降额）

　　尽管 SEGR/SEB 特性主要取决于器件施加的偏压，但也应降低器件所有参数大小以消除相关损害影响的威胁（请参阅第 4 章 4.5 与 4.6 节）。在晶体管级上来说，典型降额是通过将应力参数乘以适当的降额因数来实现的，如表 6-10 所示。请注意，对于已知的测试数据，应将降额系数计入最大存活值。例如，

表 6-10　晶体管应力参数降额系数

参数	降额系数
功率	0.6
电流	0.75
电压	0.75
结温度	0.8
电压转换	0.8
电流转换	0.8

如果漏源额定电压为 100 V 的器件在 V_{DS}=80 V 时表现出 SEGR，则经降额考虑后选择的最终工作电压为 80 V 的 75% 或 60 V。表 6-10 中的许多参数取决于器件将在其中运行的电气和热环境。因此，也应该知道器件或集成电路在飞行应用电路中的使用条件和使用环境，以便实现安全的降额设计。

在表 6-10 中，器件的电流和电压是每个参数相对于时间的变化，会给器件造成压力。建议降低这些参数，因为迅速的电和热应力会加剧 SEE 效应造成的损害。表 6-11 列出了许多经过太空飞行测试的器件以及 SEGR 降额设计采用的晶体管电压数值建议。当然，该表不能用于任务保证设计，因为仅器件之间的变化就不能提供全面的降额清单。相反，在选择器件时，此表旨在粗略估计降额系数，从这些数据还可以看出，由于变化幅度很大，因此无法将降额方法统一应用于所有 SEGR 降额防护设计中。

表 6-11　SEGR 降额设计采用的晶体管电压参数　　　　　V

器件	额定电压	V_{DS}（SEGR）（V_{GS}=0 V）	最大 V_{DS}（衰减75%）	器件	额定电压	V_{DS}（SEGR）（V_{GS}=0 V）	最大 V_{DS}（衰减75%）
2n7299	100	70	52.5	FSF254R	250	250	187.5
FRM140	100	60	45	IRH254	250	225	168.75
INRM58160	100	100	75	IRH7264SE	250	250	187.51
IRF110	100	50	37.5	IXTM35N30	300	67	50.25
IRF120	100	80	60	2N7391SE	400	400	300
IRF130	100	60	45	FLR430	400	72.5	54.375
IRF140	100	50	37.5	IRF310	400	250	187.5
IRF150	100	75	56.25	IRF330	400	200	150
IRFF130	100	82	61.5	IRF340	400	240	180
IRHF7110	100	100	75	IRF350	400	200	150
IRHF7130	100	100	75	IRHM7360	400	125	93.75
IRHF7150	100	60	45	EN469	500	300	225
2n6784	200	100	75	FRM450	500	175	131.25
2n7262	200	155	116.25	IRF430	500	320	240
FRK250	200	80	60	IRF440	500	246	184.5
FRL230D1	200	90	67.5	IRH7450SE	500	500	375
FRM240	200	60	45	IRH8450	500	150	112.5
IR7250	200	125	93.75	TA17466RH	500	500	375
IRF240	200	120	90	IRHY7343	500	575	431.25
IRFF230	200	120	90	APT1004RCN	1 000	475	356.25

续表

器件	额定电压	V_{DS}（SEGR）（V_{GS}=0 V）	最大 V_{DS}（衰减75%）	器件	额定电压	V_{DS}（SEGR）（V_{GS}=0 V）	最大 V_{DS}（衰减75%）
IRFM250	200	130	97.5	APT10088HV	1 000	450	337.5
IRH7250	200	200	150	IRFMG40	1 000	450	337.5
IRHF3250	200	100	75	IRHY7G30C	1 000	800	600
FRK264R	250	75	56.25	RFP4N100	1 000	575	431.25

6.4.2 结合具体应用的降额设计

如上所述，器件在电路中的应用状态将显著影响器件的 SEB 和 SEGR 敏感性。SEB 和 SEGR 在航天器所处轨道发生的可能性直接取决于任务的时间和环境。针对器件在电子设备或电路中的具体应用，SEB 和 SEGR 的降额设计过程就是明确器件应用可接受的风险，并确定与该风险相对应的器件降额系数。这种设计方法避免了采用在工程上受限制的严格设计方法，因为这样一来，主要由针对器件的测试计划和空间应用状态设计来确定主要风险源和其他因素，这些因素也将导致特定任务应用的风险。从结合具体应用的降额设计方法可以看出，对于任何给定的一组要求，最佳设计都是可能实现的。在具体设计中，由于一些要求受到一定限制，因此在降额和辐射容忍度之间做出权衡决定了降额设计需求。同样，这种方法还必须要求分析飞行设计，以确定动态和稳态应用中每个器件具体的部件应力（电压、电流、功率、温度等）。器件应力将根据程序降额标准编制索引，设计中可参考相关标准。如果计划降额标准提供的信息不足，或者认为数据不适用，则必须增加试验测试计划费用。简而言之，具体设计方法需要基于确定任务应用的最大可承受风险，并定制测试和设计以反映该风险。

图 6-34 给出了一个结合具体应用开展降额设计的过程。从图中可以看出，计算分析主要包括失效风险故障率计算的输入模块以及故障概率计算过程。关于此计算模块的最重要要求是，每个模块输入必须具有最小的不确定性，该不确定性将通过故障概率计算体现，并最终限制任何降额系数选择的风险评估精度。首先，环境计算是输入，一般来说，设计人员或器件测试人员无论执行任何

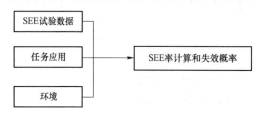

图 6-34 功率 MOSFET 器件失效风险概率计算过程示意图

操作，需要专业计算来支撑。我们知道，无论任务在太阳系中的哪个位置以及在太阳周期内何时运行，任务所遇到的重离子通量的不确定性都可能会在数量级上变化，这种不确定性将导致器件故障率的不确定性。从 6.1 节的讨论可知，最佳预测数值和最坏情况发生率计算之间的差异至少是一个数量级，这主要是由于环境的不确定性所致。

降额设计涉及的"任务应用"（见图 6-34 所示）输入通常具有最小的不确定性。例如，经常使用功率 MOSFET 的电感性负载电源将改变器件可承受的最大 V_{DS} 以支持更高的负载，所以必须知道任务所需的负载范围，才能将准确的输入数据纳入故障率计算中。这种影响转化为实际电路和任务操作参数的不确定性，这些不确定性将传播到故障率（或失效率）计算中。通常，测试人员无法轻易获得可能使器件承受过大压力的紧急情况，因此可能需要仔细评估风险与应用之间的关系。即使测试人员做出一切保证消除测试数据中的不确定性，SEE 测试数据也将仅由于部件之间的差异而具有最小的不确定性。

下面是应用特定降额设计的一个例子。如果要求器件在 5 年的任务中具有 95% 的成功率，则设计必须使得最终的失效概率小于 5%。设计中可以选择 1% 的故障，以解决上述环境的不确定性。相关的信息可用于确定所需风险的最大容许率，该速率是考虑到可靠性计算的输出，因此确定将导致所需速率的具体器件条件的逆过程并不精确，输入也不唯一。也就是说，功率 MOSFET 器件不同的工作条件和测试数据可能会导致相同的故障率。最直接的方法是通过反复试验，这就意味着其空间飞行时的失效率是从可接受的工作条件的测试集中计算得出。如果计算得出的失效率是可以容忍的，则可以接受或改进工作条件。当然，测试数据必须与器件工作条件相关。同样，可以计算出具有 95% 的概率，穿过敏感区域的最高重离子 LET 数值。因此，测试应采用与任务应用相同的环境 LET 级别，在具体电路配置上进行试验评估来获取数据。在确定功率 MOSFET 器件发生 SEB 和 SEGR 阈值电压时，可以通过增加被测器件的样本数目以提高精度，从而降低任务风险，进一步减少设计裕度。在将测试数据映射到应用风险时，采用精确的应用电路进行测试，也可以进一步降低设计裕度。

但是，应该指出的是，SEE 测试数据、任务应用、辐射环境和故障率之间存在着相互依存关系，因此应仔细计划任务应用的工程设计。同样要注意，针对特定应用程序的测试，消除了将数据用于许多其他应用程序的风险，而为降低风险进行的此类试验测试要求，将招致人力和预算成本增大。但是，对包含辐射影响的任务设计采用这种折中降额设计为航天器工程设计所常常采用，是

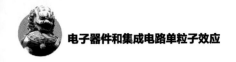

一种针对辐射影响的典型设计方法。简而言之，这种降额方法可以免除其他方法所产生的大部分多余设计余量，但需求则更多，费用昂贵（时间和金钱都多），也需要采用严格的设计方法。

|6.5 SET 减缓设计|

单粒子瞬态脉冲在传播过程中，可以跨越一系列的逻辑电路，在一定的条件下，最后可能到达某一存储单元电路。如果诱发的脉冲正好在存储单元电路的锁存窗口期间到达，那么可能导致不正确的数据被存储，从而导致软错误发生，即发生单粒子扰动性翻转。SET 的具体电路响应很难评估，至今为止，针对单粒子效应现象开展测试的大部分传统器件都对 SET 不太敏感。此外，与系统的时钟频率相比，离子诱发产生的瞬态脉冲宽度比较窄，所以一般传统数字逻辑电路对 SET 不敏感。通常，如果电路单元栅极输出上激发的一个瞬态脉冲碰巧遇到采样过程，那么 SET 将以可以观察到的方式在电路中传播，这样一来，作为一个试验测试的结果，逻辑电路中的 SET 灵敏度表现出与工作频率及辐射条件等相关。在 21 世纪初，由于设计用于空间电子系统的数字电路运行速度相对来说适中，所以 SET 的减缓设计没有变为主要关注的方面。但近十年来，由于新型集成电路及纳米器件的空间应用，对 SET 的减缓设计技术需求变得迫切，研究十分活跃；如针对应用于新一代 FPGA 中的电源功率调制电路的高精度要求，进行了模拟电路（调制器）SET 试验测试，测试结果表明 SET 会影响核心电源电压的输出精度，导致设计中建议采用相关分离模拟器件替代集成器件。通过对数字电路和模拟电路的大量 SET 测试试验和相关分析总结，人们得出 SET 减缓设计的一般原则主要有三个方面：首先，在器件工艺制造和单元结构设计中，实现对 SET 电荷的耗散作用及过程，如采用较强的驱动能力和较高的容性载荷设计；其次，在一个具体功能电路上实现 SET 脉冲的过滤能力，如采用"双数据流"设计以实现互补逻辑电平的传播，在比较器中使用"自动归零"技术等；最后，在部件及电路板级上实现时间和空间冗余，如采用三个斜交时钟与 TMR 触发器相连的实时表决方式，"结网"三倍量设计方法（如时钟、复位）等。

6.5.1 SET 信号屏蔽

在 SET 传播过程的减缓设计中，可以采用对 SET 脉冲的屏蔽设计方式，如具体针对逻辑电路或寄存器单元，可以应用信号屏蔽的方法有效降低 SET 的输入在寄存器单元输出形成单粒子翻转（SEU）。

（一）电信号屏蔽

这种屏蔽效应是利用逻辑门电路的电滤波能力而实现的，如果单粒子瞬态脉冲没有足够的幅度和宽度，它将在后续门电路的传播中发生衰减。

电信号屏蔽实际是两种电效应的组合作用方式，当脉冲通过逻辑门电路时，这种电效应可以降低脉冲幅度。一种效应就是由晶体管开关时间引起的电路延迟使得脉冲的上升和下降时间增大；另一种是电路中短脉冲的幅值可能会降低，这是因为输出脉冲到达最大幅度值之前，栅电路可能会关闭。这两种电效应的综合作用可能导致脉冲持续时间缩短，使其传播过程中不易造成软错误。这种效应对门电路来说是一种级联过程，从一个门电路级联到下一个门电路；由于在每个门电路处斜率减小，因而脉冲幅度降低。在描述这种电屏蔽效应时，可以采用两种模型构造成一种模型来分析这种电屏蔽效应对单粒子瞬态脉冲的减缓作用。在确定输出脉冲的上升沿和下降沿时间模型时，可以采用 Horowitz 模型。在确定输出脉冲幅度和宽度衰减变化特性时，可以采用"逻辑延迟衰减效应"模型。

在 Horowitz 模型中，主要是基于输入脉冲的上升沿和下降沿时间，采用相关电路参数，计算出输出脉冲的上升沿和下降沿时间。如对 CMOS 电路而言，计算中包括电路模型参数、门电路开关电压等。在计算门电路开关电压时，可以利用迭代平分方法计算，计算中可以利用 SPICE 仿真软件计算得出的上升沿和下降沿时间作为参考，对迭代计算的开关电压进行校对。

在"逻辑延迟衰减效应"模型中，认为门电路从其先前的转换中切换过来之前，当一个输入进行转换时，将会发生延迟衰减过程。当发生这种情况时，在输入脉冲幅度达到峰值以前，门电路将会发生反向切换，从而造成了对输出脉冲幅值的衰减。在针对单粒子瞬态减缓设计分析中，Bellido Diaz 等人建议和提出了"逻辑延迟衰减效应"模型及其应用设计。在该模型中，就一个脉冲在门电路中传播时，提出了确定其幅度如何衰变的计算分析方法。该模型主要基于门电路的两个时间参数来确定输出脉冲幅值大小，一个时间参数就是输出转换和下一个输入转换之间的时间间隔，另一个时间参数是门电路完全开启所需的时间。

（二）逻辑信号屏蔽

在逻辑电路或寄存器单元中，如果逻辑输入未启用脉冲采用的逻辑路径，则将禁止脉冲在电路链中传播。因此，可以通过逻辑屏蔽来屏蔽 SET；逻辑屏蔽是另一种屏蔽效果，可抑制组合逻辑中的软错误，并且可能对 SER 产生明显影响。由于在电路分析模型中可以将每个逻辑门放置在通往锁存器的有效路径上，因此有时不考虑逻辑屏蔽的影响。在分析过程中，因为模型将需要考虑实际电路和相关的输入情况，因此合并"逻辑屏蔽"可能会大大增加模型的复杂性。Massengill 等人针对"逻辑屏蔽"开发了一种专用的 VHDL 仿真分析器，该仿真器可以"分析实际电路中的软故障并为逻辑屏蔽的效果建模"。他们发现逻辑屏蔽对 SER 的影响在很大程度上取决于电路输入。另外，存储单元中也可能出现类似于逻辑屏蔽的效果。例如，如果在存储失效数据的存储元件中发生了软错误（即不会再次使用的数据），则在某种意义上说它在逻辑上被屏蔽了。另一个例子是诸如分支预测器之类的存储器结构中的软错误，它可能导致性能降低，但不会产生错误的结果。

另外，也可以采用时阈信号屏蔽的方法，如在存储单元的输入端存在 SET 脉冲的时段中，应设置锁存时钟边缘，这样一来，如果在没有时钟边缘时，SET 脉冲可能会被屏蔽。

6.5.2　三模冗余设计

如前面所述，这种技术是空间冗余技术的一种形式。像针对单粒子翻转减缓设计的方法一样，在单粒子瞬态防护时，采用的三模冗余（TMR）设计技术中，被保护逻辑电路采用三个完全相同电路结构的备份方式，三个备份电路均产生相同的输出值，产生的单粒子瞬态可以通过电路表决方式进行过滤。图 6-35 给出了三模冗余设计方案结构原理示意图，从图中可以看出，在正常情况下，如果一个带电离子入射进入其中一个备份电路，将会产生一个不同的输出值，而只有在至少两个计算一致的情况下，表决电路才会产生一个有效的输出结果，而在三个输出中的非正常输出将会被消除掉，因而实现了备份电路由于其中一个产生单粒子瞬态而引起电路扰动。一般认为，带电粒子同时撞击

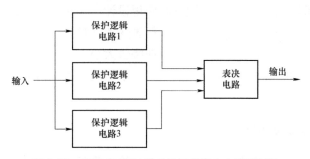

图 6-35　SET 和 SEU 防护的三模冗余方法示意图

到两个备份电路上的概率很小，可以对这种情况忽略不计。但在三模冗余设计中，仅使用相同的电路，并没有具体考虑需要减缓或滤掉的单粒子瞬态脉冲的幅值大小，这样电路设计也变得比较累赘和复杂化。另外，三模冗余设计由于三倍的资源增加而导致电路区域面积分布的大幅度增加（大于 200%）。

在三模冗余技术设计中，根据具体保护的逻辑电路结构进行设计，有些简单易实现，有些复杂不易实现。如 Actel 公司设计的一种三模冗余电路就易于实现，电路设计中，每一个触发电路都采用三个相同电路加一个表决器电路替换，共用一个时钟域电路，除此以外，没有其他的外部附加电路。而 Xilinx 公司设计的一种三模冗余电路（见图 6–36）就比较复杂，其主要有这些特点：首先，整个功能块都进行了三备份，而不是单个触发电路；其次，采用了三个表决器电路和三个时钟域电路；再次，取掉了一些电路设计，以结构单元作为设计的一部分；最后，需要附加外部电路，如至少需要设计一个看门狗电路。而最重要的一点是，这种复杂三模冗余电路如果没有进行配置清理，它就没有用处。

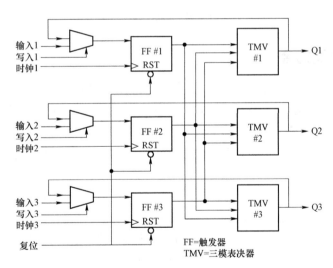

图 6–36　SET 和 SEU 防护的三模冗余方法示意图（Xilinx 型）

6.5.3　逻辑重复

该技术是空间冗余技术的另一种形式，其中要保护的逻辑被复制，然后应用于缓冲门以减轻 SET（见图 6–37）。缓冲门，也称为 C 元件，由两个串联的 PMOS 和两个 NMOS 晶体管分别作为上拉和下拉单元的网络组成。仅在两个输入相同时缓冲门才响应，因此消除了出现在输入之一上的瞬变。如果出现不必要的 SET 脉冲，输入将有所不同，上拉或下拉单元网络中的 PMOS 或 NMOS 晶体管之一将被关闭。这将导致缓冲门的输出浮动或保持在高阻抗状态。换句话说，缓冲门的输出将不会改变，而锁存器将保留其先前的数据。该电路可在每个锁存器输入端实现，以在捕获不想要的瞬变之前将其过滤掉。在电路基本单元结构设计中，采用逻辑复制方法时，面积开销将小于三模冗余技术。但是由于重复设计，所需面积仍然很高（＞100%）。

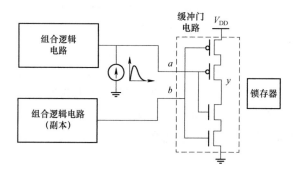

图 6-37　SEU 防护的双逻辑方法示意图

6.5.4　时阈冗余

与空间冗余技术不同，时间冗余技术将时间（而不是空间）中的数据信号分开，以便滤除 SET。时阈方法以不同的延迟对数据进行采样，并使用多数表决电路消除 SET。然而，由于计算所需的固有延迟，该方法在技术方面具有速度限制的局限。通常，可以使用二输入多路复用器（MUX）创建简单的锁存器，其输出反馈到其输入之一，而选择线则由时钟信号控制。但是，可以通过使用时间冗余来创建同一锁存的强化版本。图 6-38 所示的设计包括三个独立的数据路径，以及表决电路和连接在反馈环路中的二输入多路复用器。此处，第二和第三数据路径分别包含 Δt 和 $2\Delta t$ 的时间延迟，其中 Δt 设置为等于要消除的最大 SET 宽度的持续时间。当 SET 到达第一数据路径时，第二和第三路径的

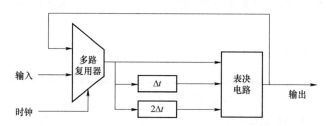

图 6-38　具有可变滤波延迟作用的实时采样锁存电路

输出仍然稳定。由于大部分采样反馈到 MUX，因此瞬态将被消除。在 Δt 秒之后，虽然 SET 瞬变在第二条数据路径的输出上可用，但由于第一和第三数据路径未更改，因此瞬态将再次由表决电路消除。这样一来，通过在三个不同的时间使用单个多路复用器，就可以消除单粒子瞬态脉冲的继续传播，而无须使用空间冗余方法中需要实现的大面积开销。

但是，该技术的缺点是需要等待 $2\Delta t$ 秒才能完成计算，从而降低了电路的工作频率。计算得出，对于选定 Δt 的大小为 100 ps 时，工作频率上限为 2.5 GHz。但是，从许多相关器件和集成电路的试验测试结果来看，SET 宽度通常可以大于 100 ps，这就限制了该技术的实用性。因此，对上述这种具体时间冗余设计来说，由于其计算所需的固有延迟，时间冗余限制了电路的运行速度。有鉴于此，研究工作者也提出了时间冗余设计的其他版本。在这种方案中，如图 6–39 所示，在 CL 输出和锁存输入之间只有两条数据路径。第一路径根本不延迟信号，而第二路径则将信号通过临界延迟的办法延迟。缓冲电路仅在两个输入相同时才起作用。因此，如果 SET 脉冲宽度小于临界数值，则对其进行滤波，否则将通过缓冲区门传播。但是，这种技术仍然会导致较大的延迟损失并降低工作频率。

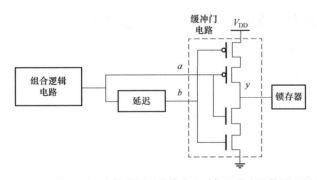

图 6–39　利用信号延迟和缓冲栅网结构实现时间冗余方法的原理示意图

6.5.5　驱动晶体管尺寸调整方法

在电路设计中，实现驱动电路关键晶体管几何尺寸大小的调整，是单粒子瞬态（SET）缓解方法中的常用技术之一。我们知道，增加门电路晶体管的尺寸大小，可以增加栅极的输出电容和晶体管驱动电流以降低器件对单粒子软错误的敏感性。晶体管输出电容的增加，可以提高其被撞击节点的临界电荷 Q_{crit} 大小，从而使节点荷电状态不易改变，可以有效对抗 SET 的干扰。另外，更大的晶体管驱动电流可以快速消散收集电荷，从而降低对带电离子电离过程的敏

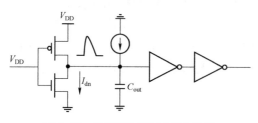

图 6-40　调整晶体管驱动能力实现
SET 减缓的方法示意图

感性。因此，这种设计方法从起始点上就对单粒子瞬态进行了抑止。考虑如图 6-40 所示的逻辑反相器链路结构，第一个反相器输入端的逻辑高电平值使其 PMOS 晶体管关闭，这时候，处于反向偏置的 PN 结容易受到入射离子的影响，而 NMOS 晶体管泻放的任何电荷都会沉积在输出电容上，从而导致第一个反相器对 SET 敏感性增加。采用驱动晶体管尺寸大小的调整方法，增加晶体管宽长比的比值，这样，在单粒子瞬态传播到下一个状态电路之前，形成单粒子瞬态的收集电荷就会快速耗散掉。对所有逻辑电路来说，采用驱动晶体管大小调整设计的方法将会带来很大的面积、功耗以及性能方面的代价。所以，在逻辑电路基本单元设计中，应该有选择地使用门电路晶体管大小调整的设计方法。在利用晶体管大小调整设计方法时，最大的挑战是在功耗、面积及性能预设等方面的综合考虑前提下，如何确定出关键门电路以实现对单粒子瞬态错误率降至最低。

6.5.6　动态阈值 MOS 逻辑阵列电路原理

我们知道，随着 VLSI 技术的进步，由于增加了电路频率和增加了芯片面积尺寸，芯片总功耗也不断增加。随着功能尺寸的缩小，设计人员有时会将整个系统置于芯片上（SOC），这会导致更大的芯片尺寸。由于功耗与电源电压的平方成正比，因此降低功耗的一种常用方法是降低电源电压。阈值电压也按比例缩小，以补偿由于电源减少而导致的性能损失。但是，阈值电压的降低受到可以安全容忍的失相漏电流的限制。因此，为了将电源电压的下限扩展到 0.6 V 及以下，提出了动态阈值电压 MOSFET（DTMOS）方案（Assaderaghi 等，1994）。与传统的 MOSFET 电路相比，该技术可提供超低电压的高速，低功耗工作，但除了功耗以外，系统可靠性却是一个重要的挑战。

在动态阈值 MOS 逻辑阵列电路中，所有晶体管的栅极与它们的衬底相连。其高速工作的原理是通过正向偏置开关晶体管来实现的，而较低的泄漏电流则是通过对其他晶体管的零偏置而获得。这里特别提出的是，这种逻辑阵列电路通过对体/源 PN 结的正偏置（至少不低于 0.6 V），强迫处于开状态晶体管的阈值电压降落。有关分析表明，阈值电压降落将会使逻辑电路的临界电荷增大，从而降低了单粒子瞬态敏感性，所以，可以利用动态阈值 MOS 逻辑阵列电路的这种低阈值效应来进行单粒子瞬态的减缓设计。

研究者已经提出了许多技术来减轻组合逻辑电路中的单粒子瞬态脉冲。这些技术可以减轻软错误，但会带来面积、功耗或成本方面的损失。除了 SET 加固外，还应考虑针对"软延迟"的加固设计，因为随着新技术的不断发展，软延迟效应影响正在变得明显增加。研究者已经提出了采用驱动程序调整大小的技术来减轻 SET 和软延迟效应的影响，但是它也引入了面积和功耗方面的代价（Gill 等，2004）。驱动器大小调整技术增加了节点电容和驱动器强度，从而降低了器件对软错误的敏感性（Zhou and Mohanram，2006）。更大的驱动能力可快速驱散节点上收集的电荷，从而降低器件对 SEE 的敏感性。

结果表明，DTMOS 配置的临界电荷值比正常的临界电荷值高约 50%。在减轻 SET 的过程中，研究工作者提出了一种基于标准 DTMOS 方案与驱动程序大小结合使用的强化技术。与单独调整驱动器尺寸相比，这种组合方法可节省大量面积。这在原理上是可能的，因为与传统的 DTMOS 门相比，标准的 DTMOS 门具有更高的 SET 健壮性。

与文献［9］中的传统驱动器尺寸确定技术相比，组合方法在 SET 缓解中节省了约 30% 的电路面积。但是，该技术需要对晶体管主体端子进行单独偏置。因此需要三阱 CMOS 或 SOI 技术。它还要求使用低于 0.6 V 的低电源。

在普通的 CMOS 反相器中，晶体管的衬底端子连接到固定电压。PMOS 和 NMOS 晶体管的基板分别连接到 V_{DD} 和地。但是，具有固定体电压的 MOSFET 在较低电压下的电流驱动能力有限（Hiramoto 和 Takamiya 2000）。在动态阈值电压 MOSFET（DTMOS）电路中，晶体管的基板连接其栅极，如图 6-41 中的标准 DTMOS 反相器电路所示。

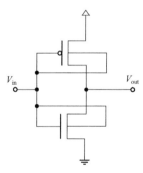

图 6-41 动态阈值 MOS 逻辑反相器电路原理示意图

从图 6-41 中可以看出，由于栅极与衬底的连接，体电位通过改变栅极电压而改变。它在逻辑转换期间提供低阈值电压，而在 MOSFET 截止状态期间提供高阈值电压。高速工作是通过对开关晶体管施加正向偏置来实现的，而低漏电流是通过施加零偏置来实现的。因此，DTMOS 电路以高速和低功率工作。已经提出了不同的电路来改进图 6-41 标准的 DTMOS 设计。图 6-42（a）～（d）显示了不同的基于动态阈值的电路，这些电路可以较好地用于缓解软错误和软延迟错误。图 6-42（a）是通过增加最小尺寸的辅助晶体管来减少待机泄漏电流的（Chung，Park and Min，1996）。这些最小尺寸的辅助晶体管有助于通过管理体偏置来增加电流驱动。由于使用输出电荷来增加主晶体管的体电位，因此减小了反相器电路的输入负载。另一种是使用小型辅助晶体管的技术（见图 6-42（b））（Gil，Je，Lee and Shin，1998）。在该方案中，主晶体管的衬底连接到源极，栅极（输入）连接到漏极，而漏极（输出）连接到辅助晶体管的栅极。与其他技术相比，该技术提供了最高的速度。图 6-42（c）给出了另一种设计技术，它类似于图 6-42（a）所示的技术。唯一的区别是辅助器件的栅极连接到主晶体管的漏极而不是栅极（Drake，Nowka and Brown，2003）。与标准 DTMOS 以及图 6-42（a）和 6-42（b）所示的技术相比，此技术在功率延迟乘积（PDP）方面效果最佳。图 6-42（d）所示的是不使用小型辅助晶体管的另一种设置（Soleimani，Sammak and Forouzandeh，2009）。

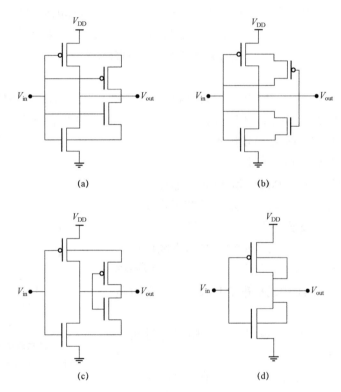

图 6-42 不同的基于动态阈值的电路原理设计图
（a）方法 1（Chung，et al，1996）；（b）方法 2（Gil，et al，1998）；
（c）方法 3（Drake，et al，2003）；（d）方法 4（Soleimani，et al，2009）

6.5.7 共源–共栅电压开关逻辑门电路

相关测试试验研究工作表明，共源–共栅电压开关逻辑门电路（CVSL）具有一定的抗单粒子瞬态扰动能力，即对单粒子瞬态扰动敏感性及引起系统故障的能力具有一定的减缓作用。一般来说，一个共源–共栅电压开关逻辑门电路包括具有存储能力的两个电路节点，一个是功能节点，另一个是辅助节点。在 CVSL 中，NMOS 晶体管连接到输入。构建两个互补的 NMOS 下拉网络，然后将其连接到一对交叉耦合的上拉 PMOS 晶体管。在图 6–43 中，右侧的 NMOS 下拉配置类似于传统 NAND 门中看到的配置，因此产生了 NAND 功能（f）。另一方面，两个并联的 NMOS 晶体管产生 AND 功能（f'），因为它被赋予了反相输入。输出节点通

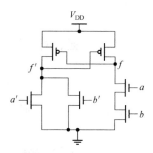

图 6–43　共源–共栅电压开关
逻辑门电路结构图

过 PMOS 晶体管连接在反馈回路中，与 CMOS 相似电路相比，对 SET 脉冲具有更高的免疫力。该反馈连接实际上增加了逻辑操作的稳定性。除非输入数量众多，否则 CVSL 门电路可能会导致延迟增加。这是由于以下事实：由于反馈连接，CVSL 门在某种程度上充当了两级逻辑门。Hatano（波多野）等人针对 4 级 CVSL XOR 链路的性能进行了试验测试，发现 CVSL 门电路的作用比其 CMOS 对应结构的慢 2.5 倍，另外，CVSL 门电路还需要输入变量的补充。

　　CVSL 逻辑门的基本前提是介于动态逻辑和静态逻辑之间。逻辑门的输入仅连接到 N 沟道器件，而 P 沟道器件以背对背的方式连接，如图 6–44 所示。每个门都具有彼此相反的双路输出。因此，信号信息存储在两个输出节点上，而不是像大多数逻辑系列一样存储在一个输出节点上。在图 6–44 中，标记为 S（与非函数）的节点及其倒数 S'（与函数）可用作输出节点。NAND 侧和 AND 侧的沟道配置与常规 NAND 和 NOR 配置相似；但是，NOR 侧的输入被反相以产生 AND 功能。逻辑门的两侧以反馈方式连接的状态增加了逻辑操作的稳定性。当输入施加到门时，N 沟道器件首先将节点 S 或 S' 拉至逻辑"0"，随后将对置节点拉至逻辑"1"。其中，下拉时间由 N 沟道器件决定，上拉时间由 P 沟道器件决定。

　　由于只有 N 沟道器件连接到输入，与静态相比，输入节点处的电容减小到了原来的 $\frac{1}{5} \sim \frac{1}{2}$，具体数值取决于 N 沟道器件驱动电流与 P 沟道器件驱动电流之比。由于电路的运行速度取决于这些电容器的充电和放电时间，因此电容的减小自然会导致每一侧的运行速度更快。但是，在另一侧，当两个输出均稳定时，逻辑门就会完全稳定下来，而两个输出的稳定需要一侧拉至逻辑"0"，然后另一侧拉至逻辑"1"。因此，反馈连接有效地使该逻辑门成为两级逻辑门。这些竞争过程将会降低输入栅极电容和增加级长度，从而有效地增加了两个输

入逻辑门的总延迟时间。由于 CVSL 门的作用就像两个门一样，因此与最小尺寸的两输入 CVSL NAND 门相关的延迟，将会增加到最小尺寸的传统 NAND 门的 2.1 倍。但是，对于较高的输入逻辑门，与静态逻辑相比，总延迟减小。这是由于以下事实：输入数量更多，仅一个 CVSL 逻辑门即可实现复杂功能，而使用两个输入与非门的传统设计将需要多级逻辑门。如果传统逻辑中使用的逻辑级别数大于两个，则使用 CVSL 逻辑门设计的复杂门将更快。实际上，使用 CVSL 门实现复杂功能时，其运行速度最高可提高 4 倍。还应注意的是，由于交叉耦合的 PMOS 晶体管以及从高到低的跃迁会启动整个逻辑评价过程的事实，从低到高的切换延迟将始终大于从高到低的切换延迟。但是，仍然可以通过适当调整 P 沟道器件的大小来改善这些过渡。

图 6-45 所示为共射–共基电压开关逻辑电路实现的设计原理示意图。

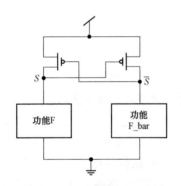

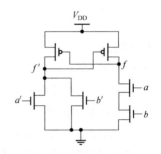

**图 6-44 共射–共基电压开关逻辑电路
设计一般原理示意图**

**图 6-45 共射–共基电压开关逻辑电路
实现的设计原理示意图**

与传统的静态逻辑门相比，由于 CVSL 逻辑门（为清楚起见，下面的讨论将使用两个输入逻辑门）每个逻辑门包含两个额外的晶体管，因此每个门的布局面积要求增加。但是，这些额外的设备处于 NOR 配置，并且是 N 沟道器件，导致最小的面积增加。对于这种布局，与传统逻辑门相比，每个门的面积仅增加了 8%。该数字仅用于两输入逻辑门。对于复杂功能，由于与多个静态逻辑门相比，仅使用一个 CVSL 门，因此面积损失实际上取决于每个 CVSL 逻辑门使用的输入数量。可以安全用于辐射环境约束电路的输入数量取决于 N 沟道器件的总剂量响应。对于复杂的门，输出节点与地面之间的 N 沟道器件数量将与输入数量成比例。每个闸门的 N 沟道器件数量较多时会导致总剂量性能不佳，结果，必须在 CVSL 逻辑电路的面积和总剂量易损性之间做出折中。

但是，由于双逻辑系统要求与两个 P 沟道晶体管和四个 N 沟道晶体管相关的电容器需进行充电和放电，因此 CVSL 系列的功率要求增加了。在传统的静态逻辑与非门中，假设扩散和互连电容的贡献不大，则两个 P 沟道晶体管和两个 N 沟道晶体管的栅极电容对总电容有很大贡献。对于 CVSL 栅极，增加的晶体管数量自然会导致每个逻辑门的电容增加。将 CMOS 集成电路（IC）的功率估计为 CV_f，每个栅极的电容器值的增加会成比例地增加功率要求，假设 N 沟道与 P 沟道电流驱动比为 3，则与静态逻辑门相比，CVSL 的栅极电容与另外两个 N 沟道器件有关的电容将增加 20%。这将导致功率需求的类似增加。

| 6.6　SEFI 减缓设计 |

从原则上讲，除了 EDAC 方法以外，所有适用于单粒子翻转防护的方法都可以应用在单粒子功能中断的减缓设计。因此，看起来针对 SEFI 的减缓设计应当是比较简单明了，但是具体实现起来也比较复杂。我们从 6.4 节知道，由于 SEFI 的响应通常是复杂电路的某些未识别部分被单粒子翻转诱发的结果，而且用户对造成功能中断响应的根本原因知之甚少，或者根本不了解。而且，从制造商处获得器件这一特别的信息几乎是不可能的。还有，对于复杂微处理器，SEFI 或 "挂起" 响应可以是随着电路即时操作而变化的函数。例如应用程序之间的交互过程、特定的计算及其流程和高速缓冲等，这些问题的难以确定和解决使得具体针对单粒子功能中断的减缓设计基本上不可能实现，而且现代电子系统和设备中经常采用的基于 SRAM 的可重构 FPGA 器件也可能会成为单粒子功能中断的牺牲品，如 SEFI 无意中对编程框架进行了重新配置。但对于标准集成电路来说，考虑一个系统级单粒子功能中断防护设计时，可以考虑一个诸如此类的看门狗计时器电路、使用频繁的关键电路配置位比较方法及刷新和其他外部电路设计方法等。但是，如前面所述，这些外部监控和控制电路必须具有总剂量抗辐射加固性能，而且也增加了系统开销。

| 参 考 文 献 |

[1] Holmes-Siedle A and Adams L. Handbook of Radiation Effects[M]. Oxford University Press, 2001.

[2] Messenger G C and Ash M S. The Effects of Radiation on Electronic Systems[M]. van Nostrand Reinhold, 1986.

[3] Messenger G C and Ash M S. Single Event Phenomena[M]. Chapman&Hall, 1997.

[4] Nicolaidis M. Soft Errors in Modern Electronic Systems[M]. Springer, 2011.

[5] Petersen E. Single Event Effects in Aerospace[M]. Wiley-IEEE Press, 2011.

[6] Alexander D R. Design Issues for Radiation Tolerant Microcircuits for Space [C]. in IEEE NSREC Short Course, Indian Wells, CA, 1996.

[7] LaBel K A and Gates M M. Single-event-effect Mitigation from a System Perspective[J]. IEEE Trans. Nucl. Sci., 1996, 43(2): 654–660.

[8] Verghese S, Wortman J J and Kerns S E. A Novel CMOS SRAM Feedback Element for SEU Environments[J]. IEEE Trans. Nucl. Sci., 1987, 34: 1641–1646.

[9] Rockett L R. An SEU Hardened CMOS Data Latch Design[J]. IEEE Trans. Nucl. Sci., 1988, 35: 1682–1687.

[10] Weaver H T, Corbett W T and Pimbley J M. Soft Error Protection Using Asymmetric Response Latches[J]. IEEE Trans. Electron Dev., 1991, 38: 1555–1557.

[11] Smith E C. Effects of Realistic Satellite Shielding on SEE Rates[J]. IEEE Trans. Nucl. Sci. 1994, 41(6): 2396–2399.

[12] Liu M N and Whitaker S. Low Power SEU Immune CMOS Memory Circuits[J]. IEEE Trans. Nucl. Sci., 1992, 39: 1679–1684.

[13] Velazco R, Bessot D, Duzellier S, et al. Two CMOS Memory Cells Suitable for the Design of SEU-tolerant VLSI Circuits[J]. IEEE Trans. Nucl. Sci., 1994, 41: 2229–2234.

[14] Calin T, Nicolaidis M and Velazco R. Upset Hardened Memory Design for Submicron CMOS Technology[J]. IEEE Trans. Nucl. Sci., 1996, 43: 2874–2878.

[15] Mavis D G and Eaton P H. Soft Error Rate Mitigation Techniques for Modern Microcircuits[C]. in Proc. Int. Reliability Phys. Symp., 2002: 216–225.

[16] Berger R W, Bayles D, Brown R, et al. The RAD750—A radiation Hardened PowerPC Processor for High Performance Spaceborne Applications[C]. in IEEE Proc. Aerospace Conf., 2001: 2263–2272.

[17] Nicolaidis M. A Low-cost Single-event Latchup Mitigation Scheme[C].

Proceedings of the 12th IEEE International On-Line Testing Symposium (IOLTS'06), 0–7695–2620–9/06, 2006.

[18] Layton P L, Czajkowski D R, Marshall L C, et al. Single Event Latchup Protection of Integrated Circuits[C]. IEEE, 1998: 327–331.

[19] Kuwahara T, Tomioka Y, Fukuda K, et al. Radiation Effect Mitigation Methods for Electronic Systems[C]. 2012 IEEE/SICE International Symposium on System Integration (SII), Kyushu University, Fukuoka, Japan, December 16–18, 2012.

[20] Balasubramanian A, Bhuva B L, Black J D. RHBD Techniques for Mitigating Effects of Single-event Hits Using Guard-gates[J]. IEEE Trans. Nucl. Sci., 2005, 52(6): 2531–2535.

[21] Hatano H. Single Event Effects on Static and Clocked Cascade Voltage Switch Logic (CVSL) Circuits[J]. IEEE Trans. Nucl. Sci., 2009, 56(4): 1987–1990.

[22] Sayil S and Patel N B. Soft Error and Soft Delay Mitigation Using Dynamic Threshold Technique[J]. IEEE Trans. Nucl. Sci., 2010, 57(6): 3553–3559.

[23] Oliveira R, Agirdar A and Chakraborty T. A TMR Scheme for SEU Mitigation in Scan Flip-flops[J]. in Proc. 8th Int. Symp. QED, 2007: 905–910.

[24] Hatano H. Single Event Effects on CVSL and CMOS Exclusive-OR (EX-OR) Circuits[C]. in Proc. RADECS, 2009.

[25] Minneapolis L D. System Mitigation Techniques for Single Event Effects[M]. IEEE, 2008.

第 7 章

单粒子翻转率计算

在航天器设计研制中，依据工程设计效费比的需求，需要对电子器件和集成电路的空间单粒子翻转率进行预示分析。我们知道，如果空间单粒子翻转率过高，则增加了电子器件和集成电路空间应用的失效风险，反之，则需要降低电子器件和集成电路单粒子效应的敏感性，从而提高航天器设计研制费用；这就需要对电子器件和集成电路的空间单粒子翻转率作出精确预示分析。在空间单粒子翻转率预示计算分析时，需要了解空间辐射环境特征及器件或集成电路对辐射环境响应方面的基本知识，这些基本知识已在前面几章作了详细介绍。本章主要结合单粒子翻转率计算模型和已广泛应用的相关软件包程序，介绍空间单粒子翻转率计算分析的基本过程和方法，重点介绍基于地面模拟试验测试数据的计算预示分析方法，同时，也介绍一些其他计算分析方法。

在 20 世纪 80 年代，在地面试验测试和理论分析研究工作基础上，Pickel 和 Blandford 等人开展了空间单粒子翻转率的计算分析研究，提出了重离子诱发空间单粒子翻转率计算的基本方法，即描述单粒子效应"敏感体积"的长方形平行管道（RPP）模型方法；他们基于提出的 RPP 模型方法，第一次开发出了名为"宇宙射线诱发错误率"（CRIER）的单粒子翻转率预示分析程序。随后，在一系列理论和试验研究工作成果的基础上，特别是随着对空间辐射环境的进一步认识，美国海军实验室的 Adams 及其合作者开发出了另一称为"微电子设备的宇宙射线效应"（CRÈME）的单粒子翻转率预示分析程序，并在 1985 年进行了修改完善，形成了 CRÈME86 版本。CRÈME 计算程序后来被广泛应用于航天工程项目的设计研制中，也被集成在其他相关应用软件包中。CRÈME 计算程序与 CRIER 计算程序基本功能一样，但 CRÈME 计算程序由于在环境计算分析方面更为详尽而被更广泛地使用。例如在计算银河宇宙射线地球轨道空间分布方面，CRÈME 计算程序详尽考虑了地磁屏蔽、空间天气及屏蔽材料特性等诸多因素的影响。在 Pickel 和 Blandford 等人提出的空间单粒子翻转率计算方法中，当进行电子器件和集成电路空间单粒子翻转率预示计算时，需要知道器件或集成电路的测试数据和制造工艺参数作为相关输入数据，在最简化计算的情况下，器件或集成电路测试数据至少包括 LET 阈值和翻转横截面，工艺参数至少需要确定出敏感体积大小，或器件敏感体积深度。制造工艺参数的获取一般可以通过制造商获取，但在工程设计中，有时很难通过制造商获取器件或集成电路工艺参数，这时候就需要通过"反向工程"的办法来获取相关工艺参数信息，以便开展单粒子翻转率的计算分析工作。

1986 年，Adams 及其合作者第一次基于基本的 CRÈME 单粒子翻转率预示分析程序，形成了计算功能相对完善的 CRÈME86 版本的计算程序，后来经过十年多的发展，对 CRÈME86 版本的计算程序进行了不断地改进和完善，如对 CRÈME86 版本的计算程序进行重新改写后形成的 MACREE 计算程序，但后来被广泛应用的空间单粒子翻转率计算程序包是 CRÈME96，该程序至今仍被应用在工程设计中，并被集成在许多工业软件包和商业软件中，如美国辐射协会 SPACE RADIATION 软件包和欧洲 ESA 开发的开放式商业化软件 OMERE 等。最初开发的 CRÈME

计算程序是由 FORTRAN 语言编写的不同模块组成。例如，其中计算辐射环境的模块可以实现较完备的多环境因素计算分析，可针对任何地球轨道航天器所携带的电子设备中的电子器件和集成电路，计算出其所处航天器位置处的宇宙射线微分能谱、积分能谱及 LET 谱等，计算中的输入参数涉及行星际空间和磁层空间的天气参数、航天器轨道参数、电子设备周围的屏蔽条件参数等。其他计算模块计算时的输入参数包括了诸如器件特性参数等。在 CRÈME 计算程序中，有些输入参数包括在输入数据文件中，例如宇宙射线重粒子在半导体硅材料和屏蔽铝材料中的阻止本领和射程以及地磁截止刚度等参数以列表的数据格式包括在输入数据文件中。CRÈME 计算程序的输出文件包括离子能量、LET 谱和器件或集成电路的空间单粒子翻转率数值。在随后对 CRÈME 计算程序的不断完善中，值得一提的是 Daly 等人在计算程序中直接引入了试验中获取的单粒子翻转截面随 LET 值变化的测试数据及其拟合处理，这样就避免了试验测试上难以获得饱和横截面的难点。

在 CRÈME86 版本的基础上，CRÈME96 版本主要进行了五个方面的改进与完善。第一，对银河宇宙射线模型、反常银河宇宙射线模型及近地环境太阳能量粒子组成进行了修订与完善；第二，优化了地磁传输计算方法；第三，对核输运相关的计算程序进行了优化；第四，对单粒子翻转率计算方法进行了补充和完善，不仅有质子诱发单粒子翻转率计算，而且也包括质子直接电离诱发的单粒子翻转率计算；第五，软件改进了易使用的图形界面及在线使用的方法介绍等。

一般来说，空间单粒子翻转率的计算分析过程主要包括辐射环境、计算模型和试验测试数据应用三个方面，图 7-1 给出了空间单粒子翻转率的计算分析过程示意。从图中可以看出，计算分析涉及的三个主要过程分别为：第一，诱发单粒子效应的空间辐射环境，即重离子和高能质子环境分布特征及其描述模型，例如空间辐射环境中的重离子 LET 谱和航天器内部的 LET 谱分布特征等。第二，单粒子效应计算模型，即重离子和高能质子与电子器件相互作用过程特征及其描述模型，如描述电荷收集基本过程和主要特点的长方形平行管道（RPP）模型。第三，地面重离子和质子加速器试验测试获得的相关数据，如试验获取的集成电路单粒子翻转截面随重离子 LET 值变化曲线，单粒子翻转截面随质子能量值变化曲线等。

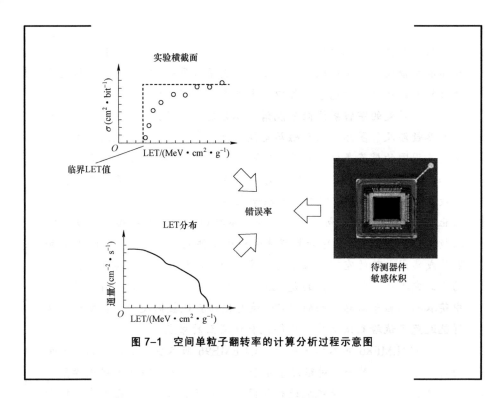

图 7-1　空间单粒子翻转率的计算分析过程示意图

|7.1 计算用辐射环境模型|

在第 1 章中，我们介绍了诱发电子器件和集成电路发生单粒子效应的空间辐射环境的主要来源，一个是地球磁场捕获的高能重离子和质子，另一个是来自宇宙空间的瞬时高能重离子和高能质子。在单粒子翻转率计算分析中，第一个需要明确的输入条件为描述宇宙射线高能重离子和高能质子的辐射环境模型，也就是说，选择怎样的辐射环境进行计算。表 7-1 列出了单粒子效应计算分析中比较常用的辐射环境模型。在开发成功的几种单粒子翻转率计算软件包中，典型的辐射环境模型有：描述银河宇宙射线离子的模型有 CRÈME 模型和 CHIME 模型；捕集辐射带质子模型包括 AP8-Min 和 AP8-Max，有些软件包中也已采用了 AP9-Min 和 AP9-Max 模型；太阳耀斑质子模型主要有 SOLPRO 模型和 JPL92 模型，太阳耀斑重离子模型主要有 CRÈME、JPL92、CHIME 模型。在上述的带电离子模型中，本章节主要针对宇宙射线高能离子、太阳耀斑高能离子的模型进行说明，捕集辐射带质子模型在第 1 章中已有基本介绍，本节不再详细讨论。下面对涉及的主要计算模型分别进行说明。

表 7-1 单粒子效应计算分析采用的环境模型

辐射环境	模型
银河宇宙射线离子	CRÈME CHIME
捕集质子	AP8–Min AP8–Max
太阳耀斑 质子	SOLPRO JPL92
太阳耀斑 重离子	CRÈME JPL92 CHIME

7.1.1 银河宇宙射线离子模型

银河宇宙射线离子模型描述了从地球轨道到超越地磁场以外的区域内的射线粒子强度的分布情况，在单粒子翻转率计算中，Riho Nymmik 等人基于对已有模型的改进，提出的描述银河宇宙射线能量粒子强度分布的半经验模型被广泛接受。该半经验模型指出，离子通量率随能量和时间的变化可以采用如下公式表示：

$$F_i(E,t)\mathrm{d}E = \Phi_{0i}\left(R,\frac{A_i}{Z_i}M_{0i}\right) \times \varphi\left(R,\frac{A_i}{Z_i}M_{0i},Q_i,t\right)\mathrm{d}R \qquad （7.1\text{--}1）$$

式中，Φ_{0i} 为不受太阳调制影响以外区域的初始谱（也称为局域星际谱 LIS）；φ 为表征太阳活动影响的调制函数；R 为粒子刚度。这个关系式中包含了粒子刚度到能量谱转换的连续性条件，并且也满足主调制过程取决于粒子刚度 R 的需求。换句话说，对于相同刚度的粒子，应该进行相同的处理。该表达式也反映出了与相对论粒子速度 $\beta=v/c$ 以及粒子电荷符号参数 Q_i 有关的调制关系，在这种情况下，与相对论粒子速度 β 的相关性就被与众所周知的与粒子刚度和因子（A_i/Z_i）M_{0i} 的相关性所掩盖，其中，A_i、Z_i 分别为粒子的质量和电荷，M_{0i} 为核子质量。

单粒子翻转率计算中的银河宇宙射线模型最初为 Adam 等人开发出的 CRÈME 模型，有关 CRÈME 的主要特征已在第 1 章中有简单介绍，这里不再赘述。在后来对太阳活动的观测中，人们发现太阳活动对银河宇宙射线的强度具有一定影响。如上已述，在 CRÈME 的基础上，俄罗斯科学家 Riho Nymmik 在 20 世纪 90 年代初期提出了考虑到太阳活动调制作用的银河宇宙射线模型，并被用作银河宇宙射线（GCR）环境的国际标准组织（ISO）的标准模型，该模型也是单粒子翻转率计算软件包 CRÈME96 中使用的模型。该模型的最新更新是国际标准 ISO/IDIS 15390，该标准于 2002 年向 ISO 提出，并于 2003 年被采纳。

该模型提供了电子和从质子到铀元素的所有离子的能量谱分布，离子的能量下限为大于每核子 10 MeV，上线能量为每核子 10^5 MeV。该模型建立了 GCR 的能量和通量分布，并假设它们在太阳层以外是不随时间而变化的，而认为 GCR 通量的变化是由于日球磁场的大尺度变化所引起，这样导致了 GCR 的能量和通量分布呈现出一种大致周期性的变化，变化周期大约为 11 年或者为 22 年。在模型描述中，行星际 GCR 的谱分布的实际调制使用 Wolf 指数（该数为按照国际商定的程序计算出的太阳黑子数目）。通常，Wolf 指数被用作表征太阳活动程度，其与 GCR 通量的分布呈现出反相关的特征趋势。银河宇宙射线呈现出的这种调制特征被认为是太阳层边界存在的行星际激波的堆积所引起。太阳发射这些激波的频度是和太阳活动相关的，因此也就与 Wolf 指数相关联。由于太阳发射的这些激波从太阳到边界的传播需要一定的时间，所以模型分析中，就未来的几个月时间来说，Wolf 指数是太阳调制水平的主要表征指标。

除了银河宇宙射线 CRÈME 模型以外，化学释放与辐射效应综合卫星（CRRES）的重离子模型在行星际重离子诱发单粒子翻转率计算过程中提供了一种新的可选环境模型，即 CHIME 模型。该模型包含了当时软件包开发时的（21 和 22 两个太阳活动周期）可以用于行星际宇宙射线重离子和异常组分重离子通量率的最精确和最新的数据库，同时，它还通过未来的两个太阳活动最小年的情况（到 2010 年），为计算这些通量率分布情况提供了预测模型。

CHIME 是基于化学释放与辐射效应综合卫星（CRRES）的重离子和质子能谱的试验测试结果提出的行星际环境的重离子模型。在 CHIME 模型中，提供了基于 1991 年 3 月和 6 月事件的 SPE 模型；此外，CHIME 模型还包括了有关 SPE 的 JPL 模型，该模型给出了 SPE 事件发生的概率表达方式，而且该模型将最坏情况下的质子总通量作为置信度水平的函数。

在 CHIME 模型中提供了几种不同的模型来描述 SPE 重离子通量率。其中包括两个典型大型 SEP 事件（1991 年 3 月和 6 月）的"峰值"和"24 小时平均值"两种情况下的通量率强度模型。此外，也包括了每日 CRRES 任务日平均太阳质子事件（SPE）中的重离子通量率的变化情况。为了实现预测的目的，结合观测到的平均 SPE 事件的组成成分，采用了一个统计模型，即 JPL 1991 行星际质子总通量模型对重离子强度进行标度和表征。

CHIME 模型也提供了从 1970 年到 2020 年及以后,用户所需的任何时间或时间段选择,或平均重离子通量模型的能力。在 CHIME 模型中,地磁和固体地球屏蔽模型是基于一个近似的偏移磁偶极子而建立,其依据距离与能量之间的关系,采用积分方法将得到的重离子通量能谱转换为离子 LET 谱输出,最后,设置了一个将 LET 谱与器件特性相结合的计算模块,包括需输入的测量获得的 SEU 横截面,以计算预期的单粒子翻转率大小。

以 CHIME 模型为核心也研制成功了单独的单粒子翻转率计算软件包,在软件包中包括用户手册和配套的更完整的技术文件,该软件包可用于各种不同的计算机平台,包括 PC 机、UNIX(Sun 和其他工作站)和 DEC VAXNMS 计算机平台。

为了针对国际空间站单粒子效应敏感性的评估,研究工作者开发了 MACREE 模型,该模型是对 CRÈME86 软件包的重写,开发者对 CRÈME86 进行了一些改进工作。原理上的进一步改进是在描述 SPE 模型方面,MACREE 将 1989 年 10 月的事件作为模型的最坏情况事件来处理,基于 JPL 质子模型,认为质子能量超过 10 MeV、30 MeV 和 60 MeV 时,给出的质子通量分布的置信度水平为 99%。MACREE 模型还对 SPE 重离子(包括反常成分中的铁离子)使用了改进的元素丰度分布数值,另外,模型考虑了 SPE 重离子平均离子电荷状态的估计。

太阳耀斑重离子处于部分电离状态,其特征是电荷态 q,该电荷态 q 是通过拟合太阳耀斑离子电荷状态的可用数据(作为离子的原子序数 Z 的函数)得到的。这些数据主要是针对低能离子的,离子能量大约每核子 1 MeV,并基于 1977—1978 年和 1978—1979 年太阳耀斑重离子电荷状态的测量结果,通过对这些数据的拟合,得到了 MACREE 模型中使用的太阳耀斑离子电荷状态的表达方式如下:

$$q = 0.98 + 1.45 \ln Z + 0.78 (\ln Z)^2 \qquad (7.1-2)$$

综上所述,MACREE 模型主要特征为:① 1989 年 10 月 19 日的事件作为最坏情况的太阳耀斑;② 对这次事件的测量数据(质子和 α 离子的微分通量率)进行了拟合处理用作模型计算;③ 对于电荷数 Z 大于 2 的离子,α 离子的微分通量率乘以丰度系数(CRÈME 的数值为 0.25)后给出。基于 MACREE 模型开发的计算软件包采用 C++ 语言编程,可以在 PC 机上高效运行,对原来的 CRÈME 版本进行了许多编程改进工作,以增强其实用性,例如,取消了 CRÈME 版本中的天气指数系统,以允许用户选择最合适的源组合,并且也计划了进一步的修改。

7.1.2　太阳耀斑质子模型

太阳耀斑质子模型主要有 SOLPRO 模型和 JPL92 模型。第一个模型即有关太阳耀斑质子模型简单易用，该模型是依据第 20 个太阳活动周期（1964—1975年）期间卫星测量数据提出的，但该模型只包括粗略的置信度水平估计，如其对下一个太阳活动周期（第 21 活动周期）强度的预计低于实际数值。随后，美国科学家 King（1974）和 Stassinopoulos（1975）对第 20 个太阳活动周期测量数据进行了更为详尽的概率分析，给出了更为精确的太阳耀斑质子模型，即称为 SOLPRO 模型，在 SOLPRO 模型中，太阳耀斑质子通量表示为几个参数的函数，这几个参数分别为置信度水平 Q（百分数）、任务周期 T（月）及质子能量（MeV）。在改进的太阳耀斑质子模型中，对飞行任务期间的离子通量的概率表达方式进行了完善，超越任务总通量水平的概率被表示为任务周期和离子能量的函数关系式。SOLPRO 模型的主要特征包括了对"普通"和"反常大型事件"太阳耀斑的区分，以及"反常大型事件"太阳耀斑发生的概率计算方式。值得说明的是，在太阳活动第 20 周期内，只观测到了一次"反常大型事件"太阳耀斑，即 1972 年 8 月发生的大型太阳耀斑事件，但这次大型太阳耀斑事件的质子通量却占了太阳活动第 20 周期内质子通量总数的很大部分，质子能量大于 10 MeV（$E>10$ MeV）的占 69%，质子能量大于 60 MeV（$E>60$ MeV）的占 84%。

SOLPRO 模型是基于连续的一组卫星测量数据而提出的，这些数据涵盖了从 1972 年"反常大型事件"到第 20 太阳活动周期内的所有测量结果，基于相关测量数据分析表明，偏离各向同性分布的通常只有百分之几或更少，所以在建模分析中，认为所有通量数据是各向同性的。这种各向同性分布应用到行星际空间和大部分磁层空间是可行的，也许在低地球轨道高度时，由于地球大气层影响，这种各向同性分布并不适用。

在使用 SOLPRO 模型时，有两个重要事项要注意：首先，模型计算结果不能保证在第 20 太阳活动周期内观测到的总通量水平也会发生在其他太阳活动周期内；其次，没有可靠的方法来预测单个太阳耀斑事件在时间和通量水平上的分布情况，计算结果只能是近似应用。

JPL92 模型是采用三个太阳周期（20，21，22，）的测试数据，通过数据处理和建模，提出的一个统计模型。该模型主要用于空间任务分析中对质子通量的预示计算。模型中考虑的质子能量范围分别为 $E>10$ MeV 和 $E>30$ MeV 两种情况，模型中使用的数据设置是早期模型（SOLPRO 模型）使用数据长度的 3 倍，因而模型的可靠度进一步有所提高。在 JPL92 模型中，由于在使用的三个太阳周期（20，21，22，）的测试数据中，周期幅度和积分质子通量之间并不存在一定的相关性，所以模型预示不依赖于所期望的最大太阳黑子数，而且建模依据的数据集不需要区分"普通"事件和"异常大"事件。基于数据的进一步分析，当太阳黑子的最大时期被定义为 0.1 年时，质子注量增强危险期将从太阳黑子达到最大值的前 2 年一直延长到最大值的后 4 年，即 JPL92 模型预期的质子注量增强的危险期为 7 年。

下面进一步介绍在单粒子翻转率计算软件包中涉及的空间辐射环境模型的应用，特别是描述太阳粒子事件（SPE）的模型应用情况。

在 CRÈME96 计算软件包中，基于 1989 年 10 月对太阳粒子事件（SPE）的 10 次测量结果，原来在 CRÈME86 计算软件包中 SPE 模型被替换为 3 个最坏情况模型，这 3 个模型分别为最坏周模型（worst-week model）、最坏天模型（worst-day model）和峰值通量模型（peak flux model）。一周最坏情况的模型是基于 1989 年 10 月 19 日至 27 日期间 180 小时的测量数据而建立，最坏一天情况的模型是基于 1989 年 10 月 20 日至 21 日期间 18 小时的测量数据而建立，峰值通量模型是基于 1989 年 10 月 20 日最高的 5 分钟平均质子通量，且在使用质子数据对最坏天重离子通量率进行标度的基础上而建立。所有这些模型都是99%置信度水平下的最坏情况。有一点必须注意，CRÈME96 计算软件包中 SPE模型是基于相关能量范围内的数据建立的，不像 MACREE 等计算软件包中SPE 模型。CRÈME96 计算软件包中 SPE 模型要比 CHIME 计算软件包中 SPE模型考虑得严重，所以采用 CRÈME96 计算得出的单粒子翻转率明显提高。最后应当说明的是，CRÈME96 计算软件包中，当涉及低地球轨道的地磁传输时，考虑了太阳质子事件中的重离子电离电荷态的影响；例如，28.5° 倾角的低地球轨道上，针对具有较高单粒子翻转阈值的电子器件来说，考虑了电离电荷态（一般认为离子电离为裸核）的影响后，预示的单粒子翻转率要高出一个数量级。

在其他单粒子翻转计算软件包中，诸如 SPACE RADIATION 软件、SPENVIS网站软件等，其中针对 SPE 模型可以有几种选择方式，如针对长期型太阳粒子事件，有 King 模型、JPL 模型、对 JPL 模型修订后提出的 Xapsos 模型；针对短期型太阳粒子事件，有 CRÈME86 模型、CRÈME96 模型及 Xapsos 模型。在开放式单粒子翻转率计算软件包 OMERE 中，针对太阳粒子事件模型的使用有很大的不同，主要体现在对 SPE 事件中的峰值通量和任务期间的积分通量的表述模型方面。这些模型包括了 SOLPRO 模型、ESP 模型、CRÈME86 模型、CRÈME96 模型及 JPL91 模型。在 OMERE 软件包中，对 JPL91 模型进行了能量范围的拓展，其采用指数函数的方式将能量范围扩展为 0.5～100 MeV。另外，在 OMERE 软件包中包括了几个新开发的 SPE 环境模型，诸如 SPOF（Solar Proton ONERA Fluence）模型、IOFLAR（所有元素的谱分布都采用能量的幂指数方式拟合）模型、最坏通量率模型，该模型基于 1974 年到 2002 年期间，IMP8 卫星和 GOES 卫星测量的结果而提出；另外，针对 1972 年到 2003 年期间发生的单个大型 SPE 事件，也给出了一系列相关的描述模型。

7.1.3 LET 谱曲线及应用

在一定的宇宙射线环境使用微电子器件过程中，研究工作者针对单粒子效应的空间翻转率计算方法开展了许多研究工作，其中，线性能量传输（LET）宇宙射线丰度谱曲线的提出和应用是技术发展的一个里程碑标志，这种谱曲线也称为海因里希（Heinrich）曲线。这种谱曲线主要表示了射入地球附近的宇宙射线粒子，其单位面积或单位 LET 下的粒子数目随其 LET 值的变化曲线，前者一般称为积分 LET 谱曲线，后者一般称为微分 LET 谱曲线。

对宇宙射线重离子来说，通过航天器搭载试验仪器，可以从试验上测量能量谱的分布情况，例如，相关测量试验获取了碳、氧、铁等离子的能谱，结果发现了一个有趣的现象，就是大部分宇宙射线重离子的单个粒子的能谱分布形状都十分相似。也就是说，如果知道某单个或几个粒子的能谱，那么按照宇宙射线粒子的相对丰度分布，仅仅通过对其幅值的归一化，就可以获取所关注离子的相应能谱。而对于可以穿透各种材料厚度的宇宙射线离子（初级离子）来说，我们可以采用扩散理论来确定它们如此变化的微分能谱分布情况，这其中包括由于材料中初级离子诱发的碎片过程所产生的二次离子能谱。这样对原子序数为 Z（最高达到 26）的宇宙射线粒子，按照相对丰度进行所需的归一化处理后，就可以根据相应的微分能谱，计算出相关离子的 LET 谱来。然后通过对单个离子的 LET 进行求和计算，就可以得到宇宙射线的整体 LET 丰度曲线，即海因里希（Heinrich）曲线。

图 7–2 给出了三种不同环境条件下的海因里希（Heinrich）曲线（Si 材料中），第一种情况为最坏情况下 0.03%时间内的积分 LET 谱曲线（1972 年 8 月反常大型太阳耀斑爆发期间），第二种情况为最坏情况下 10%时间内的积分 LET 谱曲线（Adam's 90%标准环境模型），第三种情况为最坏情况下 100%时间内的积分 LET 谱曲线。图 7–3 和图 7–4 分别为在不同轨道高度、不同倾角条件下，厚度为 25 mil 厚的铝壳航天器，其内部积分 LET 谱的分布情况。如果能够计算获得离子阻止本领的数据，由宇宙射线重离子构成成分，可以依据单个离子 LET 谱构造出翻转率计算所需的 LET 谱。通过对离子能谱和相应已知的单个离子阻

止本领曲线进行交叉绘图，则可以获得单个离子 LET 谱曲线，按照离子相对丰度分布，对单个离子 LET 谱进行归一化处理，求和就可以获得如上所述的宇宙射线的整体 LET 值分布的丰度曲线。

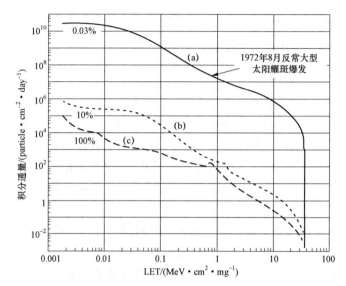

图 7-2　三种不同环境条件下的海因里希（Heinrich）曲线（Si 材料中）

（a）0.03%最坏情况；（b）10%最坏情况；（c）100%最坏情况

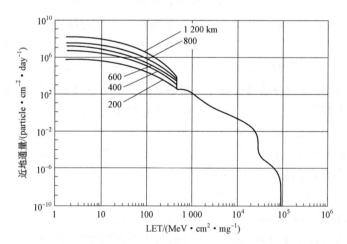

图 7-3　25 mil 厚的铝壳航天器内积分 LET 谱（Heinrich 曲线）

（航天器轨道：60°倾角，不同高度）

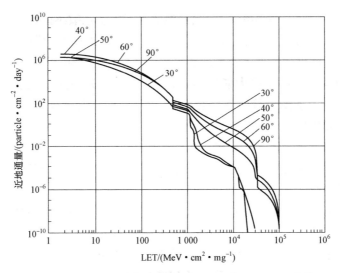

图 7-4　25 mil 厚的铝壳航天器内积分 LET 谱（Heinrich 曲线）

（航天器轨道：高度为 460 km，各种不同倾角）

　　结合离子 LET 谱曲线的分析，对 LET 值的物理意义作进一步补充说明。线性能量传输 LET 值是健康物理学的一个术语，在计算电子系统中电子器件和集成电路的单粒子翻转率中起着重要的作用。它的主要用途之一是根据入射带电粒子的轨迹确定沉积在集成电路单粒子翻转敏感区体积中的电离能量。虽然如此，但将 LET 值作为单一参数来实现这一点可能会受到其本身局限性的影响，这是由于在计算过程中，至少会存在两个方面的问题需要解决：第一，LET 值实际上提供了入射带电粒子所损失的能量，这个能量不一定与沉积在敏感体积中的能量相等；第二，LET 值被定义为是一个不允许电离能耗散的平均量（无能量偏离）。另外，有关试验测试也表明，利用加速器提供的重离子模拟试验获取的单粒子翻转截面取决于给定 LET 值的离子类型，亦即翻转截面特性与离子种类有关。更进一步详细试验表明，对具有相同 LET 值的高能和低能离子束，观察到高能束诱导 CMOS/SOS MOSFET 器件中的收集电荷比低能离子束诱导的收集电荷更多，因此，相同 LET 值的高能和低能离子并不能在单粒子效应敏感体积中沉积相同的能量。因此，这里必须提及的是，在单粒子翻转率的计算中，不仅仅是一个单一参数 LET，而是牵涉许多方面。另外，需要注意的是，从严格意义上来说，LET 值与通常的阻止本领的定义是有区别的，尽管两者都是基于单位距离上损失能量的多少来定义。但从物理概念方面来说，阻止本领和 LET 值之间是有一定差别的，前者是单位路径长度上的平均能量损失，后者是单位路径长度上沉积的平均能量。由于中间过程的发生，这两者并不是常常一致，例如，从单粒子翻转敏感区域逃逸的高能离子在敏感区域并不沉积能量。关于 LET 的经典定义要追溯到半个多世纪以前，即由于电离碰撞的能量交换过程，材料中单位路径长度上的平均能量损失为线性能量传输值 L_Δ，但是这样的能量传输值等于或小于最大能量转移截止值 Δ，在无限大线性能量传输值 L_Δ 的范围内，所有能量传输值都是容许的，所以 L_Δ 与阻止本领是等效的。即：

$\lim L_\Delta = L_x = -\mathrm{d}E/\mathrm{d}s$。

我们从第 2 章知道，一些电离过程产生的二次电子的射程可能超越器件单粒子效应敏感体积尺寸的大小，所以它们不会把所有的能量都沉积在敏感体积区域内，采用最大能量转移截止值 Δ 就可以对此过程进行修正。很明显，对于非常小的敏感体积，尤其是在高能入射离子的情况下，其产生的快速二次电子具有较大的射程，很容易穿越这些敏感体积。那么最大能量转移截止值 Δ 可以采用这些电子的能量给出，而电子射程 R 等于敏感体积中的平均弦长距离。

在第 2 章中，已给出了计算离子 LET 值的 Bethe and Bloch 公式，在非相对论形式下，Bethe and Bloch 公式可以进一步简化，其计算结果也能满足计算精度方面的要求。即：

$$-\frac{\mathrm{d}E}{\mathrm{d}s} = \frac{2\pi(Z_{\mathrm{ion}}e^2)^2}{m_{\mathrm{oe}}v^2} NZ \ln\left(\frac{2m_{\mathrm{oe}}v^2 H}{I^2}\right) \qquad (7.1-3)$$

式中，H 为无限制能量转移值；Z_{ion} 为入射离子原子序数；v 为入射离子速度；Z 为吸收材料的原子序数；N 为吸收材料单位立方厘米中的原子数目；m_{oe} 为电子质量；I 为材料电子的电离电位。

应用动量和能量的守恒定律，我们也很容易得出入射带电离子传输给一个被电离了的二次电子的最大能量 $T_{\max}$，由下式给出：

$$T_{\max} = 4\left(m_{\mathrm{oe}}/m_{\mathrm{ion}}\right)T_{\mathrm{ion}} \qquad (7.1-4)$$

式中，$T_{\mathrm{ion}} = 1/2\, M_{\mathrm{ion}}v^2$，为离子动能，$M_{\mathrm{ion}}$ 为入射离子能量。

7.2 翻转率计算模型

当电子器件和集成电路在航天器电子设备中工作时，单粒子效应的发生是一种随机过程，这种过程主要由空间辐射环境中存在的不同种类和能量的带电离子的随机入射所决定。我们知道，带电离子在电子器件和集成电路内部会发生电离过程而产生电子–空穴对，而电子或空穴被收集后形成器件内部的电荷扰动；所有单粒子效应的发生都是由于电子器件和集成电路内部局部的电荷扰动所诱发，从器件或集成电路的结构特点和主要功能的角度来看，其单粒子效应发生的条件主要与两个过程相关，即与电子器件内部敏感体积内产生的电子–空穴过程和敏感电路节点电荷收集过程有关。当一定能量的带电离子穿越电子器件内部时，其通过损失能量而产生电子–空穴对，电子或空穴在器件内部高电场区域和低电场区域将分别通过漂移过程和扩散过程而被电路节点所收集。例如，在 MOSFET 器件中，在 PN 结的耗尽层区和收集区及栅极区均存在局部高电场；而在衬底区域存在低电场，这些区域产生的电离电荷均可通过漂移和扩散过程而被收集。应当知道的是，电子器件和集成电路内部局部电荷收集过程存在着电子–空穴对的复合过程，这种复合过程在高度掺杂区域表现得更为明显，如在 MOSFET 器件中的源极和漏极区域及重度掺杂的衬底区域，电子–空穴对的复合过程比较显著，在这些区域产生的电子–空穴对大部分会复合掉，对敏感节点的电荷收集量贡献不大。尽管电子器件内部电离电荷的收集多少与区域及掺杂分布状态密切相关，但收集电荷是否能够诱发单粒子效应发生却与电荷收集过程的时域特性密切相关，这种时域特性主要是与电子器件和集成电路的响应时间相联系，如前面章节所述，能量沉积过程及打破电荷平衡的电离过程时间非常短，一般在飞秒量级范围内，而传统电子器件与集成电路的响应时间稍长些，一般在纳秒量级范围内。这样一来，相比较电离过程而言，电子器件和集成电路的电荷收集过程是一个慢响应过程，从而单粒子效应的发生与电路电荷收集过程的时域特性密切相关。

在讨论单粒子效应计算模型时，应当了解涉及的一些物理过程及其应用到的一些计算参数。首先是重离子在半导体材料中的能量沉积过程，如第3章所述，描述半导体材料中的能量沉积过程的主要物理量是线性能量传输值的大小，即单位距离上沉积能量的多少，这个物理量的引入将会使单粒子翻转率的计算变得简化许多，即空间辐射环境中所有离子种类及其能量分布特征对能量沉积过程的影响都可以采用线性能量传输值来描述。例如，对一定能量的离子，可以假设其线性能量传输值为常数，那么其穿越敏感体积后沉积能量的大小就等于穿越长度与线性能量传输值的乘积。但实际情况并非如此，随着离子能量的不断损失，粒子线性能量传输值也随之发生变化；在分析试验数据时，必须考虑到这种实际情况，在后面测试数据分析章节将进行详细讨论。在假设线性能量传输值为常数的条件下，计算单粒子效应空间翻转率问题就是确定敏感体积的大小，计算粒子撞击频度及相应沉积能量的多少，并且确定出诱发单粒子效应的一系列撞击重离子的构成特点。综上所述，能量沉积的多少可以由入射离子线性能量传输值的大小确定，而线性能量传输值的大小及分布由空间辐射环境模型给出。如果在不考虑角度效应的情况下，则空间单粒子翻转率大小直接由具有一定 LET 值离子的通量率数值与敏感区域面积大小的乘积给出。如第 3 章所述，大部分单粒子效应从机理上都表现出与离子入射角度相关的现象，这导致单粒子效应空间翻转率计算中，所需测试数据的应用变得更加复杂化；如带电离子入射进入电路芯片敏感体积内的角度不同，则其穿越敏感体积的长度不同，因而产生的电离电荷不同。尽管如此，但单粒子效应空间翻转率计算的基本方法就是上述两个因素的乘积算法，第一个因素，即电子器件和集成电路芯片内部能够引起单粒子效应的有效区域，例如有效横截面积；第二个因素，空间环境离子的通量率及其分布，当空间重离子撞击到器件内部敏感区域后，如果能够诱发单粒子效应发生，则发生单粒子效应的 LET 阈值决定了计算中采用的通量率的大小。基于这两个基本计算过程的要求，人们作了许多相关建模分析的研究工作，主要从两个不同方向提出了两种不同概念的单粒子效应计算分析模型，即弦长分布模型和有效通量率模型。有关测试验证表明，对大部电子器件和集成电路而言，如果敏感体积的几何结构是一致的，则基于两种模型的计算结果相一致。应当说明的是，在单粒子效应翻转率计算中，最初开发出的是弦长分布模型，随后才发展出有效通量率模型。在弦长分布模型中主要考虑了空间辐射环境中重离子的 LET 值分布，并且对每个与敏感体积相互作用的离子设置了一些准则来选取一系列（或对应的通量率）能够引起翻转的能量离子数目。例如，在计算这些能量离子数目时，射程超过最小路径长度（能够沉积引起翻转的最小能量）的离子就可以选取。在有效通量率模型中，主要是将空间离子通量率转换成为能够引起单粒子效应发生的"有效通量率"，如果有效通量率可以表示为随 LET 值的变化函数，那么可以通过将有效通量率与翻转截面随 LET 值变化的测试数据作卷积计算，就可以得出翻转率大小。也就是说，有效通量率模型避免了每个离子与敏感体积相互作用的计算细节需求，只从电子器件和集成电路芯片的宏观角度来应用"有效通量率"进行计算，应当注意的是，该"有效通量率"是基于假设或已知芯片特性的基础上来确定选择准则后而转换得出。在单粒子效应翻转率计算中，最基本模型是弦长分布模型和有效通量率模型，但随着电子器件和集成电路技术的不断发展，基于两个基本模型，也提出了针对具体电路的单粒子翻转率计算方法，如 SOI 工艺制作的电子器件和集成电路的单粒子效应模型，功率 MOSFET 器件的单粒子效应模型等。鉴于本书的一般性要求，具体工艺制作的电子器件和集成电路的空间单粒子效应发生率计算方法将不在本章节作详细说明，有兴趣的读者可以参阅相关参考资料。

在详细介绍基于弦长分布模型和有效通量率模型的单粒子翻转率计算方

法以前，考虑到在实现基于模型的计算过程时，可能会涉及电路结构和组成的一些具体问题，这里我们首先对一些电子器件和集成电路的一般特征作一些概念上的简单介绍和了解。我们知道，电子器件和集成电路包含许多基本特征相同的电路单元，比如随机存储器（RAM）电路，其每个信息位单元由一个基本电路单元的逻辑状态所表示，而每个基本电路单元可能存在一个或多个单粒子效应敏感区域（多个敏感体积）来收集入射带电离子电离产生的电荷，从而导致存储器单元状态发生改变。从这一点看来，似乎具有不同结构和不同翻转阈值的每个单元可能不止存在一个敏感体积，也就是说，敏感体积本身及其对应的单粒子翻转阈值存在一种分布模式。从第 4 章讨论知道，当采用加速器提供的不同种类重离子进行单粒子效应试验测试时，全向入射重离子（实际难以实现）撞击到器件芯片上时，离子随机触发到器件内部存在的单粒子效应"敏感体积"，器件芯片的测量结果呈现出响应的平均特性。而单粒子翻转率计算面临的问题就是对测试数据进行一定方式的说明，这样一来，利用地面获得的测试信息，可以知道当电子器件和集成电路置于存在全向重离子照射的空间环境中时，将会发生什么。

图 7-5 所示为空间单粒子翻转率的计算分析过程示意图。

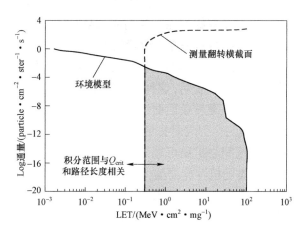

图 7-5　空间单粒子翻转率的计算分析过程示意图
（基于"有效通量率"模型的计算方法）

7.2.1　长方形平行管道（RPP）模型

空间单粒子翻转率计算的基本出发点就是依据敏感体积模型，即长方形平行管道（RPP）模型，下面分别介绍单粒子效应敏感体积的基本概念和与其相关的建模分析方法和过程。

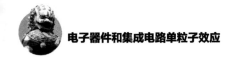

（一）敏感体积

从计算方法上来说，敏感体积是为了数学上建模的方便而提出的一种数学构造，实际上，单粒子效应敏感体积（区域）是指离子穿越器件的某一敏感节点时，器件所能从带电离子电离径迹中收集到最大电荷的空间区域之体积，其形状分布是不规则的，具有复杂的几何结构形态。例如，可能为 L 形状等。在单粒子翻转率计算模型中，为了实现计算上的方便，这种空间体积一般假设为长方形平行管道（RPP）形状。通过上面的相关说明，我们知道，就单粒子效应计算模型的初步一阶建模分析来说，通常认为长方形平行管道的长/宽比为 1，但也可以设定长方形平行管道的长/宽比为其他数值。

在器件内部的每一个单元中，可能存在着许多的敏感体积，例如在静态随机存储器 SRAM 中，其内部某一单元至少含有两个敏感体积的分布，一种就是处于关闭状态的 NMOSFET 晶体管，另一种是处于关闭状态的 PMOSFET 晶体管。这两个晶体管可能分别处于不同的掺杂区（阱区或衬底区），从而引起不同的电荷收集过程或方式，另外，由于电路响应的动态过程不同，不同类型晶体管发生单粒子翻转的临界电荷也不同。相关试验测试结果的分析表明，除了硅半导体器件以外，双极性器件和 GaAs 器件存在着多种不同结构形式的敏感体积。Zoutendykn 等人研究了双极性晶体管构成 RAM 的敏感体积分布特征，在某些情况下，由于敏感体积内离子撞击位置的不同造成敏感性变化，双极性晶体管构成 RAM 的敏感体积将随入射重离子 LET 值不同而发生变化，Massengil 等人针对 SOI 器件的测试结果表明，这种敏感体积随入射重离子 LET 值变化的现象是决定 SOI 器件单粒子翻转截面曲线形状的主要因素之一。对那些单粒子效应敏感性主要依赖于电子–空穴对扩散过程而进行电荷收集的器件来说，围绕入射离子周围的扩散区间之扩展可能导致敏感体积与入射重离子 LET 值相关。例如，在高密度动态随机存储器器件中，由于器件内部扩展了的耗尽层区间已与扩散长度相当，这种效应会表现得更为明显一些。另外，这种与电子–空穴对扩散相关的电荷收集过程，在单粒子锁定现象产生机制中也扮演着重要的角色。

就空间单粒子翻转率计算而言，没必要详细知道器件内部敏感体积大小和数目的多少。由第 4 章讨论可知，计算器件单粒子翻转率需要的相关参数可以通过试验测试获得，实际计算中，当器件存在多个敏感性体积时，计算中采用最大敏感体积，这样一来，就可以包括翻转率计算结果的最坏情况。显而易见，当采用最大敏感体积计算时，其要求给出最大路径长度，即设置了发生单粒子翻转的最小重离子 LET 值，但我们知道，空间辐射环境中的离子数目随着离子

LET 值的增加而急剧减少，所以采用最大敏感体积的计算结果将是单粒子翻转率计算的上限值。最后应当注意的是，在空间单粒子翻转率计算中，由于敏感体积厚度直接决定了翻转阈值的大小，所以假设的敏感体积厚度对计算结果的影响是一级效应。

（二）弦长分布

如上所述，最初在开展空间单粒子翻转率计算分析中，主要是基于微观的过程而对带电粒子和单粒子效应敏感区域相关作用的具体细节问题进行了分析讨论，如认为模拟试验测试获得的相关数据，实际上表示了被测试器件内部某一单元阵列中许多敏感区域相关影响和作用的综合表现形式。基于这样的认识观点，将器件单粒子效应敏感区域或体积进行了几何形式的建模，提出了所谓的长方形平行管道（RPP）模型。在基于长方形平行管道（RPP）模型的计算中，将敏感体积的几何形状分布简化为长方形平行管道，在这样的几何结构中，利用弦长分布的方式来计算相互作用的离子数目，这些离子是辐射环境中存在的能够引起器件单元发生翻转的那些离子，其一般采用离子 LET 值分布的方式给出。图 7-6 给出了应用于 RPP 模型中的弦长分布几何结构示意图。从图 7-6 中可以看出，对入射离子而言，其穿越长方形平行管道的几何弦长为 S，与长方形平行管道 XY 平面的夹角为 θ。但实际上，从电荷收集的过程来看，弦长一直延伸到 $S+S_f$。

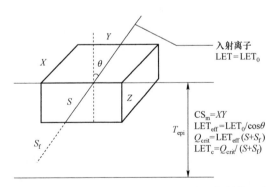

$$CS_m = XY$$
$$LET_{eff} = LET_0 / \cos\theta$$
$$Q_{crit} = LET_{eff}(S+S_f)$$
$$LET_c = Q_{crit} / (S+S_f)$$

图 7-6　应用于 RPP 模型中的弦长分布几何结构示意

一般来说，现行航天器上使用的大部分电子器件和集成电路归属于传统器件的类别。从单粒子效应产生机理及过程特点的角度来看，传统电子器件和集成电路的电路响应时间远大于其内部带电离子电离产生电荷的收集时间，因此，带电离子与器件相互作用引起单粒子翻转的阈值电荷，即所谓临界电荷 Q_{crit} 并不是一个确定或近似的数值，而是存在一种分布方式。随着电子器件和集成电路响应时间越来越快，结构越来越复杂化，电荷的扰动时间和器件的重新存储过程（响应时间）几乎处于相同的时间尺度范围内，临界电荷的概念已失去了其明确有效的物理意义，现代电子器件和集成电路对一个电荷收集过程的响应描述，更直观与准确的描述就是电路敏感节点的一个扰动电流或电压波形。因而，电路缺陷分布造成的敏感节点的统计分布、器件老化及局部压降和信号强度水平等都会影响单粒子效应的敏感性。例如，对一个模拟电路或时钟电路来说，电荷收集过程形成的瞬态过程可能构成电路时钟的一部分或干扰时钟转换过程，这样一来，单粒子翻转的表现过程是一种分布形态，而不是传统描述上的双稳态模式的影响。所以，现代电子器件的单粒子效应敏感性呈现出复杂性特点，如前所叙，针对几种不同类型的器件，在单粒子翻转率计算模型上已作了相关改进，具体参见有关参考资料。

由前面章节可知，器件内部产生电荷的多少由带电离子通过敏感体积时其能量损失了多少由带电粒子在半导体材料中的 LET 值所给出，能够产生临界电荷大小的对应 LET 值称为 LET 阈值，一般采用 L_t 或 LET_{th} 来表示。这里应当注意的是，有时试验测试研究工作者也引用临界 LET 的概念描述敏感体积内产生电荷的多少，临界 LET 值 L_c 一般指离子在垂直入射的情况下，保持不变的 LET 阈值。尽管如此，在这里讨论弦长分布时，L_t 或 LET_{th} 代表了与弦长相关的一个随机变量。在开发单粒子翻转率计算软件包的初期，针对单个敏感体积的计算过程中，首先假设单粒子翻转呈现一个阶跃形状的 LET 阈值，其次认为饱和翻转横截面（CS_m）能够准确确定，这就是单粒子翻转率计算中的经典 RPP 模型的几何描述，如图 7-6 所示。有关试验测试表明，对大部分器件来说，宏观芯片上并没有呈现出这种理想特性，而是呈现出一种渐进变化的 LET 阈值特征。另外，由于试验条件的限制，在试验上也难以获得准确的饱和翻转横截面（CS_m），基于这样的认知和试验检验，后来对该经典 RPP 模型进行了改进。提出了积分式长方形平行管道（IRPP）模型，IRPP 模型主要是考虑了基于测试所得翻转截面 CS 随离子 LET 值的变化曲线的形状变化，并提出了相关计算方法。后来人们基于 IRPP 模型的计算方法，对相关计算软件代码进行了改进和完善，本节中不再详细介绍 IRPP 模型的具体内容，如果读者感兴趣，可以阅读相关技术文献。

简而言之，单粒子翻转效应的最基本机理就是从敏感体积中的电荷收集开始，与敏感体积直接联系的是其横截面大小，所谓横截面可以理解为在垂直于半导体芯片的方向上敏感体积的投射，图 7-6 也给出了基于 RPP 模型计算单粒子翻转的简单说明。从图中可以看出，敏感体积模型为横向尺寸分别为 x 和 y，厚度为 z 的长方形平行管道，而一个位单元的饱和横截面 CS_m 由 x 和 y 的乘积给出，反过来，如果考虑到一个器件内部包含的全部位单元数目，那么通过测量获得一个位单元的饱和横截面 CS_m，就可以确定出敏感体积 x 和 y 的大小。实际上，经典 RPP 模型是对器件中 PN 结下方的耗尽层区域的一种结构近似，如果设离子通过 RPP 时的路径长度为 S，离子入射角度为 θ，RPP 的厚度为 z，同时认为电荷可以通过聚集的方式收集，且电荷聚集收集长度为 S_f，那么，入射离子引起的电荷收集长度为 $S+S_f$，这里应当说明的是，一定厚度 T_{epi} 的外延层对以聚集方式的电荷收集过程有一定的限制作用。这样一来，具有一定能量的带电粒子在敏感体积中沉积的能量为：

$$E=(S+S_f)L$$

式中，L 为线性能量传输值。

通过电离过程，离子携带的能量转换为电荷。我们可以作出这样的假设，在电荷收集长度 $S+S_f$ 以内，电离过程产生的所有电荷将被敏感体积所处电路的节点所收集。典型的长方形平行管道弦长分布模型基于下列假设：

（1）描述电荷收集区的"敏感体积"几何形状为 x、y、z 三维尺度长方形平行管道。

（2）沿着进入敏感体积的弦长方向，离子 LET 值保持不变。

（3）离子电离径迹结构效应的影响可以忽略不计。

（4）长方形平行管道以外产生的电离电荷的扩散式收集方式可以忽略不计。

（5）在聚集长度 S_f 范围内，电荷收集可以通过"聚集过程"或者"快速扩散过程"进行收集。

（6）沿着所有通过敏感体积离子路径上产生的电荷均被收集，同时，在聚集区域产生的电荷也被全部收集。

（7）单粒子翻转的阈值是阶跃形式。

7.2.2　有效通量模型

上面介绍了 RPP 模型，实际上，RPP 模型只是说明了针对单个敏感体积，如何计算单粒子翻转率的一般过程和方法。我们知道，器件中可能包括许多这样的单个敏感体积，所以计算器件的单粒子翻转率必须针对每个敏感体积带来的效果，进行近似求和才能确定。而试验测试通常是针对整个器件进行，而如何利用试验数据进行器件的单粒子翻转率计算呢？显然，就是利用测试数据推演出针对器件单粒子翻转率计算所必需的相关参数。例如，可以将整个器件认为是一个"黑匣子"，通过仔细考察其对入射带电离子的响应特征而直接计算其空间单粒子翻转率大小；譬如，可以设置一系列不同 LET 值的重离子从不同方向照射器件，同时记录器件发生单粒子翻转的相关数据；基于这样的试验数据设置，结合所关心的空间辐射环境中离子通量分布，就可以计算出整个器件的单粒子翻转率大小，图7-5给出了基于这种方法的计算过程示意图。Binder和Smith首先介绍了这样的计算方法，其他研究工作者也提出了改进的计算方法，这种方法通常称为"有效通量模型"计算方法。

"有效通量模型"计算方法的计算公式如下：

$$R_{\mathrm{H}} = \int_0^\infty \Phi_{\mathrm{e}}(L)\sigma(L)\mathrm{d}L \qquad (7.2-1)$$

式中，R_{H}为重离子诱发的单粒子翻转率；L为重离子LET值；$\Phi_{\mathrm{e}}(L)$为以LET值为变量的有效重离子微分谱，也称为全向微分通量谱；$\sigma(L)$为线性能量传输值为L的重离子的单粒子翻转截面。考虑各向同性入射的离子束，设L_{c}为诱发单粒子翻转的LET阈值，当$L > L_{\mathrm{c}}$时，所有方向入射的离子都会导致单粒子翻转发生；当$L \leqslant L_{\mathrm{c}}$时，存在一个临界角$\theta_{\mathrm{c}} = \mathrm{arcos}(L/L_{\mathrm{c}})$，入射角$\theta > \theta_{\mathrm{c}}$时，才会导致单粒子翻转发生。因此，全向微分通量谱$\Phi_{\mathrm{e}}(L)$可表示为：

$$\Phi_{\mathrm{e}}(L) = \frac{\Phi(L)}{2\pi}\int_{\theta_t}^{\pi/2}\cos\theta\mathrm{d}\Omega = \frac{\Phi(L)}{2}\cos^2\theta_{\mathrm{c}}$$

$$= \begin{cases} \dfrac{\Phi(L)}{2}\left(\dfrac{L}{L_{\mathrm{c}}}\right)^2, & L \leqslant L_{\mathrm{c}} \\[2mm] \dfrac{\Phi(L)}{2}, & L > L_{\mathrm{c}} \end{cases} \qquad (7.2-2)$$

式中，$\Phi(L)$为重离子微分谱。把$\Phi_{\mathrm{e}}(L)$代入上面R_{H}的计算表达式，对不同LET值的离子分段积分可求得重离子单粒子翻转率。

| 7.3 翻转率计算方法 |

上面章节主要讨论了单粒子效应翻转率计算过程中涉及的基本模型及经验方法，下面介绍计算的一般过程和方法。

当电子器件或集成电路在空间辐射环境中受到全向分布的重离子照射时，诱发的单粒子翻转率可用如下数学方程表示：

$$\mathrm{Rate} = \sum\iiint K_{\mathrm{t}}(Z, A, E, \theta, \phi)D(Z, A, E, \theta, \phi)\sin\theta\,\mathrm{d}E\,\mathrm{d}\phi\mathrm{d}\theta \qquad (7.3-1)$$

式中，D为在一个立体角内，微分能量为E、质量为m、电荷数为Z的全向空间重离子通量率。在该翻转率计算表达式中，采用球状柱坐标系统，坐标轴垂直于器件表面，这样一来，可以方便确定方位角度 ϕ 和极化角度 θ。式中 K_t 称为辐射传输影响函数，其单位为面积单位。传输影响函数 K_t 表示了辐射传输过程中电子器件或集成电路芯片内部敏感区域沉积的能量大小及与单粒子翻转临界电荷大小的相关性。如果带电粒子在电子器件或集成电路芯片内部敏感区损失能量所产生的电荷不足以引起单粒子翻转发生，则传输影响函数 K_t 为零。在上述空间单粒子翻转率数学方程表达式中，积分计算过程涉及了许多项目，如空间带电粒子相关的参数涉及所有元素周期表中的元素及同位素，使计算过程具有一定程度的复杂化。虽然计算过程具有一定程度的复杂，但是由于带电离子在半导体材料中的阻止本领或线性能量传输值的大小主要与电荷数相关，在实际计算过程中，只考虑基本元素的影响，如在 CRÈME 计算程序中，只考虑了 92 个基本元素的微分通量谱的影响。在实际计算中，传输影响函数 K_t 的确定需要在一定简化假设条件下得出，下面介绍为了方便表达式（7.3–1）的计算方法实现而必须作出的一些假设条件。

假设条件 1：

带电离子在穿越电子器件或集成电路芯片内部时，其在敏感体积内沉积的能量等于其穿越时所损失的能量，并且该能量大小与采用线性能量传输 LET 值计算出的数值一致。这样一来，带电离子在敏感体积中产生的电子–空穴对数目或电荷的多少，就可以采用沉积能量的多少计算。应当注意的是，当带电离子在半导体材料中射程比较短的情况下，该假设条件存在一定程度的不真实性。这是由于带电离子射程比较短时，加上二次电子本身射程的有限性，导致带电离子沉积的能量并不处于敏感体积范围内，从而沉积能量并不是用来全部产生可能收集到的电荷量。

假设条件 2：

具有相同线性能量传输 LET 值的带电粒子具有相同的作用效果。在该假设条件下，计算过程中涉及的众多不同离子种类可以依据其线性能量传输值的不同进行分类计算，从而使计算分析过程大幅度简化。1977 年，Heinrich 第一次针对银河宇宙射线重离子，提出了计算分析离子在不同吸收材料中的 LET 谱分布计算方法，该方法被应用于单粒子翻转率的计算分析过程中，在 CRÈME 计算程序中，基于 Heinrich 的 LET 谱计算方法，可以计算在行星际辐射环境条件下，对于任何地球轨道，不同屏蔽条件下的带电离子 LET 值分布情况。应当说明的是，该假设条件只是在有限的试验基础上被证实，实际上，在某些情况下，试验中也发现了例外情况的存在。例如，从第 2 章的叙述中我们知道，具有相同线性能量传输 LET 值的同一类离子，其电离径际结构不同，因而会产生不同的电荷沉积量，其产生的作用效果不同。尽管如此，实际在轨测试表明，这种差别造成的影响可以忽略不计。但随着微电子技术的不断发展，特别是纳米电子器件的不断出现和应用，这种差别的影响需要进一步开展探索研究。

假设条件 3：

带电离子在穿越电子器件或集成电路芯片内部时，在一定范围内，沿着离子径迹长度方向，其线性能量传输 LET 值保持不变。提出该假设条件的原由是由于具有相同 LET 值的带电离子可能具有不同的射程，因而可能在同一敏感体积内沉积不同的能量。实际情况也表明，带电离子在半导体材料中射程长短的因素在地面开展的加速器重离子试验上表现比较明显。

在假设条件 2 和假设条件 3 满足的情况下，单粒子翻转率的计算表达式可以进一步采用简单三重积分公式表示如下：

$$\text{Rate} = \iiint K(L,\theta,\phi)D(L,\theta,\phi)\sin\theta \, dL \, d\theta d\phi \qquad (7.3\text{--}2)$$

式中，L 为带电离子在半导体材料中的线性能量传输 LET 值；系数 K 为有效横截面，从式（7.3--1）可知，系数 K 可以是入射束流横截面，或翻转横截面等。

采用极角的余弦表达式，则翻转率计算公式可以进一步简化。如果使弦长为 $\mu\cos\theta$，且定义横截面如下：

$$S(L,\Phi,\mu) = K(L,\theta,\phi)/\mu \qquad (7.3\text{--}3)$$

那么，单粒子翻转率计算方程变为：

$$\text{Rate} = \iiint S(L,\theta,\mu)f(L,\theta,\mu)\mu d\phi d\mu dL \qquad (7.3\text{--}4)$$

从式（7.3--4）可以看出，单粒子翻转率的计算过程已简化了许多，基于式（7.3--4），在地面试验测试数据的基础上，就可以预示空间单粒子翻转率大小。

基于式（7.3--4）计算空间单粒子翻转率大小时，在地面重离子加速器试验上需要确定翻转横截面随离子 LET 值及其入射角度的变化曲线，然后结合所关注环境模型的通量率 $f(L, \phi, \mu)$ 进行积分就可以得出空间单粒子翻转率数值大小。

应当说明的是，基于式（7.3--4）计算空间单粒子翻转率大小的方法是被广泛采用的一种基本计算方法，尽管如此，但在实际计算过程中，还需要进一步对相关过程进行简化，以便实现计算。从上述计算方法及过程的叙述中可知，最直接的计算就是对已知某一敏感体积，在以 LET 值分布方式表示的离子通量率已知的情况下，即知道每一 LET 值下，射入敏感体积中的离子数目，且这些离子的能量沉积均可产生导致翻转发生的临界电荷 Q_{crit}；那么对这些离子数求和即可得到翻转率数值。但在某些情况下，由于敏感体积几何形状是随着离子 LET 值及其入射角度而变化的，这样一来，计算呈现出复杂化，如带电离子在敏感体积中产生的电荷多少与穿越长度成正比关系，这时必须考虑穿越长度的影响。为了实现基于式（7.3-4）的具体计算过程及方法，还需要作出进一步假设条件，下面给出详细说明和介绍。

假设条件 4：

带电粒子在敏感体积中产生的电荷数等于其线性能量传输 LET 值和弦长的乘积，如前面对弦长分布模型的描述，该弦长表示了其在器件内部的电荷收集区和扩散区的延长分布，我们可以称之为"有效弦长"。基于假设条件 4，针对单粒子翻转率开发出了前面所叙述的针对器件敏感体积形状所提出的长方形平行管道（RPP）模型。

在敏感体积的建模分析中，以柱状极坐标系为参考，考虑空间中的每一个方向，在与 θ、ϕ 垂直的方向均存在一个敏感区域 $S(X,\theta,\phi)$，其中的电荷收集长度超过了某一 X 值，如果该 X 值超过了敏感体积中特定方向的最大长度值，那么敏感体积 $S=0$。如果发生单粒子翻转所需的临界电荷为 Q_{crit}，离子的 LET 值为 L，那么当 $X \sim Q_{crit}/L$ 时，将会发生单粒子翻转。则离子 LET 值在 $L \sim L+\mathrm{d}L$ 范围内，从方向 θ、ϕ 入射后产生的翻转率大小可以表示为：

$$\mathrm{d}R = D(L,\theta,\phi)S(Q_{crit}/L,\theta,\phi)\sin\theta\,\mathrm{d}L\mathrm{d}\theta\mathrm{d}\phi \qquad (7.3-5)$$

式中，R 为单粒子翻转率；其他参数或物理量如上所述。

假设条件 5：

电荷收集路径和方式与离子 LET 值的大小无关。如果该假设条件不成立，那么敏感体积将与离子 LET 值相关，同时也与离子入射方向、翻转临界电荷相关，最后，翻转率的表达式为：

$$\mathrm{Rate} = \iiint f(L,\theta,\phi)S(Q_{crit}/L,\theta,\phi)\sin\theta\,\mathrm{d}L\mathrm{d}\theta\mathrm{d}\phi \qquad (7.3-6)$$

该模型在下面两条假设条件下，更容易实现计算操作过程。

假设条件 6：

敏感体积为凸球体形状，而来自离子径迹的电荷收集的多少主要取决于敏感体积内径迹路径的弦长大小。实际上，敏感体积的形状可能不仅仅是简单的凸球体形状，也可能是一种 L 形状或更复杂的形状。尽管如此，但采用 RPP 模型计算翻转率大小时引入的误差很小，下面章节将给出详细的讨论说明。

假设条件 7：

空间离子的注量率为全向分布的，也就是说，入射离子在器件的各个方向其 LET 谱分布是一样的。实际上，这种假设条件并不十分准确，因为大量的航天器部件可能遮挡了某些方向入射的带电离子。同样，对低轨道运行的卫星而言，在所有方向上地磁截止刚度并不相同，另外地球本身也会在某些方向上产生一定的屏蔽作用，这些因素也会影响到单粒子翻转率的计算准确性。

上述的几个简化是为了更方便实现翻转率积分计算而作出的假设条件，所以在所有方向上的积分计算仅包括了离子可以到达的"注入区域"，而"注入区域"作为路径变化的函数，在凸球体形状的敏感体积内可以转换成为一种弦长的分布，如果我们知道离子在敏感体积内的弦长分布，那么就可以计算出器件处于空间辐射环境的单粒子翻转率。

从上述可知，空间辐射环境中的重离子引起的单粒子效应发生率的计算方法主要涉及三个方面，即电荷收集敏感体积特征、敏感体积内的弦长分布及能够引起效应发生的产生于敏感体积内的临界电荷大小，这里应当提及的是，在讨论计算单粒子效应发生率的计算方法中，刚开始采用的是薄元盘状的敏感体积形状模型，后来发展出了广泛应用于各种计算软件包中的长方形平行管道（RPP）模型，而在采用长方形平行管道（RPP）模型的各种计算软件包或代码中，都基于下述两种积分计算方法中的一种实现计算过程：一种计算方法为将重离子微分通量率分布函数与一种积分弦长分布函数进行卷积积分，称为"微分通量/积分弦长"积分方法；另一种计算方法为将微分弦长分布函数与积分通量分布函数进行卷积积分，也称为"微分弦长/积分通量"积分方法。从数学计算方面来说，这两种计算过程的实现是相同的，但在实际计算方法实现中，最常用的是"微分弦长/积分通量"积分计算方法，这是因为对重离子微分 LET 谱中包含的每一个元素来说，计算中得到的重离子微分 LET 谱函数均包含有两个狄喇克 δ 函数，这种 δ 函数通常在 $\mathrm{d}/\mathrm{d}E(\mathrm{d}E/\mathrm{d}x)$ 变为零时，造成计算时出现无限大情况，给计算过程带了复杂化，因此最常用的是"微分弦长/积分通量"的卷积计算方法。

另一个应当注意的是电荷收集过程的"聚积效应"对单粒子效应发生率计算的影响。实际上，"聚积效应"的影响已在上述的模型中有所考虑，主要是在敏感体积的长方形平行管道（RPP）模型中考虑了电荷收集过程的"聚积效应"，即敏感体积的空间尺寸大小扩展了离子在其中的弦长分布范围，具体就是敏感体积的深度包括了电荷收集的"聚集长度"。

| 7.4　翻转截面模型 |

从上节的叙述可知，翻转率计算方法所依据的一个基本过程是对试验获得的翻转截面曲线的利用和建模分析。研究工作者在对翻转截面曲线形状的分析研究中，提出了从临界值到饱和截面的连续性变化过程中的统计参数，在分析研究中，依据器件结构特征和测试数据分析，提出了两种基本的分析方法，一种认为由于制造工艺的影响，器件内部单元之间的单粒子翻转敏感性存在一定差异，即制造工艺的不确定性会导致临界翻转参数的变化。另一种为了避免计算过程的复杂化，认为所有单元具有相同单粒子翻转敏感性，即随着离子 LET 值的不断增大，每个单元发生单粒子翻转的概率相同，在翻转截面达到饱和状态时，所有单元的翻转概率为 1，每个单元具有同一的电荷产生、输运和收集特征。前者被称为"单元间"差异理论（CTC 理论），后者则被称为"产生、输运和收集"理论（PTC 理论）。

如果认为器件内部单元之间具有不同的单粒子翻转敏感性，亦即重离子翻转截面曲线代表了器件内部敏感单元的分布情况。在这种观点下，当数据点位于极限（饱和）横截面的 20%处时，表明在该有效 LET 值下，仅有 20%的单元将会发生翻转。相关研究表明，这种模型说明与对体硅 CMOS 工艺制造的集成电路的相关试验测试结果相一致，但与某些工艺技术制造的集成电路试验测试结果并不十分符合，例如，双极性和砷化镓工艺有几个敏感区域，每个区域的灵敏度也不同，甚至 CMOS 也有两个不同的敏感区域。另外，这种模型也与一些试验观察不符，即在单独的一个单元结构中，电荷收集效率似乎取决于离子撞击位置。

针对试验中观察到的模型难以说明的现象，Massengill 等人利用 SOI CMOS SRAM 器件，进一步开展了有针对性的研究工作。结果表明，由于 SOI CMOS SRAM 器件中寄生结构的分布，特别是双极性放大系数的存在，可以解释说明重离子翻转截面测试数据的分布特征。从 SOI 制造工艺过程可知，双极性放大与结构相关，则在横跨单个单元的所有位置处，离子撞击后发生翻转所需的临界电荷不同；制造工艺过程的变化将会影响寄生双极性放大系数，这样一来，临界电荷的大小将会呈现出一种统计分布特征。

在翻转率计算中，人们通过研究发现，虽然可以用不同的模型来描述翻转截面随 LET 值的变化曲线，但对计算得出的翻转率大小的影响并不十分明显。因此，在对试验测试获得的翻转截面数据处理中，广泛使用在 CRÈME 计算模型中采用的维泊尔（Weibull）函数来描述，具体表达式为：

$$\sigma(L) = \begin{cases} \sigma_\infty \left\{ 1 - \exp\left(-\left[\frac{(L-L_0)}{W} \right]^s \right) \right\}, & (L > L_0) \\ 0, & (L \leqslant L_0) \end{cases} \qquad (7.4\text{–}1)$$

式中，$\sigma(L)$ 为翻转截面；σ_∞ 为饱和翻转横截面，简称为饱和截面。其中 L_0、

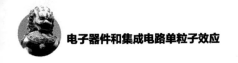
W、S 均为维泊尔（Weibull）分布参数，分别为 LET 阈值、分布宽度和形状系数。附录 1 给出了一类传统电子器件和集成电路的 σ–LET 曲线维泊尔参数表。

|7.5　半经验计算方法|

在单粒子翻转率计算方面，人们通过对大量试验结果的分析，总结了一些半经验的计算方法，如品质因子（FOM）方法和皮特森经验公式等。FOM 计算方法是 Petersen 等人依据简化的 LET 谱和 RPP 结构模型，在 1983 年提出的经验计算方法，用来描述器件局部敏感性以及计算与地球相对位置不变的轨道的器件 SEU 率，并在 1995 年将 FOM 方法应用扩展到了计算与地球相对位置变化的轨道。后来，这种计算方法被应用于质子和重离子的单粒子翻转率计算方面，因为它仅使用一个参数，而不是像其他模型，需要分别使用多个参数才能计算得出器件的空间 SEU 率，因而，在工程设计方面得到了应用。

Petersen 等人通过对大量试验数据分析处理，给出的计算单粒子翻转率的半经验计算公式（FOM 方法）如下：

$$R = KC_{sm} / L_{0.25}^2 \qquad\qquad (7.5\text{--}1)$$

式中，$C_{sm}/L_{0.25}^2$ 可以称为品质因子或灵敏因子；$L_{0.25}$ 为饱和截面 C_{sm} 的 25%处的 LET 值，如上所述，品质因子或灵敏因子描述了器件的单粒子效应敏感性特征；K 为环境相关系数，也称为轨道翻转率系数，单位为翻转数/（位·天）。应当注意的是，不同的轨道，轨道翻转率系数不同；即使是同一轨道，在不同的环境描述下，其数值也会不相同。例如，对同步轨道 Admas 90%最坏情况下，$K=500$，而在同步轨道太阳最小年情况下，$K=200$。另外，在描述电子器件和集成电路的单粒子翻转横截面随离子 LET 值变化曲线时，常常采用维泊尔（Weibull）分布来描述其特征。这样一来，$L_{0.25}$ 可通过维泊尔（Weibull）参数得到，具体计算表达式为：$L_{0.25}=L_0+\omega\times0.288^{1/S}$；其中 L_0、ω、S 均为维泊尔（Weibull）分布参数，分别为阈值、分布宽度和形状系数。

下面给出一个具体计算的例子。静态随机取存储器 HM628128（1 Mbit）的重离子单粒子翻转 LET 阈值为 6.0 MeV·cm²/mg，饱和截面 25%处的 LET 值为 8.5 MeV·cm²/mg 左右，重离子单粒子翻转的位饱和截面为 1.25×10^{-7} cm²/bit，那么可以计算出器件的品质因子为 1.73×10^{-9}，因而，在同步轨道 Admas 90%最坏情况下，计算出的翻转率为 8.65×10^{-7} cm²/bit，在同步轨道太阳最小年情况下，计算出的翻转率为 3.46×10^{-7} cm²/bit。

在 Petersen 等人提出并将 FOM 方法扩展应用范围后，许多研究工作者对 FOM 方法进行了分析和验算，给出了许多器件在不同轨道上的计算结果。认为在大多数情况下，通过 FOM 方法计算得到的单粒子翻转率与其他方法（如 CRÈME96 和 SPACE RADIATION 软件）的计算结果符合很好；对于低能质子在质子能谱中占很大比例的轨道（低地球轨道）和抗单粒子翻转能力很强的器件，符合稍差；对于一些复杂器件，像 FPGA，根据质子数据计算的品质因子（F 参数）比根据重离子数据计算的品质因子（F 参数）小一个量级。

在单粒子翻转率的预估计算中，或者进行器件单元加固设计时，如果能够知道器件的某些几何尺寸和发生单粒子翻转所需的临界电荷 Q_{crit} 大小，那么可以采用皮特森经验公式，来计算器件的空间单粒子翻转率的大小，给出器件空间单粒子翻转的敏感性预估。

皮特森经验公式的表达式为：

$$R = 5 \times 10^{-10} a \times b \times c^2 / Q_{crit}^2 \qquad (7.5-2)$$

式中，R 为单粒子翻转率（错误数/（位·天））；a、b 为器件芯片横截面大小（μm²）；c 为电荷收集长度（μm）；Q_{crit} 的单位为 pC。如第 3 章所述，对于传统电子器件和集成电路来说，临界电荷大小表达式为：$Q_{crit} = 0.023 L^2$，其中 L 为器件特征尺寸。

7.6　质子单粒子翻转率计算

本章节主要介绍针对质子诱发单粒子翻转率的计算方法和过程，对高能质子单粒子翻转截面计算模型进行说明，并对相关计算结果给出了比对分析。也结合重离子试验数据，对质子翻转截面模型进行修订的方法作了介绍，对相关质子翻转率的计算方法进行了总结。

7.6.1　利用质子单粒子翻转截面计算翻转率

用两个或多个能量的质子开展单粒子翻转试验，得出被测试器件单粒子翻转截面，利用空间辐射环境模型（如 AP8 模型），基于计算软件包（例如 SPACE RADIATION 5.0 软件）可以计算空间特定轨道上质子微分流量分布数据，结合试验中获得的翻转截面和计算所得空间质子能谱，利用预估模型计算方法得到质子翻转率。其计算质子单粒子翻转率公式为：

$$R = \int_{E_{\min}}^{E_{\max}} \frac{\mathrm{d}\phi}{\mathrm{d}E} \sigma_{\mathrm{seu}}(E)\mathrm{d}E \tag{7.6–1}$$

式中，$\mathrm{d}\Phi/\mathrm{d}E$ 为微分质子能谱（个/（$\mathrm{cm}^2 \cdot \mathrm{MeV} \cdot \mathrm{s}$）），$\sigma_{\mathrm{seu}}$ 为翻转截面；$E_{\max}$ 和 $E_{\min}$ 分别为质子能谱的上下限。

从式（7.6–1）可以得出，利用质子单粒子翻转截面计算翻转率主要有三个过程：第一，利用不同能量质子，试验中获取单粒子翻转截面试验数据，并使用最小二乘法对试验数据进行拟合，得出 σ_{seu} 随能量的变化关系。第二，利用辐射模型或空间辐射环境计算软件获得特定轨道下的平均质子能谱，并获得航天器及器件周围的屏蔽质量分布情况，最后确定出器件所处位置的质子能谱。第三，利用一般计算表达式式（7.6–1），采用翻转截面数据及轨道能谱数据计算出空间质子翻转率大小。

（一）Bendel 单参数模型

W. L. Bendel 等人在核反应能谱的基础上，提出了 Bendel 单参数半经验公式来描述质子翻转截面与能量的关系。该模型假设沉积在敏感体积中的能量超过阈值能量时，发生单粒子翻转现象。公式最初是利用高能质子的单粒子效应定义、核理论和有关数据推导出，Bendel 单参数方程为：

$$\sigma_{\mathrm{p}}(E)=(24/A)^{14}\times10^{-12}[1-\exp(-0.18Y^{0.5})]^4(\mathrm{cm}^2/\mathrm{bit}) \tag{7.6–2}$$

式中，$Y=(18/A)^{0.5}\times(E-A)$，$E$ 和 A 的单位为 MeV；E 为质子能量；A 为"近似阈值能量"，可以用来比较不同器件对质子的单粒子翻转敏感度，式中 A 值由质子试验数据拟合得出。

把式（7.6–2）代入式（7.6–1）即可得到在特定轨道质子单粒子翻转率的大小。Bendel 单参数模型能计算大部分器件在特定轨道的质子单粒子翻转率，但其预估精确度相对较差。

（二）Bendel 双参数模型

Bendel 双参数模型是在单参数模型的基础上，经过修改得到，它可以明显地提高预估精度。参数 B 代替了单参数模型中的 24，Bendel 双参数方程为：

$$\sigma_{\mathrm{p}}(E)=(B/A)^{14}\times10^{-12}[1-\exp(-0.18Y^{0.5})]^4(\mathrm{cm}^2/\mathrm{bit}) \tag{7.6–3}$$

在 Bendel 双参数模型表达式中，$Y=(18/A)^{0.5}\times(E-A)$，$A$、$B$ 和 E 值的单位都为 MeV，其 A、B 值由质子试验数据拟合得出，E 为入射质子能量。

把 Bendel 双参数方程式（7.6–3）代入方程式（7.6–1）即可得到在特定轨

道质子单粒子翻转率大小。对大体积、传统器件而言，Bendel 单参数方法和双参数方法预示质子单粒子翻转率相差不大。Bendel 双参数模型更适合于新的、小特性尺寸的器件，其预估精确度高。

7.6.2 利用重离子翻转试验数据计算质子单粒子翻转率

由于质子与重粒子产生的单粒子翻转的物理机制都是因为重离子穿过灵敏区，电离产生的电荷被电极收集导致器件状态翻转，故质子与重粒子产生的单粒子翻转有许多共同特征。因此，可以利用重离子试验数据推导出质子单粒子翻转截面数据，实践表明该方法是可行的。另外，由于质子加速器试验设备的限制，质子单粒子效应试验一般很难开展，质子试验数据极其有限，而重粒子单粒子效应试验相对容易，一般可获得的器件和集成电路的单粒子效应数据是重离子试验数据，因而利用重离子试验数据估算质子单粒子翻转率也是工程设计中常采用的方法。利用重离子试验数据计算质子单粒子翻转率公式为：

$$R_P = \int_{E_0}^{\infty} \sigma_p(E)\varphi(E)dE \quad (\text{次}/(\text{器件·天})) \quad (7.6-4)$$

式中，E_0 为阈值能量；$\sigma_p(E)$ 为利用重离子试验数据推出的质子翻转截面积（cm^2）；$\varphi(E)$ 为质子微分流量。

（一）PROFIT 半经验模型

PROFIT（Proton Fit）方法是建立在重离子翻转试验数据基础上，经过计算分析，采用经验拟合而得出质子翻转截面大小的。该半经验模型不需要复杂的数据处理，仅需考虑重离子翻转截面 σ_i 随 LET 值的变化曲线形状；对传统器件来说，模型假设所有的器件单元具有相同的表面、相同的耗尽层深度，但具有不同的 LET 阈值；且质子与硅的核反应截面是入射质子能量的函数，核反应产物中仅考虑硅原子，其 LET 值是沉积能量的函数。在上述条件下，拟合给出的质子单粒子翻转截面积随其能量变化的经验关系式为：

$$\sigma_p(E)=\sigma_0\{1-\exp[-((L(E)-L_0)/W)^S]\}\times7.59\times10^{-6}\times E^{-0.5} \quad (cm^2) \quad (7.6-5)$$

式中，$L(E)=\exp[(-0.150+0.013\ 7\times E+1.38\times10^{-5}\times E^2)/(1+0.045\ 9\times E+1.73\times10^{-5}\times E^2)]$；$\sigma_0$ 是重离子翻转饱和截面积；L_0、W、S 是重离子翻转截面曲线的 Weibull 拟合参数；E 为入射质子能量（MeV）。

把上述方程式（7.6-5）代入方程式（7.6-4），即可得到在特定轨道质子单粒子翻转率大小。该模型拟合非常方便、简单，其拟合数据与试验测量数据接近，预估精确度相对较高。但该模型只适合于 LET 阈值不大于 15（LET $_{阈值}\leq$

15 MeV·cm²/mg）的器件质子单粒子翻转率大小计算，即该模型不能应用于部分加固器件质子单粒子翻转率大小计算。

（二）BGR 方法

Ziegler 和 Lanford 为了计算中子和质子在硅材料中反应沉积能量诱导的单粒子翻转率，提出了 BGR 方法（Burst Generation Rate）。该模型认为所有器件的敏感体积厚度 $t=2\ \mu m$，电荷有效收集系数为 $C=0.5$（对所有 RAM 器件，其余别的器件时 $C=0.6$）。BGR 方法拟合的质子翻转截面积为：

$$\sigma_p(E) = tC\int BGR(E, E_r)\frac{d\sigma}{dL}dL$$

即：

$$\sigma_p(E) = 1.0\times10^8 \times \int_{1.22}^{\infty} BGR(E, 0.464L)\frac{d\sigma}{dL}dL \qquad （7.6-6）$$

式中，$BGR(E,E_r)$是带有能量 E 的入射粒子与硅反应产生的沉积能量大于 E_r 的粒子的概率（cm²/μm³），且

$$BGR(E, E_r) = 10^{-16}\exp(F_1 + F_2)\times\left\{1-\exp\left[-\frac{(E-E_{min})}{(20\times E_r^{1.4})}\right]\right\},$$

其中，$F_1=6.0\exp(-E_r/7.5)$，$F_2=3.2(0.4-E_r^{0.5})\times\exp\left[-E_r-\left(\frac{E-10E_r}{20}\right)^2\right]$，$E_{min}=7.5$，$E_r \geq 0.4$ MeV，E_r 为沉积能量，$E_r=\rho\times L\times t=0.464\ L$（MeV）；$\sigma(L)=\sigma_0\{1-\exp[-((L-L_0)/W)^S]\}$。

把上述方程代入方程式（7.6-6）即可得到在特定轨道质子单粒子翻转率大小，该模型对有些器件来说计算结果与在轨实测接近，但也对有些器件其预估精确度相对较差。

（三）FOM 模型和 Bendel 参数模型相结合的方法

该方法首先利用上面提到的半经验FOM模型拟合出质子SEU饱和截面积，再利用重离子试验数据拟合出"近似阈值能量" A，然后用 Bendel 模型拟合出质子 SEU 截面与能量的关系。

FOM 模型拟合出质子单粒子翻转饱和截面积为：

$$\sigma_{饱和} = 2.22\times10^{-5}\times\sigma_0 / L_{0.25}^2$$

式中，σ_0 是重粒子 SEU 饱和截面积；$L_{0.25}$ 是 σ 为 $\sigma_0/4$ 时所对的 LET 值。

利用重离子试验数据拟合出 Bendel 模型参数 A，$A=15+L_{0.1}$。运用 Bendel

模型拟合得出质子翻转截面与能量的关系式为：

$$\sigma_\mathrm{p}(E) = 2.22 \times 10^{-5} \times \sigma_\mathrm{i0} / L_{0.25}^2 \times \{1 - \exp[-0.18 \times (18/A)^{0.25} \times (E-A)^{0.5}]\}^4 \ (\mathrm{cm}^2)$$

$$(7.6\text{-}7)$$

把方程式（7.6-7）代入方程式（7.6-4），即可得到在特定轨道质子单粒子翻转率大小。该模型的优点是拟合简单，其拟合出的数据与试验测量数据接近，其预估精确度高。

7.6.3　计算方法的适应性

通过对比国内外在轨卫星记录数据，可以获得在轨卫星携带器件的质子单粒子翻转记录数据，运用上述计算模型提出的方法计算分析了这些器件在轨质子翻转率。所选用器件特性见附录 2，计算所用的轨道参数见附录 3，这些星用器件在轨实测结果和基于模型的计算结果见附录 4，在轨质子翻转实测结果和基于计算模型的预估结果比对如图 7-7、图 7-8 所示。同时，对星用典型器件 6116 在不同轨道，选用不同计算模型进行计算与在轨观测结果比对分析，其结果如图 7-7、图 7-8 所示。

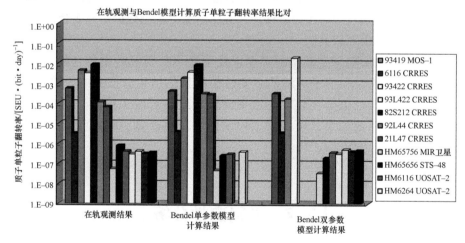

图 7-7　采用 Bendel 模型计算结果
（Bendel 参数模型预示结果误差在一个数量级范围内）

从上述计算结果可知，本节介绍的计算模型计算出的数值与在轨试验观测数值比较接近，且各模型计算出的结果也比较接近，整体结果相差在一至两个数量级内，综合考虑空间辐射环境、空间高能质子分布特性以及 AP8 模型的特征来看，计算结果在允许的误差范围内。

另外，计算结果也表明，完全可以利用重离子试验数据进行计算卫星轨道

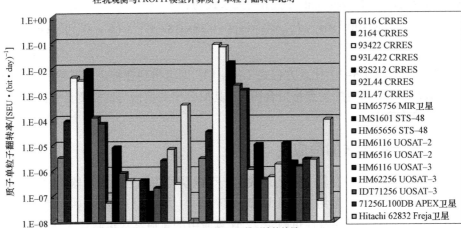

图 7-8　采用 PROFIT 半经验模型计算结果比对

（PROFIT 半经验模型也可以给出较可信结果）

质子单粒子翻转率。FOM 模型计算结果与其他计算模型相差也不大，但应考虑到 FOM 模型中单粒子轨道翻转系数 C 的选取带来的计算误差问题。对 BGR 方法而言，计算分析发现对部分器件计算数据与实际观测数据十分吻合，但对另一部分器件计算误差较大。

综合上述，从实际空间辐射环境以及卫星飞行实际数据结合起来看（预测中的不确定因素和质子环境的多变性使得预估结果有很大的分散性），基于模型的计算预估值与在轨观测结果比较一致，对质子单粒子翻转率能够给出较可信的估测结果，可以供工程设计中预估计算空间高能质子单粒子翻转率。

|7.7　不确定性分析|

在空间单粒子翻转率预示分析研究的不断发展过程中，结合空间单粒子翻转率在轨实测数据的分析，人们也研究了预测数据和实际测试数据之间的差异，这种数值上的差别在某些特殊情况下甚至达到数量级以上，为了明确造成这种差别的原因，人们开展了相关研究，明确了一些造成这种差异的不确定性因素。这些不确定的主要因素包括：① 空间辐射环境模型中包括的动态辐射环境描述信息不全面，如离子的动态微分能谱和积分能谱分布并不完善；② 计算过程涉及的离子与材料相互作用模型不完善或不适合，例如描述离子电离径迹的模型应用不正确；③ 测试获得的翻转截面数据并不十分完全和准确，例如一般都没有包含与器件工作状态及离子入射角度等相关的翻转截面的地面测试数据，这可能与空间的实际情况具有一定差异；④ 商业化器件（COTS 器件）或部件的应用为翻转率准确预测带来了很大不确定性，这是由于 COTS 器件之间的辐射响应会有很大的变化；⑤ 测量实践获得的相关数据的充分性不足，比如我们在空间和地面测试中使用了不同的软件和不同的部件，难以通过比对分析明确单粒子翻转率计算中存在的某些不确定因素等。

为了确定单粒子翻转率计算中的某些不确定因素，针对辐射效应，特别是单粒子翻转效应，科学家和工程师们开展了专门的空间飞行试验与测试研究，如美国发射的化学释放与辐射效应综合卫星 CRRES 及微电子与光电子器件试验测试（MPTB）卫星等。其中，MPTB 试验项目的目标之一就是通过消除上述的一些不确定性来识别单粒子翻转率预估分析中引入误差的主要来源。下面介绍 MPTB 试验概况，首先，MPTB 试验项目对空间中的离子谱进行连续性监测，以消除环境中的不确定性。其次，为了将 COTS 器件的可变辐射响应问题降到最低，在空间和地面测试中使用了同一批次制造的相同器件（这并不意味着辐射响应没有差异，不过是将这种响应差异做到最小化）。最后，预期应用于空间的电子器件和集成电路被安装在与地面测试相同的板上进行地面试验测试，并且在两种情况下使用相同的测控与应用软件。MPTB 试验采取的这些措施使得将翻转率数值的误差来源缩小到辐射环境的错误模型或者是使用 COTS 器件的原由成为可能。同时，该试验结果可用于评价 COTS 器件在翻转率预估中引入的不确定性。

MPTB 试验中包括了许多的测试器件，诸如，静态存储器（SRAM）、微处理器、模/数转换器（ADC）、人工神经网络、光纤数据总线等电子器件和集成电路。试验中选择器件的依据之一是未来的特殊空间任务可能对这些器件具有可能的需求，另外，对辐射响应表现出异常特征的一些器件也被选作测试样品器件。在器件选择方面，从单粒子翻转角度来看，首先应当选择存储器，MPTB 试验中选择的两个存储器分别为日立公司（NEC）制造的（4 Mbit×4）DRAM 和 AMD 公司制造的（256×4）SRAM。NEC DRAM 是一种商业上的采用塑料封装方式的高密度存储器，该器件在工艺及其他方面没有针对辐射效应进行加固设计；AMD 93L422 SRAM 的选择是基于该器件以前曾在 CRRES 卫星上进行过空间飞行，因此它的数据可以作为当前数据比较的基准点；其次，相关测试表明，该器件的质子诱发单粒子翻转也十分敏感。

MPTB 试验卫星所处的辐射环境随时间的变化很大，这是因为其轨道是一个较大倾角（63°）的高度椭圆化（39 200 km×1 200 km）轨道，轨道范围从倾斜到地球辐射带之下，一直延伸到地球同步轨道以外。所以，当航天器沿着这个大椭圆轨道上运行一圈后，电子器件和集成电路将暴露在辐射带中被捕获的质子和电子的强流中，在这里，既有单粒子效应发生，也会出现总剂量损伤；而在该大椭圆轨道的远地点，高能宇宙射线的强度相对较低，在这里主要发生单粒子效应。

上面简述了为了明确单粒子翻转率计算中的某些不确定因素而开展的卫星试验测试，就现阶段人们的认知来说，这些不确定因素包括环境模型的不确定性，试验测试数据的不确定性以及其他综合不确定性等。

7.7.1　环境模型及不确定性

基于 CRÈME 模型的单粒子翻转计算程序代码自 1996 年更新形成 CRÈME96 版本以来，随着人们对空间辐射环境的认识逐渐深入，在空间辐射环境模型方面作了一些完善和改进工作；其中最重要的一点是发现了银河宇宙射线的分布具有 22 年的周期性调制特征，即银河宇宙射线强度随时间变化的分布形态在 11 年太阳周期的最小值期间呈现出周期性交替的峰顶平顶的形状，这种具有调制特征的模式比在旧版 CRÈME 软件包（指 CRÈME96 以前版）中使用的正弦函数更适合对银河宇宙射线强度的描述。

在对银河宇宙射线强度的描述模型方面，俄罗斯科学家 Nymmik 及其合作者提出了描述太阳活动对银河宇宙射线强度调制的另一种模型，他们建议采用月平均太阳黑子数目作为太阳活动对银河宇宙射线强度调制水平的指示器。由于太阳黑子数是目前太阳活动水平的一种度量，而银河宇宙射线强度受到过去从太阳传播出去的太阳风扰动的调制，所以，当下的太阳黑子数分布历史可以用来预测不久的将来太阳活动对银河宇宙射线强度的调制水平。

自从 CRÈME 模型开发以来，人们通过空间飞行试验测量和理论分析，在几个方面进一步增进了对太阳高能粒子事件的认识，也就是说进一步明确了辐射环境因素的不确定性影响。1996 年，费曼（Feynman）等人发现太阳质子事件（SEP）中的太阳质子强度符合一个正常的对数分布，这种分布模式可用于航天器任务期间电子器件和集成电路暴露于不同规模太阳质子事件下的风险的统计估计。所以，在 CRÈME 模型中，有必要引入重离子富集度的第二个分布，以描述太阳质子事件中重离子含量的变化情况。在后续空间测试数据分析的基础上，Cane、麦克奎尔（McGuire）和冯·罗森文格（von Rosenvinge）发现太阳质子事件可以分为两个主要类型，即脉冲事件和长期事件。在观测到的太阳质子事件中，大多数大型事件是属于第二种类型，而且其带电离子成分构成也基本一致；另外，越来越多的测量证据表明，太阳质子事件中的高能端重离子却处于部分电离状态（不是一般认为的裸核状态），因此将有更多的机会进入处于低地球轨道运行的卫星电子设备中。目前，这种可能性仍不包含在 CRÈME 模型中，相关研究工作正在进一步开展。

在太阳质子事件期间，采用 CRÈME 模型来预示分析单粒子效应事件率也存在着一些问题。例如，在 1989 年太阳大耀斑期间，搭载在 TDRS-1 卫星上的存储器 931A22 获得了大量的测试数据，这些实际测试数据与采用 CRÈME 太阳耀斑重离子模型的预测结果进行比较，发现单粒子翻转率被高估了两个数量级以上，这表明，需要对 CRÈME 太阳耀斑重离子模型进行进一步的修正，在有太阳大耀斑存在期间，提高对单粒子翻转率预示的准确性。

在 CRÈME 太阳质子事件模型中，重离子的组成成分主要决定了单粒子翻转率的大小。然而，TDRS-1 卫星测试数据仅与质子诱发翻转率的预示结果一致，其他卫星的测试结果也证明了这一点。这种采用 CRÈME 模型对翻转率估计过高的原由可能是模型中采用的重离子谱模型的不确定性所引起。在 CRÈME 模型中，假设可以通过重离子与质子的比值来标度质子谱，可采用这种办法来预测重离子微分能谱分布情况。这种方法主要是基于低能重离子的测试数据，但因为缺乏足够大的仪器来测量高能端重离子能量分布，而缺少了高能端重离子的测试数据，从而这种标度方法具有一定的不确定性。在 1989 年的大型 SEP 事件中，对几百兆电子伏/核子的重离子能谱进行了测量，该测量结果将为检验预测重离子 SEP 事件的 CRÈME 太阳耀斑重离子模型的进一步改进提供了机会。

在环境模型带来的不确定性的进一步改进方面，如果能够在计划任务期间，计算出经历超过某一特定值的单粒子翻转率的概率，而不是如目前 CRÈME 程序所提供的一系列 SEP 模型环境那样，则用暴露风险方法重新构造 SEP 环境的建模问题可能是有用的，可以进一步改善环境模型带来的不确定性。

目前 CRÈME 模型中的异常宇宙射线谱已经完全过时，自 CRÈME 模型修正以来，已对单个元素的能谱及其太阳调制对其的影响进行了许多准确的测量，需要进一步对相关数据进行补充和完善。对 CRÈME 模型中的这一部分进行改进后，也许会表明目前 CRÈME 模型高估了银河宇宙射线异常成分的严重性。最后，地磁场捕获的重离子一直以来被认为是近地轨道单粒子翻转的潜在贡献者，人们通过在轨测试表明，高能氧离子可以被地磁场所捕获，并发现其来源于对反常银河宇宙射线的捕获。这些地磁场捕获的重离子是否对单粒子翻转产生重要贡献，目前还有待进一步分析确认。目前看来，在各种不同的环境条件下，上述的 CRÈME 模型中的所有缺陷都会导致单粒子翻转率预示的不确定性。表 7-2 给出了影响辐射环境的主要因素及其轨道分布情况。

表 7-2　影响辐射环境的主要因素及其轨道分布情况

离子辐射	模型	太阳活动周期影响	其他因素	主要影响轨道类型
捕集质子	AP8-Min AP8-Max	太阳最小-高 太阳最大-低	地磁场，太阳耀斑，磁暴	LEO；HEO；转移轨道
银河宇宙射线离子	CRÈME CHIME	太阳最小-高 太阳最大-低	电离水平	LEO；GEO；HEO；星际空间
太阳耀斑质子	SOLPRO； JPL91	太阳最大-多 太阳最小-少	太阳耀斑位置轨道处的衰变	LEO（$I>45°$）；GEO；HEO；星际空间
太阳耀斑重离子	CRÈME； JPL91； CHIME	太阳最大-多 太阳最小-少	太阳耀斑位置轨道处的衰变	LEO；GEO；HEO；星际空间

下面简要介绍 SPACE RADIATION TM 软件包中计算单粒子翻转率过程中的模型选择。在采用 SPACE RADIATION TM 软件包计算单粒子翻转率的过程中，一般情况下选择 CRÈME 模型（银河宇宙射线和太阳耀斑重离子）。当选取 CRÈME 模型后，选择计算时要规范 12 个有关环境模型参数。如 $m=3$ 为标准环境模型，选择计算 $m=4$ 的情况下，应对重离子反常成分进行说明，其他 m 值的选取分别对应着其他环境模型；另外，在低地球轨道环境情况下，应使用太阳最小年情况。详细情况可以参见 SPACE RADIATION TM 软件包网站及使用说明手册。在采用相关软件计算单粒子翻转率时，必须了解其应用辐射环境模型的情况，以便明确计算结果的不确定性。例如，在部分计算软件中，首先可能对银河宇宙射线调制周期（22 年）情况并未在模型中考虑；其次在宇宙射线强度谱的分布方面，仍然采用正弦函数，并未采用太阳黑子的分布情况进行调制；最后，没有考虑 SEP 事件的影响。

7.7.2　LET 不确定性

我们知道，当宇宙射线粒子穿越一个器件时，由于电离过程而损失掉能量。如第 2 章所述，离子 LET 值被用来描述入射离子在电子器件材料中的这种能量沉积能力，它使与能量沉积过程相关的计算变得简单方便，因为它容许使用一个参数就可以表征所有离子种类的能量。

如第 2 章已述，离子线性能量传输值（LET）为能量损失量（dE）和相应穿越距离（dx）的比值。一般情况下，为了表示出材料的特性，将 LET 表示为能量单位距离上的损失率除以材料密度，即：LET=1/ρ×dE/dx，单位为 MeV·cm^2/mg。

离子线性能量传输值（LET）与沉积电荷之间的关系可以表示为：

$$\text{LET}=22.5\ Q/D\rho \qquad\qquad (7.7\text{--}1)$$

式中，D 为离子在靶材料中的路径长度（cm）；电荷 Q（pC）为离子在器件材料中移动时电离产生的电荷；常数 22.5 为转换系数（皮库仑转换为电子伏特）。

离子线性能量传输值是表征电子器件单粒子效应敏感性的一个关键参数，因为它在本质上与产生电子–空穴对所需的能量基本上是相同的。在国内外一般工程试验测试中，有时会采用不同的 LET 确定方法，有些试验测试中给出的是采用 J. F. Ziegler 等人开发出的 SRIM 软件包计算出的 LET 数值，而有些试验测试采用另外的计算程序给出。例如，采用 LET 计算器代码软件包计算给出离子 LET 数值。由于在该方面还没有形成通用指南，不同的计算软件包提供的 LET 数值可能导致被测试电子器件和集成电路的表征特性不一致，从而造成单粒子翻转率计算的不确定性。

图 7–9 给出了采用 SRIM 软件包计算的 LET 值和采用 LET 计算器代码软件计算的 LET 值的差值分布情况，从图中可以看出，对单粒子效应测试中常用的两种重离子 Kr$^+$ 和 Xe$^+$ 而言，在能量分别为 800 MeV 和 1 200 MeV 的情况下，误差达到 6% 以上和 12% 以上。

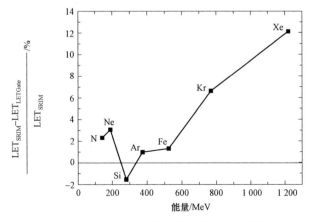

图 7–9　SRIM 软件包与 LET 计算器软件包 LET 计算值差值分布

针对上述的这种不确定性问题，科学家和工程师们在试验测试和仿真计算之间开展了比较分析研究。2007 年，A. Javanainen 等人通过试验测试对该问题进行了分析讨论。在他们的研究工作中，试验上测试了两个常用 Xe⁺ 和 Kr⁺ 离子的 LET 数值，Xe⁺ 离子的能量范围为 1.25～8.6 MeV/nuc，Kr⁺ 离子的能量范围为 0.35～8.8 MeV/nuc。在低能量范围内，试验测量值和采用 SRIM 计算程序计算所得结果符合得比较好；在高能量范围内，在单独 Xe⁺ 离子的情况下，与试验测量结果比较发现，采用 SRIM 计算程序计算所得的结果高估了 LET 数值；但在 Xe⁺ 和 Kr⁺ 离子情况下，在高能量范围内，采用另一种计算代码程序（LET 计算器）的计算结果却低估了 LET 数值。在低能量端（低于每核子 1.5 MeV），Kr⁺ 离子 LET 值的试验测量值与采用 SRIM 的计算值符合得很好。应当了解的是，采用 SRIM 计算程序计算离子 LET 数值时，在高能量端的情况可以分成两个部分，一种情况是在 1.5～5.0 MeV/nuc 的能量范围内，测量所得的 LET 值比计算数值要高，另一种情况是在能量高于 5.0 MeV/nuc 时，测量所得的 LET 值比计算数值要低。实际上，所有的 LET 计算程序代码都是基于 J. F. Ziegler 等人提出的半经验计算方程，而这些方程最初来自第一阶扰动理论与收集到的试验数据之拟合，通过分析发现，上述举出的两个 LET 计算程序代码计算结果的差异主要是两者采用拟合数据表不同而造成的；另外，试验测量数据与计算代码计算数值的差异也许与计算代码中缺乏相关能量范围的数据拟合点有关。当然，也可以怀疑关于离子和能量范围的第一阶扰动理论的有效性；也就是说，在 LET 计算程序代码中，某些假设导致了计算数据与实测数据的差异，因而，这种不确定性具有"系统误差"的特征。值得指出的是，在上述的 LET 计算程序代码中，在硅材料电子器件的情况下，严格意义上来说，将带电离子入射靶材料假设成是一种非晶体结构的目标靶的情况并不是有效的。实际上，在某些测试条件下，可能存在这样的情况：某些入射离子由于目标靶晶体结构的沟道效应影响，它们的 LET 值与随机入射情况下具有较大差异。

图 7-10 给出了几种轻离子 Si⁺、F⁺、O⁺、C⁺、B⁺ 情况下，铝箔材料的试验测试 LET 值和采用 SRIM 计算的 LET 值，从图中可以看出计算数值和实际测试数据之间的差异。图 7-11 给出了几种重离子 U⁺、Ag⁺、Ge⁺、Fe⁺、Sc⁺ 情况下，铝箔材料的试验测试 LET 值和采用 SRIM 计算的 LET 值，从图中也可以看出计算数值和实际测试数据之间的差异。

试验测试表明，对同一能量下的重离子而言，在 95% 的置信度下，采用软件程序 TRIM-90（SRIM 软件包的前期版本）计算的 LET 值与试验测试数值的误差范围为 2.0%～6.2%。对每种重离子来说，平均误差分别为：-1.1%（⁷Li），

1.5%（⁹B），1.3%（¹²C），2.0%（¹⁶O），3.1%（¹⁹F），−0.8%（²⁸Si），1.7%（³⁵Cl），3.0%（⁴⁵Sc），3.6%（⁴⁸Ti），1.7%（⁵⁶Fe），3.1%（⁵⁸Ni），3.0%（⁷⁴Ge），3.9%（⁷⁹Br），4.5%（¹⁰⁷Ag），2.3%（¹²⁷I），0.2%（¹⁹⁷Au）。实际上，在 95%的置信度下，当离子能量大于 2 MeV/AMU 时，采用 SRIM 软件包计算得出的 LET 值的精度在 5%以内，而当离子能量在 0.2～2.0 MeV/AMU 范围内时，LET 值的精度在 10%以内，有关试验测试表明，试验测试值和计算值一致性较好。

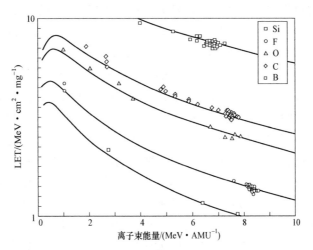

图 7-10　铝箔材料的实测 LET 值和 SRIM 计算 LET 值（轻离子）

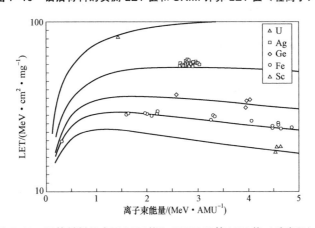

图 7-11　铝箔材料的实测 LET 值和 SRIM 计算 LET 值（重离子）

不但地面测试中给出的 LET 数值在单粒子翻转率的计算中引入了一定的不确定性，实际上，空间 LET 谱的分布与采用环境模型计算得出的 LET 谱也存在一定的差异，尤其是诸如太阳耀斑这种动态环境的影响，造成预测翻转率和实际翻转率之间存在巨大差异，给翻转率计算的不确定性分析带来挑战。

在特定的太阳环境条件下，为了明确一定轨道的离子通量的分布情况，一般情况下是给出轨道环境带电粒子的积分 LET 谱图。图 7-12 给出了在太阳活动处于极小期内，几种典型轨道（极地轨道、中轨道、低轨道低倾角、低轨道高倾角、同步转移轨道和地球同步轨道）的带电粒子积分 LET 谱图。从图 7-12 中可以看出，由于地磁场屏蔽效应的减弱，高轨道或大倾角轨道上的航天器，遭受到的宇宙射线带电离子的注量最大。在太阳活动强烈的时期，宇宙射线的注量可以达到很高数值。例如，1991 年 3 月发生的 X9 级太阳耀斑后，离子注量竟然增高了 10^6 倍。图 7-13 给出了最坏情况下离子注量随 LET 值的变化情况。应当说明的是，两个图谱分析主要针对了地球同步轨道，因为该轨道辐射环境代表了航天器电子器件和集成电路所面临的最大辐射风险及威胁。在太阳活动处于最大期间，即将发射或在轨运行的航天器将受到与太阳耀斑相关的更加剧烈的粒子环境的影响。如上所述，一次太阳耀斑可以使近地轨道内的离子注量增加 10 万倍（1991 年 3 月耀斑），增加的离子通量会对单粒子翻转频度产生显著影响。在如此大的太阳耀斑环境中，微处理器每天每比特可经历 0.7 次的扰动。对于一个具有 100～500 个敏感位的典型器件来说，这些器件可能每天将经历 70～350 次单粒子翻转。这种高频度的翻转将对卫星电子系统及设备正常运行构成严重威胁。1991 年 3 月的太阳耀斑，引起了地球轨道辐射环境中重离子注量的大幅度增强，然而，这种量级的耀斑并不常见，但是大型耀斑（离子注量会增强 10^3～10^4 倍）会平均每个月发生一次，这些耀斑可以在几个小时到几天的时间内增强近地辐射环境。

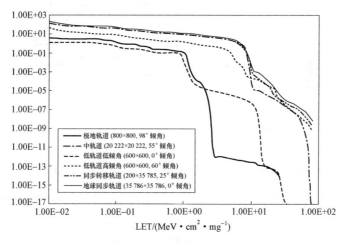

图 7-12　太阳活动极小期内的不同轨道积分 LET 谱

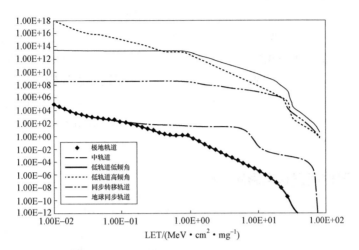

图 7-13　太阳耀斑环境下的积分 LET 谱图

7.7.3　综合性因素分析

实际上，试验测试过程的不确定性是单粒子翻转率计算中带来不确定因素的另一个重要方面，这些不确定性因素主要包括翻转截面数据获取时的数据点设置、器件偏置状态、器件工作方式、器件温度、入射离子能量及电离总剂量等。在本节中，主要介绍实践中总结的一般数据点设置方式，也分别结合试验中获得的测试数据，说明器件偏置状态、器件工作方式、器件温度等因素在单粒子翻转率计算中所带来的不确定性问题。

（一）数据点设置

为了降低翻转率计算的不确定性，在试验测试过程中，究竟获取多少个数据点是合适的，原则上，获得的翻转截面数据应能拟合成维泊尔曲线主要数据点，即阈值数据点、饱和截面数据点、形状分布数据点。在进行器件考核时，为了降低单粒子翻转率计算结果的不确定性，建议至少要获得 5 个数据点（ 0°，37°，48°，55°，60°）的翻转截面测试数据。其次，翻转饱和截面如何确定？建议至少采用两个数据点（ X1、X2）来决定饱和横截面。一般采用两个高 LET值的重离子来做测试试验。例如选取 LET 值分别为 65 MeV · cm^2/mg、130 MeV · cm^2/mg 的重离子进行照射测试，如果获得的翻转截面之间仍有 10%的差别，则需要附加做一个数据点后，再确定出翻转饱和截面。如果饱和横截面超过芯片面积太多，则应考虑多位翻转效应，并进行相应的校对。最后，其他数据点如何设置？试验测试中，应选择合适的 LET 值，使翻转截面在饱和截面的 5%～80%范围内，并建议重离子束采用垂直照射的方法，获得下面的数据点：① X0.8 数据：获取截面为饱和截面的 75%～80%范围内的某一 LET 值和对应的翻转截面。② X0.5 数据：获取截面为饱和截面的 50%～60%范围内的某一 LET 值和对应的翻转截面。③ X0.25 数据：获取截面为饱和截面的 25%～30%范围内的某一 LET 值和对应的翻转截面。④ X0.1 数据：获取截面为饱和截面的 10%处的某一 LET 值和对应的翻转截面。⑤ X0.0 数据：在小于饱和截面值 10^{-3} 范围内的某一 LET 值和对应的翻转截面。

（二）器件偏置状态影响翻转截面

从第 3、4 章的叙述可知，电子器件和集成电路的偏置状态一般指其工作电压的状态，器件和集成电路的单粒子效应敏感性与其工作电压的高低密切相关。所以，试验测试中应选取合理的工作电压的状态，与其在轨工作状态的偏置方式一致，从而减小给单粒子翻转率计算带来的不确定性。图 7-14 给出了 4M SRAM 器件在 105 MeV 高能质子照射条件下，单粒子锁定截面随器件工作电压状态的变化情况。从图中可以看出，当器件工作电压由 2.0 V 增大到 3.5 V 时，器件的锁定截面增加了约半个数量级，并且呈现出饱和状态。

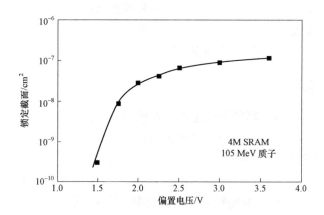

图 7-14　SRAM 器件锁定截面随工作电压的变化情况

（三）器件工作方式影响翻转截面

器件工作方式一般指其处于静态条件下或处于动态读写及其他操作条件下。同样，器件和集成电路的单粒子效应敏感性与其工作方式密切相关。

所以，试验测试中应选取合理的工作方式，与其在轨工作方式相一致，从而减小给单粒子翻转率计算带来的不确定性。图 7-15 给出了 4M SRAM 器件在不同重离子照射条件下，单粒子翻转截面分别在静态工作模式和动态工作模式下的变化情况。从图中可以看出，在较低 LET 值（小于 50 MeV·cm²/mg）范围内，器件处于动态工作模式下的翻转截面明显高于处于静态条件下的翻转截面，器件的翻转截面差值最大达到约两个数量级；而在较高 LET 值（大于 80 MeV·cm²/mg）范围内，器件处于动态工作模式下的翻转截面和处于静态条件下的翻转截面相差不大。从前面章节已知，在空间辐射环境中，较低 LET 值（小于 50 MeV·cm²/mg）范围内的粒子通量密度占整个粒子通量的主要部分，所以器件工作方式将对单粒子翻转率计算的不确定性带来明显影响。

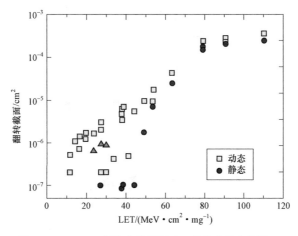

图 7-15　SRAM 器件翻转截面随工作模式的变化情况

（四）温度影响翻转截面

器件工作温度也会影响其单粒子效应敏感性。所以，试验测试中应根据器件实际工作状态下的温度变化情况选取合理的温度设置方式，一般是与其在轨工作方式一致，从而减小给单粒子翻转率计算带来的不确定性。图 7-16 给出了 256K SRAM 器件在静态工作模式下，采用不同重离子照射时，单粒子翻转截面分别在三种典型温度状态下的变化情况。从图中可以看出，在较低 LET 值（小于 35 MeV·cm²/mg）范围内，器件处于高温状态下（85 ℃，125 ℃）的翻转截面明显高于处于室温（25 ℃）条件下的翻转截面，器件的翻转截面差值最大达到三个数量级以上；而在较高 LET 值（大于 45 MeV·cm²/mg）范围内，器件处于高温状态下的翻转截面和处于室温（25 ℃）条件下的翻转截面相差不大。同样，如前所述，由于辐射环境中较低 LET 值范围内的粒子通量密度占整个粒子通量的主要部分，所以器件所处温度状态也将对单粒子翻转率计算的不确定性带来明显影响。

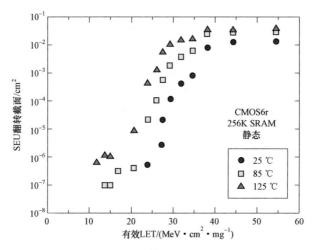

图 7–16　SRAM 器件翻转截面随温度的变化情况

参 考 文 献

[1] Holmes-Siedle A and Adams L. Handbook of Radiation Effects[M]. Oxford University Press, 2001.

[2] Messenger G C and Ash M S. The Effects of Radiation on Electronic Systems[M]. van Nostrand Reinhold, 1986.

[3] Messenger G C and Ash M S. Single Event Phenomena[M]. Chapman&Hall, 1997.

[4] Nicolaidis M. Soft Errors in Modern Electronic Systems[M]. Springer, 2011.

[5] Petersen E. Single Event Effects in Aerospace[M]. Wiley-IEEE Press, 2011.

[6] Alexander D R. Design Issues for Radiation Tolerant Microcircuits for Space[C]. in IEEE NSREC Short Course, Indian Wells, CA, 1996.

[7] Pickel J C and Blandford J T. Cosmic Ray Induced Errors in MOS Memory

Cells[J]. IEEE Transactions on Nuclear Science, 1978, 25(6):1166–1171.

[8] Adams J H Jr. Cosmic Ray Effects on Microelectronics,Part IV[R]. NRL Memorandum Report 5901, 1986.

[9] Petersen E L, Pickel J C, Adams J H, et al. Rate Prediction for Single Event Effects Critique[J]. IEEE Trans. Nucl. Sci., 1992, 39(6):1577–1599.

[10] Pickel J C. Single Event Effects Rate Prediction[J]. IEEE Trans. Nucl. Sci., 1996, 43(2):483–495.

[11] Petersen E L, Pouget V, Massengill L W. Rate Prediction for Single Event Effects-Critique II[J]. IEEE Trans. Nucl. Sci., 2005, 52(6):2158–2167.

[12] Heinrich W. Calculation of LET Spectra of Heavy Cosmic Ray Nuclei at Various Absorber Depths[J]. Radiat. Effects,1977, 34:143–148.

[13] Stapor W J, McDonald P T, Knudson A R, et al. Charge Collection in Silicon for Ions of Different Energy But the Same Linear Energy Transfer (LET)[J]. IEEE Trans. Nucl. Sci., 1988, NS–35 (6):1585–1590.

[14] Xapsos M A. A Spatially Restricted Linear Energy Transfer Equation[J]. Radiat. Res., 1992, 132:282–287.

[15] Petersen E L, Shapiro P, Adams J H Jr, et al. Calculation of Cosmic Ray Induced Soft Upsets and Scaling in VLSI Devices[J]. IEEE Trans. Nucl. Sci., 1982, NS–29(6):2055–2063.

[16] Adams J H Jr. The Variability of Single Event Upset Rates in the Natural Environment[J]. IEEE Trans. Nucl. Sci., 1983, NS–30(6):4475–4480.

[17] Petersen E. The SEU Figure of Merit and Proton Upset Rate Calculations[J]. IEEE Trans. Nucl. Sci., 1998, 45:2550–2562.

[18] Petersen E. The Relationship of Proton and Heavy Ion Upset Thresholds[J]. IEEE Trans. Nucl. Sci., 1992, 39:1600–1604.

[19] O'Neill P, Badhwar G and Culpepper W. Risk Assessment for Heavy Ions of Parts Tested with Protons[J]. IEEE Trans. Nucl. Sci., 1997, 44:2311–2314.

[20] 薛玉雄，曹洲，杨世宇. 星载电子系统高能质子单粒子翻转率计算[J]. 航天器环境工程, 2005, 22(4):192–201.

[21] 贺朝会. 空间轨道单粒子翻转率预估方法研究[J]. 空间科学学报，2001，21(3):266–273.

[22] Ziegler Z F, Biersack J P and Littmark U. The Stopping and Range of Ions in Solids[M]. Pergamon, 1985.

[23] Javanainen A and Malkiewicz T. Linear Energy Transfer of Heavy Ions in

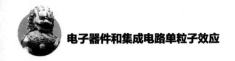
Silicon[J]. IEEE Trans. Nucl. Sci., 2007, 54(4):1154–1162.

[24] Zajic V and Thieberger P. Heavy Ion Linear Energy Transfer Measurementsduring Single Event Upset Testing of Electronic Devices[J]. IEEE Trans. Nucl. Sci., 1999, 46(1):59–69.

附　录

附录 1　一类代表性器件 σ–LET 曲线参数表

器件	工艺	$L_0/$（MeV·cm^2·mg^{-1}）	$W/$（MeV·cm^2·mg^{-1}）	S	$C_s/$cm^2	深度/μm	REF
双极性器件							
93422	双极 RAM	0.58	5.5	0.8	3.7 E−5	2	1
93L422	双极 RAM	0.6	4.4	0.7	2.6E−5	21	1
82S212	双极 RAM	1.0	6.0	0.8	8.7E−6	1	1
54AS374	八位触发器	3.04	16.5	2.1	3E−4/dev		3
54F374	八位触发器	2.0	12.2	2.0	7E−5/dev		3
54ALS374	八位触发器	0.3	19.5	1.9	3.5E−4/dev		3
MOS 器件							
2164	NMOS	0.487	4.95	1.422	1.7E−6	2	2
TMS44100	4M DRAM	0.9	9.43	1.24	3.1E−7	1	5
IMS1601	64K SRAM	1.28	13.4	1.73	1.05E−5	1	5
体硅 CMOS							

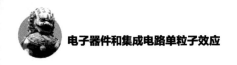

续表

器件	工艺	$L_0/$ (MeV·cm²·mg⁻¹)	$W/$ (MeV·cm²·mg⁻¹)	S	C_s/cm^2	深度/μm	REF
6516	体硅 CMOS	4.0	12.4	2.7	2.2E−6	4	1
AS200	体硅 CMOS	16.16	30.0	3.2	3.12E−6	1.8	2
SOS&EPI							
4042	CMOS SOS	16.2	25.0	1.4	1.2E−7	0.5	1
TCS130	CMOS SOS	40.0	40.0	1.4	5.0E−8	0.4	1
6504RH	CMOS 薄外延层	30.75	40.0	1.4	1.7E−6	2	1
HM6508	CMOS 外延层	48.0	50.0	1.15	4.9E−6	4	1
加固 CMOS							
r4−25		23.7	70	1.1	1.2E−5		1
r50−25		72	166	1.6	1.2E−5		1
R160−25		136.8	350	3	1.2E−5		1
Rk1−05		29.5	47	2.7	3.4E−7	2.0	1
R-MOS							
IDT71681	16K bulk	2.35	10	2	4.0E−7		4
IDT71681	16K epi	2.35	14.7	3.2	4.0E−7		4
OW62256	32K×8	2.9	14	2.3	1.9E−6		5
XCDW62256	32K×8	1.49	16	1.2	1.5E−6		5
IDT71256	32K×8	1.99	18	2.0	6.9E−7		5
Toshiba	16M	0.3	70	0.65	6.0E−8		5
IDT6167	16K×1	2.9	60	1.2	2.7E−6		5
IDT6116v	2K×8	4.9	70	1.25	3.4E−6		5
IDT7164	8K×8	2.98	90	1.0	2.6E−6		5

附录 2　在轨观测所选用的器件

器件名称	制造商	字节	工艺
93419	Fairchild	0.5K	TTL　SRAM
2164			NMOS SRAM
93422	AMD	1K	双极 SRAM
93L422	AMD	1K	双极 SRAM
82S212	SIG	2 304	双极 RAM
92L44			双极 RAM
21L47			双极 RAM
HS6504RH		4K	Hardened CMOS SRAM
MC68020	Motorola	64K	SRAM
HM65756	Motra	256K	SRAM
IMS1601		64K	SRAM
HM65656		256K	SRAM
HM6116	Hitachi	16K	CMOS SRAM
HM6264	Hitachi	64K	CMOS SRAM
HM6516	Hitachi	16K	CMOS SRAM
HM62256	Hitachi	4K	SRAM
IDT71256	IDT	256K	RMOS
HM628128	Hitachi	128K	CMOS SRAM
CXK581000	Sony	1M	CMOS SRAM
HC628128	Hitachi	1M	CMOS SRAM
MT5C1008CW25	Micro	1M	NMOS/CMOS　SRAM
71256L100DB	IDT	256K	CMOS　SRAM
TMS4416	Texas	64K	DRAM
Hitachi 62832	Hitachi	256K	SRAM
NASDA38510/92001XB	Hitachi	256K	SRAM
NASDA38510/90201QX	NEC	4 bit	MPU

附录 3   所用的轨道参数

轨道分类	轨道参数		
	远地点/km	近地点/km	倾角/（°）
UOSAT–3 卫星	801	782	98.6
UOSAT–2 卫星	672	654	97.8
UOSAT–5 卫星	774	764	98.4
STS–48 卫星	540	540	57
MIR 卫星	350	350	52
CRRES 卫星	33 500	348	18.2
S80/T 卫星	1 321	1 312	66.1
KITSAT–1 卫星	1 325	1 305	66.1
MOS–1 卫星	909	909	99
ADEOS 卫星	800	800	98.6
APEX 卫星	2 544	362	70
太阳同步轨道	660	660	97.9
轨道	680	680	97.9
Freja 卫星	1 700	600	63
TOMS/Meteor–3 卫星	1 200	1 200	82
SAMPEX	640	580	82

附录 4   质子单粒子翻转率计算结果与在轨观测结果总结

次/（位·天）

器件名称	轨道	在轨观测结果	Bendel 单参数模型	Bendel 双参数模型	双参数模型	单参数模型
93419	MOS–1	5.45E–04	3.96E–04	3.09E–04	4.85E–04	5.04E–04
6116	CRRES	3.10E–06	3.78E–06	3.36E–06	4.59E–06	4.53E–06
2164	CRRES	8.10E–05			5.54E–04	7.66E–05
93422	CRRES	4.20E–03	1.77E–03	1.67E–04	2.81E–03	

续表

器件名称	轨道	在轨观测结果	Bendel 单参数模型	Bendel 双参数模型	双参数模型	单参数模型
93L422	CRRES	3.15E−03	3.52E−03	1.81E−02	9.19E−03	6.66E−04
82S212	CRRES	8.29E−03	8.01E−03			
92L44	CRRES	1.12E−04	2.99E−04			
21L47	CRRES	6.46E−05	2.66E−04			
HM65756	MIR 卫星	5.34E−08	4.48E−08	3.34E−08	2.63E−08	3.24E−08
IMS1601	STS−48	7.78E−06			5.99E−06	
HM65656	STS−48	7.63E−07	2.46E−07	1.90E−07	8.06E−07	1.84E−07
HM6116	UOSAT−2	4.00E−07	2.85E−07	3.51E−07	2.57E−07	1.73E−07
HM6264	UOSAT−2	2.90E−07		3.05E−07	4.02E−07	
TMS4416	UOSAT−2	1.32E−05			7.41E−06	
TC5516AP−2	UOSAT−2	3.10E−07			2.49E−07	
HM6116	UOSAT−3	4.00E−07	3.71E−07	4.94E−07	3.56E−07	2.30E−07
HM62256	UOSAT−3	1.11E−06		9.74E−07	1.26E−06	
IDT71256	UOSAT−3	2.00E−07			1.74E−06	
EDH8832C−15	UOSAT−3	1.17E−06			1.57E−06	
HM628128	UOSAT−5	3.10E−07		4.01E−07	5.64E−07	
CXK581000	UOSAT−5	9.40E−09			9.26E−09	
HC628128	UOSAT−5	3.45E−07		4.48E−07		
CXK581000	S80/T	8.89E−06			1.15E−06	
CXK581000	KITSAT−1	1.03E−06			1.27E−07	
MT5C1008CW25	APEX 卫星	8.92E−06			9.35E−07	
HM514100	APEX 卫星	2.14E−06			4.37E−07	
71256L100DB	APEX 卫星	2.38E−06			2.22E−06	
TMS4416	680 km, 97.9°	1.35E−05			6.86E−06	

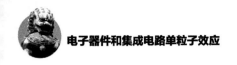
续表

器件名称	轨道	在轨观测结果	Bendel 单参数模型	Bendel 双参数模型	双参数模型	单参数模型
TMS4416	600 km，97.9°	8.4E−06			7.23E−06	
Hitachi 62832	Freja 卫星	6.51E−06				1.27E−07
NASDA38510/92001XB	ADEOS 卫星	2.80E−07				3.40E−07
NASDA38510/90201QX	ADEOS 卫星	3.40E−04				1.29E−04

索　引

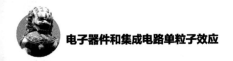

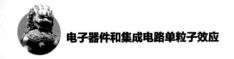

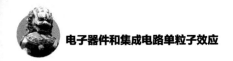

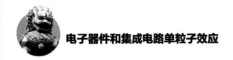

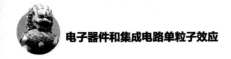

（王彦祥、张若舒、刘子涵　编制）

专家委员会委员（按姓氏笔画排列）：

于　全　中国工程院院士

王　越　中国科学院院士、中国工程院院士

王小谟　中国工程院院士

王少萍　"长江学者奖励计划"特聘教授

王建民　清华大学软件学院院长

王哲荣　中国工程院院士

尤肖虎　"长江学者奖励计划"特聘教授

邓玉林　国际宇航科学院院士

邓宗全　中国工程院院士

甘晓华　中国工程院院士

叶培建　人民科学家、中国科学院院士

朱英富　中国工程院院士

朵英贤　中国工程院院士

邬贺铨　中国工程院院士

刘大响　中国工程院院士

刘辛军　"长江学者奖励计划"特聘教授

刘怡昕　中国工程院院士

刘韵洁　中国工程院院士

孙逢春　中国工程院院士

苏东林　中国工程院院士

苏彦庆　"长江学者奖励计划"特聘教授

苏哲子　中国工程院院士

李寿平　国际宇航科学院院士

李伯虎	中国工程院院士
李应红	中国科学院院士
李春明	中国兵器工业集团首席专家
李莹辉	国际宇航科学院院士
李得天	国际宇航科学院院士
李新亚	国家制造强国建设战略咨询委员会委员、中国机械工业联合会副会长
杨绍卿	中国工程院院士
杨德森	中国工程院院士
吴伟仁	中国工程院院士
宋爱国	国家杰出青年科学基金获得者
张　彦	电气电子工程师学会会士、英国工程技术学会会士
张宏科	北京交通大学下一代互联网互联设备国家工程实验室主任
陆　军	中国工程院院士
陆建勋	中国工程院院士
陆燕荪	国家制造强国建设战略咨询委员会委员、原机械工业部副部长
陈　谋	国家杰出青年科学基金获得者
陈一坚	中国工程院院士
陈懋章	中国工程院院士
金东寒	中国工程院院士
周立伟	中国工程院院士

郑纬民　中国工程院院士

郑建华　中国科学院院士

屈贤明　国家制造强国建设战略咨询委员会委员、工业和信息化部智能制造专家咨询委员会副主任

项昌乐　中国工程院院士

赵沁平　中国工程院院士

郝　跃　中国科学院院士

柳百成　中国工程院院士

段海滨　"长江学者奖励计划"特聘教授

侯增广　国家杰出青年科学基金获得者

闻雪友　中国工程院院士

姜会林　中国工程院院士

徐德民　中国工程院院士

唐长红　中国工程院院士

黄　维　中国科学院院士

黄卫东　"长江学者奖励计划"特聘教授

黄先祥　中国工程院院士

康　锐　"长江学者奖励计划"特聘教授

董景辰　工业和信息化部智能制造专家咨询委员会委员

焦宗夏　"长江学者奖励计划"特聘教授

谭春林　航天系统开发总师